21 世纪应用型本科土木建筑系列实用规划教材

工程力学(第 2 版)

主　　编　罗迎社　喻小明
副主编　李学罡　张为民
参　　编　夏　平　陈莘莘
主　　审　龙述尧

内容简介

本书是21世纪应用型本科土木建筑系列实用规划教材，湖南省首批省级精品课程“工程力学”的教学用书。本书在第1版的基础上，根据“高等学校工科本科工程力学基本要求”修订而成。在总结第1版多年教学经验的基础上，本书将原来每章的教学提示明确为教学目标；增加基本概念和思考题，启发学生重视概念和自我提问思考；并附有中英文索引和英文目录。

本书共14章，其中静力学部分包括静力学基础、力系简化理论、力系的平衡和刚体静力学专门问题4章；材料力学部分包括材料力学基本概念、杆件的内力分析、截面图形的几何性质、杆件的应力与强度计算、杆件的变形与刚度计算、应力状态与强度理论、组合变形、压杆稳定、动荷载、交变应力10章。书后附有型钢规格表、单位换算、中英文索引、与部分习题参考答案。

本书可作为普通高等学校工科专业的教材，也可作为高职高专与成人高校的教材，还可作为相关工程技术及研究人员的学习参考用书。

图书在版编目(CIP)数据

工程力学/罗迎社，喻小明主编. —2版. —北京：北京大学出版社，2014.1
(21世纪应用型本科土木建筑系列实用规划教材)
ISBN 978-7-301-23184-5

Ⅰ. ①工… Ⅱ. ①罗…②喻… Ⅲ. ①工程力学—高等学校—教材 Ⅳ. ①TB12

中国版本图书馆CIP数据核字(2013)第212205号

书　　名：工程力学(第2版)
著作责任者：罗迎社　喻小明　主编
策 划 编 辑：吴　迪　卢　东
责 任 编 辑：卢　东
标 准 书 号：ISBN 978-7-301-23184-5/TU·0366
出 版 发 行：北京大学出版社
地　　址：北京市海淀区成府路205号　100871
网　　址：http://www.pup.cn　新浪官方微博：@北京大学出版社
编辑部邮箱：pup6@pup.cn
总编室邮箱：zpup@pup.cn
电　　话：邮购部010-62752015　发行部010-62750672　编辑部010-62750667
印 刷 者：北京虎彩文化传播有限公司
经 销 者：新华书店
787毫米×1092毫米　16开本　20.75印张　463千字
2006年8月第1版
2014年1月第2版　2023年7月第9次印刷
定　　价：45.00元

第 2 版前言

本书第 1 版自 2006 年 8 月出版以来，得到多所普通高等学校力学教师认可并选为教学用书。本书既保留了第 1 版概念清楚、内容精练、语言流畅的特点又保持了两版间的连续性，即静力学部分先空间后平面；材料力学部分将各种简单变形的内力分析集中讨论后，进而讨论应力问题。在总结第 1 版编委们多年教学体会和广泛征求使用院校任课教师意见的基础上，第 2 版主要进行了如下几方面的修订。

1. 将第 1 版每章的教学提示明确为教学目标；教学要求更加详细具体，涵盖知识要点、能力要求和相关知识等内容。

2. 新增基本概念和思考题，启发学生重视基本概念和自我提问思考。

3. 新增主要符号表、对应的英文目录和中英文索引等内容，以利于学生们在平时学习时积累力学专业的英语词汇，为专业英语教学奠定基础。

4. 对于例题和习题做了必要的增减，如第 8、10、12、13 章，使之更接近于工程实际，以培养学生提出问题、分析和解决问题的能力。

5. 第 2 版对文字叙述进行了全面修订，使之更加规范简洁、严谨准确。根据国家最新标准，对一些概念名称和符号表示也进行了相应的修订。

根据“高等学校工科本科工程力学基本要求”，且考虑到第 1 版为多所院校的教学用书，修订后的第 2 版仍然保持了原版的章节体系和主要风格。其中标有 * 号的章节，是方便使用者根据不同专业教学大纲的要求和学时数，作出符合实际情况的取舍。

参加本书修订工作的有：长沙理工大学喻小明(第 1～4 章)、李学罡(第 5 章、第 6 章、第 8 章)，湘潭大学张为民(第 7 章、第 9 章)，湖南工业大学陈莘莘（第 10 章、第 11 章)，湖南工程学院夏平(第 12 章、第 13 章)，中南林业科技大学罗迎社(第 14 章、附录)。全书由罗迎社统稿，殷水平、田芳参与了书稿的收集和整理工作。

本书获湖南省“工程力学”省级精品课程第二期建设经费资助和湖南省普通高等学校“十二五”土木工程专业综合改革试点项目资助。全书由湖南大学龙述尧教授担任主审。龙教授对书稿内容提出了不少宝贵意见和建议，在此致以诚挚的感谢和敬意。借此机会，对担任第 1 版主审的张淳源教授和参加第 1 版编写工作的曾立星、王筱玲、徐春艳、孟黎清等同志，深表感谢。同时也向本书所列参考文献的作者表示衷心的感谢。

限于编者水平，本书难免仍有疏漏和不足之处，敬请广大教师和读者批评指正。

编　者
2013 年 9 月

Preface

Since the first edition of this textbook was published in August of 2006, it was selected by some universities. The second one keeps the advantages of clear concepts, refining contents, smooth language and continuity of the two editions, i. e. , from three dimensional force system to two dimensional force system in statics part; from internal forces analyses of all simple deformation to stress analyses of them in the part of mechanics of materials.

Based upon "the basic requirements of engineering mechanics for the engineering course of ordinary universities" by the instruction committee of mechanics courses of Ministry of Education of P. R. of China, we also pay attention to summarize and absorb the teaching experience of engineering mechanics of the some universities in recent years, avoid the conflict of much content with less class hours, aim at emphasizing the basic theories and making the focal points stand out, which means that we keep the basic necessary teaching sections in engineering mechanics of such as foundation of statics, reduction theory of force system, force system of equilibrium and special subject of rigid body statics, basic concepts of mechanics of materials, internal force analysis of bars, geometric properties of plan view, stress and strength calculation of bars, the deformation and stiffness calculation for staff, stress state and strength theory, combined deformation, stability of column, kinetic load and alternating stress and so on. The chapters which have special properties, teachers in different universities may accept or reject them according to their need and they also supply a space for those students who have ability to study in-depth. This textbook supplies a basic class hour between 60 to 80, and the experiments of not less than 6 to 8 class hours of engineering mechanics courses can be selected. The textbook is divided into 14 chapters accompanied with the appendixes of tables of rolled-steel, unit conversion, table of main symbols, index, contents, references and answers.

At the same time, according to the characteristics of mainly application of local ordinary universities, the second edition of this textbook carries out deep-going reform and innovation in teaching contents and methods. Each chapter begins with an introductory section setting the purpose and goals of the chapter and describing in simple terms the textbook to be covered. Some questions and a large number of exercises are given in the end of every chapter. And the answers to the exercises are listed in the end of the textbook.

The presented textbook is written for the undergraduates majoring in civil and constructional engineering, but it can also be selected as the references book for person specialized in other fields.

第 1 版前言

作为土木建筑类专业重要的基础课程之一，工程力学与结构力学、钢筋混凝土结构等后续课程有着密切的联系。为了更好地适应土木建筑类专业的专业特点及 21 世纪高等教育改革对学生素质和创新能力培养的教学需要，在吸取国内外同类教材经验的基础上，本书在内容的选取和阐述方法上做了一些必要的调整，主要有如下特点：

(1) 优化了刚体静力学的内容体系。按照静力学基本概念、物体受力分析、力系简化理论、力系平衡理论展开内容，在叙述方法上从一般到特殊，先空间问题后平面问题。

(2) 改革了材料力学的内容体系。形成了以杆件的内力分析、应力与强度计算、变形与刚度计算、应力状态与应变状态分析、压杆稳定、动荷载*、交变应力*等为主线的新体系。

(3) 提高起点，精选课程内容。突出主干内容，降低对次要内容的要求，删除某些枝节内容，避免冗长的理论叙述；理论部分尽量采用矢量方法分析和描述，增加与工程实际相结合的例题和习题。全书的编写注重加强对基本概念和基本方法的论述，以及对学生处理工程实际问题、建立力学模型、研究创新能力的培养。

全书共分 14 章，适用于 80 学时左右的教学，其中理论教学约 70 学时，实验教学约 6 学时，机动约 4 学时。目录中标有星号的章节，是方便使用者根据学时的多少，对内容进行取舍和调整。书后附有型钢表、部分习题参考答案及参考文献。

参加编写工作的有：长沙理工大学喻小明(第 1 章、第 2 章、第 3 章、第 4 章)、李学罡(第 5 章、第 6 章、第 8 章正文部分)，南昌工程学院王筱玲(第 7 章、第 8 章习题部分)，湘潭大学张为民(第 9 章、第 10 章)，南昌工程学院徐春艳(第 11 章)，山西大学工程学院孟黎清(第 12 章、第 13 章)，中南林业科技大学罗迎社(第 14 章、附录)。全书由罗迎社和喻小明统稿，湖南电气职业技术学院曾立星负责全书图形的审核与绘制工作，曾娜、余敏、王智超、殷水平、李倩姝、曹诤等参与了书稿的收集和整理工作。

本教材是湖南省教育厅立项(湘教通［2004］344 号，2004—2006 年)的教改课题研究内容之一，湖南省首批省级精品课程“工程力学”的教学用书。全书由湘潭大学张淳源教授审稿并提出许多宝贵意见，在此致以衷心的感谢！在本书的编写过程中，参考了许多文献，这些文献已一并在书后列出，在此向这些文献的作者表示诚挚的感谢与敬意。

因时间仓促，加之编者水平有限，本书难免有疏漏之处，恳请各位同行和广大读者提出宝贵意见，以便进行修改完善。

编　者

2006 年 6 月

作者简介

罗迎社，博士，博士生导师，湖南省省级教学名师，湖南省新世纪“121”人才工程第一层次人选，国家二级教授。中南林业科技大学校长助理兼流变力学与材料工程研究所所长，日本名古屋大学、岐阜大学客座研究员。兼任《中南林业科技大学学报》(自然科学版)编委、工程流变学湖南省重点实验室主任、湖南省普通高等学校力学实践教学示范中心主任，湖南省力学学会副理事长、中国力学学会理事、国际流变学学会理事(唯一的中国籍理事)。

主持完成省部级以上科研课题10余项，现主持国家级课题4项，其中国家自然科学基金2项。发表教学、科研论文120余篇，其中SCI、EI和ISTP收录近100篇次；出版专著和教材5本；获国家专利授权21项，其中发明专利5项。获省级教学成果二等奖和三等奖、省科技进步二等奖和三等奖、省自然科学三等奖、全国力学教学优秀教师奖、中国力学学会和中国化学学会联合授予的“第二届中国流变学杰出贡献奖”等多项教学科研奖励。

目　　录

Contents

主要符号表

A	面积
A_{bs}	有效挤压面面积
E	弹性模量
e	力作用方向的单位矢量
f	动摩擦因数
f_s	静摩擦因数
$\boldsymbol{F}$	力
F_{bs}	接触面上的挤压力
F_{cr}	临界压力
$\boldsymbol{F}_{max}$	最大静摩擦力
$\boldsymbol{F}_N$	法向约束反力，轴力
$\boldsymbol{F}_R$	主矢
$\boldsymbol{F}_s$	静滑动摩擦力
$\boldsymbol{F}_S$	剪力
G	切线模量
$\boldsymbol{g}$	重力加速度
I_p	极惯性矩
I_{max}，I_{min}	主惯性矩
I_y，I_z	惯性矩
I_{yz}	惯性积
i_y，i_z	惯性半径
J	转动惯量
k	弹簧刚度系数
K_d	动荷因数
$K_{t\sigma}$	理论应力集中因数
K_σ	有效应力集中因数
M_{max}	最大滚动摩阻力偶
$\boldsymbol{M}$	力矩，力偶矩，弯矩
n	转速，安全因数
p	全应力
P	重量，功率
q	分布力集度
r	半径，应力比或循环特征
$\boldsymbol{r}$	矢径
S	静矩
T	扭矩
V	体积
v	泊松比
v_ε	应变能密度
w	挠度
W_p	扭转截面系数
W_z	弯曲截面系数
β	表面质量因数
δ	滚动摩阻系数、延伸率
ε	应变
ε_σ，ε_τ	尺寸因数
γ	切应变
λ_p	比例极限柔度值
μ	长度因数
ρ	密度，曲率半径
σ	正应力
σ_b	强度极限
σ_{bs}	挤压应力
σ_{cr}	临界应力
σ_d	动应力
σ_{st}	静应力
σ_p	比例极限
σ_s	屈服极限
σ_u	极限应力
$[\sigma]$	许用应力
$[\sigma_c]$	许用压应力
$[\sigma_t]$	许用拉应力
τ	切应力
τ_u	极限切应力
$[\tau]$	许用切应力
φ_m	摩擦角
ω	圆频率，角速度

第1章 静力学基础

教学目标

本章介绍静力学基本概念、静力学公理、静力学基本计算、物体受力分析等内容。静力学基本概念与公理是静力学的理论基础，静力学基本计算与物体受力分析是力学课程中非常重要的基本训练。通过本章的学习，应达到以下目标。

(1) 掌握力、刚体、平衡等静力学的基本概念，掌握静力学公理及其推论。

(2) 掌握力的分解、力的投影与力矩的计算方法，掌握力偶与力偶的性质。

(3) 掌握工程中常见约束的特征、类型及约束反力画法。

(4) 掌握物体的受力分析方法，能熟练地对物体或物体系统进行正确的受力分析。

教学要求

知识要点	能力要求	相关知识
静力学基本概念与静力学公理	(1) 理解力、力系、刚体、平衡等基本概念 (2) 掌握静力学的五个公理及两个推论并熟练应用	(1) 静力学基本概念 (2) 静力学的五个公理：力的平行四边形法则、二力平衡条件、加减平衡力系公理、作用与反作用定律、刚化原理 (3) 两个推论：力的可传性、三力平衡汇交定理
静力学基本计算	掌握静力学基本计算并熟练应用	(1) 力的分解、力的投影 (2) 力对点的矩、力对轴的矩 (3) 力偶、力偶的性质
约束与约束反力	(1) 熟悉工程中常见的约束类型 (2) 能够正确画出约束反力	(1) 约束与约束反力的概念 (2) 常见约束类型：柔索、光滑接触面、光滑圆柱铰链、固定铰支座、滚动铰支座、球形铰支座、轴承、固定端约束、二力杆约束
受力分析	(1) 掌握物体受力分析的方法 (2) 熟练画出物体或物体系统的受力图	(1) 力系的分类、分离体的概念 (2) 物体受力分析 (3) 受力图

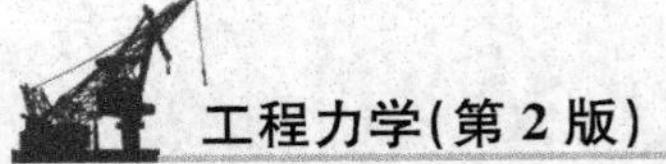

基本概念

力、刚体、平衡、力系、等效力系、平衡力系、力的分解、力的投影、力矩、力偶、约束、约束反力、物体受力分析、分离体、受力图

静力学是研究物体受力及平衡的一般规律的科学。

静力学理论是从生产实践中总结出来的，是对工程结构构件进行受力分析和计算的基础，在工程技术中有着广泛的应用。静力学主要研究以下 3 个问题。

(1) 物体的受力分析。

(2) 力系的等效替换与简化。

(3) 力系的平衡条件及其应用。

1.1 静力学基本概念

1. 力与力系的概念

力是物体之间相互的机械作用。这种作用使物体的机械运动状态发生变化或使物体的形状发生改变，前者称为力的外效应或运动效应，后者称为力的内效应或变形效应。在静力学中只研究力的外效应。实践表明，力对物体的作用效果取决于力的三个要素：①力的大小；②力的方向；③力的作用点。因此力是矢量，且为定位矢量，如图 1.1 所示，用有向线段 AB 表示一个力矢量，其中线段的长度表示力的大小，线段的方位和指向代表力的方向，线段的起点(或终点)表示力的作用点，线段所在的直线称为力的作用线。

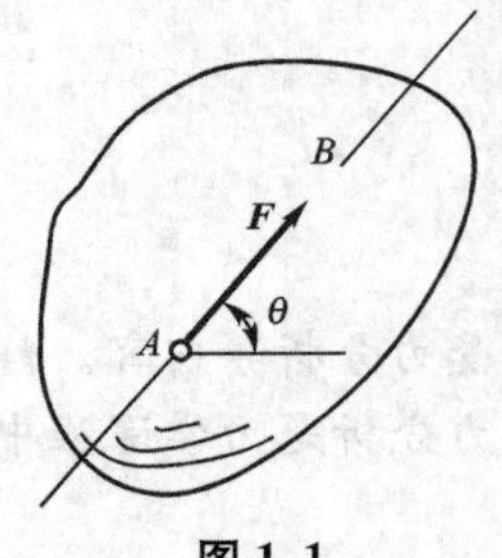

图 1.1

在静力学中，用黑斜体大写字母 $\boldsymbol{F}$ 表示力矢量，用白斜体大写字母 F 表示力的大小。在国际单位制中，力的单位是牛顿(N)或千牛(kN)。

力的作用点是物体相互作用位置的抽象化。实际上，两个物体接触处总占有一定的面积，力总是分布地作用在一定的面积上的，如果这个面积很小，则可将其抽象为一个点，即为力的作用点，这时的作用力称为集中力；反之，若两物体接触面积比较大，力分布地作用在接触面上，这时的作用力称为分布力。除面分布力外，还有作用在物体整体或某一长度上的体分布力或线分布力，分布力的大小用符号 q 表示，计算式如下：

$$q=\lim_{\Delta s\to 0}\frac{\Delta F}{\Delta S}$$

式中，ΔS ——分布力作用的范围(长度、面积或体积)；

ΔF ——作用于该部分范围内的分布力的合力；

q ——分布力作用的强度，称为荷载集度。如果力的分布是均匀的，称为均匀分布力，简称均布力。

力系是指作用在物体上的一群力。若对于同一物体，有两组不同力系对该物体的作用效果完全相同，则这两组力系称为等效力系。一个力系用其等效力系来代替，称为力系的等效替换。用一个最简单的力系等效替换一个复杂力系，称为力系的简化。若某力系与一个力等效，则此力称为该力系的合力，而该力系的各力称为此力的分力。

2. 刚体的概念

所谓刚体，是指在力的作用下不变形的物体，即在力的作用下其内部任意两点的距离永远保持不变的物体。这是一种理想化的力学模型，事实上，在受力状态下不变形的物体是不存在的，不过，当物体的变形很小，在所研究的问题中把它忽略不计，并不会对问题的性质带来本质的影响时，该物体就可近似看作刚体。刚体是在一定条件下研究物体受力和运动规律时的科学抽象，这种抽象不仅使问题大大简化，也能得出足够精确的结果，因此，静力学又称为刚体静力学。但是，在需要研究力对物体的内部效应时，这种理想化的刚体模型就不适用，而应采用变形体模型，并且变形体的平衡也是以刚体静力学为基础的，只是还需补充变形几何条件与物理条件。

3. 平衡的概念

在工程中，把物体相对于地面静止或作匀速直线运动的状态称为平衡。

根据牛顿第一定律，物体如不受到力的作用则必然保持平衡。但客观世界中任何物体都不可避免地受到力的作用，物体上作用的力系只要满足一定的条件，即可使物体保持平衡，这种条件称为力系的平衡条件。满足平衡条件的力系称为平衡力系。

1.2 静力学公理

为了讨论物体的受力分析，研究力系的简化和平衡条件，必须先掌握一些最基本的力学规律。这些规律是人们在生活和生产活动中长期积累的经验总结，又经过实践反复检验，被认为是符合客观实际的最普遍、最一般的规律、称为静力学公理。静力学公理概括了力的基本性质，是建立静力学理论的基础。

公理1　力的平行四边形法则

作用在物体上同一点的两个力，可以合成为一个合力。合力的作用点也在该点，合力的大小和方向，由这两个力为邻边构成的平行四边形的对角线确定，如图 1.2(a)所示。或者说，合力矢等于这两个力矢的几何和，即：

$$\boldsymbol{F}_R=\boldsymbol{F}_1+\boldsymbol{F}_2$$

也可另作一力三角形来求两汇交力合力矢的大小和方向，即依次将 $\boldsymbol{F}_1$ 和 $\boldsymbol{F}_2$ 首尾相接画出，最后由第一个力的起点至第二个力的终点形成三角形的封闭边，即为此二力的合力矢 $\boldsymbol{F}_R$，如图 1.2(b)、图 1.2(c)所示，称为力的三角形法则。

公理2　二力平衡条件

作用在刚体上的两个力，使刚体处于平衡的充要条件是：这两个力大小相等，方向相反，且作用在同一直线上，如图 1.3 所示。该两力的关系可用如下矢量式表示：

$$\boldsymbol{F}_1=-\boldsymbol{F}_2$$

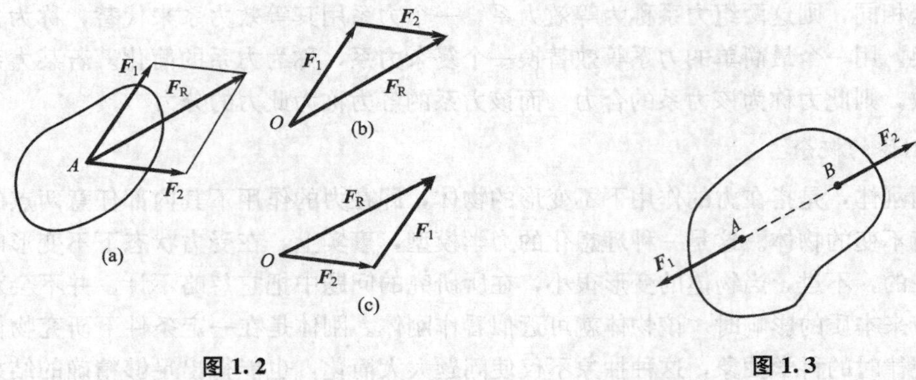

图1.2　　图1.3

这一公理揭示了作用于刚体上的最简单的力系平衡时所必须满足的条件，满足上述条件的两个力称为一对平衡力。需要说明的是，对于刚体，这个条件既必要又充分，但对于变形体，这个条件是不充分的。

只在两个力作用下而平衡的刚体称为二力构件或二力杆，根据二力平衡条件，二力杆两端所受两个力大小相等、方向相反，作用线沿两个力的作用点的连线，如图1.4所示。

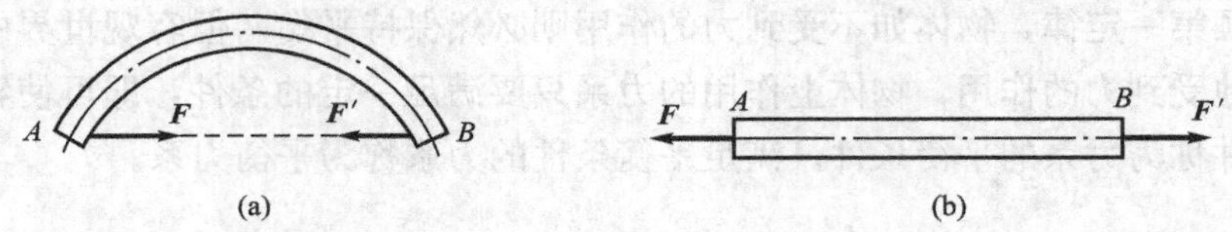

图1.4

公理3　加减平衡力系公理

在已知力系上加上或减去任意的平衡力系，并不改变原力系对刚体的作用。这一公理是研究力系等效替换与简化的重要依据。

根据上述公理可以导出如下两个重要推论。

推论1　力的可传性

作用于刚体上某点的力，可以沿着它的作用线滑移到刚体内任意一点，并不改变该力对刚体的作用效果。

证明： 设在刚体上点A作用有力$\boldsymbol{F}$，如图1.5(a)所示。根据加减平衡力系公理，在该力的作用线上的任意点B加上平衡力$\boldsymbol{F}_1$与$\boldsymbol{F}_2$，且使$\boldsymbol{F}_2=-\boldsymbol{F}_1=\boldsymbol{F}$，如图1.5(b)所示，由于$\boldsymbol{F}$与$\boldsymbol{F}_1$组成平衡力，可去除，故只剩下力$\boldsymbol{F}_2$，如图1.5(c)所示，即将原来的力$\boldsymbol{F}$沿其作用线移到了点$B$。

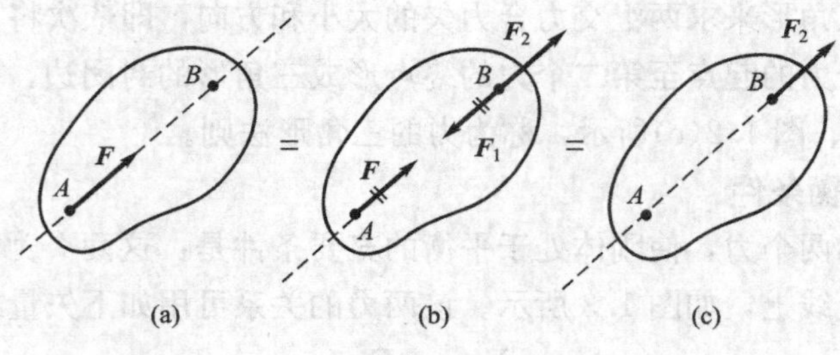

图1.5

由此可见，对刚体而言，力的作用点不是决定力的作用效应的要素，它已为作用线所代替。因此作用于刚体上的力的三要素是：力的大小、方向和作用线。

作用于刚体上的力可以沿着其作用线滑移，这种矢量称为滑移矢量。

推论2　三力平衡汇交定理

若刚体受三个力作用而平衡，且其中两个力的作用线相交于一点，则此三个力必共面且汇交于同一点。

证明：刚体受三力 $\boldsymbol{F}_1$、$\boldsymbol{F}_2$、$\boldsymbol{F}_3$作用而平衡，如图1.6所示。根据力的可传性，将力$\boldsymbol{F}_1$和$\boldsymbol{F}_2$移到汇交点O，并合成为力$\boldsymbol{F}_{12}$，则$\boldsymbol{F}_3$应与$\boldsymbol{F}_{12}$平衡。根据二力平衡条件，$\boldsymbol{F}_3$与$\boldsymbol{F}_{12}$必等值、反向、共线，所以$\boldsymbol{F}_3$必通过O点，且与$\boldsymbol{F}_1$、$\boldsymbol{F}_2$共面，定理得证。

公理4　作用与反作用定律

两个物体间的作用力与反作用力总是同时存在，且大小相等，方向相反，沿着同一条直线，分别作用在两个物体上。若用$\boldsymbol{F}$表示作用力，$\boldsymbol{F}'$表示反作用力，则：

$$\boldsymbol{F}=-\boldsymbol{F}'$$

该公理表明，作用力与反作用力总是成对出现，但它们分别作用在两个物体上，因此不能视作平衡力。

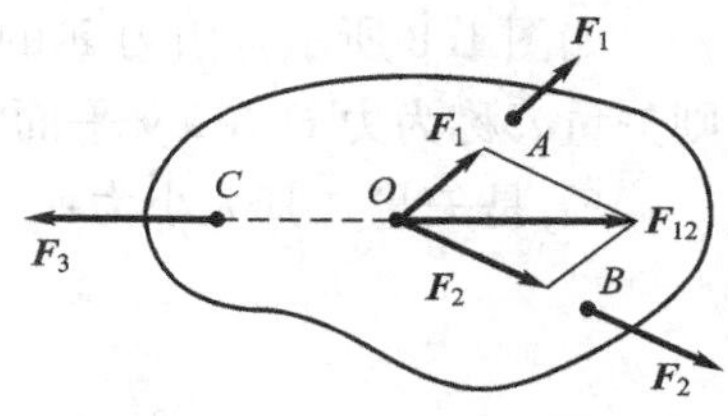

图1.6

公理5　刚化原理

变形体在某一力系作用下处于平衡，如果将此变形体刚化为刚体，其平衡状态保持不变。

这一公理提供了把变形体抽象为刚体模型的条件。如柔性绳索在等值、反向、共线的两个拉力作用下处于平衡，可将绳索刚化为刚体，其平衡状态不会改变。而绳索在两个等值、反向、共线的压力作用下则不能平衡，这时，绳索不能刚化为刚体。但刚体在上述两种力系的作用下都是平衡的。

由此可见，刚体的平衡条件是变形体平衡的必要条件，而非充分条件。刚化原理建立了刚体与变形体平衡条件的联系，提供了用刚体模型来研究变形体平衡的依据。在刚体静力学的基础上考虑变形体的特性，可进一步研究变形体的平衡问题。这一公理也是研究物体系平衡问题的基础，刚化原理在力学研究中具有非常重要的地位。

1.3 关于力的基本计算

1.3.1 力的投影及合力投影定理

1. 力在轴上的投影

如图1.7(a)所示，设有力$\boldsymbol{F}$与x轴共面，由力$\boldsymbol{F}$的始端A点和末端B点分别向x轴作垂线，垂足为a和b，则线段ab的长度冠以适当的正负号就表示力$\boldsymbol{F}$在x轴上的投影，记为F_x。如果从a到b的指向与x轴的正向一致，则F_x为正值，反之为负值。在数学上，力在轴上的投影定义为力与该投影轴单位矢量的标量积。力在轴上的投影是力使物体沿该轴方向移动效应的度量。

设 x 轴的单位矢量为 $\boldsymbol{e}$，力 $\boldsymbol{F}$ 与 x 轴正向间的夹角为 α，则力 $\boldsymbol{F}$ 在 x 轴上的投影为：

$$F_x=\boldsymbol{F}\cdot\boldsymbol{e}=F\cos\alpha \tag{1.1}$$

力在轴上的投影是代数量。当 $0°\leqslant\alpha<90°$ 时，F_x 为正值；当 $90°<\alpha\leqslant180°$ 时，F_x 为负值，当 $\alpha=90°$ 时，F_x 为零。

如图 1.7(b)所示，当 $90°\leqslant\alpha\leqslant180°$ 时，可按下式计算 F_x：

$$F_x=F\cos\alpha=F\cos(180°-\beta)=-F\cos\beta \tag{1.2}$$

2. 力在平面上的投影

如图 1.8 所示，由力 $\boldsymbol{F}$ 的始端 A 点和末端 B 点分别向 xy 平面作垂线，垂足为 a 和 b，则矢量 $\overrightarrow{ab}$ 称为力 $\boldsymbol{F}$ 在 xy 平面上的投影，记为 $\boldsymbol{F}_{xy}$。

$\boldsymbol{F}_{xy}$ 是矢量，其大小为：

$$F_{xy}=F\cos\alpha \tag{1.3}$$

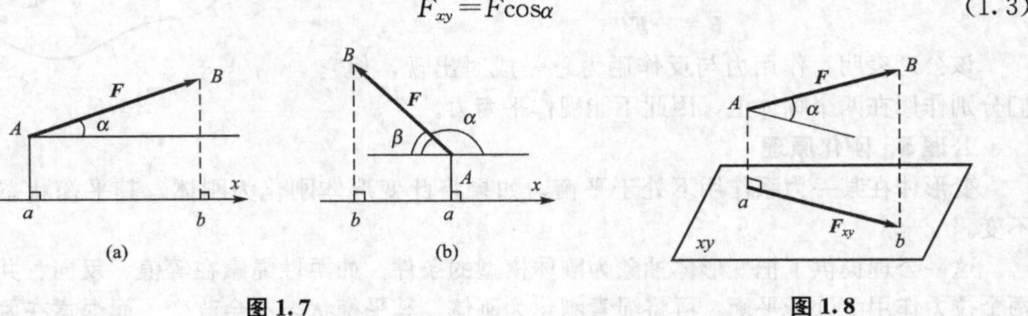

图 1.7　　图 1.8

3. 力在直角坐标轴上的投影

将力向直角坐标系 $Oxyz$ 的三坐标轴上投影的方法有直接投影法和二次投影法。设 x 轴、y 轴、z 轴的单位矢量分别为 $\boldsymbol{i}$、$\boldsymbol{j}$、$\boldsymbol{k}$，$\alpha\in[0,180°]$、$\beta\in[0,180°]$、$\gamma\in[0,180°]$ 分别为力 $\boldsymbol{F}$ 与三轴正向的夹角，如图 1.9(a)所示，采用直接投影法得到力 $\boldsymbol{F}$ 在各轴上的投影为：

$$\left.\begin{aligned}F_x&=\boldsymbol{F}\cdot\boldsymbol{i}=F\cos\alpha\\F_y&=\boldsymbol{F}\cdot\boldsymbol{j}=F\cos\beta\\F_z&=\boldsymbol{F}\cdot\boldsymbol{k}=F\cos\gamma\end{aligned}\right\} \tag{1.4}$$

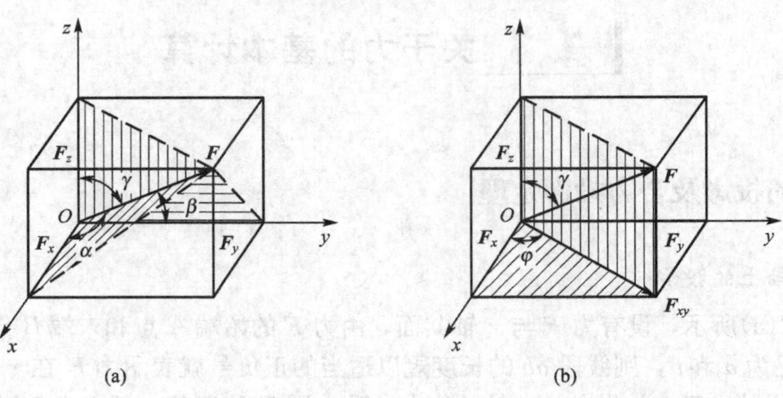

图 1.9

二次投影法则首先将力 $\boldsymbol{F}$ 向 z 轴与 xy 平面上投影，得到 $\boldsymbol{F}_z$ 与投影矢量 $\boldsymbol{F}_{xy}$，其次再将 $\boldsymbol{F}_{xy}$ 向 x 轴、y 轴上投影，如图 1.9(b)所示，有

$$\left.\begin{aligned}F_z&=F\cos\gamma\\F_{xy}&=F\sin\gamma\\F_x&=F_{xy}\cos\varphi=F\sin\gamma\cos\varphi\\F_y&=F_{xy}\sin\varphi=F\sin\gamma\sin\varphi\end{aligned}\right\}\tag{1.5}$$

式中 $\gamma\in[0, 180°]$ 为 $\boldsymbol{F}$ 与 z 轴正向的夹角，$\varphi\in[0, 180°]$ 为 $\boldsymbol{F}_{xy}$ 与 x 轴正向的夹角。

4. 合力投影定理

若作用于一点的 n 个力 $\boldsymbol{F}_1$，$\boldsymbol{F}_2$，…，$\boldsymbol{F}_n$ 的合力为 $\boldsymbol{F}_\mathrm{R}$，则：合力在某轴上的投影，等于各分力在同一轴上投影的代数和，这就是合力投影定理。在直角坐标系中，有：

$$F_{\mathrm{R}x}=\sum F_{ix}, F_{\mathrm{R}y}=\sum F_{iy}, F_{\mathrm{R}z}=\sum F_{iz}\tag{1.6}$$

1.3.2 力的分解

力的分解遵循力的平行四边形法则。如图 1.10(a)所示，将力 $\boldsymbol{F}$ 向任意两轴方向分解，即以力 $\boldsymbol{F}$ 为对角线，以两轴为两相邻边作一平行四边形，得到力 $\boldsymbol{F}_1$、$\boldsymbol{F}_2$ 就是力 $\boldsymbol{F}$ 的两个分力。图 1.10(b)所示为将力 $\boldsymbol{F}$ 向直角坐标系的两轴方向的分解。力 $\boldsymbol{F}$ 与两分力 $\boldsymbol{F}_1$、$\boldsymbol{F}_2$ 的关系表示如下：

$$\boldsymbol{F}=\boldsymbol{F}_1+\boldsymbol{F}_2\tag{1.7}$$

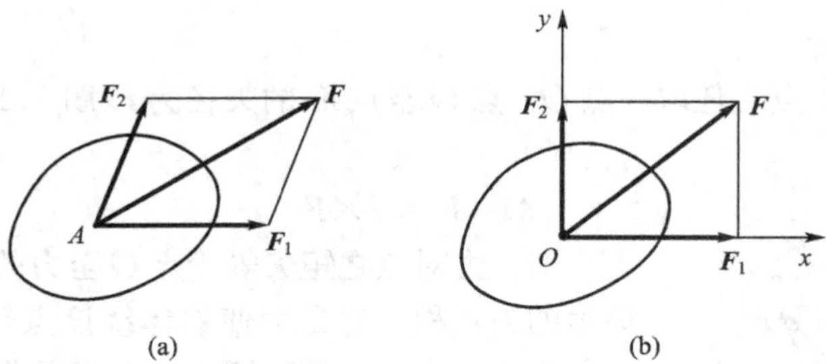

图 1.10

在空间情形下，常采用直接分解法与二次分解法将力沿直角坐标方向进行分解。直接分解法就是将力 $\boldsymbol{F}$ 直接向 3 个直角坐标轴方向分解得到分力 $\boldsymbol{F}_1$、$\boldsymbol{F}_2$、$\boldsymbol{F}_3$，如图 1.11(a)所示，用矢量式表示如下：

$$\boldsymbol{F}=\boldsymbol{F}_1+\boldsymbol{F}_2+\boldsymbol{F}_3\tag{1.8}$$

显然，各分力的大小为：$F_1=F\cos\alpha$，$F_2=F\cos\beta$，$F_3=F\cos\gamma$。

二次分解法首先沿 z 轴与力 $\boldsymbol{F}$ 作一平面，然后将 $\boldsymbol{F}$ 沿 z 轴方向和该平面与 xy 平面的交线方向分解得到分力 $\boldsymbol{F}_3$ 与 $\boldsymbol{F}_\mathrm{M}$，再将 $\boldsymbol{F}_\mathrm{M}$ 向 x、y 轴方向分解，如图 1.11(b)所示，可表示如下式：

$$\boldsymbol{F}=\boldsymbol{F}_\mathrm{M}+\boldsymbol{F}_3=\boldsymbol{F}_1+\boldsymbol{F}_2+\boldsymbol{F}_3\tag{1.9}$$

各分力的大小为：$F_\mathrm{M}=F\sin\gamma$，$F_1=F\sin\gamma\cos\varphi$，$F_2=F\sin\gamma\sin\varphi$，$F_3=F\cos\gamma$。

根据以上讨论容易看出，在直角坐标系中，力 $\boldsymbol{F}$ 的分力与投影有如下关系：

$$\boldsymbol{F}_{\mathrm{M}}=\boldsymbol{F}_{xy} \tag{1.10}$$

$$\boldsymbol{F}_1=F_x\boldsymbol{i},\ \boldsymbol{F}_2=F_y\boldsymbol{j},\ \boldsymbol{F}_3=F_z\boldsymbol{k} \tag{1.11}$$

在直角坐标系中，力 $\boldsymbol{F}$ 写成如下解析式：

$$\boldsymbol{F}=\boldsymbol{F}_1+\boldsymbol{F}_2+\boldsymbol{F}_3=F_x\boldsymbol{i}+F_y\boldsymbol{j}+F_z\boldsymbol{k} \tag{1.12}$$

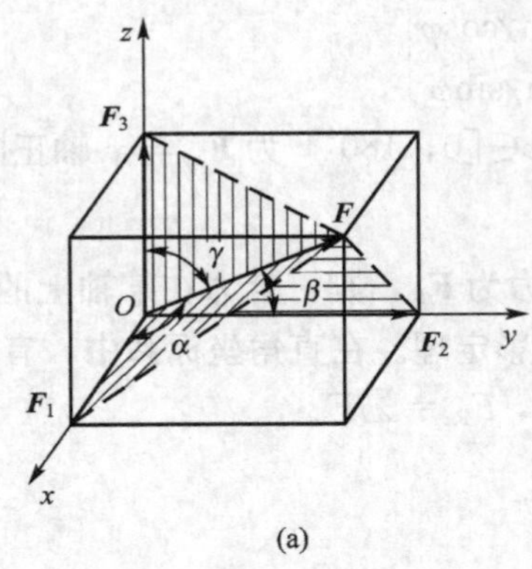

(a)

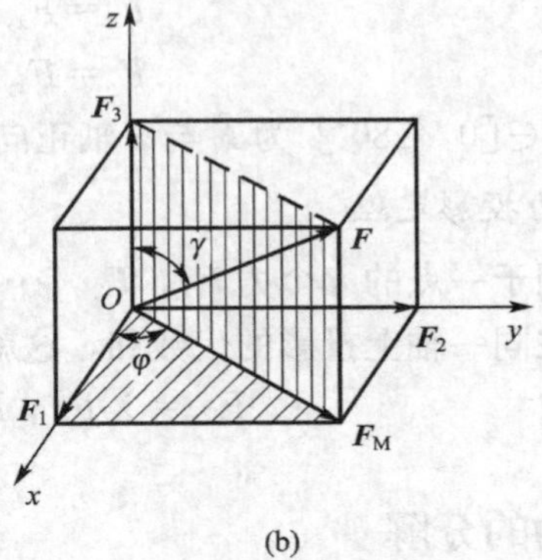

(b)

图 1.11

1.3.3 力矩

力对物体的作用有移动效应，也有转动效应。力使物体绕某点(或某轴)转动效应的度量，称为力对点(或轴)之矩。

1. 力对点之矩

设力 $\boldsymbol{F}$ 作用于 A 点，任取一点 O，点 O 至点 A 的矢径为 $\boldsymbol{r}$(图 1.12)。则力 $\boldsymbol{F}$ 对点之矩矢定义为：

$$\boldsymbol{M}_O(\boldsymbol{F})=\boldsymbol{r}\times\boldsymbol{F} \tag{1.13}$$

图 1.12

即：力对点之矩矢等于点 O 至力的作用点 A 的矢径与该力的矢量积，它是力使物体绕该点转动效应的度量。O 点称为力矩中心，简称矩心；力 $\boldsymbol{F}$ 的作用线与矩心 O 确定的平面称为力矩作用面；矩心 O 至力 $\boldsymbol{F}$ 的作用线的垂直距离 d 称为力臂。力对点之矩矢是定位矢量，该矢量通过矩心 O，垂直于力矩的作用面，其指向按右手螺旋法则确定。它的模表示力对点之矩矢的大小，即为：

$$|\boldsymbol{M}_O(\boldsymbol{F})|=Fr\sin\alpha=Fd \tag{1.14}$$

可见，力矩矢 $\boldsymbol{M}_O(\boldsymbol{F})$ 表明了力 $\boldsymbol{F}$ 对矩心 O 之矩 3 个要素：

(1) 力矩的作用面。

(2) 在力矩作用面内力 $\boldsymbol{F}$ 绕矩心 O 的转向。

(3) 力矩的大小。

若以矩心 O 为原点，建立直角坐标 $Oxyz$，如图 1.12 所示。由 $\boldsymbol{F}=F_x\boldsymbol{i}+F_y\boldsymbol{j}+F_z\boldsymbol{k}$，$\boldsymbol{r}=x\boldsymbol{i}+y\boldsymbol{j}+z\boldsymbol{k}$，则式(1.14)可用解析式表示如下：

$$M_O(F)=r\times F=(xi+yj+zk)\times(F_xi+F_yj+F_zk)$$
$$=(yF_z-zF_y)i+(zF_x-xF_z)j+(xF_y-yF_x)k \quad (1.15)$$

令：
$$\left.\begin{aligned}[M_O(F)]_x&=yF_z-zF_y\\ [M_O(F)]_y&=zF_x-xF_z\\ [M_O(F)]_z&=xF_y-yF_x\end{aligned}\right\} \quad (1.16)$$

分别表示力矩矢在三个坐标轴上的投影。

需要说明的是，在平面情形下，力对点的矩定义为代数量，即
$$M_O(F)=\pm F\cdot d \quad (1.17)$$

且规定力 F 绕 O 点的转向为逆时针方向时取正号，反之取负号。

2. 力对轴之矩

如图 1.13 所示，设力 F 作用于刚体上的 A 点，使刚体绕 z 轴转动。过 A 点作平面 Oxy 垂直于 z 轴并交于 O 点，将力 F 分解为平行于 z 轴的分力 F_3 和垂直于 z 轴的分力 F_{xy}，力 F 对轴的转动效应可以用两个分力所产生的合效应来代替。由经验可知，分力 F_3 不能使刚体绕 z 轴转动，它对 z 轴的矩为零，只有分力 F_{xy} 才能使刚体绕 z 轴转动。以 h 表示从 O 点至力 F_{xy} 作用线的垂直距离。则力 F 对 z 轴之矩定义为：
$$M_z(F)=M_z(F_{xy})=M_O(F_{xy})=\pm F_{xy}\cdot h \quad (1.18)$$

力对轴之矩是力使刚体绕 z 轴转动效应的度量，它是代数量，其正负号规定如下：从 z 轴的正端往负端看，若力 F 的分力 F_{xy} 绕 z 轴的转向为逆时针方向时取正号，反之取负号。

根据力对轴之矩的定义可知，当力的作用线与轴共面(平行或相交)时，力对该轴之矩等于零。

力对轴之矩也可用解析式表示。如图 1.14 所示，设力 F 在沿 3 个坐标轴方向上的分力分别为 F_1、F_2、F_3，则：

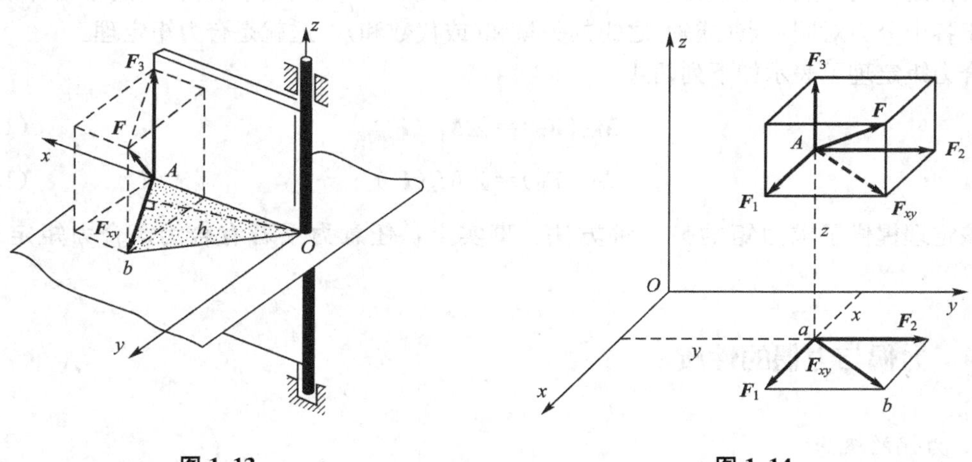

图 1.13　　　　图 1.14

$$M_z(F)=M_z(F_{xy})=M_z(F_1)+M_z(F_2)$$

考虑到 $F_1=F_xi$，$F_2=F_yj$，$F_3=F_zk$，力作用点 A 的坐标为(x、y、z)，则有

同理得到

$$\left.\begin{aligned}M_z(\boldsymbol{F})&=xF_y-yF_x\\M_x(\boldsymbol{F})&=yF_z-zF_y\\M_y(\boldsymbol{F})&=zF_x-xF_z\end{aligned}\right\}\tag{1.19}$$

3. 力对点之矩与力对通过该点的轴之矩的关系

由式(1.17)与式(1.20)可得：

$$\left.\begin{aligned}[\boldsymbol{M}_O(\boldsymbol{F})]_x&=M_x(\boldsymbol{F})\\ [\boldsymbol{M}_O(\boldsymbol{F})]_y&=M_y(\boldsymbol{F})\\ [\boldsymbol{M}_O(\boldsymbol{F})]_z&=M_z(\boldsymbol{F})\end{aligned}\right\}\tag{1.20}$$

式(1.21)说明：力对点之矩矢在通过该点的某轴上的投影等于力对该轴之矩。

例1.1 如图1.15所示，水平放置的圆轮轮缘上点A处作用一力$\boldsymbol{F}$，其作用线与过该点的圆轮切线夹角为α，并在过点A而与轮缘相切的平面内，点A与圆心O的连线与x轴的夹角为β。试求力$\boldsymbol{F}$对点O之矩矢。

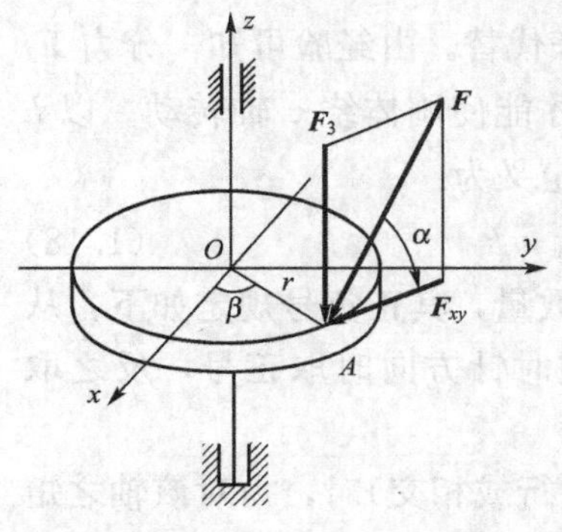

图1.15

解： 如图，将力$\boldsymbol{F}$分解为平行z轴的力$\boldsymbol{F}_3$和在圆盘平面内并与圆周切于点A的力$\boldsymbol{F}_{xy}$

$$F_3=F\sin\alpha\quad F_{xy}=F\cos\alpha$$

因而

$$M_z(\boldsymbol{F})=M_z(\boldsymbol{F}_{xy})=-Fr\cos\alpha$$
$$M_x(\boldsymbol{F})=M_x(\boldsymbol{F}_3)=-Fr\sin\alpha\sin\beta$$
$$M_y(\boldsymbol{F})=M_y(\boldsymbol{F}_3)=Fr\sin\alpha\cos\beta$$

则

$$\begin{aligned}\boldsymbol{M}_O(\boldsymbol{F})&=M_x(\boldsymbol{F})\boldsymbol{i}+M_y(\boldsymbol{F})\boldsymbol{j}+M_z(\boldsymbol{F})\boldsymbol{k}\\&=-Fr\sin\alpha\sin\beta\boldsymbol{i}+Fr\sin\alpha\cos\beta\boldsymbol{j}-Fr\cos\alpha\boldsymbol{k}\end{aligned}$$

4. 合力矩定理

设作用于同一点的n个力$\boldsymbol{F}_1$，$\boldsymbol{F}_2$，…，$\boldsymbol{F}_n$的合力为$\boldsymbol{F}_{\mathrm{R}}$，则该合力对某点(或某轴)之矩等于各个分力对同一点(或轴)之矩的矢量和(或代数和)，这就是合力矩定理。

合力矩定理可表示如下列两式：

$$\boldsymbol{M}_O(\boldsymbol{F}_{\mathrm{R}})=\sum\boldsymbol{M}_O(\boldsymbol{F}_i)\tag{1.21}$$

$$M_z(\boldsymbol{F}_{\mathrm{R}})=\sum M_z(\boldsymbol{F}_i)\tag{1.22}$$

该定理提供了求力矩的另一种方法。事实上，任意力系若有合力，合力矩定理都成立。

1.3.4 力偶与力偶的性质

1. 力偶的概念

由大小相等，方向相反，作用线平行但不共线的两个力组成的特殊力系，称为力偶，记为$(\boldsymbol{F}, \boldsymbol{F}')$，如图1.16(a)所示。组成力偶的两个力之间的距离称为力偶臂，力与力偶臂的乘积Fd称为力偶矩，两个力所在的平面称为力偶的作用面。

由于力偶中的两个力 $\boldsymbol{F}$ 与 $\boldsymbol{F}'$ 在任意坐标轴上的投影的和等于零，因此不存在合力，且其作用线不在同一直线，也不是平衡力。所以，力偶本身既不平衡，又不能与一个力等效。力偶对刚体只有转动效应，没有移动效应。力偶是一种不可能再简化的力系，它与力一样，是一种基本力学量。

力偶对物体的转动效应决定于力偶的三要素：力偶矩的大小、力偶作用面在空间的方位及力偶在作用面内的转向。

2. 力偶矩矢量

力偶对刚体的转动效应可用力偶中的两个力的力矩的和来度量。

如图 1.17 所示，设有力偶($\boldsymbol{F}$，$\boldsymbol{F}'$)作用在刚体上，$\boldsymbol{r}_A$、$\boldsymbol{r}_B$ 分别表示任意点 O 至两个力的作用点 A 与 B 的矢径，$\boldsymbol{r}_{BA}$ 为点 B 至点 A 的矢径，则力偶中的两个力对 O 点的矩矢之和为：

$$\boldsymbol{M}_O(\boldsymbol{F})+\boldsymbol{M}_O(\boldsymbol{F}')=\boldsymbol{r}_A\times\boldsymbol{F}+\boldsymbol{r}_B\times\boldsymbol{F}'=\boldsymbol{r}_A\times\boldsymbol{F}+\boldsymbol{r}_B\times(-\boldsymbol{F})$$
$$=(\boldsymbol{r}_A-\boldsymbol{r}_B)\times\boldsymbol{F}=\boldsymbol{r}_{BA}\times\boldsymbol{F}$$

矢积 $\boldsymbol{r}_{BA}\times\boldsymbol{F}$ 表示力偶对任意的 O 点的矩矢，它是力偶使刚体绕 O 点转动效应的度量，称为力偶矩矢量，通常用 $\boldsymbol{M}(\boldsymbol{F},\boldsymbol{F}')$ 表示，简记为 $\boldsymbol{M}$，即：

$$\boldsymbol{M}=\boldsymbol{r}_{BA}\times\boldsymbol{F} \tag{1.23}$$

力偶矩矢 $\boldsymbol{M}$ 的模等于力偶矩 Fd（图 1.17），其方向垂直于力偶的作用面，其指向由右手螺旋法则确定(图 1.16)。力偶矩矢 $\boldsymbol{M}$ 表明了力偶的三个要素。显然，力偶矩矢 $\boldsymbol{M}$ 与矩心 O 点的位置无关，它是自由矢量。

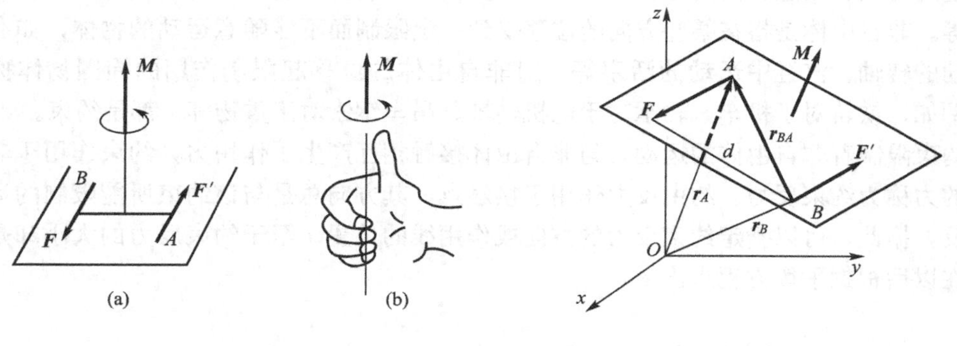

图 1.16　　图 1.17

3. 力偶的性质

由于力偶对物体的转动效应又完全决定于力偶矩矢，而力偶矩矢又是自由矢量，因此，力偶矩矢相等的两个力偶必然等效。据此，可推论出力偶的性质如下。

(1) 力偶对任意点之矩等于力偶矩矢，力偶对任意轴之矩等于力偶矩矢在该轴上的投影。

(2) 只要保持力偶矩矢不变，力偶可以在其作用面内及相互平行的平面内任意搬移而不会改变它对刚体的作用效应。例如汽车的方向盘，无论安装得高一些或低一些，只要保证两个位置的转盘平面平行，对转盘施以力偶矩相等、转向相同的力偶，其转动效应是相同的。

由此可见，只要不改变力偶矩矢 $\boldsymbol{M}$ 的大小和方向，不论将 $\boldsymbol{M}$ 画在同一刚体上的任何位置都一样。

(3) 只要保持力偶的转向和力偶矩的大小(即力与力偶臂的乘积)不变，可将力偶中的力和力偶臂做相应的改变，或将力偶在其作用面内任意移转，而不会改变其对刚体的作用效应。正因为如此，常常只在力偶的作用面内画出弯箭头加M来表示力偶，其中M表示力偶矩的大小，箭头则表示力偶在作用面内的转向，如图1.18所示。

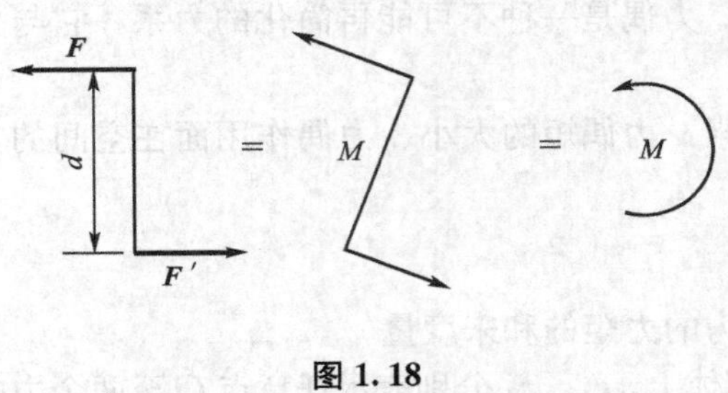

图1.18

需要指出的是，在平面情形下，由于力偶的作用面就是该平面，此时不必表明力偶的作用面，只需表示出力偶矩的大小及力偶的转向即可，因此可将力偶定义为代数量：$M=\pm Fd$，如图1.18所示。并且规定当力偶为逆时针转向时力偶矩为正，反之为负。

1.4 物体受力分析

1.4.1 约束与约束反力

物体按照运动所受限制条件的不同可以分为两类：自由体与非自由体。自由体是指物体在空间可以有任意方向的位移，即运动不受任何限制。如空中飞行的炮弹、飞机、人造卫星等。非自由体是指在某些方向的位移受到一定限制而不能随意运动的物体，如在轴承内转动的转轴、汽缸中运动的活塞等。对非自由体的位移起限制作用的周围物体称为约束，例如，铁轨对于机车，轴承对于电机转轴、吊车钢索对于重物等，都是约束。

约束限制着非自由体的运动，与非自由体接触相互产生了作用力，约束作用于非自由体上的力称为约束反力。约束反力作用于接触点，其方向总是与该约束所能限制的运动方向相反，据此，可以确定约束反力的方向或作用线的位置。至于约束反力的大小却是未知的，在以后根据平衡方程求出。

1.4.2 常见约束类型及其约束反力

1. 柔索约束

由绳索、链条、皮带等所构成的约束统称为柔索约束，这种约束的特点是柔软易变形，它给物体的约束反力只能是拉力。因此，柔索对物体的约束反力作用在接触点，方向沿柔索且背离物体。如图1.19、图1.20所示。

2. 光滑接触面约束

物体受到光滑平面或曲面的约束称作光滑面约束。这类约束不能限制物体沿约束表面切线的位移，只能限制物体沿接触表面法线并指向约束的位移。因此约束反力作用在接触点，方向沿接触表面的公法线，并指向被约束物体，如图1.21、图1.22所示。

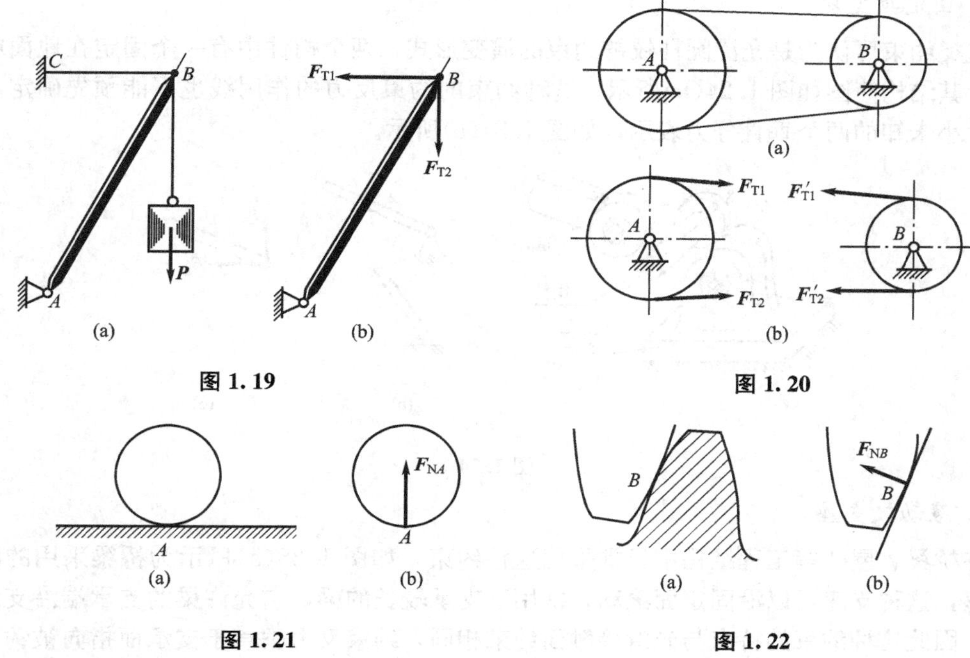

图 1.19

图 1.20

图 1.21

图 1.22

3. 光滑圆柱铰链约束

如图 1.23(a)、(b)，在两个构件 A、B 上分别有直径相同的圆孔，再将一直径略小于孔径的圆柱体销钉 C 插入该两构件的圆孔中，将两构件连接在一起，这种连接称为铰链连接，两个构件受到的约束称为光滑圆柱铰链约束。受这种约束的物体，只可绕销钉的中心轴线转动，而不能相对销钉沿任意径向方向运动。这种约束实质是两个光滑圆柱面的接触[图 1.23(c)]，其约束反力作用线必然通过销钉中心并垂直圆孔在 D 点的切线，约束反力的指向和大小与作用在物体上的其他力有关，所以光滑圆柱铰链的约束反力的大小和方向都是未知的，通常用大小未知的两个垂直分力表示，如图 1.23(d)所示。光滑圆柱铰链的简图如图 1.23(e)所示。

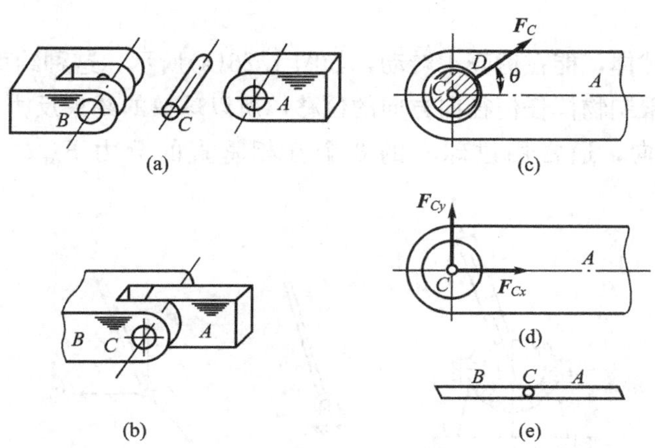

图 1.23

4. 固定铰支座

这类约束可认为是光滑圆柱铰链约束的演变形式，两个构件中有一个固定在地面或机架上，其结构简图如图 1.24(b)所示。这种约束的约束反力的作用线也不能预先确定，可以用大小未知的两个垂直分力表示，如图 1.24(c)所示。

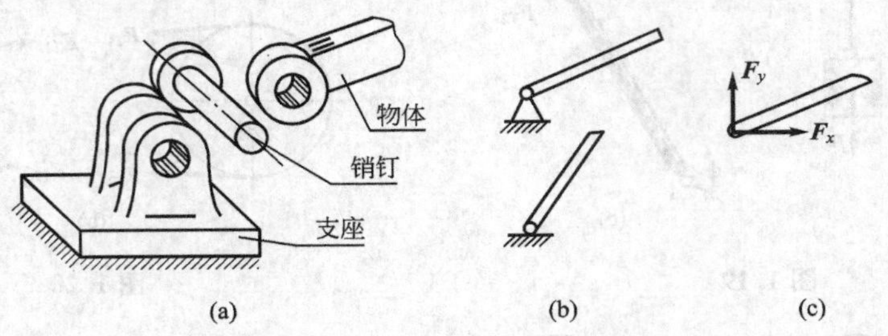

图 1.24

5. 滚动铰支座

在桥梁、屋架等工程结构中经常采用这种约束，如图 1.25(a)所示为桥梁采用的滚动铰支座，这种支座可以沿固定面滚动，常用于支承较长的梁，它允许梁的支承端沿支承面移动。因此这种约束的特点与光滑接触面约束相同，约束反力垂直于支承面指向被约束物体，如图 1.25(c)所示。

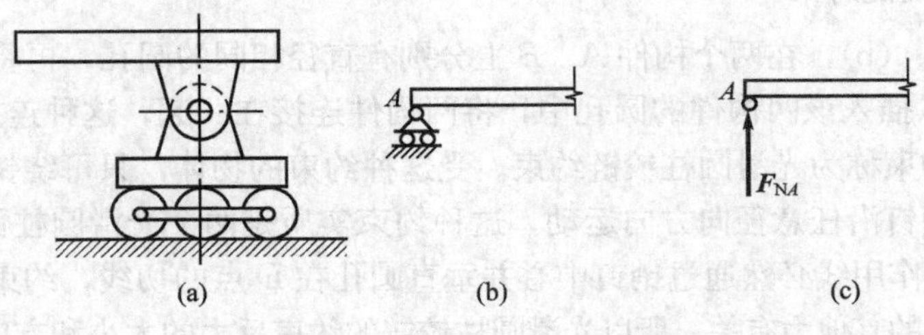

图 1.25

6. 球形铰支座

物体的一端为球体，能在球壳中转动，如图 1.26(a)所示，这种约束称为球形铰支座，简称球铰。球铰能限制物体任何径向方向的位移，所以球铰的约束反力的作用线通过球心并可能指向任一方向，通常用过球心的 3 个互相垂直的分力 F_{Ax}、F_{Ay}、F_{Az} 表示，如图 1.26(c)所示。

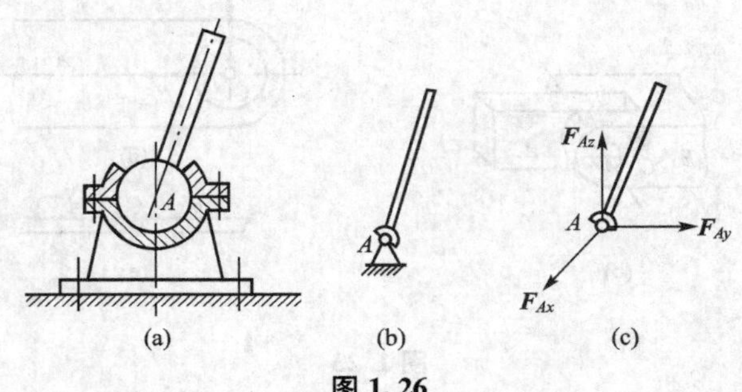

图 1.26

7. 轴承

轴承是机械中常见的一种约束，常见的轴承有两种形式，一种是径向轴承[图 1.27(a)]，它限制转轴的径向位移，并不限制它的轴向运动和绕轴转动，其性质和圆柱铰链类似，如图 1.27(b)所示为其示意简图，径向轴承的约束反力用两个垂直于轴长方向的正交分力表示[图 1.27(c)]。另一种是径向止推轴承，它既限制转轴的径向位移，又限制它的轴向运动，只允许绕轴转动，其约束反力用 3 个大小未知的正交分力表示，如图 1.28 所示。

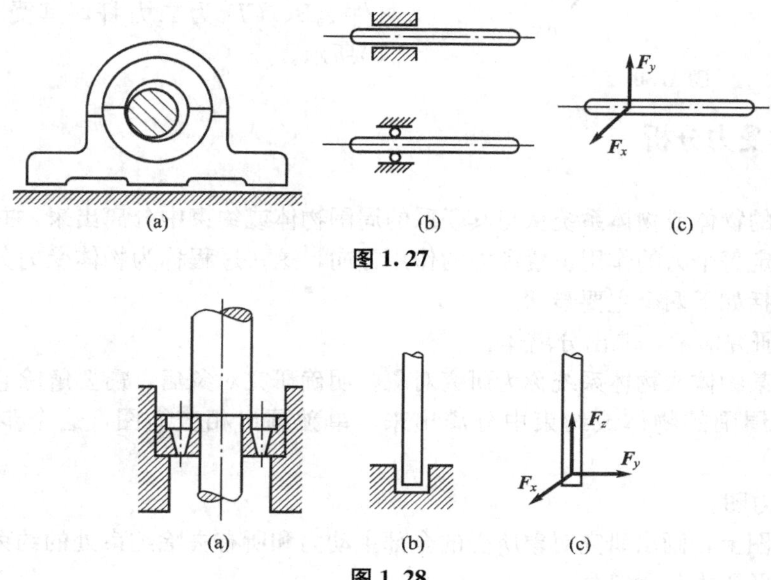

图 1.27

图 1.28

8. 固定端约束

有时物体会受到完全固结作用，如深埋在地里的电线杆，如图 1.29(a)所示。这时物体的 A 端在空间各个方向上的运动(包括平移和转动)都受到限制，这类约束称为固定端约束。其简图如图 1.29(b)所示。其约束反力可这样理解：一方面，物体受约束部位不能平移，因而受到一约束反力 $\boldsymbol{F}_A$作用；另一方面，也不能转动，因而还受到一约束反力偶 $\boldsymbol{M}_A$ 的作用。如图 1.29(c)所示。约束反力 $\boldsymbol{F}_A$和约束反力偶 $\boldsymbol{M}_A$ 均作用在接触部位，而方位和指向均未知。在空间情形下，通常将固定端约束的约束反力画成 6 个独立分量。符号为 F_{Ax}，F_{Ay}，F_{Az}，M_{Ax}，M_{Ay}，M_{Az}，如图 1.29(d)所示。对平面情形，则只需画出 3 个独立分量 F_{Ax}，F_{Ay}，M_A，如图 1.29(e)所示。

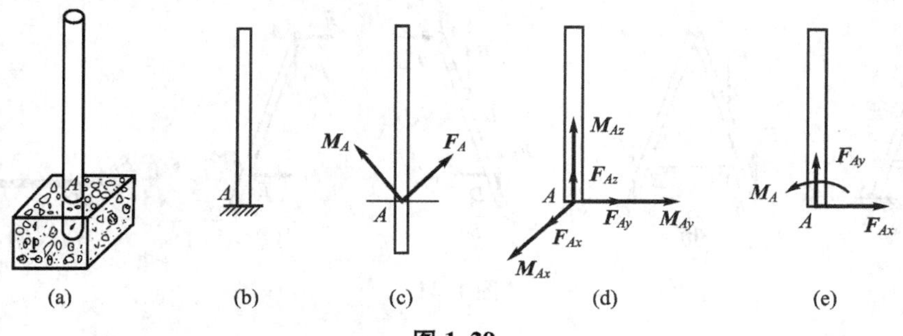

图 1.29

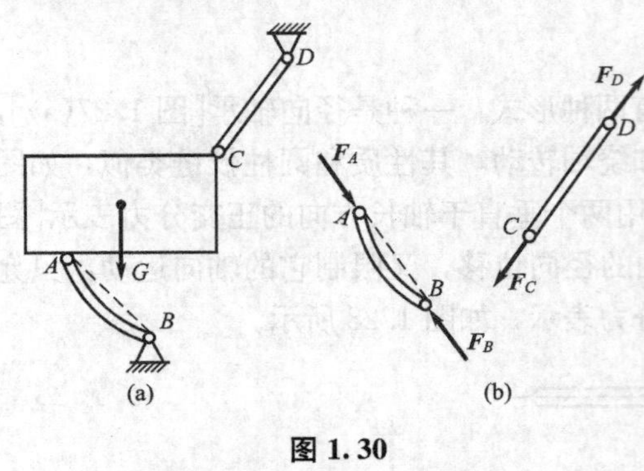

图 1.30

9. 二力杆约束

两端用光滑铰链与其他物体连接，中间不受力且不计自重的杆件，即为二力杆。二力杆两端所受的两个力大小相等、方向相反，作用线沿着两铰接点的连线，至于二力杆受拉还是受压则可假设。图 1.30(a)的结构中，杆件 AB、CD 为二力杆，其受力如图 1.30(b)所示。

1.4.3　物体受力分析

将所研究的物体或物体系统从与其联系的周围物体或约束中分离出来，并分析它受几个力作用，确定每个力的作用位置和力的作用方向，这一过程称为物体受力分析。物体受力分析过程包括如下两个主要步骤。

(1) 确定研究对象，取出分离体。

待分析的某物体或物体系统称为研究对象。明确研究对象后，需要解除它受到的全部约束，将其从周围的物体或约束中分离出来，单独画出相应简图，这个步骤称为取分离体。

(2) 画受力图。

在分离体图上，画出研究对象所受的全部主动力和所有去除约束处的约束反力，并标明各力的符号及受力位置符号。

这样得到的表明物体受力状态的简明图形，称为受力图。下面举例说明受力图的画法。

例 1.2　试画出图 1.31(a)所示结构的整体、AB 杆、AC 杆的受力图。

解：(1) 以结构整体为研究对象，主动力有荷载 $\boldsymbol{F}$，注意到 B、C 处为光滑面约束，约束反力为 $\boldsymbol{F}_B$、$\boldsymbol{F}_C$。其受力图如图 1.31(b)所示。

(2) 取出 AB 杆的分离体，A 处为光滑圆柱铰链约束，D 处受到柔绳约束，其受力图如图 1.31(c)所示。

(3) 取出 AC 杆的分离体，A 处受到 AB 杆的反作用力 $\boldsymbol{F}'_{Ax}$、$\boldsymbol{F}'_{Ay}$，E 处为柔绳约束，AC 杆受力如图 1.31(d)所示。

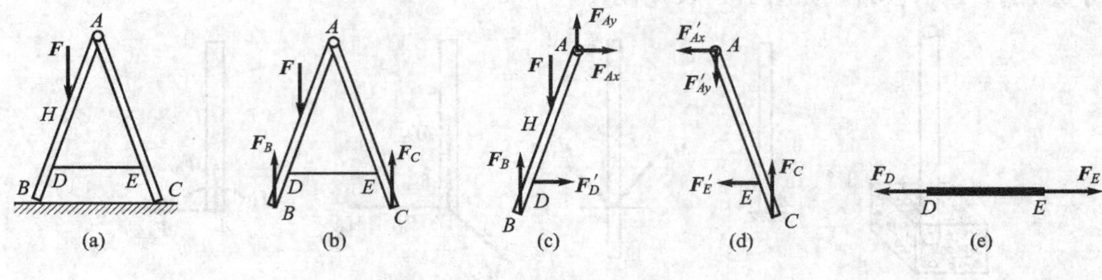

图 1.31

例 1.3 在图 1.32(a)中，多跨梁 ABC 由 ADB、BC 两个简单的梁组合而成，受集中力 $\boldsymbol{F}$ 及均布荷载 q 作用，试画出整体及梁 ADB、BC 段的受力图。

解：(1) 取整体为研究对象，先画集中力 $\boldsymbol{F}$ 与分布荷载 q，再画约束反力。A 处约束反力分解为二正交分量，D、C 处的约束反力分别与其支承面垂直，B 处约束反力为内力，不能画出，整体的受力图如图 1.32(b)所示。

(2) 取 ADB 段的分离体，先画集中力 $\boldsymbol{F}$ 及梁段上的分布荷载 q，再画 A、D、B 处的约束反力 $\boldsymbol{F}_{Ax}$、$\boldsymbol{F}_{Ay}$、$\boldsymbol{F}_{D}$、$\boldsymbol{F}_{Bx}$、$\boldsymbol{F}_{By}$，ADB 梁受力如图 1.32(c)所示。

(3) 取 BC 段的分离体，先画梁段上的分布荷载 q，再画出 B、C 处的约束反力，注意 B 处的约束反力与 AB 段 B 处的约束反力是作用力与反作用力关系，C 处的约束反力 $\boldsymbol{F}_C$ 与斜面垂直，BC 梁受力如图 1.32(d)所示。

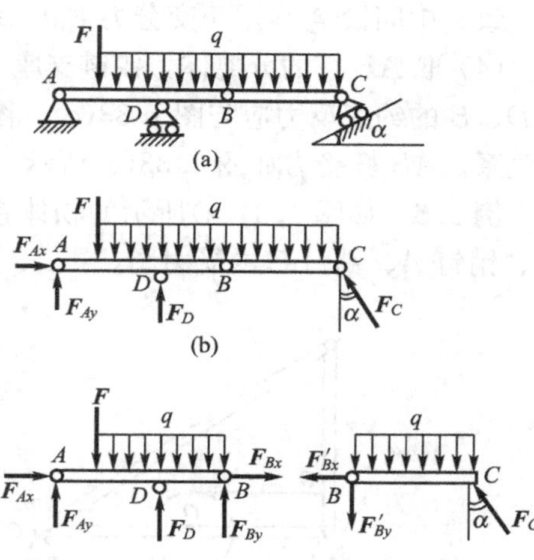

图 1.32

例 1.4 图 1.33(a)的构架中，BC 杆上有一导槽，DE 杆上的销钉可在槽中滑动，设所有接触面均为光滑，各杆的自重均不计，试画出整体及杆 AB、BC、DE 的受力图。

解：(1) 取整体为研究对象，注意到 A、C 处均为固定铰支座。先画集中力 $\boldsymbol{F}$，再画 A、C 处的约束反力，如图 1.33(b)所示。

(2) 取 DE 杆的分离体，先画集中力 $\boldsymbol{F}$，再画销钉 H、D 所受之力。销钉 H 可沿导槽滑动，因此，导槽给销钉的约束反力 $\boldsymbol{F}_{NH}$ 应垂直于导槽，D 处约束反力用正交力 $\boldsymbol{F}_{Dx}$、$\boldsymbol{F}_{Dy}$ 表示。DF 杆受力如图 1.33(c)所示。

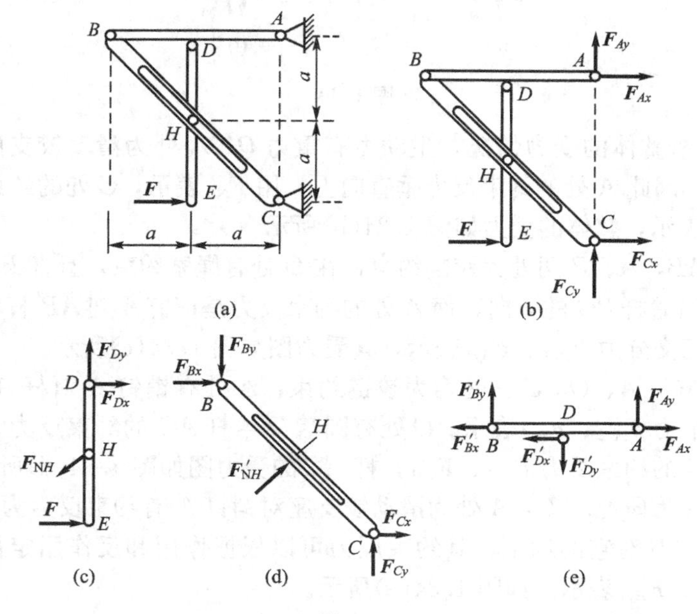

图 1.33

(3) 取 BC 的杆的分离体，先画销钉 H 对导槽的作用力 F'_{NH}，它与上面的力 F_{NH} 是作用力与反作用力的关系；再画固定铰支座 C 的约束反力 F_{Cx}、F_{Cy}，它应与整体图 1.33(b)的一致；中间铰链 B 用正交分力 F_{Bx}、F_{By} 表示，BC 杆受力如图 1.33(d)所示。

(4) 取 AB 杆的分离体，铰链支座 A 的约束反力应与整体图 1.33(b)的一致；中间铰链 D、B 的约束反力应与图 1.33(c)、图 1.33(d)中 D、B 的约束反力是作用力与反作用力的关系。AB 杆受力如图 1.33(e)所示。

例 1.5 如图 1.34(a)所示的物体系统，试画出整体、杆 AB、AC(均不包括销钉 A、C)、销钉 A、销钉 C 的受力图。

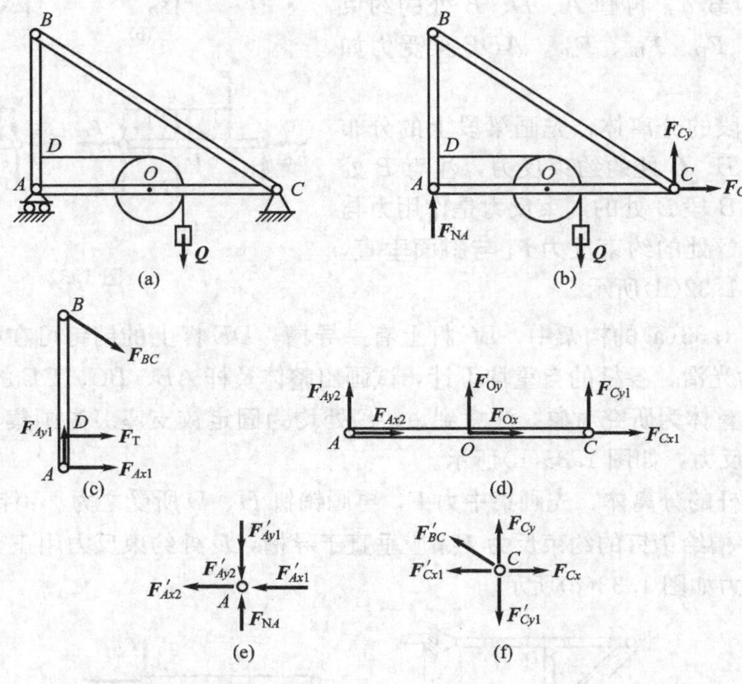

图 1.34

解：(1)先分析整体的受力情况，主动力有重力 Q。A 处为滑动铰支座约束，C 处为固定铰支座约束，因此 A 处的约束反力垂直向上，用 F_{NA} 表示，C 处的约束反力用两个正交分力 F_{Cx}、F_{Cy} 表示，整体的受力如图 1.34(b)所示。

(2) 取出杆 AB，A、B 两处为铰链约束，在 D 处有绳索约束，且杆 BC 为二力杆，因此 B 处约束反力沿着杆 BC 的方向，而 A 处的约束反力是销钉 A 对 AB 杆的作用力，可用两个大小未知的正交分力 F_{Ax1}、F_{Ay1} 表示，其受力图如图 1.34(c)所示。

(3) 取出杆 AC，A、O、C 三处均为铰链约束，A 处有销钉 A 对杆 AC 的约束反力，用大小未知的两个力 F_{Ax2}、F_{Ay2} 表示。O 处有圆盘 O 给杆 AC 的约束反力 F_{Ox}、F_{Oy}，C 处有销钉 C 对杆 AC 的约束反力 F_{Cx1}、F_{Cy1}，杆 AC 的受力图如图 1.34(d)所示。

(4) 取销钉 A 为研究对象，A 处为滑动铰支座对销钉 A 有约束反力为 F_{NA}，另外销钉 A 还受到杆 AC、AB 对它的约束，其约束反力可以根据作用和反作用定律确定，分别用 F'_{Ax2}、F'_{Ay2}、F'_{Ax1}、F'_{Ay1} 表示，如图 1.34(e)所示。

(5) 取销钉 C 为研究对象，销钉 C 受到固定铰支座、杆 AC、杆 BC 对它的约束。固

定铰链支座给销钉 C 的约束反力就是 $\boldsymbol{F}_{Cx}$，$\boldsymbol{F}_{Cy}$，杆 BC 为二力构件，因此杆 BC 对销钉 C 的约束反力 $\boldsymbol{F}'_{BC}$ 沿着杆 BC 的连线，方向与杆 BC 对杆 AB 的约束反力方向相反，杆 AC 对销钉 C 的约束反力由作用和反作用定律确定，用 $\boldsymbol{F}'_{Cx1}$，$\boldsymbol{F}'_{Cy1}$ 表示，销钉 C 受力如图 1.34(f)所示。

思　考　题

1-1　某刚体上作用有两个力 $\boldsymbol{F}_1$、$\boldsymbol{F}_2$，且 $\boldsymbol{F}_1=-\boldsymbol{F}_2$，则该刚体可能保持何种状态？

1-2　试说明下列各式表示的意义有何区别：(1)$\boldsymbol{F}_1=\boldsymbol{F}_2$；(2)$F_1=F_2$；(3)力 $\boldsymbol{F}_1$ 等效于力 $\boldsymbol{F}_2$。

1-3　在静力学五个公理和两个推论中，哪几个公理和推论只适合于刚体？

1-4　悬挂的小球静止不动是因为小球对绳向下的拉力和绳对小球向上的拉力互相抵消的缘故。这种说法对吗？为什么？

1-5　若作用于刚体上的三个力共面且汇交于一点，则刚体一定平衡；反之，若作用于刚体上三个力共面，但不汇交于一点，则刚体一定不平衡。这种说法对吗？为什么？

1-6　试指出力在坐标轴上的分力与力的投影有何区别？

1-7　图 1.35 所示正方体，边长为 a，力 $\boldsymbol{F}$ 沿 EC 作用。试计算该力对 x、y、z 三轴的矩。

1-8　力对于一点的矩不因力沿其作用线滑动而改变。这种说法对吗？为什么？

1-9　图 1.36 所示长方形刚体，仅受二力偶作用，已知其力偶矩满足 $\boldsymbol{M}_1=-\boldsymbol{M}_2$，该长方体是否平衡？

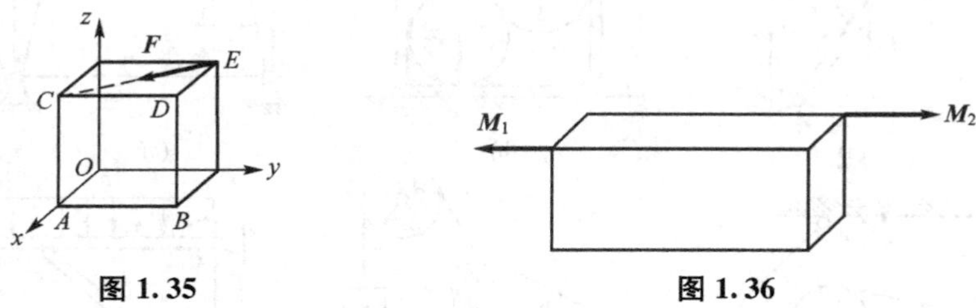

图 1.35　　　　图 1.36

1-10　空间两力偶等效的条件是什么？

1-11　空间力对点的矩在任意轴上的投影等于力对该轴的矩，这种说法对吗？为什么？

习　　题

1-1　画出图 1.37 所示各图中物体 A，或构件 ABC、AB、AC、CD 的受力图。图中未画重力的各物体的自重不计，所有接触处均为光滑接触。

1-2　画出如图 1.38 所示结构中各杆件的受力图与系统整体的受力图。图中未画重力的各杆件的自重不计，所有接触处均为光滑接触。

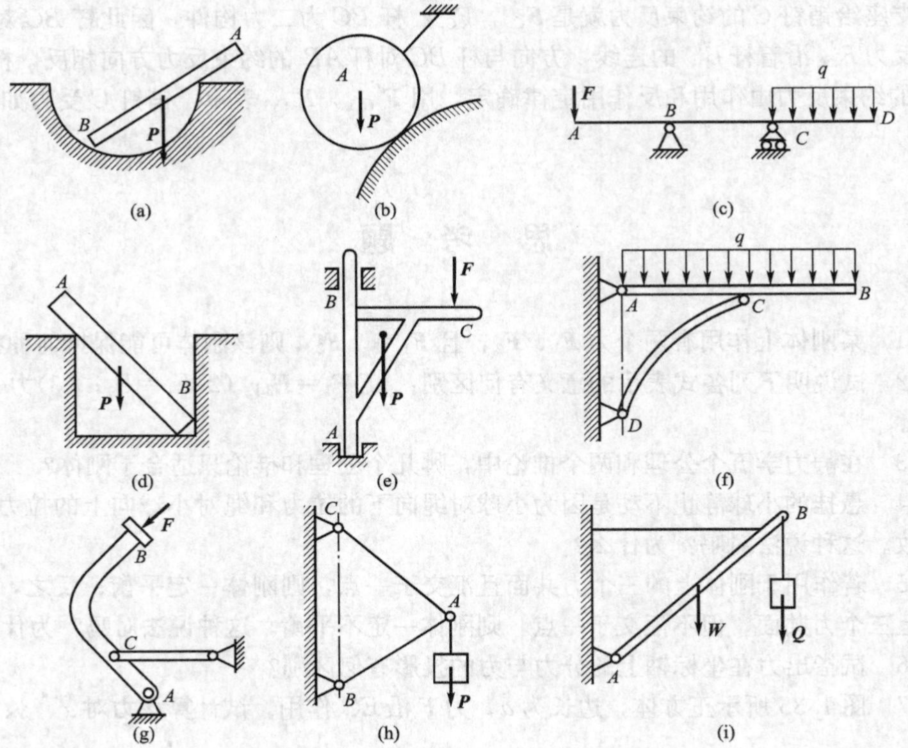

图 1.37

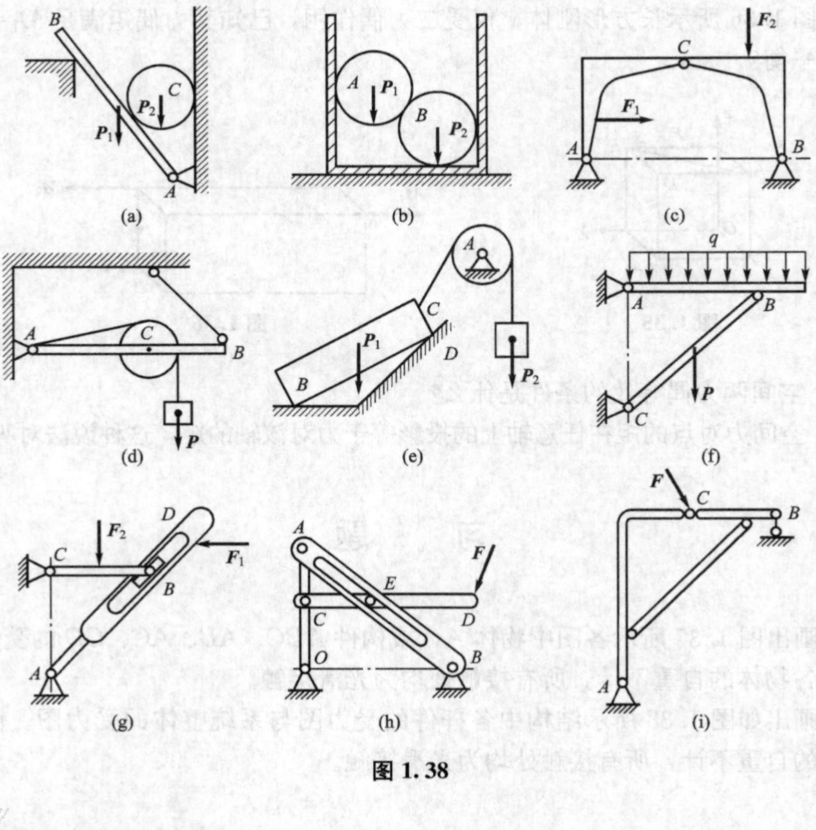

图 1.38

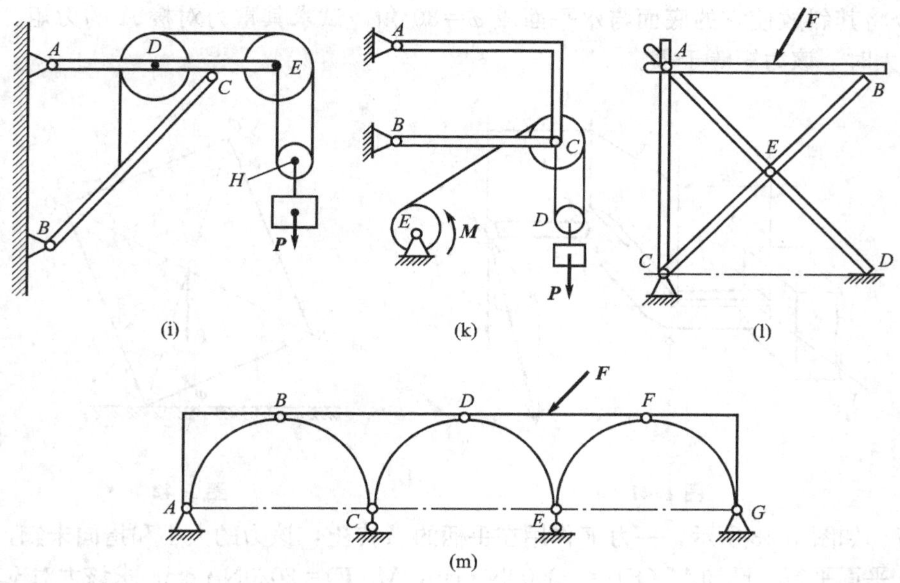

图 1.38（续）

1-3　长方体三边长 $a=16\text{cm}$，$b=15\text{cm}$，$c=12\text{cm}$，如图 1.39 所示。已知力 $\boldsymbol{F}$ 大小为 100N，方位角 $\alpha=\arctan\dfrac{3}{4}$，$\beta=\arctan\dfrac{4}{3}$，试写出力 $\boldsymbol{F}$ 的矢量表达式。

1-4　如图 1.40 所示为翻斗车上翻斗的工作示意图。BC 表示液压缸，力 $\boldsymbol{F}$ 为缸中活塞作用于翻斗上的力。试求力 $\boldsymbol{F}$ 对点 A 之矩。

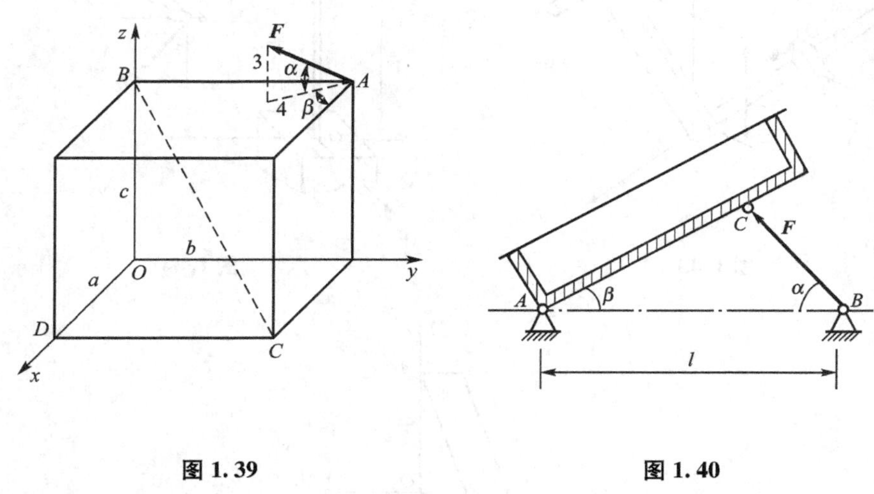

图 1.39　　　　图 1.40

1-5　托架 $ABCD$ 在 Axy 平面内，AB 垂直 BC，BC 垂直 CD，尺寸如图 1.41 所示，A 处为固定端。在 D 处作用一力 $\boldsymbol{F}$。它在与 y 轴垂直的平面内，与铅垂线夹角为 α。试求力 $\boldsymbol{F}$ 对三个坐标轴之矩。

1-6　如图1.42所示正平行六面体$ABCD$，重为$P=100\text{N}$，边长$AB=6\text{cm}$，$AD=80\text{cm}$。今将其斜放使它的底面与水平面成$\varphi=30^\circ$角，试求其重力对棱A的力矩。又问当φ等于多大时，该力矩等于零。

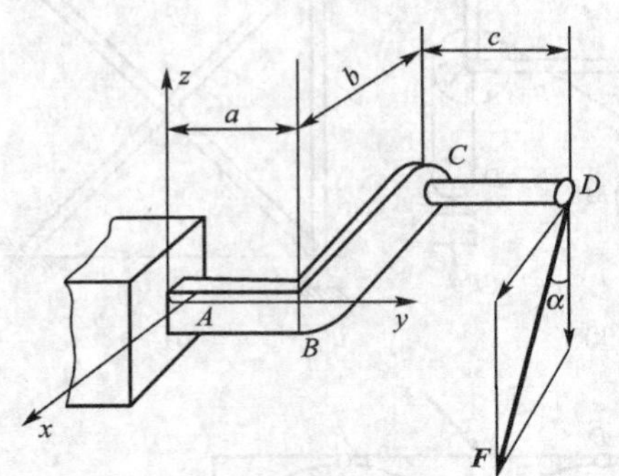

图1.41

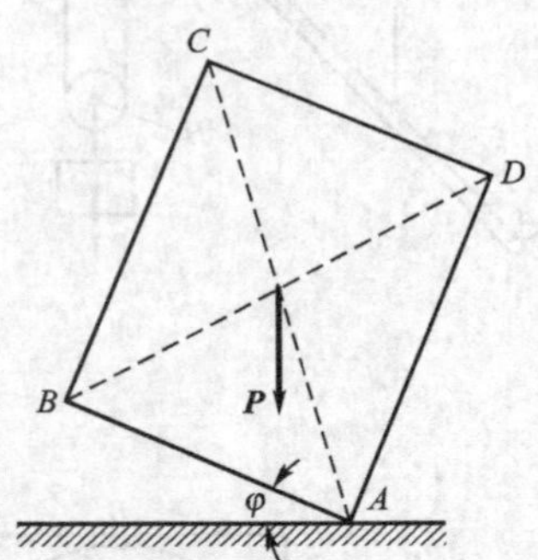

图1.42

1-7　如图1.43所示，一力$\boldsymbol{F}$作用在手柄的A点上，该力的大小和指向未知，其作用线与Oxz平面平行。已知$M_x(\boldsymbol{F})=-3600\text{N}\cdot\text{cm}$，$M_z(\boldsymbol{F})=2020\text{N}\cdot\text{cm}$。求该力对$y$轴之矩。

1-8　图示弯架O处为固定端。尺寸如图1.44所示。受力$F_1=5\text{kN}$，与铅垂线夹角$a=45^\circ$，$F_2=4\text{kN}$，$F_3=6\text{kN}$，试求此力系对三个坐标轴x，y，z的力矩。

1-9　如图1.45所示，求力$\boldsymbol{F}$对点A的力矩。

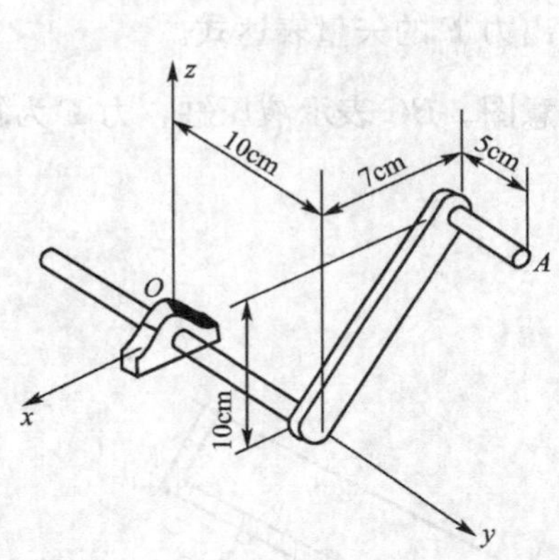

图1.43

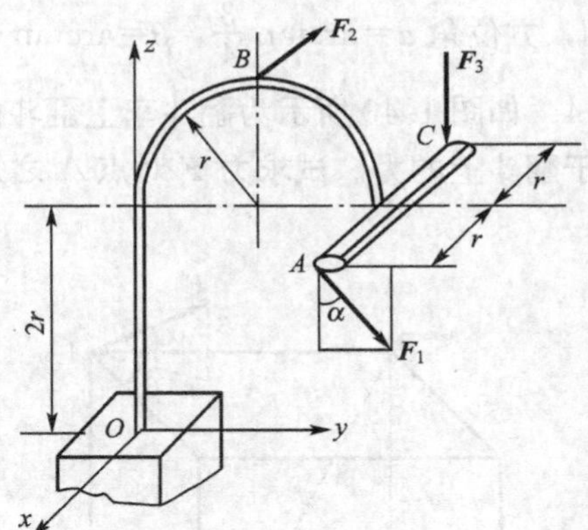

图1.44

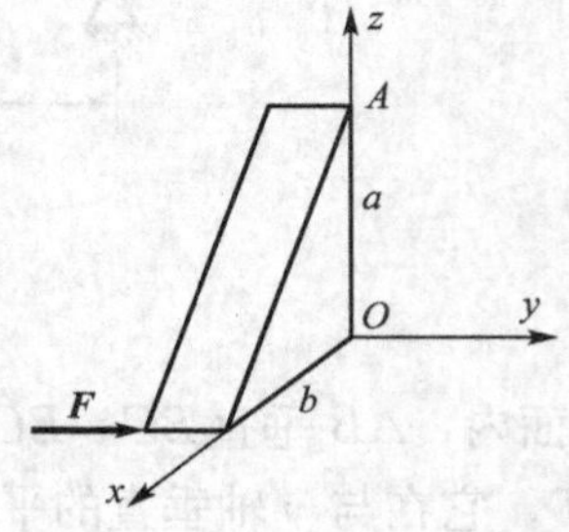

图1.45

第2章 力系简化理论

教学目标

本章介绍汇交力系、力偶系、任意力系的简化。力系简化理论是研究静力学平衡问题的基础，它是静力学的重要内容。本章针对各种力系的特点，研究力系的简化方法，讨论各力系简化结果；并从平行力系的简化结果出发，导出物体重心的计算公式，介绍求重心的方法。通过本章的学习，应达到以下目标。

(1) 掌握平面与空间汇交力系、力偶系、任意力系的简化方法。

(2) 掌握平面与空间汇交力系、力偶系、任意力系的简化结果。

(3) 掌握主矢、主矩的概念，并熟练计算。

(4) 掌握平行力系的简化，熟悉求重心的方法。

教学要求

知识要点	能力要求	相关知识
平面与空间汇交力系、力偶系、任意力系的简化	(1) 掌握各种力系的简化方法 (2) 熟悉各种力系的简化结果	(1) 汇交力系简化的几何法、解析法 (2) 力偶系简化的几何法、解析法 (3) 力线平移定理 (4) 任意力系的简化方法与简化结果
主矢、主矩的概念	(1) 理解主矢、主矩的概念 (2) 能熟练进行主矢、主矩的计算	(1) 主矢、主矩的概念 (2) 主矢、主矩的计算
力系简化的工程应用	掌握各种力系的简化计算方法，并讨论力系简化的最后结果	(1) 各种力系简化的方法 (2) 力系简化结果的讨论
物体重心	(1) 掌握平行力系的简化方法 (2) 能熟练求物体的重心	(1) 平行力系的简化方法 (2) 物体重心的计算

基本概念

汇交力系、力偶系、平面任意力系、空间任意力系、力多边形法则、主矢、主矩、力线平移定理、简化中心、简化结果、力螺旋

在工程实际问题中，物体的受力情况往往比较复杂，为了研究力系对物体的作用效应，或讨论物体在力系作用下的平衡规律，需要将力系进行等效简化。力系简化理论也是静力学的重要内容。

根据力系中诸力的作用线在空间的分布情况，可将力系进行分类。力的作用线均在同一平面内的力系称为平面力系，力的作用线为空间分布的力系称为空间力系；力的作用线均汇交于同一点的力系称为汇交力系，力的作用线互相平行的力系称为平行力系，若组成力系的元素都是力偶，这样的力系称为力偶系，若力的作用线的分布是任意的，既不相交于一点，也不都相互平行，这样的力系称为任意力系。此外，若诸力的作用线均在同一平面内且汇交于同一点的力系称为平面汇交力系，照此类推，还有平面力偶系、平面任意力系、平面平行力系以及空间汇交力系、空间力偶系、空间任意力系、空间平行力系等。

以下分别讨论各种力系的简化。

2.1 汇交力系的简化

2.1.1 几何法

设汇交于O点的汇交力系由n个力$\boldsymbol{F}_1$，$\boldsymbol{F}_2$，…，$\boldsymbol{F}_n$组成。根据力的三角形法则，将各力依次合成，即：$\boldsymbol{F}_1+\boldsymbol{F}_2=\boldsymbol{F}_{R1}$，$\boldsymbol{F}_{R1}+\boldsymbol{F}_3=\boldsymbol{F}_{R2}$，…，$\boldsymbol{F}_{Rn-2}+\boldsymbol{F}_n=\boldsymbol{F}_R$，$\boldsymbol{F}_R$为最后的合成结果，即原力系的合力。将各式合并，则汇交力系合力的矢量表达式为：

$$\boldsymbol{F}_R=\boldsymbol{F}_1+\boldsymbol{F}_2+\cdots+\boldsymbol{F}_n=\sum\boldsymbol{F}_i$$

以平面汇交力系为例说明简化过程，如图2.1(a)所示，作用在刚体上的4个力$\boldsymbol{F}_1$、$\boldsymbol{F}_2$、$\boldsymbol{F}_3$和$\boldsymbol{F}_4$汇交于点O，如图2.1(b)所示。为求出通过汇交点O的合力$\boldsymbol{F}_R$，连续应用力三角形法则得到开口的力多边形$abcde$，最后力多边形的封闭边矢量$\overrightarrow{ae}$就确定了合力$\boldsymbol{F}_R$的大小和方向，这种通过力多边形求合力的方法称为力多边形法则。改变分力的作图顺序，力多边形改变，如图2.1(c)所示，但其合力$\boldsymbol{F}_R$不变。

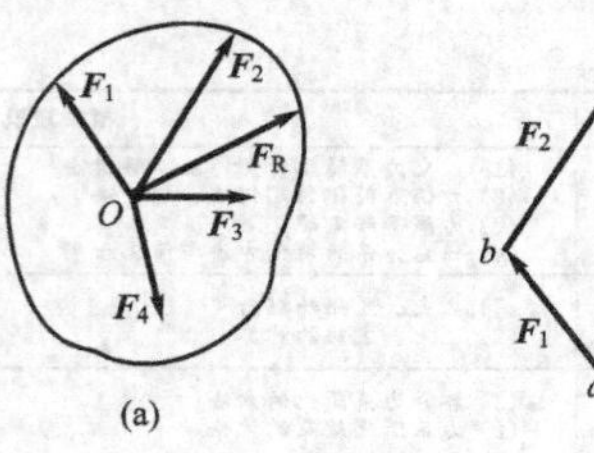

(a)

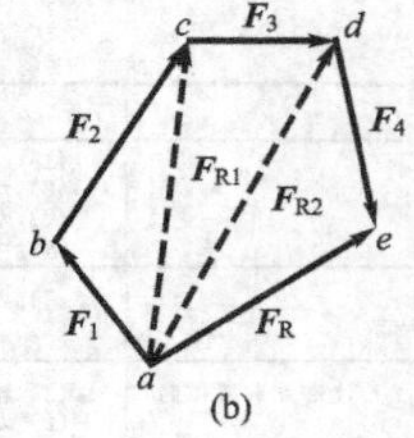

(b)

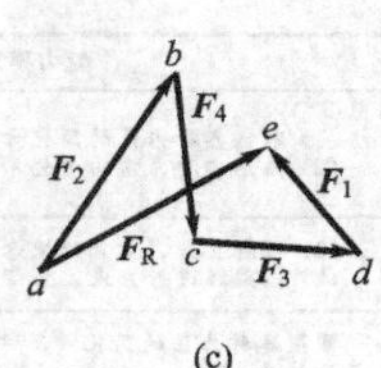

(c)

图2.1

由此看出，汇交力系的合成结果是一合力，合力的大小和方向由各力的矢量和确定，作用线通过汇交点。对于空间汇交力系，按照力多边形法则，得到的是空间力多边形。

2.1.2 解析法

汇交力系各力 $\boldsymbol{F}_i$ 在直角坐标系中的解析表达式为：

$$\boldsymbol{F}_i = F_{ix}\boldsymbol{i} + F_{iy}\boldsymbol{j} + F_{iz}\boldsymbol{k} \tag{2.1}$$

根据合力投影定理，由式(2.1)有：

$$F_{Rx} = \sum F_{ix}, \; F_{Ry} = \sum F_{iy}, \; F_{Rz} = \sum F_{iz} \tag{2.2}$$

由合力的三个投影可得到汇交力系合力的大小和方向余弦：

$$\left.\begin{aligned} &F_R = \sqrt{F_{Rx}^2 + F_{Ry}^2 + F_{Rz}^2} \\ &\cos(\boldsymbol{F}_R, \boldsymbol{i}) = \frac{F_{Rx}}{F_R}, \; \cos(\boldsymbol{F}_R, \boldsymbol{j}) = \frac{F_{Ry}}{F_R}, \; \cos(\boldsymbol{F}_R, \boldsymbol{k}) = \frac{F_{Rz}}{F_R} \end{aligned}\right\} \tag{2.3}$$

也可将合力 $\boldsymbol{F}_R$ 写成解析表达式：$\boldsymbol{F}_R = F_{Rx}\boldsymbol{i} + F_{Ry}\boldsymbol{j} + F_{Rz}\boldsymbol{k}$

2.2 力偶系的简化

若刚体上作用有由力偶矩矢 $\boldsymbol{M}_1$，$\boldsymbol{M}_2$，…，$\boldsymbol{M}_n$ 组成的力偶系，如图 2.2(a)所示。根据力偶的等效性，保持每个力偶矩矢大小、方向不变，可以将各力偶矩矢平移至图 2.2(b)中的任一点 A，而不会改变原力偶系对刚体的作用效果，得到的力偶系与 2.1 节介绍的汇交力系同属汇交矢量系，其合成方式与合成结果完全类同。由此可知，力偶系合成结果为一合力偶，合力偶矩矢 $\boldsymbol{M}$ 等于各偶矩矢的矢量和，即：

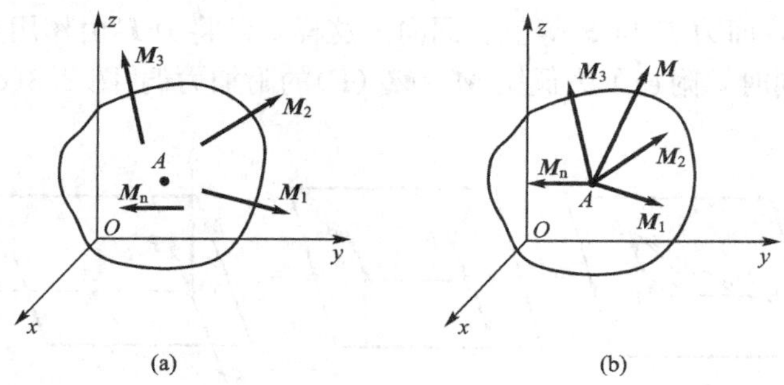

图 2.2

$$\boldsymbol{M} = \sum \boldsymbol{M}_i \tag{2.4}$$

合力偶矩矢在各直角标轴上的投影分别为：

$$M_x = \sum M_{ix}, \; M_y = \sum M_{iy}, \; M_z = \sum M_{iz} \tag{2.5}$$

合力偶矩的大小和方向余弦分别为：

$$\left.\begin{aligned} &M = \sqrt{M_x^2 + M_y^2 + M_z^2} \\ &\cos(\boldsymbol{M}, \boldsymbol{i}) = \frac{M_x}{M}, \; \cos(\boldsymbol{M}, \boldsymbol{j}) = \frac{M_y}{M}, \; \cos(\boldsymbol{M}, \boldsymbol{k}) = \frac{M_z}{M} \end{aligned}\right\} \tag{2.6}$$

或将合力偶矩矢用解析式表示为：

$$\boldsymbol{M}=M_x\boldsymbol{i}+M_y\boldsymbol{j}+M_z\boldsymbol{k}$$

需要说明的是，由于平面力偶矩是代数量，对平面力偶系 M_1，M_2，…，M_n，合成结果为该力偶系所在平面内的一个力偶，合力偶矩 M 为各力偶矩的代数和。

$$M=\sum M_i \tag{2.7}$$

2.3 任意力系的简化

任意力系不是汇交矢量系，因而不能像汇交力系或力偶系那样直接求矢量和得到最终简化结果，但我们可以将各力的作用线向某点平移得到汇交力系以利用前面已得到的结果。为此，这里先介绍力线平移定理。

2.3.1 力线平移定理

由于作用于刚体上的力是滑移矢量而不是自由矢量，如果将作用于刚体上的力线平行移动到任一位置而使其作用效果不变，则必须依照力线平移定理进行。

定理：可以把作用在刚体上某点的力 $\boldsymbol{F}$ 平移到任意点，但必须同时附加一个力偶，这个附加力偶的力偶矩矢等于原来的力对新作用点的力矩矢量。这称为力线平移定理。

证明：如图 2.3(a)所示，$\boldsymbol{F}$ 为作用于刚体上 A 点的力。在刚体上任取一点 O，并在 O 点加上一对平衡力 $\boldsymbol{F}'$ 和 $\boldsymbol{F}''$，且使 $\boldsymbol{F}'=\boldsymbol{F}=-\boldsymbol{F}''$ [图 2.3(b)]。根据加减平衡力系公理可知，新的力系($\boldsymbol{F}$，$\boldsymbol{F}'$，$\boldsymbol{F}''$)与原力系 $\boldsymbol{F}$ 等效。但新力系($\boldsymbol{F}$，$\boldsymbol{F}'$，$\boldsymbol{F}''$)可视为由力 $\boldsymbol{F}'$ 和力偶($\boldsymbol{F}$，$\boldsymbol{F}''$)所组成。力偶($\boldsymbol{F}$，$\boldsymbol{F}''$)称为附加力偶。其力偶矩矢量 $\boldsymbol{M}$ 与力 $\boldsymbol{F}$ 对新作用点 O 的力矩矢量 $\boldsymbol{M}_O(\boldsymbol{F})$ 相等，而力 $\boldsymbol{F}'$ 与 $\boldsymbol{F}$ 等值、同向。这样，已将力 $\boldsymbol{F}$ 由作用点 A 平移到了新作用点 O，在平移的同时，附加了力偶矩 $\boldsymbol{M}=\boldsymbol{M}_O(\boldsymbol{F})$ 的附加力偶[图 2.3(c)]。

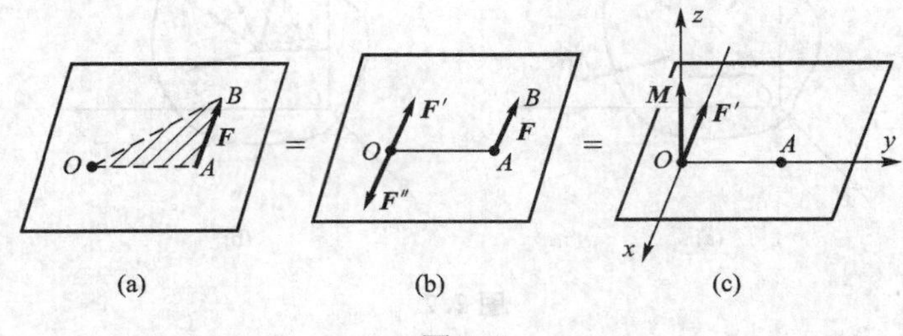

图 2.3

2.3.2 空间任意力系向任意一点的简化

设刚体上作用空间任意力系 $\boldsymbol{F}_1$，$\boldsymbol{F}_2$，…，$\boldsymbol{F}_n$[图 2.4(a)]。根据力线平移定理，将各力平移至任意的指定点 O[图 2.4(b)]，得到与原力系等效的两个力系：汇交于 O 点的空间汇交力系 $\boldsymbol{F}_1'$，$\boldsymbol{F}_2'$，…，$\boldsymbol{F}_n'$ 和力偶矩矢分别为 $\boldsymbol{M}_1$，$\boldsymbol{M}_2$，…，$\boldsymbol{M}_n$ 的附加空间力偶系。点

O称为简化中心。

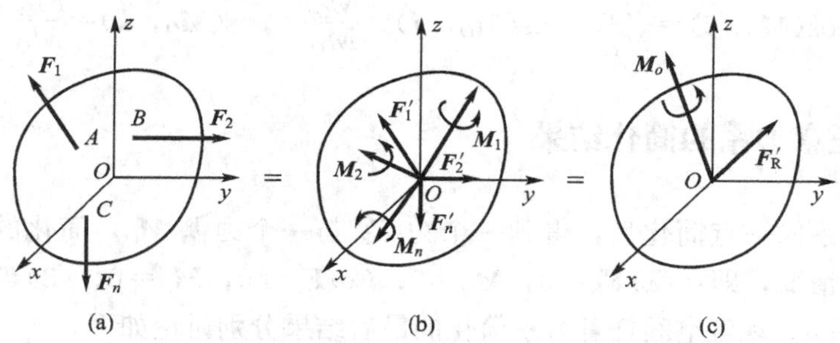

图 2.4

根据前面的讨论可知，这个空间汇交力系可以进一步简化为作用于简化中心的一个力 $\boldsymbol{F}_R'$，附加空间力偶系进一步简化则得到一合力偶 $\boldsymbol{M}_O$，如图 2.4(c)所示。

由力线平移定理可知，空间汇交力系中的各力矢量分别与原力系中各相应的力矢量相等：

$$\boldsymbol{F}_1'=\boldsymbol{F}_1,\ \boldsymbol{F}_2'=\boldsymbol{F}_2,\ \cdots,\ \boldsymbol{F}_n'=\boldsymbol{F}_n$$

所得附加空间力偶系中各附加力偶矩矢量分别与原力系中各相应的力对简化中心的力矩矢量相等：

$$\boldsymbol{M}_1=\boldsymbol{M}_O(\boldsymbol{F}_1),\ \boldsymbol{M}_2=\boldsymbol{M}_O(\boldsymbol{F}_2),\ \cdots,\ \boldsymbol{M}_n=\boldsymbol{M}_O(\boldsymbol{F}_n)$$

则有：

$$\boldsymbol{F}_R'=\sum \boldsymbol{F}_i'=\sum \boldsymbol{F}_i \tag{2.8}$$

$$\boldsymbol{M}_O=\sum \boldsymbol{M}_i=\sum \boldsymbol{M}_O(\boldsymbol{F}_i) \tag{2.9}$$

式(2.8)表明，矢量 $\boldsymbol{F}_R'$ 等于原力系中各力矢的矢量和，将 $\boldsymbol{F}_R'$ 称为原力系的主矢量，简称主矢。合力偶矩矢 $\boldsymbol{M}_O$ 等于原力系中各个力对简化中心 O 点的力矩的矢量和，将 $\boldsymbol{M}_O$ 称为原力系对 O 点的主矩。

由以上讨论可知，空间任意力系向任一点简化，可得一个力和一个力偶。这个力的大小和方向等于该力系的主矢，作用线通过简化中心；这个力偶的力偶矩矢等于该力系对简化中心的主矩。并且主矢与简化中心的位置无关，主矩则一般与简化中心的位置有关。

在实际计算中，常采用解析法计算主矢 $\boldsymbol{F}_R'$，主矢 $\boldsymbol{F}_R'$ 的大小为：

$$F_R'=\sqrt{F_{Rx}'^2+F_{Ry}'^2+F_{Rz}'^2} \tag{2.10}$$

其中 F_{Rx}'，F_{Ry}'，F_{Rz}'分别表示主矢在 x、y、z 轴上的投影，可由下式求得：

$$F_{Rx}'=\sum F_{ix},\ F_{Ry}'=\sum F_{iy},\ F_{Rz}'=\sum F_{iz} \tag{2.11}$$

主矢 $\boldsymbol{F}_R'$ 与 x、y、z 轴的方向余弦分别为：

$$\cos(\boldsymbol{F}_R',\ \boldsymbol{i})=\frac{F_{Rx}'}{F_R'},\ \cos(\boldsymbol{F}_R',\ \boldsymbol{j})=\frac{F_{Ry}'}{F_R'},\ \cos(\boldsymbol{F}_R',\ \boldsymbol{k})=\frac{F_{Rz}'}{F_R'} \tag{2.12}$$

主矩 $\boldsymbol{M}_O$ 的大小为：

$$M_O=\sqrt{M_{Ox}^2+M_{Oy}^2+M_{Oz}^2} \tag{2.13}$$

其中 M_{Ox}，M_{Oy}，M_{Oz}分别表示主矩在 x、y、z 轴上的投影，可由下式求得：

$$\begin{aligned}M_{Ox}&=[\sum \boldsymbol{M}_O(\boldsymbol{F}_i)]_x=\sum M_x(\boldsymbol{F}_i)\\M_{Oy}&=[\sum \boldsymbol{M}_O(\boldsymbol{F}_i)]_y=\sum M_y(\boldsymbol{F}_i)\\M_{Oz}&=[\sum \boldsymbol{M}_O(\boldsymbol{F}_i)]_z=\sum M_z(\boldsymbol{F}_i)\end{aligned} \tag{2.14}$$

主矩 $\boldsymbol{M}_O$ 与 x，y，z 轴的方向余弦分别为：

$$\cos(\boldsymbol{M}_O, \boldsymbol{i})=\frac{M_{Ox}}{M_O}, \cos(\boldsymbol{M}_O, \boldsymbol{j})=\frac{M_{Oy}}{M_O}, \cos(\boldsymbol{M}_O, \boldsymbol{k})=\frac{M_{Oz}}{M_O} \tag{2.15}$$

2.3.3 空间任意力系的简化结果

空间任意力系向一点简化后，得到一个力 $\boldsymbol{F}'_R$ 与一个力偶 $\boldsymbol{M}_O$，简化的最后结果，可能出现下列四种情况，即：(1)$\boldsymbol{F}'_R=0$，$\boldsymbol{M}_O\neq 0$；(2)$\boldsymbol{F}'_R\neq 0$，$\boldsymbol{M}_O=0$；(3)$\boldsymbol{F}'_R\neq 0$，$\boldsymbol{M}_O\neq 0$；(4)$\boldsymbol{F}'_R=0$，$\boldsymbol{M}_O=0$。现就空间任意力系简化的最后结果分别讨论如下。

1. 空间任意力系简化为一合力偶的情形

当空间任意力系向任一点简化时，若 $\boldsymbol{F}'_R=0$，$\boldsymbol{M}_O\neq 0$，这时得一与原任意力系等效的合力偶，其合力偶矩矢等于原力系对简化中心的主矩。由于力偶矩矢是自由矢量，与矩心的位置无关，因此，在这种情况下，主矩与简化中心的位置无关。

2. 空间任意力系简化为一合力的情形

当空间任意力系向任一点简化时，若主矢 $\boldsymbol{F}'_R\neq 0$，$\boldsymbol{M}_O=0$，这时得一与原任意力系等效的合力，合力的作用线通过简化中心 O，其大小和方向与原力系的主矢相同。

当空间任意力系向一点简化结果为主矢 $\boldsymbol{F}'_R\neq 0$，$\boldsymbol{M}_O\neq 0$；且 $\boldsymbol{F}'_R\perp\boldsymbol{M}_O$，如图 2.5(a)所示。这时，力 $\boldsymbol{F}'_R$ 与力偶矩矢 $\boldsymbol{M}_O$ 的两个力 $\boldsymbol{F}_R$、$\boldsymbol{F}''_R$ 在同一平面内，这时可将它们进一步简化，得到作用于点 O' 的力 $\boldsymbol{F}_R$，此力与原力系等效，即为原力系的合力，其大小和方向与原力系的主矢相同，即：

$$\boldsymbol{F}_R=\boldsymbol{F}'_R=\sum\boldsymbol{F}_i \tag{2.16}$$

其作用线离简化中心 O 的距离为：

$$d=\frac{|M_O|}{F'_R} \tag{2.17}$$

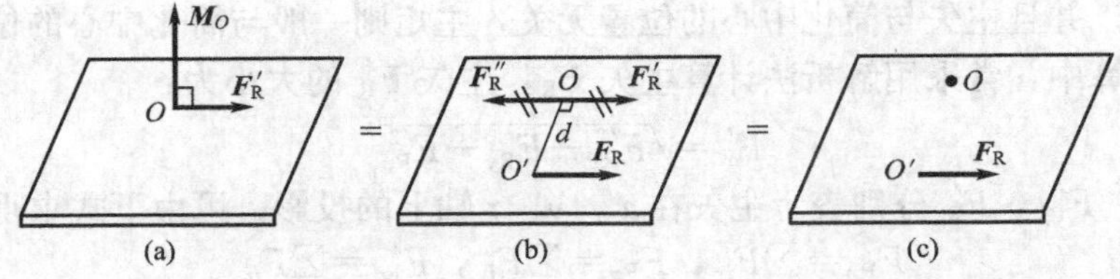

图 2.5

3. 空间任意力系简化为力螺旋的情形

如果空间任意力系向一点简化后，主矢和主矩都不等于零，且 $\boldsymbol{F}'_R /\!/ \boldsymbol{M}_O$，此时力垂直于力偶的作用面，不能再进一步简化，这种结果称为力螺旋，如图 2.6 所示。例如螺丝刀拧螺丝时，手对螺丝刀既有垂直向下的力的作用，又有力偶矩作用，并且力矢量与力偶矢量的平行，这就是力螺旋。

力螺旋是由力系的两个基本要素力与力偶组成的最简单的力系，不能再进一步简化。力偶的转向与力的指向符合右手螺旋法则的称为右螺旋[图 2.6(a)]，符合左手螺旋法则的称为左螺旋[图 2.6(b)]，力螺旋的力作用线称为该力螺旋的中心轴。

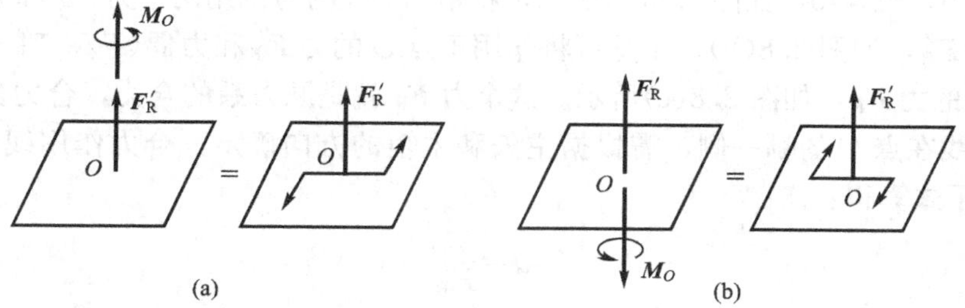

图 2.6

如果 $F'_R \neq 0$，$M_O \neq 0$，且两者既不平行，又不垂直，如图 2.7(a)所示。此时可将 M_O 分解为两个分力偶 M'_O 与 M''_O，且 $M'_O // F'_R$，$M''_O \perp F'_R$，如图 2.7(b)所示，则 M''_O 和 F'_R 进一步合成为 F_R。由于力偶矩矢量是自由矢量，可将 M'_O 平移至 F_R 作用线上，得到力螺旋，如图 2.7(c)所示。并且力螺旋的中心轴至原简化中心 O 的距离为：

$$d=\frac{|M''_O|}{F'_R}=\frac{M_O\sin\theta}{F'_R} \tag{2.18}$$

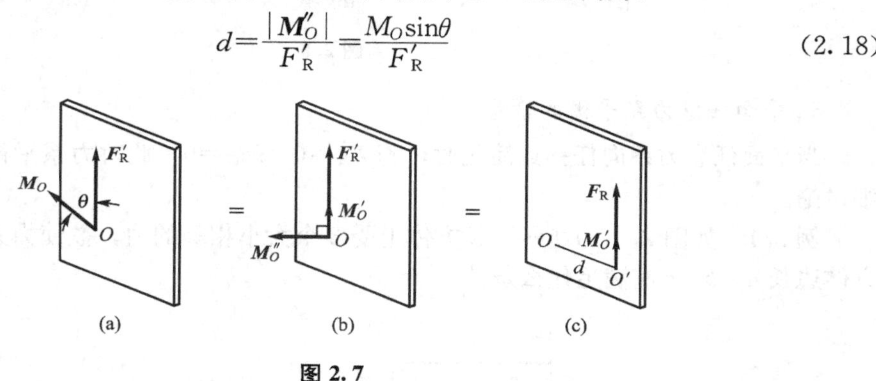

图 2.7

4. 空间任意力系平衡的情形

当空间任意力系向任一点简化时，若 $F'_R=0$，$M_O=0$，这是空间任意力系平衡的情形，将在第 3 章进行详细讨论。

2.3.4 平面任意力系的简化及简化结果

平面任意力系可视为空间任意力系的一种特殊情形，平面任意力系向一点简化的结果仍为一个力和一个力偶(分别等于主矢 F'_R 与主矩 M_O)。注意到平面情形下力偶矩与力对点之矩用代数量表示，此时力系不可能简化为螺旋。所以，平面任意力系简化的最后结果只有平衡、合力、合力偶三种情形。下面分别进行讨论。

1. 平面任意力系简化为一个力偶的情形

当平面任意力系向任一点简化时，若 $F'_R=0$，$M_O\neq 0$，得一与原力系等效的合力偶，其力偶矩等于原力系对简化中心的主矩，且此时主矩与简化中心的位置无关。

2. 平面任意力系简化为一个合力的情形

当平面力系向点 O 简化时，若 $F'_R\neq 0$，$M_O=0$，得一与原力系等效的合力 F'_R，合力的作用线通过简化中心 O。

若 $F'_R \neq 0$，$M_O \neq 0$，如图 2.8(a)所示，将矩为 M_O 的力偶用两个力 F_R 和 F''_R 表示，且 $F'_R = F_R = -F''_R$，如图 2.8(b)。于是可将作用于点 O 的力 F'_R 和力偶(F_R，F''_R)合成为一个作用在点 O' 的力 F_R，如图 2.8(c)所示。这个力 F_R 就是原力系的合力，合力矢等于主矢，合力的作用线在点 O 的哪一侧，需根据主矢和主矩的方向确定，合力作用线到点 O 的距离 d，可按下式算得：

$$d = \frac{M_O}{F'_R} \tag{2.19}$$

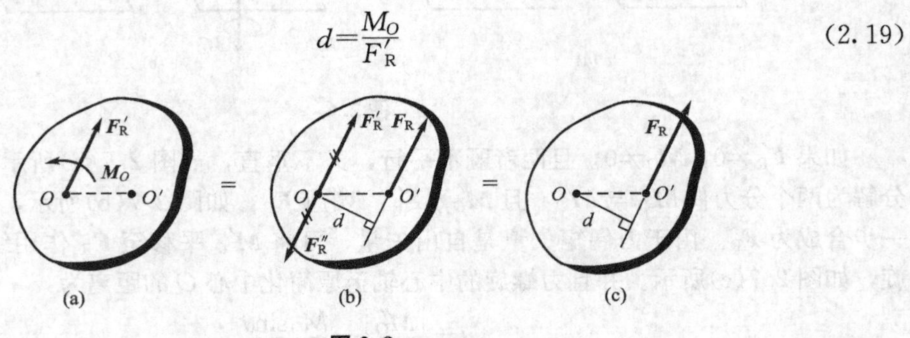

图 2.8

3. 平面任意力系平衡的情形

当平面任意力系向任一点简化时，若 $F'_R = 0$，$M_O = 0$，此时力系平衡，将在第 3 章详细讨论。

例 2.1 如图 2.9(a)所示，长方体上受 3 个大小相等的力，欲使力系简化为合力，长方体边长 a、b、c 应满足什么条件?

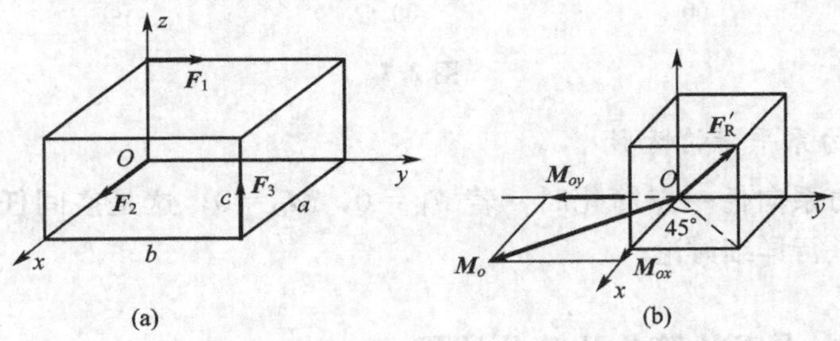

图 2.9

解：设 $F_1 = F_2 = F_3 = F$，将力系向 O 点简化，先求主矢 F'_R 和主矩 M_O。主矢 F'_R 在坐标轴上的投影为：

$$F'_{Rx} = F,\ F'_{Ry} = F,\ F'_{Rz} = F$$

$$\therefore\quad \boldsymbol{F}'_R = F'_{Rx}\boldsymbol{i} + F'_{Ry}\boldsymbol{j} + F'_{Rz}\boldsymbol{k} = F\boldsymbol{i} + F\boldsymbol{j} + F\boldsymbol{k}$$

主矩 M_O 在坐标轴上的投影为：

$$M_{Ox} = Fb - Fc = F(b-c)$$

$$M_{Oy} = -Fa$$

$$M_{Oz} = 0$$

$$\therefore\quad \boldsymbol{M}_O = M_{Ox}\boldsymbol{i} + M_{Oy}\boldsymbol{j} + M_{Oz}\boldsymbol{k} = F(b-c)\boldsymbol{i} - Fa\boldsymbol{j}$$

F'_R 和 M_O 方向如图 2.9(b)所示。欲使原力系简化为合力，则必：$F'_R \perp M_O$，即 $F'_R \cdot M_O = 0$，得：

$$\boldsymbol{F}'_{\mathrm{R}} \cdot \boldsymbol{M}_O = (F\boldsymbol{i}+F\boldsymbol{j}+F\boldsymbol{k}) \cdot [F(b-c)\boldsymbol{i}-Fa\boldsymbol{j}] = F^2(b-c)-F^2a=0$$

从而得：$b=a+c$

上式即为长方体边长 a、b、c 应满足的条件。

例 2.2 已知 $F_1=2\mathrm{kN}$，$F_2=2\mathrm{kN}$，$F_3=6\sqrt{2}\mathrm{kN}$，三力分别作用在边长为 $a=2\mathrm{cm}$ 的正方形 $OABC$ 的 C、O、B 三点上，$\alpha=45°$，如图 2.10(a)所示，求此力系的简化结果。

解： 取 O 点为简化中心，建立图示坐标系 Oxy，力系的主矢：

$$\begin{aligned}\boldsymbol{F}'_{\mathrm{R}} &= (\sum F_{ix})\boldsymbol{i}+(\sum F_{iy})\boldsymbol{j}\\ &= (-F_1+F_3\cos\alpha)\boldsymbol{i}+(-F_2+F_3\sin\alpha)\boldsymbol{j}\\ &= 4\boldsymbol{i}+4\boldsymbol{j}\end{aligned}$$

力系对 O 点的主矩：

$$M_O=\sum M_O(F_i)=F_1 \cdot a+F_3\sin\alpha \cdot a-F_3\cos\alpha \cdot a=4\mathrm{kN} \cdot \mathrm{cm}$$

力系向 O 点简化的结果为作用线通过该点的一个力 $\boldsymbol{F}'_{\mathrm{R}}$ 和力偶矩为 M_O 的一个力偶，如图 2.10(b)所示。

力系还可进一步简化为合力，其大小、方向与 $\boldsymbol{F}'_{\mathrm{R}}$ 相同，合力作用线离简化中心 O 点的距离：

$$d=\frac{M_O}{F'_{\mathrm{R}}}=\frac{4}{4\sqrt{2}}=\frac{1}{\sqrt{2}}=0.71\mathrm{cm}$$

力系简化最后结果如图 2.10(c)所示。

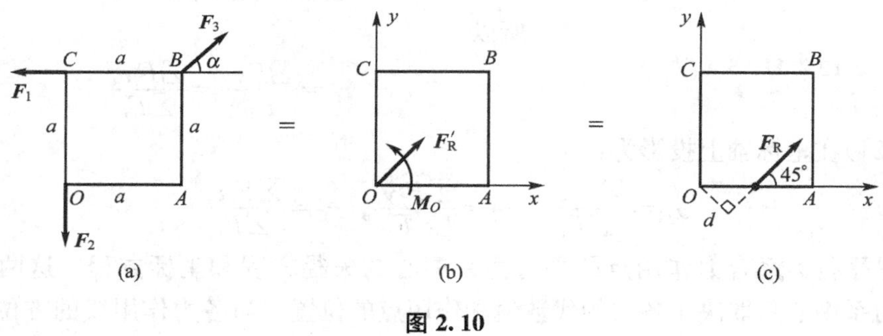

图 2.10

2.4 平行力系的简化与物体的重心

2.4.1 平行力系的简化

平行力系是任意力系的一种特殊情形，其简化结果可以从任意力系的简化结果直接得到。根据力线平移定理，平行力系向任一点简化时，由于附加力偶总是与力垂直，因此，平行力系向一点 O 简化时，主矢 $\boldsymbol{F}'_{\mathrm{R}}$ 与主矩 $\boldsymbol{M}_O$ 必然是互相垂直的，即 $\boldsymbol{F}'_{\mathrm{R}} \cdot \boldsymbol{M}_O=0$，所以，平行力系简化的最后结果只有平衡、合力偶和合力三种情形。平行力系向一点 O 简化的主矢 $\boldsymbol{F}'_{\mathrm{R}}$ 与主矩 $\boldsymbol{M}_O$ 可表示为：

$$\left.\begin{aligned}\boldsymbol{F}_{\mathrm{R}}'&=\sum\boldsymbol{F}_i\\ \boldsymbol{M}_O&=\sum\boldsymbol{M}_O(\boldsymbol{F}_i)\end{aligned}\right\}\tag{2.20}$$

当$\boldsymbol{F}_{\mathrm{R}}'\neq0$时，平行力系有合力$\boldsymbol{F}_{\mathrm{R}}=\boldsymbol{F}_{\mathrm{R}}'$，且与各力线平行；当$\boldsymbol{F}_{\mathrm{R}}'=0$，$\boldsymbol{M}_O\neq0$时，平行力系简化为合力偶；当$\boldsymbol{F}_{\mathrm{R}}'=0$，$\boldsymbol{M}_O=0$时，平行力系平衡。

2.4.2 平行力系的中心

在各力的作用点均已知的情形下，不仅可以确定合力作用线方程，还可以求出合力作用点的具体位置。平行力系合力作用点称为平行力系中心。在图2.11所示的平行力系中，任一力$\boldsymbol{F}_i$作用点的矢径为$\boldsymbol{r}_i$，合力$\boldsymbol{F}_{\mathrm{R}}$的作用点$C$的矢径为$\boldsymbol{r}_C$。根据合力矩定理，得：

$$\boldsymbol{r}_C\times\boldsymbol{F}_{\mathrm{R}}=\sum(\boldsymbol{r}_i\times\boldsymbol{F}_i)\tag{a}$$

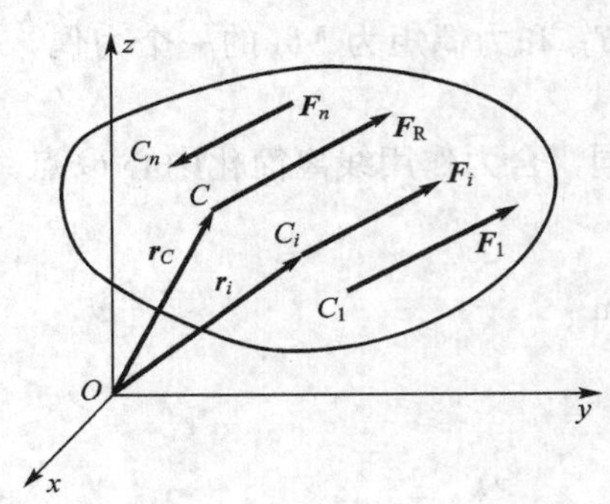

图2.11

设表示力作用线方向的单位矢量为$\boldsymbol{e}$，则：

$$\boldsymbol{F}_i=F_i\cdot\boldsymbol{e},\ \boldsymbol{F}_{\mathrm{R}}=F_{\mathrm{R}}\cdot\boldsymbol{e}$$

代入式(a)得：

$$(F_R\boldsymbol{r}_C-\sum F_i\boldsymbol{r}_i)\times\boldsymbol{e}=0\tag{b}$$

注意到$\boldsymbol{e}$为非零的单位矢量及坐标原点的任意性，由(b)式得：

$$(F_R\boldsymbol{r}_C-\sum F_i\boldsymbol{r}_i)=0\tag{c}$$

所以

$$\boldsymbol{r}_C=\frac{\sum F_i\boldsymbol{r}_i}{F_R}=\frac{\sum F_i\boldsymbol{r}_i}{\sum F_i}\tag{2.21}$$

式(2.21)在坐标轴上投影为：

$$x_C=\frac{\sum F_ix_i}{\sum F_i},\ y_C=\frac{\sum F_iy_i}{\sum F_i},\ z_C=\frac{\sum F_iz_i}{\sum F_i}\tag{2.22}$$

这就是平行力系合力作用点即平行力系中心的矢径方程和坐标方程。这两组方程说明，平行力系中心只取决于各力的代数值和作用点的位置，与各力作用线的方位无关。平行力系中心是平行力系的特征，由此可引出物体重心的概念与坐标公式。

例2.3 三角形分布荷载作用在水平梁AB上，如图2.12所示。最大荷载强度为q_{m}，梁长l。试求该力系的合力。

解： 先求合力的大小。在梁上距A端为x处取一微段$\mathrm{d}x$，其上作用力为$q'\mathrm{d}x$，由图2.12可知：

$$q'=\frac{x}{l}q_{\mathrm{m}}$$

合力大小：$F_{\mathrm{R}}=\int_0^l q'\mathrm{d}x=\frac{1}{2}q_{\mathrm{m}}l$

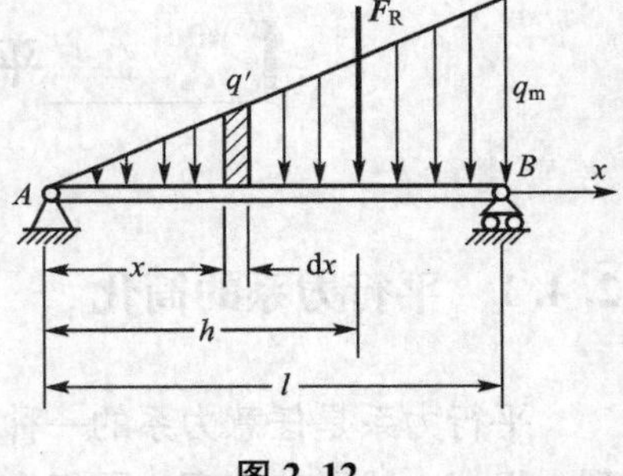

图2.12

再求合力作用线位置。设合力$\boldsymbol{F}_{\mathrm{R}}$的作用线距$A$端的距离为$h$，在微段$\mathrm{d}x$上的作用力对点$A$的矩为$xq'\mathrm{d}x$，由合力矩定理，力系对点$A$的矩：

$$F_R h=\int_0^l q' x\,\mathrm{d}x$$

代入 q' 和 F_R 的值，得：

$$h=\frac{2}{3}l$$

即合力大小等于三角形分布荷载的面积，合力作用线通过三角形的几何中心。

2.4.3 物体的重心

在工程技术和日常生活中，空间分布的平行力系是经常遇到的，例如流体对于固定面的压力及物体所受的重力等。在研究这种力系对于物体的作用时，不但应知道力系合力的大小，而且还应求出合力的作用点，这个作用点就是平行力系中心。物体的重心是平行力系中心的一个很重要的特例。重力是地球对于物体的引力，如果将物体视为由无数个质点组成，那么质点的重力便组成空间平行力系，这力系的合力就是物体的重量。不论物体如何放置，其重力的合力作用线相对于物体总是通过一个确定的点，这个点称为物体的重心。重心的位置在工程中有重要意义，例如要使起重机保持稳定，其重心的位置应满足一定的条件，飞机、轮船及车辆等运动稳定性也与重心的位置有密切的关系。

设物体由若干部分组成，其第 i 部分重力为 P_i，作用点（微小部分位置）的坐标为（x_i，y_i，z_i），则由式(2.22)可得物体的重心坐标为：

$$x_C=\frac{\sum P_i x_i}{\sum P_i},\quad y_C=\frac{\sum P_i y_i}{\sum P_i},\quad z_C=\frac{\sum P_i z_i}{\sum P_i} \tag{2.23}$$

如果物体是均质的，由式(2.23)可得：

$$x_C=\frac{\int_V x\,\mathrm{d}V}{V},\ y_C=\frac{\int_V y\,\mathrm{d}V}{V},\ z_C=\frac{\int_V z\,\mathrm{d}V}{V} \tag{2.24}$$

式中 V 为物体的体积。可见均质物体的重心位置完全取决于物体的几何形状，而与物体的重量无关。这时物体的重心就是物体几何形状的中心——形心。

2.4.4 确定物体重心的方法

1. 简单几何形状物体的重心

均质简单几何形状物体的重心一般可通过积分求得。工程上常见形状的重心位置均可通过工程手册查出。

2. 组合形体的重心

如果物体的形状比较复杂，可用组合法求其重心。此法即将复杂形状物体分割成几个形状简单的物体，每个简单形状物体的重心是已知的，可由重心坐标公式(2.23)求出整个物体的重心。例如平面组合图形的形心坐标可类似地推出为：

$$\left.\begin{aligned}x_C&=\frac{A_1x_1+A_2x_2+\cdots+A_nx_n}{A_1+A_2+\cdots+A_n}=\frac{\sum A_i x_i}{\sum A_i}\\ y_C&=\frac{A_1y_1+A_2y_2+\cdots+A_ny_n}{A_1+A_2+\cdots+A_n}=\frac{\sum A_i y_i}{\sum A_i}\end{aligned}\right\} \tag{2.25}$$

其中 x_i、y_i 是面积 A_i 的形心坐标。如图形中缺少一块面积时，则该面积应取负值。

例 2.4 已知 $R=10\text{cm}$，$r=1.7\text{cm}$，$b=1.3\text{cm}$。求图 2.13 所示振动器偏心块的重心。

解：用组合法求重心。偏心块可看做由三部分组成：半径为 R 的半圆 S_1，半径为 $r+b$ 的半圆 S_2 和半径为 r 的圆孔 S_3，其中圆孔 S_3 取负面积。由对称性，偏心块重心坐标 $x_C=0$。

分别求出三部分简单形体的面积及 y 坐标。

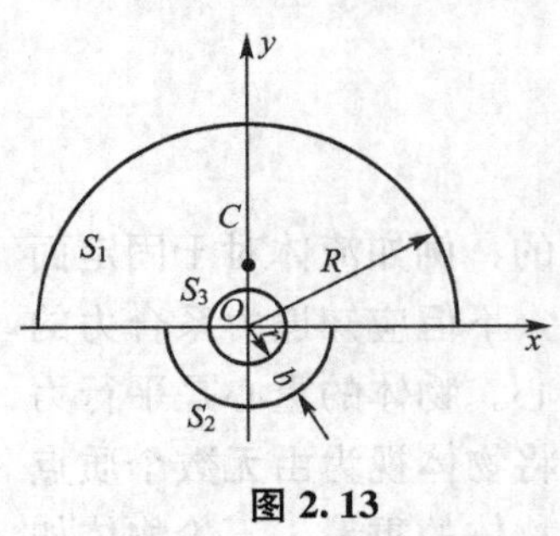

图 2.13

$$A_1=\frac{\pi R^2}{2}=157.1\text{cm}^2$$

$$A_2=\frac{\pi(r+b)^2}{2}=14.14\text{cm}^2$$

$$A_3=-\pi r^2=-9.079\text{cm}^2$$

$$y_1=\frac{4R}{3\pi}=4.244\text{cm}$$

$$y_2=-\frac{4(r+b)}{3\pi}=-1.273\text{cm}$$

$$y_3=0$$

偏心块重心的 y 坐标：

$$y_C=\frac{\sum A_i y_i}{\sum A_i}=\frac{157.1\times4.244+14.14\times(-1.273)-9.079\times0}{157.1+14.14-9.079}=4.001\text{cm}$$

偏心块重心坐标为(0，4.001cm)。

3. 实验方法测重心位置

对于形状更为复杂而不便于用公式计算或不均质物体的重心位置，常用实验方法测定。另外，虽然设计时已计算出重心，但加工制造后还需用实验法检验。常用的实验方法有以下两种。

1）悬挂法

对于平板形物体或具有对称面的薄零件，可将该物体先悬挂在任一点 A，如图 2.14(a)所示，根据二力平衡条件，重心必在过悬挂点的铅直线上，于是可在板上画出此线；然后再将板悬挂于另一点 B，同样可画出另一直线，两直线相交于点 C，这点就是重心，如图 2.14(b)所示。

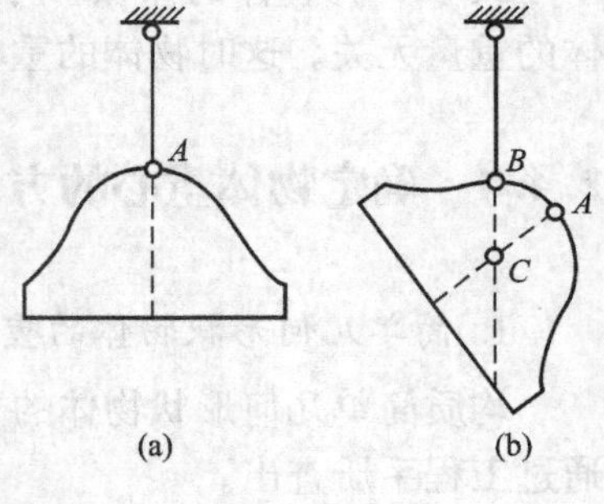

图 2.14

2）称重法

下面以汽车为例，简述测定重心的方法。

如图 2.15 所示，首先称量出汽车的重量 P，测量出前后轮距 l 和车轮半径 r。设汽车是左右对称的，则重心必在对称面内，只需测定重心距地面的高度 z_C 和距后轮的距离 x_C。

为了测定 x_C，将汽车后轮放在地面上，前轮放在磅秤上，车身保持水平，如图 2.15(a)所示。这时磅秤上的读数为 F_1。因车身是平衡的，故：

$$Px_C=F_1 l$$

于是得：

$$x_C=\frac{F_1}{P}l$$

欲测定 z_C，需将车后轮抬高到任意高度 H，如图 2.15(b)所示，这时磅秤读数为 F_2。同理得：

$$x'_C=\frac{F_2}{P}l'$$

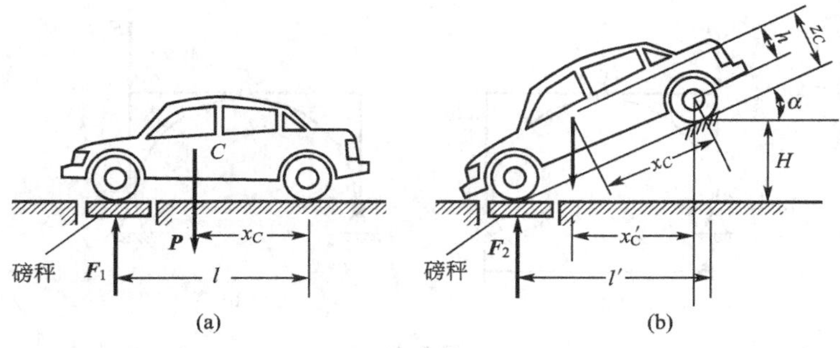

图 2.15

由图中的几何关系知：

$$l'=l\cos\alpha,\ x'_C=x_C\cos\alpha+h\sin\alpha,\ \sin\alpha=\frac{H}{l},\ \cos\alpha=\frac{\sqrt{l^2-H^2}}{l}$$

其中 h 为重心与后轮中心的高度差，即：

$$h=z_C-r$$

把以上各关系式代入式中，经整理后即得计算高度 z_C 的公式，即

$$z_C=r+\frac{F_2+F_1}{P}\cdot\frac{1}{H}\sqrt{l^2-H^2}$$

思　考　题

2-1　力在正交坐标轴上的投影与力沿这两个轴的分力有何区别？又有何关系？

2-2　力在空间直角坐标轴上的投影和此力沿该坐标轴的分力有何区别和联系？

2-3　两根电线杆之间的电线总是下垂，能否把电线拉成直线？输电线跨度 l 相同时，电线下垂 h 越小，电线越易于被拉断，为什么？

2-4　有人说：作用于刚体上的平面力系，若其力多边形自行封闭，则此刚体静止不动。试问这种说法是否正确？为什么？

2-5　如果力 $\boldsymbol{F}$ 与 y 轴的夹角为 β，问在什么情况下此力在 z 轴上的投影为 $F_z=F\sin\beta$，并求该力在 x 轴上的投影。

2-6　平面一般力系向平面内某一点简化得到一个合力，若选择另外一点作为力系的简化中心，则此力系能否简化为一个力偶？

2-7　某平面力系向 A、B 两点简化的主矩都为零，此力系简化的最终结果可能是一个力吗？可能是一个力偶吗？可能平衡吗？

2-8　平面一般力系向其平面内任一点简化，若简化结果都相同，此力系简化的最终结果可能是什么？若简化结果主矩恒等于零，则该力系为何力系？

2-9　位于两相交平面内的两力偶能否等效，能否组成平衡力系？

2-10　为什么说力偶矩矢是自由矢量？力矩矢是自由矢量吗？试说明其理由。

2-11　如图2.16所示三铰拱，在构件AC上作用一力$\boldsymbol{F}$，当求铰链A、B、C的约束反力时，能否按力的平移定理将它移到构件BC上[图2.16(b)]？为什么？

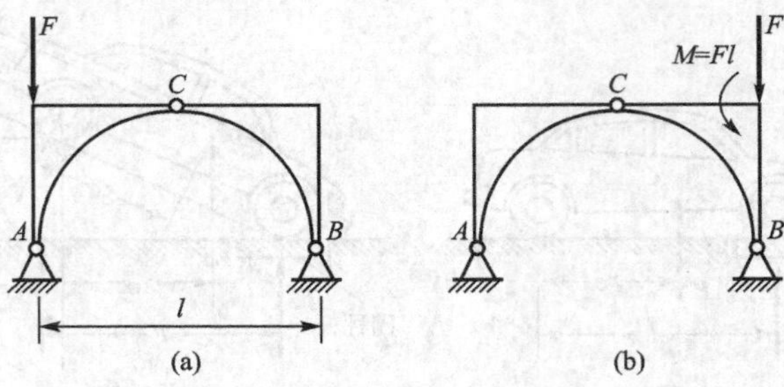

图2.16

2-12　在边长为a的正六面体上作用有三个力，如图2.17所示，已知：$F_1=6$kN，$F_2=2$kN，$F_3=4$kN。试求各力在三个坐标轴上的投影。

2-13　如图2.18所示，已知六面体尺寸为400mm×300mm×300mm，正面有力$F_1=100$kN，中间有力$F_2=200$kN，顶面有力偶$M=20$N·m作用。试求各力及力偶对z轴之矩的和。

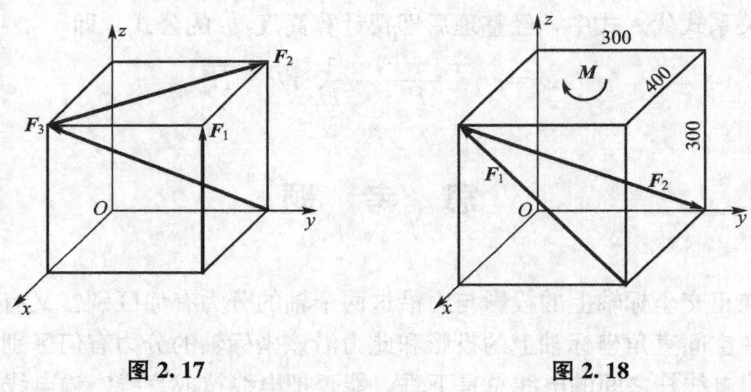

图2.17　　　　图2.18

习　题

2-1　求图2.19所示平面力偶系的合成结果，已知$F_1'=F_1=10$N，$F_2'=F_2=20$N，$F_3'=F_3=30$N，图中长度单位为m。

2-2　如图2.20所示，一绞盘有3个等长的柄，长度为l，其间夹角均为120°，每个柄端各作用一垂直于柄的力F。试求：(1)该力系向中心点O简化的结果；(2)该力系向BC连线的中点D简化的结果。这两个结果说明什么问题？

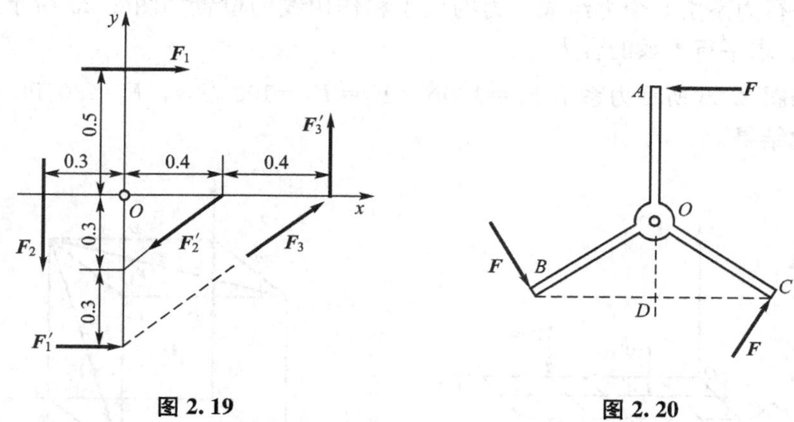

图 2.19　　图 2.20

2-3　将图 2.21 所示平面任意力系向点 O 简化，并求力系合力的大小及其与原点 O 的距离 d。已知 $F_1=150\text{N}$，$F_2=200\text{N}$，$F_3=300\text{N}$，力偶的臂等于 8cm，力偶的力$F=200\text{N}$。

2-4　在平板上作用 4 个力：$F_1=35\text{N}$，$F_2=35\text{N}$，$F_3=30\text{N}$，$F_4=25\text{N}$。各力的方向和作用位置如图 2.22 所示。求力系的合力。

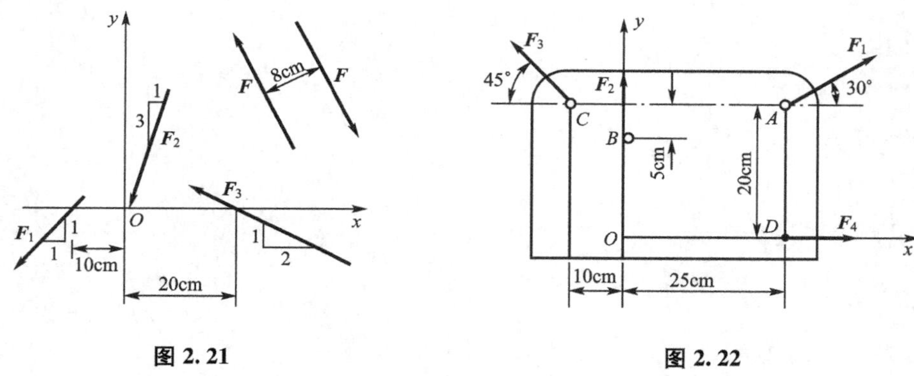

图 2.21　　图 2.22

2-5　沿着直三棱边作用 5 个力，如图 2.23 所示。已知 $F_1=F_3=F_4=F_5=F$，$F_2=\sqrt{2}F$，$OA=OC=a$，$OB=2a$。试将此力系简化。

2-6　力系中 $F_1=100\text{N}$、$F_2=300\text{N}$、$F_3=200\text{N}$，各力作用线的位置如图 2.24 所示。试将力系向原点 O 简化。

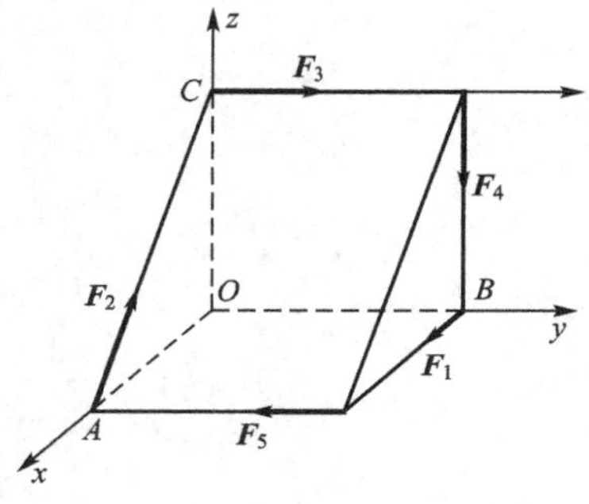

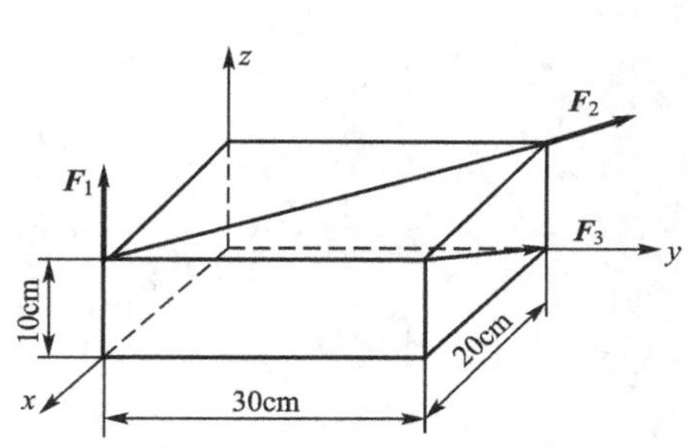

图 2.23　　图 2.24

2-7 平行力系由5个力组成，力的大小和作用线的位置如图2.25所示。图中坐标的单位为cm。求平行力系的合力。

2-8 如图2.26所示力系中$F_1=100\text{N}$，$F_2=F_3=100\sqrt{2}\text{N}$，$F_4=300\text{N}$，$a=2\text{m}$，试求此力系简化结果。

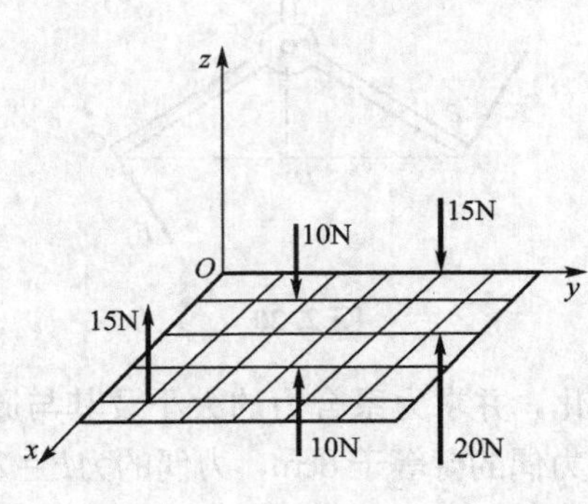

图 2.25

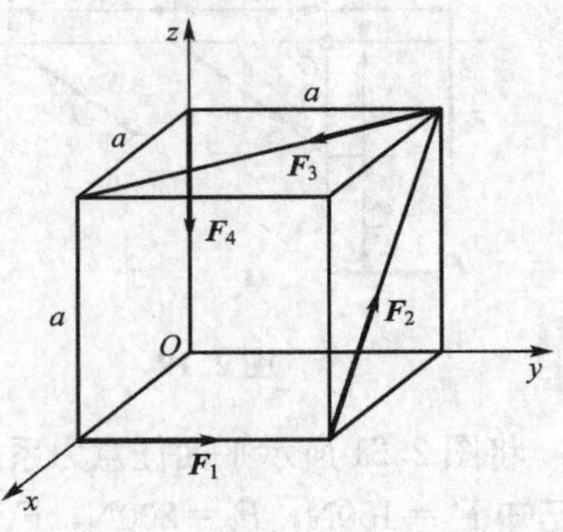

图 2.26

第3章 力系的平衡

教学目标

本章介绍各力系平衡条件和平衡方程，讨论物体与物体系平衡问题的求解以及简单桁架的杆件内力的计算。力系的平衡是静力学的重点内容，本章根据各种力系的简化结果，导出平衡条件，进而得到各种力系的平衡方程，并应用平衡方程求解物体与物体系的平衡问题。通过本章的学习，应达到以下目标。

(1) 掌握各种力系的平衡条件和平衡方程。

(2) 掌握物体与物体系平衡问题的求解。

(3) 理解静定与静不定的概念，并能判断物体系统的静定与静不定。

教学要求

知识要点	能力要求	相关知识
各种力系的平衡条件和平衡方程	掌握各种力系的平衡条件和平衡方程	(1) 空间各力系的平衡条件和平衡方程 (2) 平面各力系的平衡条件和平衡方程
物体与物体系平衡问题的求解	(1) 掌握单个物体平衡问题的求解 (2) 理解静定与静不定的概念，能判断物体系统的静定与静不定 (3) 掌握物体系平衡问题的求解	(1) 单个物体平衡问题 (2) 静定与静不定的概念 (3) 物体系平衡问题

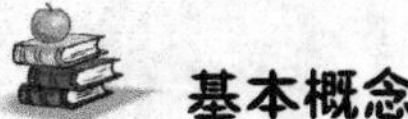
基本概念

空间力系、平面力系、平衡条件、平衡方程、平衡问题、单个物体、物体系、静定、静不定

3.1 力系的平衡条件与平衡方程

3.1.1 空间力系的平衡条件与平衡方程

1. 空间任意力系的平衡条件与平衡方程

根据空间任意力系的简化结果，空间任意力系平衡的充分必要条件为：力系的主矢和对任意点的主矩均等于零。即

$$\left.\begin{aligned} \boldsymbol{F}'_{\mathrm{R}}&=0 \\ \boldsymbol{M}_O&=0 \end{aligned}\right\} \tag{3.1}$$

由式(2.8)与式(2.9)，力系的平衡条件(3.1)可改写为

$$\left.\begin{aligned} &\sum \boldsymbol{F}_i=0 \\ &\sum \boldsymbol{M}_O(\boldsymbol{F}_i)=0 \end{aligned}\right\} \tag{3.2}$$

将式(3.1)用直角坐标系中的投影式写出，根据式(2.10)、式(2.11)、式(2.13)与式(2.14)，即得到空间任意力系的平衡方程为

$$\left.\begin{aligned} &\sum F_x=0 \\ &\sum F_y=0 \\ &\sum F_z=0 \\ &\sum M_x(\boldsymbol{F})=0 \\ &\sum M_y(\boldsymbol{F})=0 \\ &\sum M_z(\boldsymbol{F})=0 \end{aligned}\right\} \tag{3.3}$$

这就是空间力系平衡方程的基本形式。上式表明：在空间任意力系作用下刚体平衡的充要条件是，力系中所有各力在三个坐标轴上投影的代数和均等于零，力系中各力对此三轴之矩的代数和也分别等于零。

方程组(3.3)的6个方程是相互独立的，它可以求解6个未知量。该方程组中有3个力矩方程，称为三矩式。应当指出，列平衡方程时投影轴和力矩轴可以任意选取，在解决实际问题时适当选择力矩轴和投影轴可以简化计算，尤其是研究复杂系统的平衡问题时，往往要解多个联立方程。因此为了简化运算，力系平衡方程组中的力的投影方程可以部分或全部地用力矩方程替代，得到平衡方程的四矩式、五矩式、六矩式。但必须注意每取一个研究对象，方程的总数不能超出6个，所列方程必须是相对独立的平衡方程。

2. 其他空间力系的平衡方程

空间任意力系是力系的最一般情况，其他各种力系都可以看成是它的特例，因此，可从空间任意力系的平衡方程推导出其他各种力系的平衡方程。

1) 空间汇交力系的平衡方程

在空间汇交力系中，将简化中心 O 选在力系的汇交点上，则方程(3.2)中的 3 个力矩方程将恒等于零，于是有 3 个独立的平衡方程

$$\left.\begin{aligned}\sum F_x=0\\ \sum F_y=0\\ \sum F_z=0\end{aligned}\right\} \tag{3.4}$$

2) 空间平行力系的平衡方程

设力系平行于 z 轴，则得到 3 个独立的平衡方程为

$$\left.\begin{aligned}\sum F_z=0\\ \sum M_x(\boldsymbol{F})=0\\ \sum M_y(\boldsymbol{F})=0\end{aligned}\right\} \tag{3.5}$$

此外，空间平行力系的平衡方程还可以写成 3 个力矩方程的形式。

3) 空间力偶系的平衡方程

根据空间力偶系的简化结果，其 3 个独立的平衡方程为

$$\left.\begin{aligned}\sum M_x=0\\ \sum M_y=0\\ \sum M_z=0\end{aligned}\right\} \tag{3.6}$$

3.1.2 平面力系的平衡条件与平衡方程

1. 平面任意力系的平衡条件与平衡方程

根据平面任意力系的简化结果，平面任意力系平衡的必要和充分条件是：力系的主矢和力系对其作用面内任一点的主矩都等于零，即

$$\left.\begin{aligned}\boldsymbol{F}'_{\mathrm{R}}=0\\ M_O=0\end{aligned}\right\} \tag{3.7}$$

从而得到平面任意力系的平衡方程的基本形式为

$$\left.\begin{aligned}\sum F_x=0\\ \sum F_y=0\\ \sum M_O(\boldsymbol{F})=0\end{aligned}\right\} \tag{3.8}$$

式(3.8)中有 3 个独立的平衡方程，其中只有一个力矩方程，这种形式的平衡方程称为一矩式。由于投影轴和矩心是可以任意选取的。因此，在实际解题时，为了简化计算，平衡方程组中的力的投影方程可以部分或全部地用力矩方程替代，从而得到平面任意力系平衡方程的二矩式、三矩式。

1）二矩式

平面任意力系的二力矩形式的平衡方程为

$$\left.\begin{aligned}\sum M_A(\boldsymbol{F})=0\\ \sum M_B(\boldsymbol{F})=0\\ \sum F_x=0\end{aligned}\right\}\tag{3.9}$$

其中点 A 和点 B 是平面内任意两点，但连线 AB 必须不垂直于投影轴 x 轴。这是因为平面任意力系向已知点简化只可能有3种结果：合力、合力偶或平衡。力系既然满足平衡方程 $\sum M_A(\boldsymbol{F})=0$，则表明力系不可能简化为一力偶，只可能是作用线通过 A 点的一合力或平衡。同理，如果力系又满足方程 $\sum M_B(\boldsymbol{F})=0$，则可以断定，该力系合成结果为经过 A、B 两点的一个合力或平衡。但当力系又满足方程 $\sum F_x=0$，而连线 AB 不垂直于 x 轴，显然力系不可能有合力，如图3.1所示。这就表明，只要适合以上三个方程及连线 AB 不垂直于投影轴的附加条件，则力系必平衡。

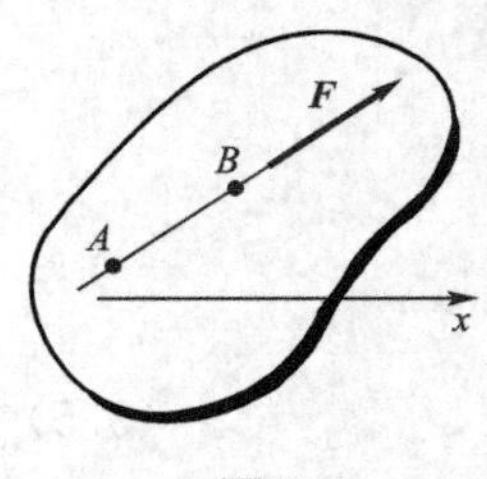

图3.1

2）三矩式

平面任意力系的三力矩形式的平衡方程为

$$\left.\begin{aligned}\sum M_A(\boldsymbol{F})=0\\ \sum M_B(\boldsymbol{F})=0\\ \sum M_C(\boldsymbol{F})=0\end{aligned}\right\}\tag{3.10}$$

其中 A、B、C 三点不能共线。其原因读者可自行论证。

2. 其他平面力系的平衡方程

其他平面力系可视为平面任意力系的特例，其平衡方程可由平面任意力系的平衡方程得到。

1）平面汇交力系

对汇交点建立力矩方程，$\sum M_O(\boldsymbol{F})=0$ 自然成立，则平面汇交力系有2个独立的平衡方程

$$\left.\begin{aligned}\sum F_x=0\\ \sum F_y=0\end{aligned}\right\}\tag{3.11}$$

即平面汇交力系平衡的必要和充分的解析条件是：力系中所有各力在两个坐标轴中每一轴上的投影的代数和等于零。

如果对作用于刚体上的平面汇交力系用力的多边形法则合成时，那么各力矢所构成的力多边形恰好封闭，即第一个力矢的起点与最末一个力矢的终点恰好重合而构成一个自行封闭的力多边形，这表示力系的合力 F_R 等于零，该力系为一平衡力系，反之，要使平面汇交力系成为平衡力系，它的合力必须为零，即力多边形自行封闭。由此可知，平面汇交力系平衡的几何条件(充要条件)是：力系中力矢构成的力多边形自行封闭。以矢量式表示为

$$\boldsymbol{F}_R=0 \quad 或 \quad \sum \boldsymbol{F}_i=0$$

2）平面平行力系

当平面平行力系的主矢和主矩同时等于零时，该力系处于平衡。选 x 轴与力系平行，

则得到2个独立的平衡方程为

$$\left.\begin{aligned}\sum F_x=0\\ \sum M_O(\boldsymbol{F})=0\end{aligned}\right\}\tag{3.12}$$

由此可知，平面平行力系平衡的必要与充分条件是：力系中所有各力的代数和等于零，各力对于平面内任一点之矩的代数和也等于零。

平面平行力系只有两个独立的平衡方程，除上面的一矩式外，还可写成如下的二力矩形式

$$\left.\begin{aligned}\sum M_A(\boldsymbol{F})=0\\ \sum M_B(\boldsymbol{F})=0\end{aligned}\right\}\tag{3.13}$$

其中A、B两点连线必须不与各力的作用线平行。

3）平面力偶系

平面力偶系平衡的必要与充分条件是：力偶中各力偶矩的代数和等于零，即只有1个独立的平衡方程

$$\sum M_i=0\tag{3.14}$$

3.2 力系平衡问题的求解

3.2.1 单个物体的平衡问题

受到约束的物体，在外力的作用下处于平衡，应用力系的平衡方程可以求出未知反力。求解过程按照以下步骤进行：

(1) 根据题意选取研究对象，取出分离体。

(2) 分析研究对象的受力情况，正确地在分离体上画出受力图。

(3) 应用平衡方程求解未知量。应当注意判断所选取的研究对象受到何种力系作用，所列出的方程个数不能多于该种力系的独立平衡方程个数，并注意列方程时力求一个方程中只出现一个未知量，尽量避免解联立方程。

例3.1 悬臂梁AB长l，A端为固定端，如图3.2(a)所示，已知均布荷载的集度为q，不计梁自重，求固定端A的约束反力。

解： 取AB梁为研究对象，其受力图如图3.2(b)所示，AB梁受平面任意力系作用，列平衡方程：

$$\sum F_x=0,\quad F_{Ax}=0$$

$$\sum F_y=0,\quad F_{Ay}-ql=0$$

$$\sum M_A(\boldsymbol{F})=0,\quad M_A-ql\cdot\frac{l}{2}=0$$

解得

$$F_{Ax}=0，F_{Ay}=ql，M_A=\frac{1}{2}ql^2$$

平衡方程解得的结果均为正值，说明图 3.2(b)中所设约束反力的方向均与实际方向相同。

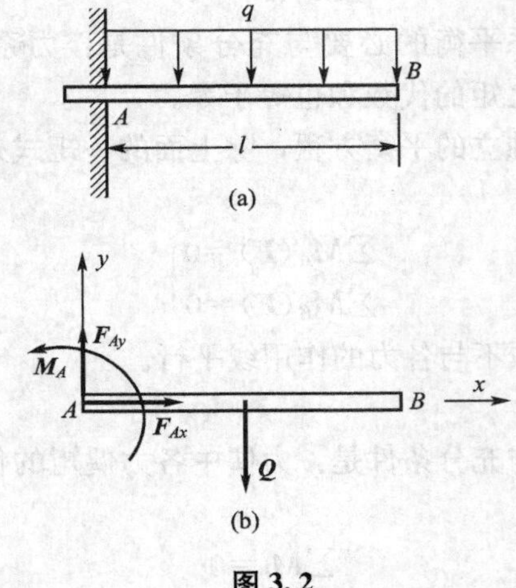

图 3.2

例 3.2 如图 3.3(a)所示，压路机的碾子重 $P=20\text{kN}$，半径 $r=60\text{cm}$。欲将此碾子拉过高 $h=8\text{cm}$ 的障碍物，在其中心 O 作用一水平拉力 $\boldsymbol{F}$，求此拉力的大小和碾子对障碍物压力。

解： 选碾子为研究对象。碾子在重力 $\boldsymbol{P}$、地面支承力 $\boldsymbol{F}_{NA}$、水平拉力 $\boldsymbol{F}$ 和障碍物的支反力 $\boldsymbol{F}_{NB}$ 的作用下处于平衡，如图 3.3(b)所示，这是一个平面汇交力系，各力汇交于 O 点，当碾子刚离开地面时，$\boldsymbol{F}_{NA}=0$，拉力 $\boldsymbol{F}$ 有极值，这就是碾子越过障碍物的力学条件。

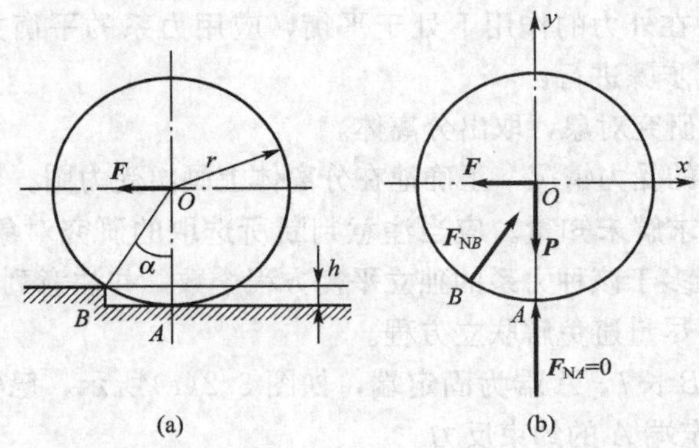

图 3.3

列平衡方程，得

$$\sum F_y=0,\quad F_{NB}\cos\alpha-P=0$$

解得

$$F_{NB}=\frac{P}{\cos\alpha}$$

其中

$$\cos\alpha=\frac{r-h}{r}=0.866$$

因此

$$F_{NB}=23.1\text{kN}$$

$$\sum F_x=0,\quad F_{NB}\sin\alpha-F=0$$

解得 $$F=F_{NB}\sin\alpha=P\tan\alpha$$

其中 $$\tan\alpha=\frac{\sqrt{r^2-(r-h)^2}}{r-h}=0.577$$

因此 $$F=11.5\text{kN}$$

对于汇交力系的平衡问题，还可以用几何法求解。即根据平面汇交力系平衡的必要和充分条件：该力系的合力等于零，按照各力矢依次首尾相接的规则，可以作出一个封闭的力多边形，根据力多形图形的几何关系，用三角公式计算出所要求的未知量，也可以根据按比例画出的封闭的力多边形，用直尺和量角器在图上量得所要求的未知量。在本例中，封闭的边多边形如图 3.4 所示，根据图形的几何关系，有

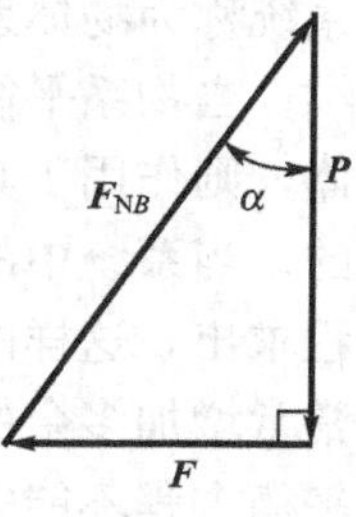

图 3.4

$$F=P\tan\alpha=11.5\text{kN}$$

$$F_{NB}=\frac{P}{\cos\alpha}=23.1\text{kN}$$

由作用力和反作用力关系可知，碾子对障碍物的压力也等于 23.1kN。

例 3.3 如图 3.5(a)，均质梯子 AB 长 $2a$，重 P，A、B 处均光滑面接触，人站在 E 处，重为 Q，角 α、β 及尺寸 b 均为已知，试求 A、B 处的约束反力。

解：取梯子和人一起作为研究对象，主动力有 P、Q，A、B 处为光滑面约束，D 处为绳索约束，受力如图 3.5(b)所示，列平衡方程：

$$\sum M_K(F)=0 \quad Pa\cos\alpha+Q(2a-b)\cos\alpha-F_T\cdot h=0$$

其中 $$h=2a\sin(\alpha-\beta)$$

解得

$$F_T=\left(\frac{P}{2}+\frac{2a-b}{2a}Q\right)\frac{\cos\alpha}{\sin(\alpha-\beta)}$$

$$\sum M_A(F)=0,\ -F_{NB}\cdot 2a\sin\alpha+F_T\cdot 2a\cos\alpha\sin\beta+P\cdot a\cos\alpha+Q(2a-b)\cos\alpha=0$$

$$F_{NB}=\left(\frac{P}{2}+\frac{2a-b}{2a}Q\right)\frac{\cos\beta\cos\alpha}{\sin(\alpha-\beta)}$$

$$\sum F_y=0,\ F_{NA}-P-Q-F_T\sin\beta=0$$

解得： $$F_{NA}=P+Q+\left(\frac{P}{2}+\frac{2a-b}{2a}Q\right)\frac{\cos\beta\cos\alpha}{\sin(\alpha-\beta)}$$

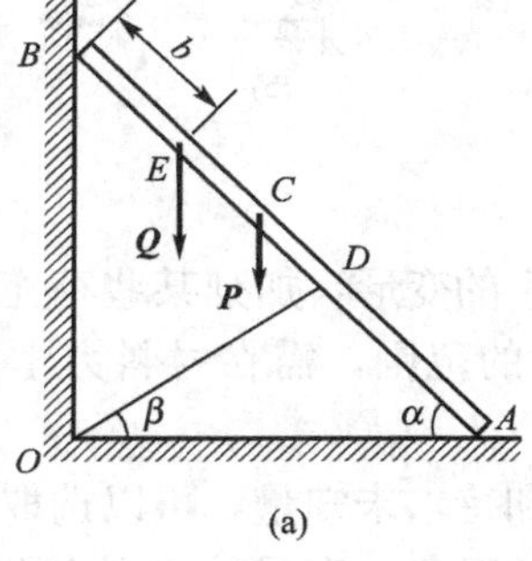

(a)

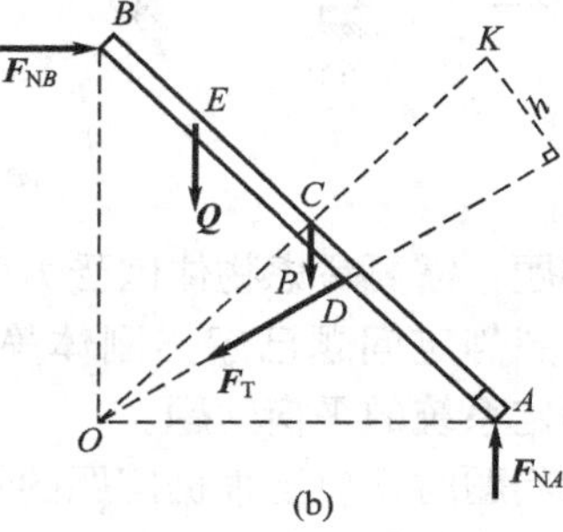

(b)

图 3.5

3.2.2 物系平衡——静定问题与超静定问题

在工程实际问题中，往往遇到由多个物体通过适当的约束相互连接而成的系统，这种系统称为物体系统，简称物系。

当物系平衡时，组成该系统的每一个物体都处于平衡状态，若取每一个物体为分离体，则作用于其上的力系的独立平衡方程数目是一定的，可求解的未知量的个数也是一定的。当系统中的未知量的数目等于独立平衡方程的数目时，则所有的未知量都能由平衡方程求出，这样的问题称为静定问题。在工程结构中，有时为了提高结构的刚度和可靠性，常常增加多余的约束，使得结构中未知量的数目多于独立平衡方程的数目，仅通过静力学平衡方程不能完全确定这些未知量，这种问题称为超静定问题。系统未知量数目与独立平衡方程数目的差称为超静定次数。

应当指出的是，这里说的静定与超静定问题，是对整个系统而言的。若从该系统中取出一分离体，它的未知量的数目多于它的独立平衡方程的数目，并不能说明该系统就是超静定问题，而要分析整个系统的未知量数目和独立平衡方程的数目。

图3.6是单个物体AB梁的平衡问题，对AB梁来说，所受各力组成平面任意力系，可列三个独立的平衡方程。图3.6(a)中的梁有3个未知约束反力，等于独立的平衡方程的数目，属于静定问题；图3.6(b)中的梁有4个约束反力，多于独立的平衡方程数目，属于一次超静定问题。图3.7是由两个物体AB、BC组成的连续梁系统。AB、BC都可列3个独立的平衡方程，AB、BC作为一个整体虽然也可列3个平衡方程，但是并非是独立的，因此该系统一共可列6个独立的平衡方程。图3.7(a)、图3.7(b)中的系统分别有6个和7个约束反力(反力偶)，于是，它们分别是静定问题和一次超静定问题。

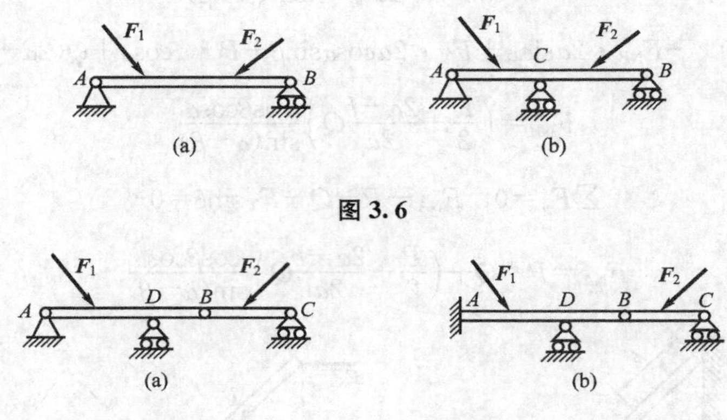

图3.6

图3.7

对于超静定问题，需要考虑物体因受力而产生的变形，加列某些补充方程后才能求解出全部的未知量。超静定问题已超出刚体静力学的范围，需在材料力学和结构力学中研究，以下只讨论静定系统的平衡问题。

求解物系平衡问题时，应当根据问题的特点和待求未知量，可以选取整个系统为研究对象，也可以选取每个物体或其中部分物体为研究对象，有目的地列出平衡方程，并使每一个平衡方程中的未知量个数尽可能少，最好是只含有一个未知量，以避免解联立方程。

例 3.4 起重三角架的 AD、BD、CD 三杆各长 2.5m，在 D 点铰接，并各以铰链固定在地面上，如图 3.8 所示。已知 $P=20\text{kN}$，$\theta_1=120°$，$\theta_2=150°$，$\theta_3=90°$，$AO=BO=CO=1.5\text{m}$，各杆重力不计。求各杆受力。

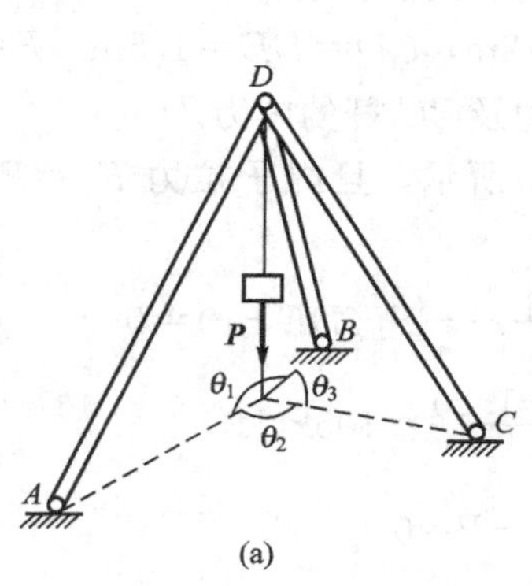

(a)

(b)

图 3.8

解：取铰链 D(含绳子与重物)为研究对象，杆 AD、BD、DC 均为二力杆，作用在铰链 D 上的力有重力、杆 AD、DC、BD 对铰链 D 的作用力，所有的力均通过 D 点，组成空间汇交力系。

列平衡方程：

$$\sum F_x=0，F_2\cos\varphi-F_1\cos\varphi\cos60°=0$$

$$\sum F_y=0，-F_3\cos\varphi+F_1\cos\varphi\sin60°=0$$

$$\sum F_z=0，F_1\sin\varphi+F_2\sin\varphi+F_3\sin\varphi-P=0$$

其中： $P=20\text{kN}，\cos\varphi=0.6，\sin\varphi=0.8$

解方程得：$F_1=10.56\text{kN}$，$F_2=5.28\text{kN}$，$F_3=9.14\text{kN}$

例 3.5 如图 3.9 所示均质长方板由六根直杆支持于水平位置，直杆两端各用球铰链与板和地面连接。杆重不计，板重为 P，在 A 处作用一水平力 $\boldsymbol{F}$，且 $F=2P$。求各杆的内力。

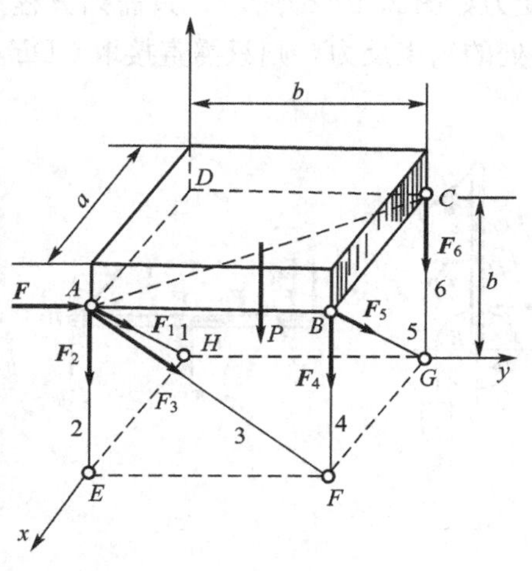

图 3.9

解：取长方板为研究对象，各杆均为二力杆，均设为受拉。板的受力如图 3.9 所示。列平衡方程：

$$\sum M_{AE}(\boldsymbol{F})=0，F_5=0 \tag{a}$$

$$\sum M_{BF}(\boldsymbol{F})=0，F_1=0 \tag{b}$$

$$\sum M_{AC}(\boldsymbol{F})=0，F_4=0 \tag{c}$$

$$\sum M_{AB}(\boldsymbol{F})=0，P\frac{a}{2}+F_6a=0 \tag{d}$$

解得 $F_6=-\dfrac{P}{2}$(压力)

由 $\sum M_{DH}(\boldsymbol{F})=0$，$Fa+F_3\cos45°\cdot a=0$ (e)

解得 $F_3=-2\sqrt{2}P$(压力)

由 $\sum M_{FG}(\boldsymbol{F})=0$，$Fb-F_2b-P\dfrac{b}{2}=0$ (f)

解得 $F_2=1.5P$(拉力)

此例中用6个力矩方程求得6个杆的内力。一般而言，应用力矩方程可以比较灵活，常可使一个方程只含一个未知量。本题也可采用其他形式的平衡方程求解。如用$\sum F_x=0$代替式(b)，同样求得$F_1=0$；可用$\sum F_y=0$代替式(e)，同样求得$F_3=-2\sqrt{2}P$。读者还可以试用其他方程求解。但无论怎样列方程，独立平衡方程的数目只有6个。

例3.6 如图3.10(a)所示结构中，$AD=DB=2\text{m}$，$CD=DE=1.5\text{m}$，$P=120\text{kN}$。若不计杆和滑轮的重力，试求支座A和B的约束反力及BC杆的内力。

解：先取整体为研究对象，其受力如图3.10(b)所示，且绳子拉力$F_1=P$。列平衡方程：

$$\sum M_A(\boldsymbol{F})=0,\ F_{NB}\cdot AB-P\cdot(AD+r)-F_1(DE-r)=0$$

$$F_{NB}=\frac{P(AD+DE)}{AB}=\frac{120(2+1.5)}{4}=105\text{kN}$$

$$\sum F_y=0,\quad F_{Ay}+F_{NB}-P=0$$

$$F_{Ay}=P-F_{NB}=15\text{kN}$$

$$\sum F_x=0,\ F_{Ax}-F_1=0$$

$$F_{Ax}=F_1=120\text{kN}$$

为求BC杆内力F，取CDE杆连同滑轮为研究对象，画受力图如图3.10(c)。列平衡方程：

$$\sum M_D(\boldsymbol{F})=0,\ -F\sin\alpha\cdot CD-F_1(DE-r)-P\cdot r=0$$

其中

$$\sin\alpha=\frac{DB}{CB}=\frac{2}{\sqrt{1.5^2+2^2}}=\frac{4}{5}$$

所以

$$F=-\frac{F_1\cdot DE}{\sin\alpha\cdot CD}=-150\text{kN}(\text{压力})$$

求BC杆内力时，也可以取ADB为研究对象，其受力如图3.10(d)所示，只需列方程$\sum M_D(\boldsymbol{F})=0$即可求解。本题若只需求$BC$杆内力或$D$处的约束反力，则只需直接取$CDE$杆连同滑轮重物为研究对象即可求解出未知量。

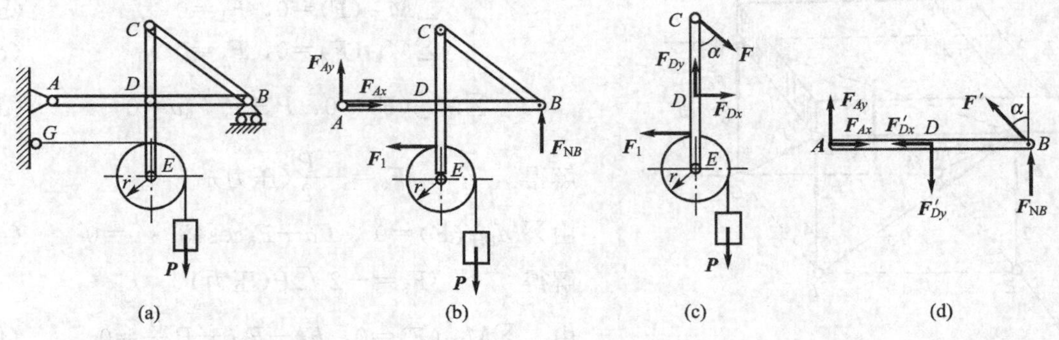

图3.10

例 3.7 如图 3.11(a)所示，水平梁由 AC 和 CD 两部分组成，它们在 C 处用铰链相连。梁的 A 端固定在墙上，在 B 处受滚动支座约束。已知：$F_1=10\text{kN}$，$F_2=20\text{kN}$，均布荷载 $p=5\text{kN/m}$，梁的 BD 段受线性分布荷载，在 D 端为零，在 B 处达最大值 $q=6\text{kN/m}$。试求 A 和 B 两处的约束反力。

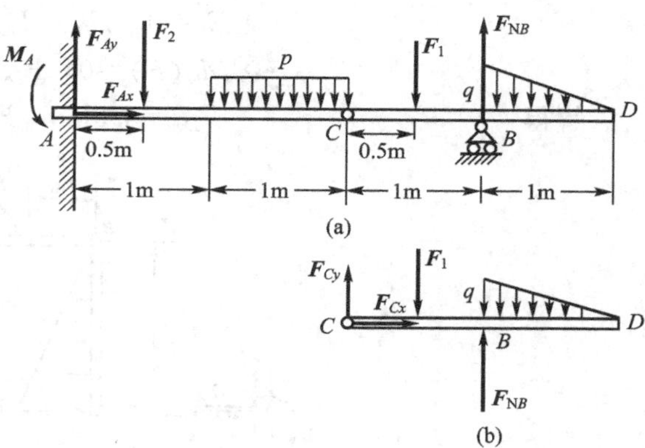

图 3.11

解：选整体为研究对象，其受力如图 3.11(a)所示。注意到三角形分布荷载的合力作用在离 B 点 $\frac{1}{3}BD$ 处，它的大小等于三角形面积，即 $\frac{1}{2}q\times1$，列平衡方程：

$$\sum F_x=0,\quad F_{Ax}=0$$

$$\sum F_y=0,\quad F_{Ay}+F_{NB}-F_2-F_1-p\times1-\frac{1}{2}q\times1=0$$

$$\sum M_A(\boldsymbol{F})=0$$

$$M_A+F_{NB}\cdot3-F_2\cdot0.5-F_1\cdot2.5-p\cdot1\cdot1.5-\frac{1}{2}q\cdot1\cdot\left(3+\frac{1}{3}\right)=0$$

以上 3 个方程包含 4 个未知量，故再选梁 CD 为研究对象，受力图如图 3.11(b)所示。列平衡方程：

$$\sum M_C(\boldsymbol{F})=0,\quad F_{NB}\cdot1-\frac{1}{2}q\cdot1\cdot\left(1+\frac{1}{3}\right)-F_1\cdot0.5=0$$

解得

$$F_{NB}=9\text{kN}$$

代入前面三个方程解得

$$M_A=25.5\text{kN}\cdot\text{m}$$

$$F_{Ay}=29\text{kN}$$

$$F_{Ax}=0$$

例 3.8 已知图 3.12(a)所示结构由直杆 CD、BC 和曲杆 AB 组成，杆重不计，且 $M=12\text{kN}\cdot\text{m}$，$F=13\text{kN}$，$q=10\text{kN/m}$，试求固定铰支座 D 及固定端 A 处的约束反力。

解：(1) 如果首先选整体为研究对象，由于固定端 A 与固定铰支座 D 处总的约束反力数有 5 个，根据平面任意力系的平衡方程求不出未知约束反力，因此先选取杆 BC 为研究对象，受力如图 3.12(b)所示，列平衡方程：

$$\sum M_B(\boldsymbol{F})=0,\quad F_{Cy}\cdot2-F\cdot\frac{5}{13}\cdot1=0$$

解得

$$F_{Cy}=2.5\text{kN}$$

(2) 为了求固定铰支座 D 处的约束反力，选杆 DC 为研究对象，受力如图 3.12(c)所示，列平衡方程：

$$\sum F_y=0，F_{Dy}-F'_{Cy}=0$$

$$\sum M_C(\boldsymbol{F})=0，F_{Dy}\cdot 3+F_{Dx}\cdot 4-M=0$$

解得 $F_{Dy}=2.5\text{kN}，F_{Dx}=1.125\text{kN}$

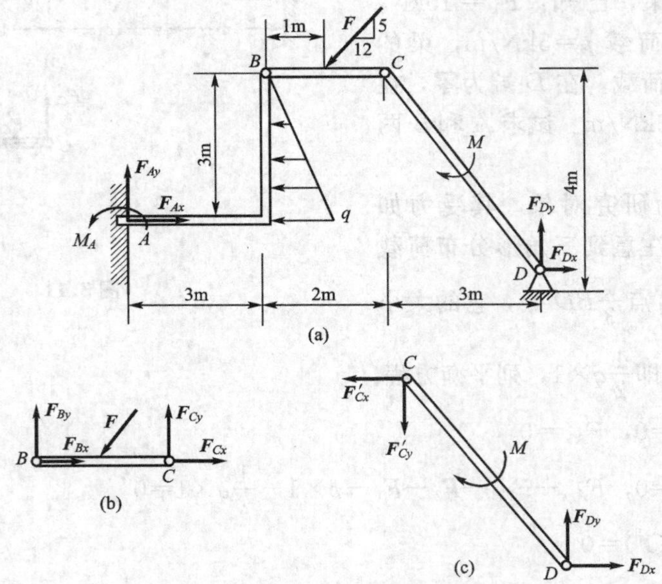

图 3.12

(3) 然后再取整体为研究对象，受力如图 3.12(a)所示，列平衡方程：

$$\sum F_x=0，F_{Dx}+F_{Ax}-q\cdot 3\cdot \frac{1}{2}-F\cdot \frac{12}{13}=0$$

$$\sum F_y=0，F_{Ay}+F_{Dy}-F\cdot \frac{5}{13}=0$$

$$\sum M_A(\boldsymbol{F})=0$$

$$M_A-F\cdot \frac{5}{13}\cdot 4+F\cdot \frac{12}{13}\cdot 3+q\cdot 3\cdot \frac{1}{2}\cdot 1-M+F_{Dy}\cdot 8+F_{Dx}\cdot 1=0$$

解得 $F_{Ax}=25.875\text{kN}，F_{Ay}=2.5\text{kN}，M_A=-40.125\text{kN}\cdot\text{m}$

M_A 为负值，说明它的实际转向与假设相反，即为顺时针方向。

例 3.9 编号为 1、2、3、4 的四根杆件组成的平面结构，其中 A、C、E 为光滑铰链，B、D 为光滑接触，E 为 3、4 两杆中点，如图 3.13(a)所示。各杆自重不计。在水平杆 2 上作用铅垂力 F。试证：无论力 $\boldsymbol{F}$ 的位置 x 如何改变，竖杆 1 总是受到大小等于 F 的压力。

解： 本题为求二力杆（杆 1）的内力，先取杆 2、4 及销钉 A 为研究对象，受力如图 3.13(b)所示。有

$$\sum M_E(\boldsymbol{F})=0，F_{A1}\frac{b}{2}+F\left(\frac{b}{2}-x\right)+F_{NB}\frac{b}{2}+F_{ND}\frac{b}{2}=0 \tag{a}$$

上式中，F_{NB} 与 F_{ND} 为未知量，必须先求得；为此再分别取整体及杆 2 为研究对象。

取整体，受力如图 3.13(a)所示，则

$$\sum M_C(\boldsymbol{F})=0，F_{ND}\cdot b-F\cdot x=0 \tag{b}$$

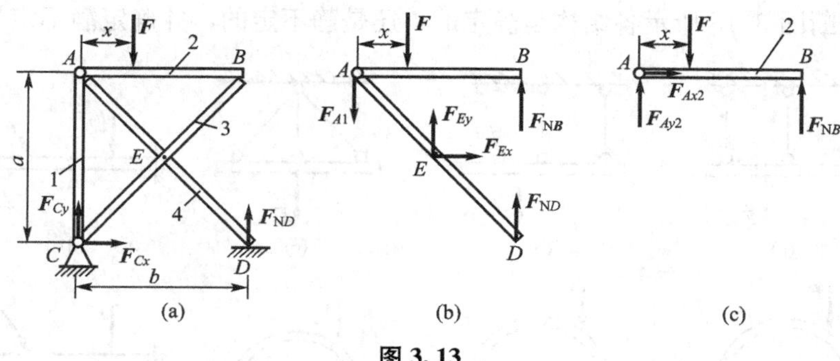

图 3.13

再取水平杆 2，受力如图 3.13(c)所示，A 处不含销钉，其中 F_{Ax2} 与 F_{Ay2} 是销钉 A 对杆 2 的约束反力。则

$$\sum M_A(\boldsymbol{F})=0,\ F_{NB}b-Fx=0 \tag{c}$$

由式(b)和式(c)求得

$$F_{ND}=F_{NB}=\frac{Fx}{b}$$

代入式(a)求得

$$F_{A1}=-F$$

F_{A1} 为负值，说明与所设方向相反，杆 1 受压，且与 x 无关，得证。此题还可取其他研究对象求出，请读者自解。

思　考　题

3-1　平面一般力系的平衡方程能否表示为三个投影方程？平面力偶系的平衡方程能否表示为一个投影方程？

3-2　平面汇交力系的平衡方程是否可以取两个力矩方程或者取一个投影方程和一个力矩方程？如果可以，矩心和投影轴的选择有什么条件？

3-3　某空间力系，若：(1)空间力系中各力的作用线平行于某一固定平面；(2)空间力系中各力的作用线分别汇交于两个固定点；(3)各力作用线与某一固定直线相交；(4)各力作用线与某一固定直线平行；(5)各力作用线与某一固定直线垂直。试分析这五种力系各有几个独立的平衡方程。

3-4　在图 3.14 的各图中，力或力偶对点 A 的矩都相等，试问它们所引起的支座约束反力是否相等。

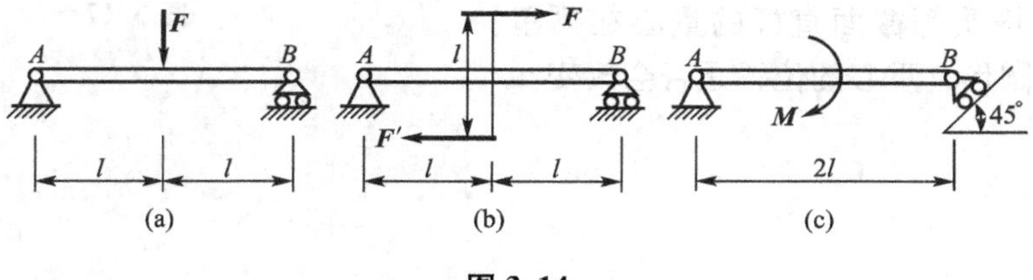

图 3.14

3-5　判断图3.15所示各结构是静定的，还是静不定的，并确定静不定的次数。

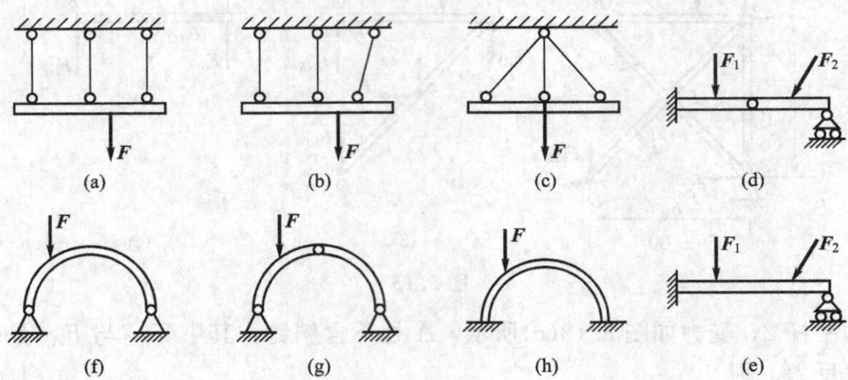

图 3.15

3-6　如图3.16(a)所示，一矩形钢板放在水平地面上，钢板长 $a=4\text{m}$，宽 $b=3\text{m}$，若按图示方向加力，转动钢板需 $F=F'=500\text{N}$。试问如何加力才能使转动钢板所用的力最小，这个最小的力为多少？如图3.16(b)所示，四个力作用在刚体的 A、B、C、D 四点，$ABCD$ 构成一个矩形，四个力 $\boldsymbol{F}_1$、$\boldsymbol{F}_2$、$\boldsymbol{F}_1'$、$\boldsymbol{F}_2'$ 的力矢首尾相接，试问此刚体是否平衡。若 $\boldsymbol{F}_1$ 和 $\boldsymbol{F}_1'$ 都改变方向，如图3.16(c)所示，此刚体是否平衡？

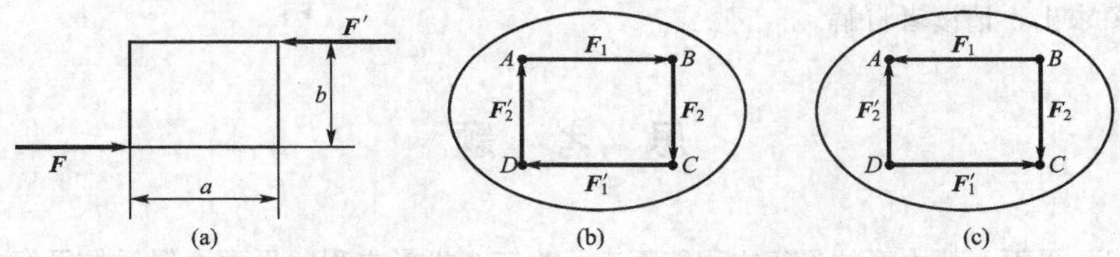

图 3.16

3-7　从力偶理论可知，一个力不能与力偶平衡。但是，对于如图3.17(a)所示的螺旋压榨机，力偶却似乎可以被压榨物体的反抗力 $\boldsymbol{F}_{\mathrm{N}}$ 所平衡？再者，为什么图3.17(b)所示的轮子上的力偶 $\boldsymbol{M}$ 似乎与物体的重力 $\boldsymbol{P}$ 平衡呢？这种说法错在何处？

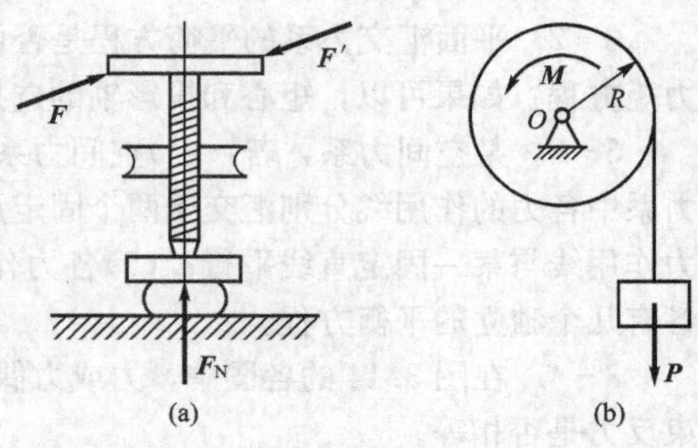

图 3.17

3-8　物体的重心是否一定在物体上？为什么？

3-9　一均质等截面直杆的重心在哪里？若将它变成半圆形，重心的位置是否会改变？

习　题

3-1　如图3.18所示空间构架由3根直杆组成，在D端用球铰链连接，A、B和C端则用球链固定在水平地板上。如果挂在D端的物重$G=10\text{kN}$。试求铰链A、B和C的反力。各杆重力不计。

3-2　如图3.19所示三圆盘A、B和C的半径分别为15cm、10cm和5cm。三轴OA、OB和OC在同一平面内，$\angle AOB$为直角。在这三圆盘上分别作用力偶，组成各力偶的力作用在轮缘上，它们的大小分别等于10N、20N和F。如这三圆盘所构成的物系是自由的，求能使此物系平衡的力F的大小和角α。

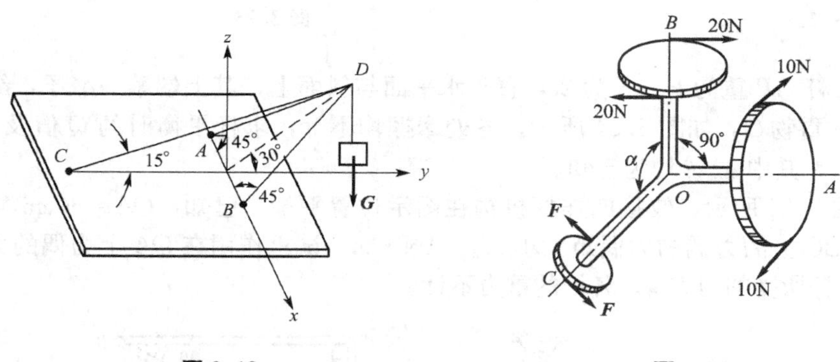

图3.18　　　　图3.19

3-3　如图3.20所示，铰车的轴AB上绕有绳子，绳上挂重物Q。轮C装在轴上，轮的半径为轴半径的6倍。绕在轮C上的绳子沿轮与水平线成30°角的切线引出，绳跨过轮D后挂以重物$P=60\text{N}$。求平衡时，重物Q的重力，以及轴承A和B的约束反力。各轮和轴的重量以及绳与滑轮D的摩擦均略去不计。

3-4　如图3.21所示，传动轴AB一端为圆锥齿轮，作用其上的圆周力$F_t=4.55\text{kN}$，径向力$F_r=0.414\text{kN}$，轴向力$F_n=1.55\text{kN}$，另一端为圆柱齿轮，压力角$\alpha=20°$。求系统平衡时作用于圆柱齿轮的圆周力F_1及径向力F_2以及径向轴承A和径向止推轴承B的支座反力。

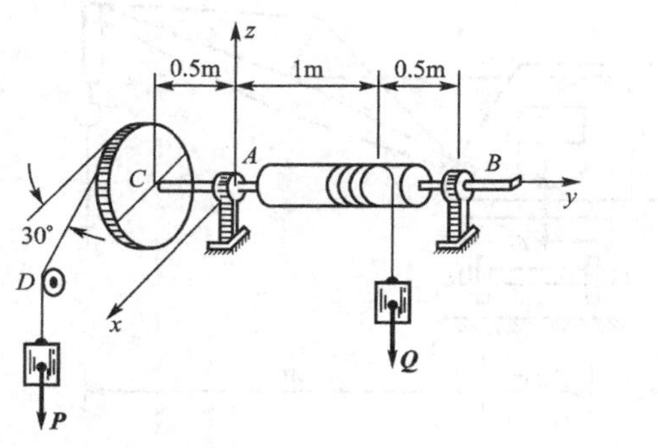

图3.20

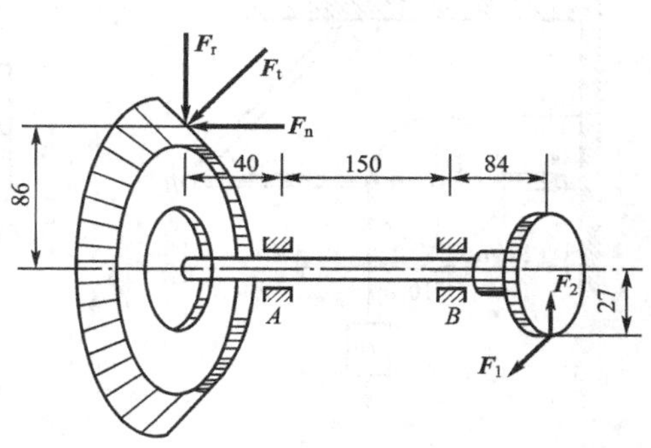

图3.21

3-5　重为 Q 的矩形水平板由3根铅直杆支撑，尺寸如图3.22所示，试求各杆内力。若在板的形心处放置一重为 P 的物体，则各杆内力又如何？

3-6　求图3.23所示各物体的支座约束反力，长度单位为m。

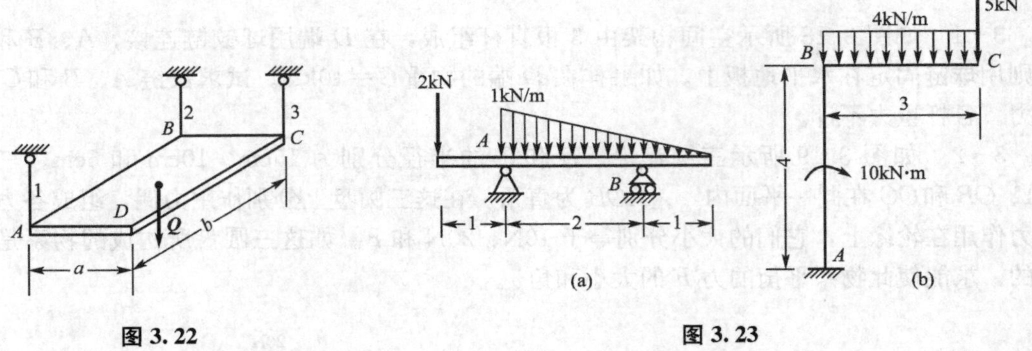

图3.22　　　　图3.23

3-7　均质杆 AB 重为 P、长为 $2l$，置于水平面与斜面上，其上端系一绳子，绳子绕过滑轮 C 吊起一重物 Q，如图3.24所示。各处摩擦均不计，求杆平衡时的 Q 值及 A、B 两处的约束反力。其中 α、β 均为已知。

3-8　如图3.25所示，铰接四连杆机构在图示位置平衡。已知：$OA=60\text{cm}$，$BC=40\text{cm}$，作用在 BC 上的力偶的力偶矩大小 $M_2=1\text{N}\cdot\text{m}$。试求作用在 OA 上力偶的力偶矩大小 M_1 和 AB 杆所受的力 $\boldsymbol{F}_{AB}$。各杆的重力不计。

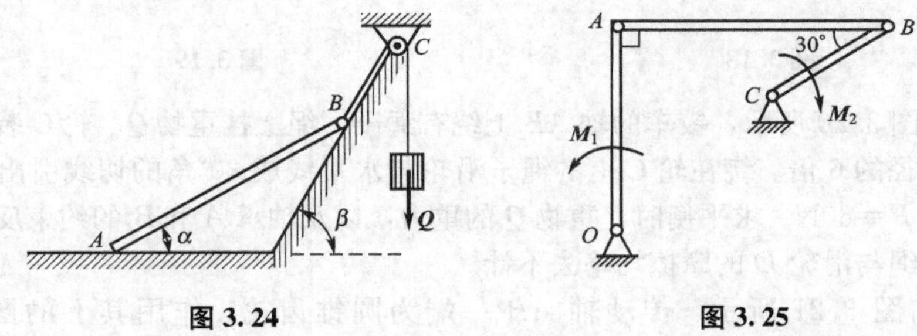

图3.24　　　　图3.25

3-9　重物悬挂如图3.26所示，已知 $P=1.8\text{kN}$，其他重力不计，求铰链 A 的约束反力和杆 BC 所受的力。

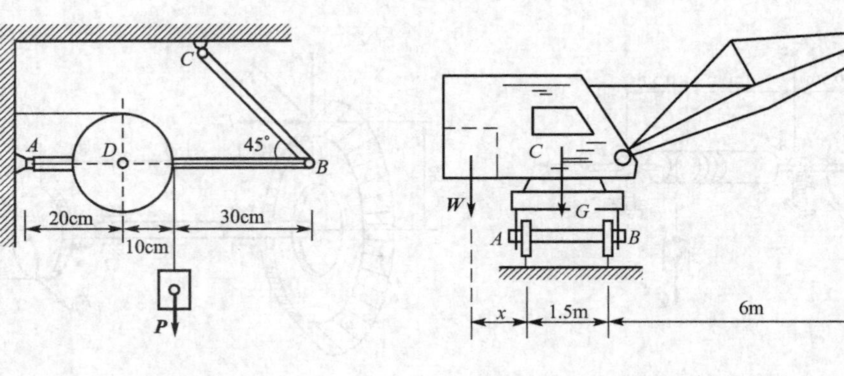

图3.26　　　　图3.27

3-10 如图3.27所示铁路起重机，除平衡重 W 外的全部重力为500kN，重心在两铁轨的对称平面内，最大起吊重量为200kN。为保证起重机在空载和最大荷载时都不致倾倒，求平衡重 W 及其距离 x。

3-11 如图3.28所示，组合梁由 AC 和 DC 两段铰接构成，起重机放在梁上。已知起重机重 $Q=50\text{kN}$，重心在铅直线 EC 上，起重荷载 $P=10\text{kN}$。如不计梁重，求支座 A、B 和 D 三处的约束反力。

3-12 如图3.29所示，由 AC 和 CD 构成的组合梁通过铰链 C 连接。已知均布荷载强度 $q=10\text{kN/m}$，力偶矩 $M=40\text{kN}\cdot\text{m}$，不计梁重。求支座 A、B、D 的约束力和铰链 C 处所受的力。

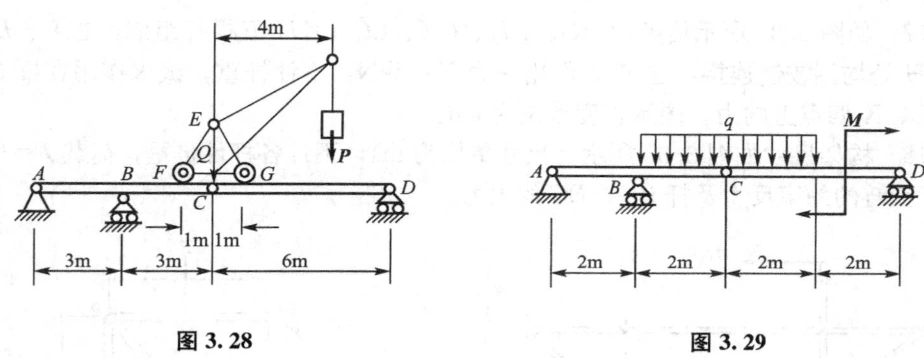

图3.28　　图3.29

3-13 如图3.30所示为一地秤，BCE 为一整体台面，AOB 为一杠杆，并在 O 点铰接，DC 为水平二力杠杆，各部分自重不计，已知 l、a 之值，试求平衡时砝码重 P 与被称物重 G 的比值。

3-14 如图3.31所示，构架 ABC 由三杆 AB、AC 和 DH 组成。杆 DH 的销子 E 可在杆 AC 的槽内滑动。求在水平杆 DH 的一端作用铅直力 F 时杆 AB 上的点 A、D 和 B 处的约束反力。

3-15 三角架如图3.32所示，$P=1\text{kN}$，试求支座 A、B 的约束反力。

3-16 如图3.33所示，用3根杆连接成一构架，各连接点均为铰链，各接触表面均为光滑面。图中尺寸单位为m。求铰链 D 所受的力。

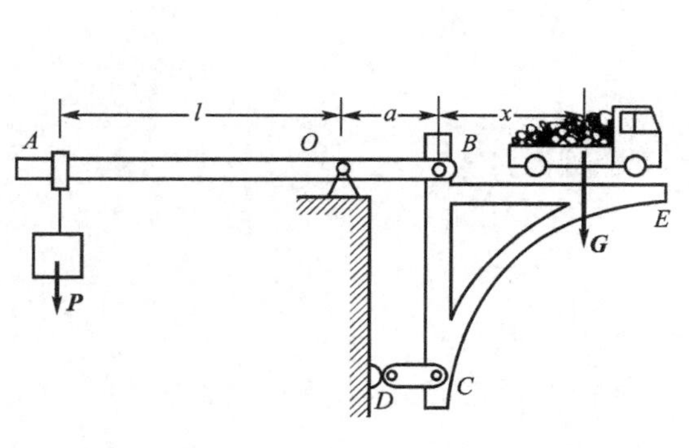

图3.30

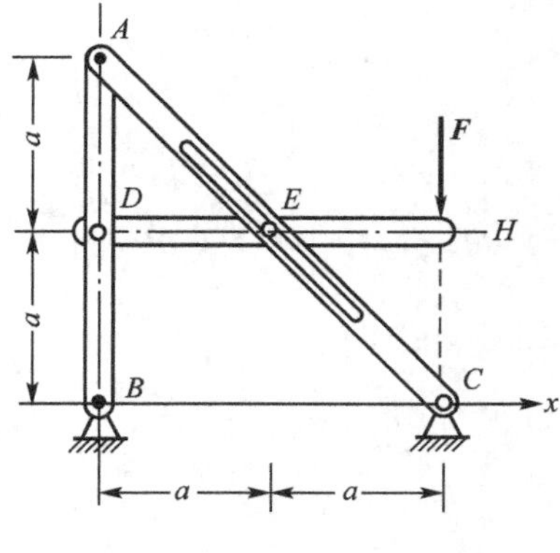

图3.31

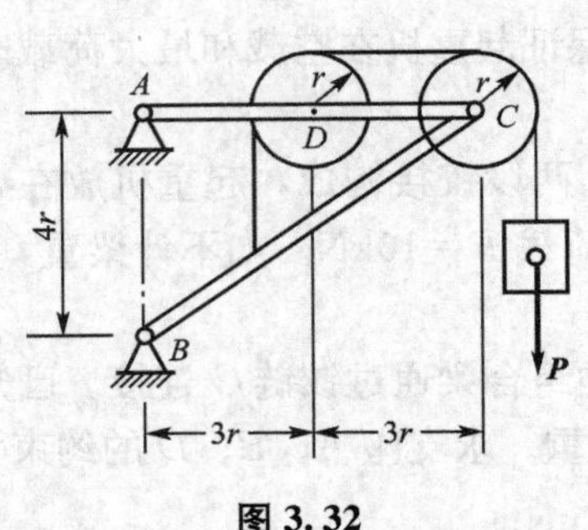

图 3.32

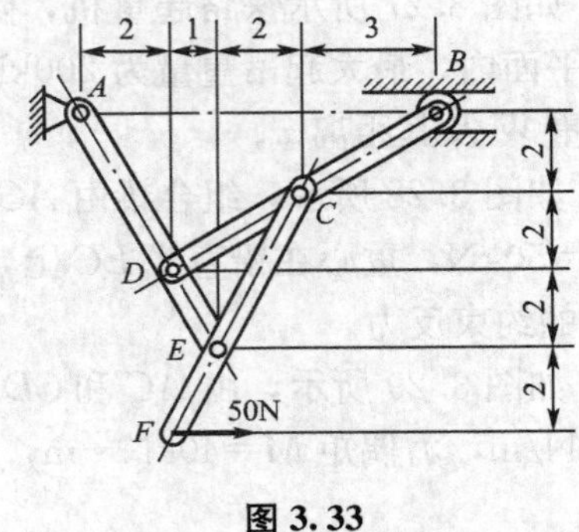

图 3.33

3-17　如图 3.34 所示构架由 AG、BH、CK、CG、KH 五根杆组成，在 C、D、E、K、G、H 处均用铰链连接，在 A 处作用一力 $F=2\text{kN}$，不计杆重。试求作用在杆 CK 上 C、D、E、K 四点上的力。图示长度单位为 cm。

3-18　构架尺寸如图 3.35 所示（尺寸单位为 m），不计各杆件自重，荷载 $\boldsymbol{F}=60\text{kN}$。求 A、E 铰链的约束反力及杆 BD、BC 的内力。

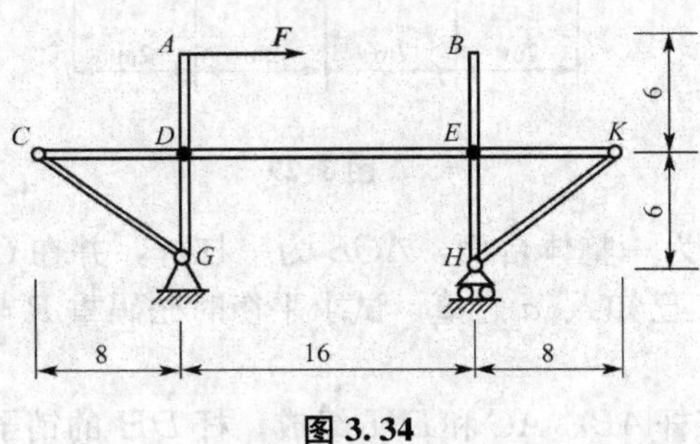

图 3.34

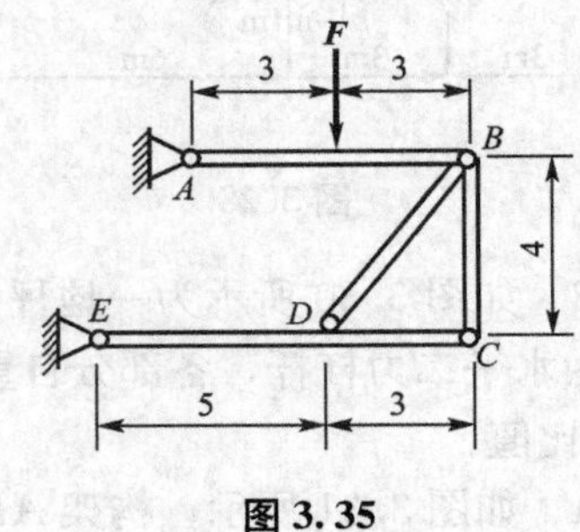

图 3.35

第4章 刚体静力学专门问题

教学目标

本章介绍两个刚体静力学专题：桁架与摩擦。平面桁架的静力分析是桁架设计的基础，本章将重点介绍桁架杆内力计算的两种基本方法：节点法和截面法。考虑摩擦的平衡问题是静力学中较复杂的问题，本章将介绍滑动摩擦力、摩擦角、滚动摩擦等概念，讨论摩擦力方向的判断方法和考虑摩擦时物体平衡问题的求解。通过本章的学习，应达到以下目标。

(1) 理解简单桁架的简化假设，掌握计算桁架杆件内力的节点法和截面法。

(2) 掌握静摩擦力、动摩擦力、最大静摩擦力与摩擦角、自锁现象，能熟练地计算考虑摩擦时物体的平衡问题。

教学要求

知识要点	能力要求	相关知识
平面桁架	(1) 理解理想桁架的基本假设 (2) 掌握桁架杆内力计算方法	(1) 基本假设、理想桁架；节点法和截面法 (2) 桁架杆内力计算方法 (3) 零杆的判断
考虑摩擦时的平衡问题	(1) 掌握摩擦力、动摩擦力、最大静摩擦力与摩擦角、自锁等概念 (2)掌握考虑摩擦时物体平衡问题的求解 (3)了解滚动摩擦等概念	(1) 摩擦力、动摩擦力、最大静摩擦力 (2) 摩擦角、自锁 (3) 滚动摩擦 (4) 摩擦力方向的判断方法 (5) 考虑摩擦时物体平衡问题的求解

基本概念

理想桁架、节点法、截面法、零杆、滑动摩擦力、动摩擦力、最大静摩擦力、摩擦角、自锁、滚动摩擦、摩擦物体平衡

4.1 平面桁架

4.1.1 理想桁架及其基本假设

桁架是一种由直杆彼此在两端焊接、铆接、榫接或用螺丝连接而成的几何形状不变的稳定结构，具有用料省、结构轻、可以充分发挥材料的作用等优点，广泛应用于工程中房屋的屋架、桥梁、电视塔、起重机、油井架等。所有杆件轴线位于同一平面的桁架称为平面桁架，杆件轴线不在同一平面内的桁架称为空间桁架，各杆轴线的交点称为节点。本节仅限于研究平面桁架。

研究桁架的目的在于计算各杆件的内力，把它作为设计桁架或校核桁架的依据。为了简化计算，同时使计算结果安全可靠，工程中常对平面桁架作如下基本假设。

(1) 节点抽象化为光滑铰链连接。

(2) 所有荷载都作用在桁架平面内，且作用于节点上。

(3) 杆件自重不计。如果需要考虑杆件自重时，将其均分等效加于两端节点上。

满足以上三点假设的桁架称为理想桁架。桁架的每根杆件都是二力杆。它们或者受拉，或者受压。在计算桁架各杆受力时，一般假设各杆都受拉，然后根据平衡方程求出它们的代数值，当其值为正时，说明为拉杆，为负则为压杆。

实践证明，基于以上理想模型的计算结果与实际情况相差较小，可以满足工程设计的一般要求。

4.1.2 计算桁架内力的节点法和截面法

1. 节点法

依次取桁架各节点为研究对象，通过其平衡方程，求出杆件内力的方法称为节点法。节点法适用于求解全部杆件内力的情况。

节点法的解题步骤一般为：先取桁架整体为研究对象，求出支座反力；再从只连接两根杆的节点入手，求出每根杆的内力；然后依次取其他节点为研究对象(最好只有两个未知力)，求出各杆内力。

下面举例说明。

例 4.1 试用节点法求图 4.1(a)所示桁架中各杆的内力。

解：首先求支座 A、H 的约束反力。由整体受力图 4.1(a)，列平衡方程：

$$\sum F_x=0，F_{Ax}=0$$

$$\sum M_H=0,\ F_{Ay}\times 8-10\times 8-20\times 6-10\times 4-20\times 2=0$$

$$F_{Ay}=35\text{kN}$$

$$\sum F_y=0,\ F_{Ay}+F_{Hy}-10-20-10-20-10=0$$

$$F_{Hy}=35\text{kN}$$

其次，从节点 A 开始，逐个截取桁架的节点画受力图，进行计算。

选取节点 A，画受力图如图 4.1(b)所示，列平衡方程

$$\sum F_y=0,\ F_1\sin\alpha-10+35=0$$

$$\sum F_x=0,\ F_1\cos\alpha+F_2=0$$

解得：$$F_1=-55.9\text{kN},\ F_2=50\text{kN}$$

选取节点 B，画受力图如图 4.1(c)所示，列平衡方程：

$$\sum F_y=0,\ F_3=0$$

$$\sum F_x=0,\ F_6-F_2=0$$

解得：$$F_3=0,\ F_6=50\text{kN}$$

选取节点 C，画受力图如图 4.1(d)所示，列平衡方程：

$$\sum F_y=0,\ F_4\sin\alpha-F_5\sin\alpha-F_1\sin\alpha-20=0$$

$$\sum F_x=0,\ F_4\cos\alpha+F_5\cos\alpha-F_1\cos\alpha=0$$

解得 $$F_4=-33.6\text{kN},\ F_5=-22.4\text{kN}$$

选取节点 D，画受力图如图 4.1(e)所示，列平衡方程：

$$\sum F_y=0,\ -F_7-F_4\sin\alpha-F_8\sin\alpha-10=0$$

$$\sum F_x=0,\ F_8\cos\alpha-F_4\cos\alpha=0$$

解得 $$F_7=-20\text{kN},\ F_8=-33.5\text{kN}$$

由于结构和荷载都对称，所以左右两边对称位置的杆件的内力相同，故计算半个桁架即可。现将各杆的内力标在各杆的旁边，如图 4.1(f)所示。图中正号表示拉力，负号表示压力，力的单位为 kN，读者可取节点 H 校核。

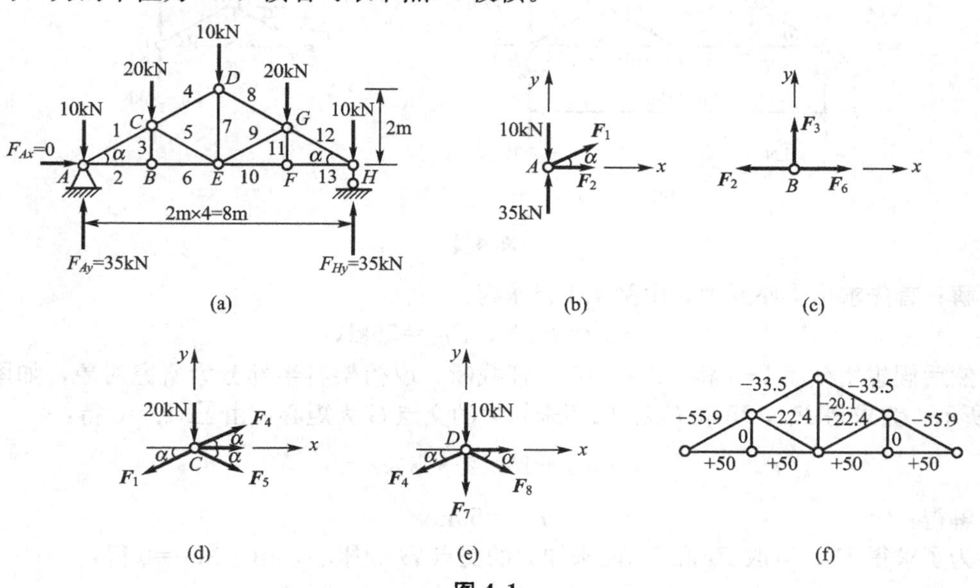

图 4.1

桁架中内力为零的杆件称为零杆，如上例中的 3 杆、11 杆就是零杆，出现零杆的情况可归结如下。

(1) 不在一直线上的两杆节点上无荷载作用时[图 4.2(a)]，则该两杆的内力都等于零。

(2) 三杆节点上无荷载作用时[图 4.2(b)]，如果其中有两杆在一直线上，则另一杆必为零杆。

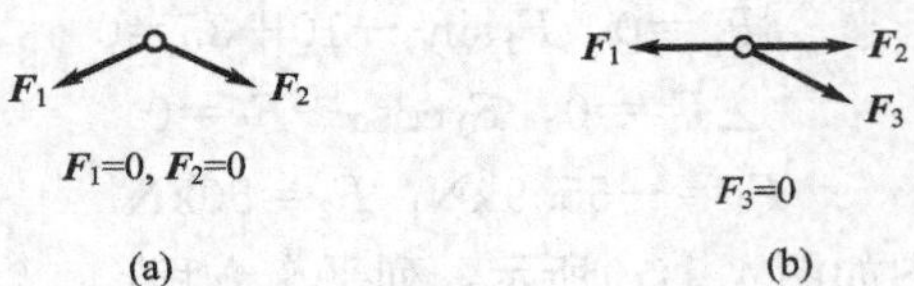

图 4.2

上述结论都不难由节点平衡条件得到证明。在分析桁架时，可先利用上述原则找出零杆，这样可使计算工作简化。

2. 截面法

截面法是假想地用一平面或曲面把桁架切开，分为两部分，取其中任一部分为研究对象，列出其平衡方程求出被切杆件的内力。

当只需求桁架指定杆件的内力，而不需求全部杆件内力时，应用截面法比较方便。由于平面一般力系只有三个独立平衡方程，因此截断杆件的数目一般不要超过 3 根。同时还应注意截面不能截在节点上，否则，节点的一部分对另一部分的作用力不好表示。

例 4.2 试用截面法求图 4.3(a)所示桁架(与例 4.1 同)中 8、9、10 三杆的内力。

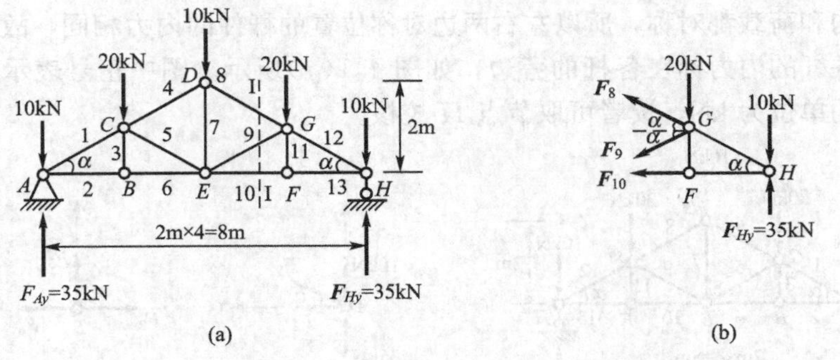

图 4.3

解：首先求出支座反力。由例 4.1 已求得：

$$F_{Ay}=35\text{kN},\ F_{Hy}=35\text{kN}$$

然后假想用截面 I—I 将 8、9、10 三杆截断，取桁架右半部分为研究对象，如图 4.3(b)所示。为求得 F_{10}，可取 F_8 和 F_9 两未知力的交点 G 为矩心，由 $\sum M_G=0$ 得：

$$F_{10}\times 1+10\times 2-35\times 2=0$$

解得：

$$F_{10}=50\text{kN}$$

为了求得 F_9，可取 F_8 和 F_{10} 两未知力的交点 H 为矩心，由 $\sum M_H=0$ 得：

$$F_9\cos\alpha\times 1+F_9\sin\alpha\times 2+20\times 2=0$$

解得：$$F_9=-22.4\text{kN}$$

最后求 F_8，由 $\sum F_x=0$ 得：

$$F_8\cos\alpha+F_9\cos\alpha+F_{10}=0$$

解得：$$F_8=-33.5\text{kN}$$

4.2 摩擦与考虑摩擦时的平衡问题

4.2.1 摩擦现象

两个相互接触的物体产生相对运动或具有相对运动趋势时，彼此在接触部位会产生一种阻碍对方运动的作用，这种现象称为摩擦。这种阻碍作用称为摩擦阻力。根据物体间相对运动形式的不同，把物体间有相对滑动或滑动趋势存在摩擦的问题称为滑动摩擦问题，而把物体间有相对滚动或滚动趋势存在摩擦的问题称为滚动摩擦问题。

摩擦是普遍存在的，理想光滑面实际上并不存在。在所研究的问题中，当摩擦的影响很小，可以忽略不计时，可以采用光滑接触模型，以简化分析过程；反之则需考虑摩擦阻力作用。

4.2.2 滑动摩擦

1. 静摩擦力

当物体相对另一与之接触的物体仅有滑动趋势时，接触面间产生的摩擦阻力称为静滑动摩擦力，简称静摩擦力。如图 4.4 所示的作用于物体上的静摩擦力 $\boldsymbol{F}_s$，它作用于支承面与物体的相互接触处，其方向与相对滑动趋势的方向相反；其大小随作用于物体上使其滑动的主动力 $\boldsymbol{F}_0$ 的大小而改变，但存在一最大值 F_{max}，称为最大静摩擦力。由库仑摩擦定律，有：

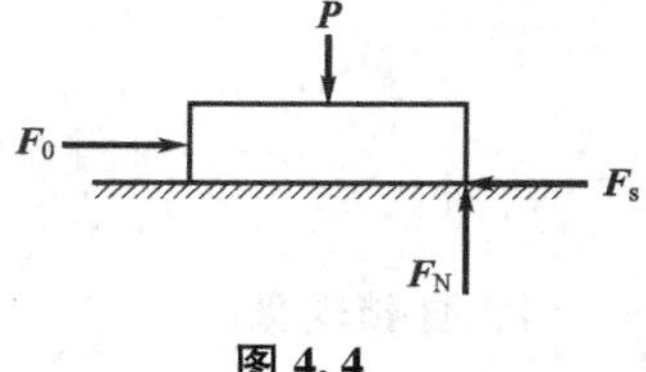

图 4.4

$$F_{max}=f_s\cdot F_N \tag{4.1}$$

式中，f_s——静摩擦因数，它是一个量纲为一的量，需由实验测定，可通过工程手册查出；

F_N——法向约束反力的大小。于是，静摩擦力满足：

$$0\leqslant F_s\leqslant F_{max} \tag{4.2}$$

2. 动摩擦力

当静摩擦力达到最大值时，若主动力 $\boldsymbol{F}_0$ 再继续增大，接触面之间将出现相对滑动。此时，接触物体间阻碍相对滑动的阻力，称为滑动摩擦力，简称为动摩擦力，用 $\boldsymbol{F}$ 表示。实验表明，动摩擦力的大小与接触体间的正压力(即法向反力)成正比，即：

$$F=f\cdot F_N \tag{4.3}$$

式中，f——动摩擦因数，它与接触物体的材料和表面情况有关，可通过工程手册查出。

一般情况下，动摩擦因数略小于静摩擦因数，即 $f<f_s$。

在机械中，往往用降低接触面的粗糙度或加入润滑剂等方法，使动摩擦因数 f 降低，以减小摩擦和磨损。

4.2.3 摩擦角与自锁现象

1. 摩擦角

当考虑摩擦时，静止物体所受支承面的约束反力包括法向约束反力 $\boldsymbol{F}_N$ 和静摩擦力 $\boldsymbol{F}_s$。这两个力的合力：

$$\boldsymbol{F}_R=\boldsymbol{F}_N+\boldsymbol{F}_s$$

称为支承面的全约束反力，它的作用线与接触面的公法线成一夹角 φ，如图 4.5(a)所示。

当物体处于平衡的临界状态时，静摩擦力将达到最大值，角 φ 也达到最大值 φ_m。如图 4.5(b)所示。全约束反力与法线间夹角的最大值 φ_m，称为摩擦角。由图 4.5(b)可得：

$$\tan\varphi_m=\frac{F_{max}}{F_N}=\frac{f_s\cdot F_N}{F_N}=f_s \tag{4.4}$$

即摩擦角的正切等于静摩擦因数。

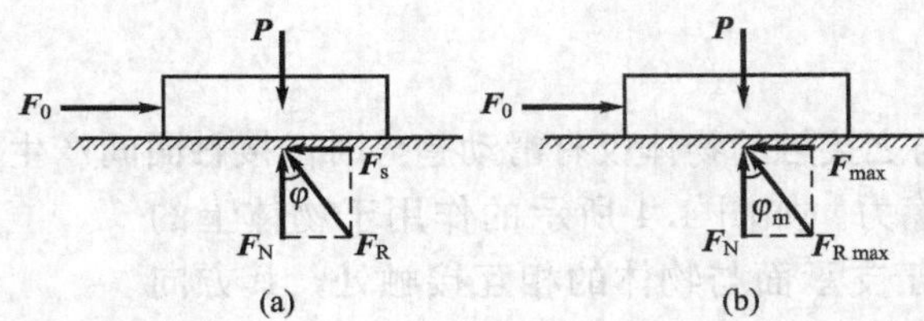

图 4.5

2. 自锁现象

物体平衡时，静摩擦力总是小于或等于最大静摩擦力，因而全约束反力 $\boldsymbol{F}_R$ 与接触面法线之间的夹角 φ 也总是小于或等于摩擦角 φ_m，即：

$$\varphi\leqslant\varphi_m \tag{4.5}$$

这说明只要全反力的作用线在摩擦角内，物体总是平衡的。如果通过全反力的作用点在不同方向作出临界平衡状态时的全反力(此时摩擦力为最大静摩擦力)的作用线，则这些直线将形成一个锥面，称为摩擦锥。若物体沿接触面各个方向的静摩擦因数相等，则摩擦锥是一个顶角为 $2\varphi_m$ 的圆锥，如图 4.6 所示。当物体所受主动力的合力 $\boldsymbol{F}$ 的作用线位于摩擦锥以内时，即：

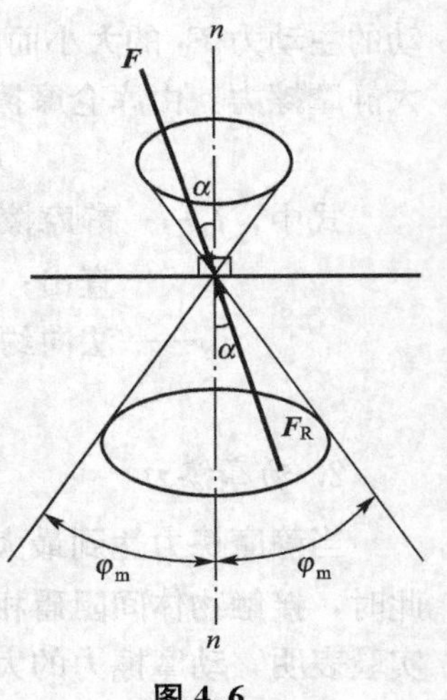

图 4.6

$$0 \leqslant \alpha \leqslant \varphi_m \tag{4.6}$$

则无论主动力 $\boldsymbol{F}$ 的值增至多大，总有相应大小的全反力 $\boldsymbol{F}_R$ 与之平衡，使物体处于平衡状态。这种现象称为自锁。式(4.6)称为自锁条件。如果主动力合力 $\boldsymbol{F}$ 的作用线位于摩擦锥以外，则无论 $\boldsymbol{F}$ 力多小，物体都不能保持平衡。

4.2.4 滚动摩擦

在实际工程中，常见大滚轮在推力的作用下平衡的现象，如果采用刚性接触约束模型[图 4.7(a)]，因 $\sum M_O \neq 0$，圆轮不能平衡。实际上，当力 $\boldsymbol{F}_0$ 不大时，圆轮是可以平衡的，这是因为圆轮和接触平面实际上并不是刚体，它们在力的作用下都会发生局部变形。接触面处是一个曲面，在接触面上，物体受分布力作用[图 4.7(b)]。这些力向 A 点简化，得到一个力 $\boldsymbol{F}_R$ 和一个力偶矩为 $\boldsymbol{M}_f$ 的力偶，力 $\boldsymbol{F}_R$ 可进一步分解为摩擦力 $\boldsymbol{F}_s$ 和法线约束反力 $\boldsymbol{F}_N$，如图 4.7(c)所示。此力偶称为滚动摩阻力偶(简称滚阻力偶)，正是由于这里多了一个滚阻力偶起到的阻碍滚动的作用，才使圆轮可以保持平衡。

实验表明，滚阻力偶矩的大小随主动力矩的大小而变化，但存在最大值 M_{max}，即：

$$0 \leqslant M_f \leqslant M_{max} \tag{4.7}$$

并且，M_{max}与法向约束反力 F_N 成正比，即：

$$M_{max} = \delta F_N \tag{4.8}$$

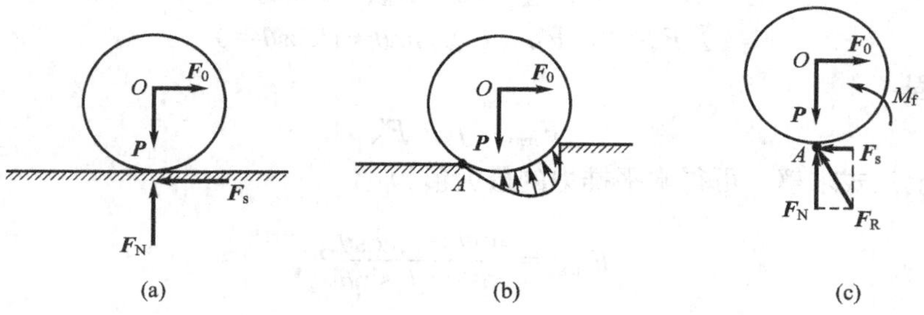

图 4.7

这就是滚动摩阻定律。其中比例常数 δ 称为滚动摩阻系数，它具有长度量纲，一般与接触面材料的硬度、温度等有关，可由实验测定，或在工程手册中查到。

滚阻力偶的转向与滚动的趋势或滚动的角速度方向相反。应该指出的是，滚动摩阻一般较小，在许多工程问题中常常可忽略不计。

4.2.5 考虑摩擦时的平衡问题

工程中的摩擦问题大部分仍然属于平衡问题的范畴。其求解步骤与前面所述大致相同。只是这里需增加一种约束反力——摩擦力。由于静摩擦力满足条件 $F_s \leqslant f_s \cdot F_N$，所以有摩擦时平衡问题的解也有一定的范围，而不是一个确定的值。

工程中有不少问题只需分析平衡的临界状态。这时静摩擦力达到最大值，即 $F_{max} = f_s \cdot F_N$。但其方向不能任意假定，必须按真实方向给出，即必须与相对滑动趋势的方向相反。但是未达到极限值时的静摩擦力，由于是由平衡条件确定的，也可像一般约束反力那样假设其方向，而由最终结果的正负号来判定假设的方向是否正确。

例 4.3 物体重为 P，放在倾角为 $\theta(\theta>\varphi_m)$ 的斜面上，它与斜面间的静摩擦因数为 f_s。若加一水平力 F_1，使物块静止[图 4.8(a)]，试求水平力 F_1 的取值范围。

解： 如果力 F_1 太小，物块将沿斜面向下滑动；如果力 F_1 太大，又将使物块向上滑动。因此，使物块静止时，力 F_1 应在最大值与最小值之间。

(1) 求最小值。当力 F_1 取最小值时，物块将处于向下滑动的临界状态。此时摩擦力沿斜面向上，并达到最大值 F_{max}，如图 4.8(b)所示。

$$\sum F_x=0,\ F_{max}+F_{1min}\cos\theta-P\sin\theta=0$$

$$\sum F_y=0,\ F_N+F_{1min}\sin\theta-P\cos\theta=0$$

补充方程：

$$F_{max}=f_s\cdot F_N$$

联立 3 式求解，可得水平推力的最小值为：

$$F_{1min}=\frac{\sin\theta-f_s\cos\theta}{\cos\theta+f_s\cos\theta}P$$

若记 $f_s=\tan\varphi_m$，则有 $F_{1min}=P\tan(\theta-\varphi_m)$。

(2) 求最大值。当力 F_1 取最大值时，物块将处于向上滑动的临界状态。此时摩擦力沿斜面向下，并达到最大值 F'_{max}，如图 4.8(c)所示。

$$\sum F_x=0,\ F_{1max}\cos\theta-F'_{max}-P\sin\theta=0$$

$$\sum F_y=0,\ F'_N-F_{1max}\sin\theta-P\cos\theta=0$$

补充方程：

$$F'_{max}=f_s\cdot F'_N$$

联立以上三式求解，可得水平推力的最大值为：

$$F_{1max}=\frac{\sin\theta+f_s\cos\theta}{\cos\theta-f_s\sin\theta}P$$

同样，把 $f_s=\tan\varphi_m$ 代入上式，得 $F_{1max}=P\tan(\theta+\varphi_m)$。

由以上两个结果可知，为使物块静止，力 F_1 必须满足如下条件：

$$P\tan(\theta-\varphi_m)\leqslant F_1\leqslant P\tan(\theta+\varphi_m)$$

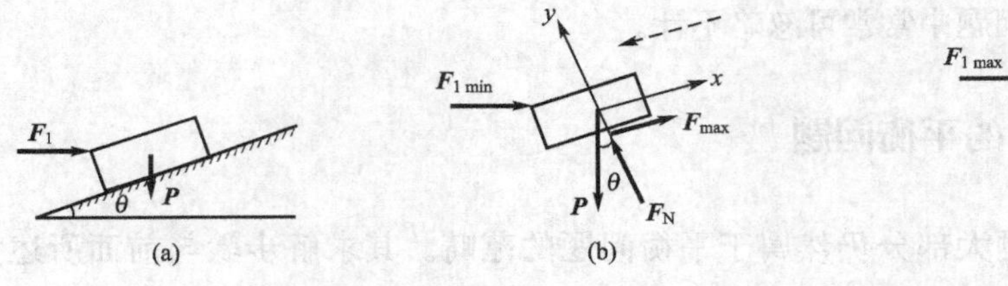

图 4.8

例 4.4 自重为 P，半径为 R 的轮子，沿倾角为 θ 的斜面匀速向上滚动[图 4.9(a)]，轮心上施加一平行于斜面的力 F_1。设轮子与斜面间的滚动摩擦因数为 δ。试求力 F_1 的大小。

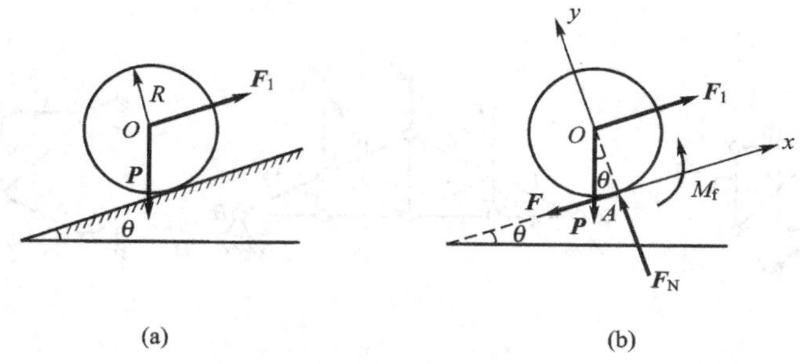

图 4.9

解：选轮子为研究对象，画出其受力分析如图 4.9(b)所示。由于轮子为匀速向上滚动，即处于平衡状态，其所受的滚阻力偶 $\boldsymbol{M}_f$ 与滚动方向相反，且有 $M_f = M_{max}$。

列出平衡方程：

$$\sum F_x = 0，F_1 - F - P\sin\theta = 0$$

$$\sum F_y = 0，F_N - P\cos\theta = 0$$

$$\sum M_A = 0，P\sin\theta \cdot R - F_1 \cdot R + M_{max} = 0$$

补充方程：

$$M_{max} = \delta F_N$$

由上述四个方程可求解四个未知量：F_1，F，F_N，M_{max}。解得：

$$F_1 = P\left(\sin\theta + \frac{\delta}{R}\cos\theta\right)$$

思 考 题

4-1 如何理解桁架求解的两种方法？其平衡方程如何选取？

4-2 图 4.10 所示为桁架中杆件铰接的几种情况。在图 4.10(a)和图 4.10(b)的节点上无荷载作用，图(c)的节点 C 上受到外力 $\boldsymbol{F}$ 作用，作用线沿水平杆。试问图中各杆件中哪些是零杆。

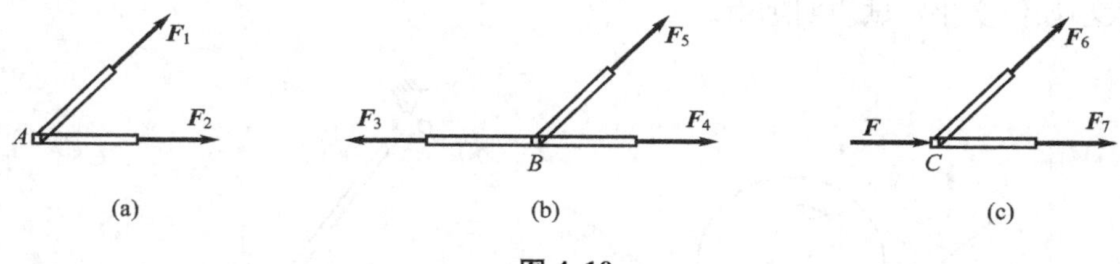

图 4.10

4-3 用 4-2 题的结论，找出图 4.11 所示各桁架中的零杆。

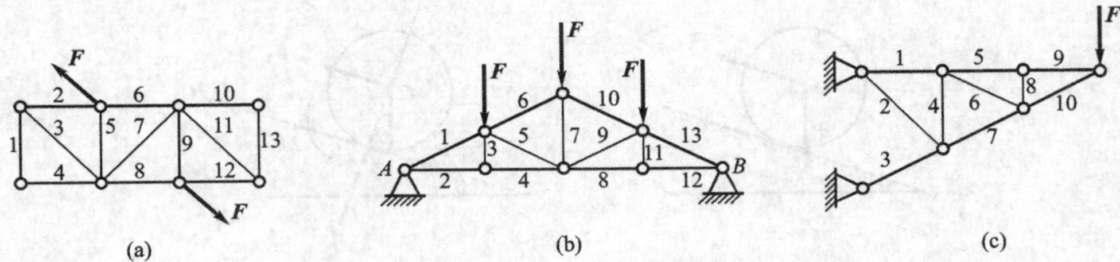

图 4.11

4-4　如图 4.12 所示，物块重 W，与水平面间的摩擦因数为 μs，要使物块向右移动，则在图示两种施力方法中，哪种方法省力？说明理由。

4-5　物块重 W，在物块上还作用有一大小等于 W 的力 $\boldsymbol{F}$，其作用线在摩擦角之外，如图 4.13 所示。已知 $\alpha=30°$，$\varphi_{\mathrm{m}}=20°$，该物块是否平衡？为什么？

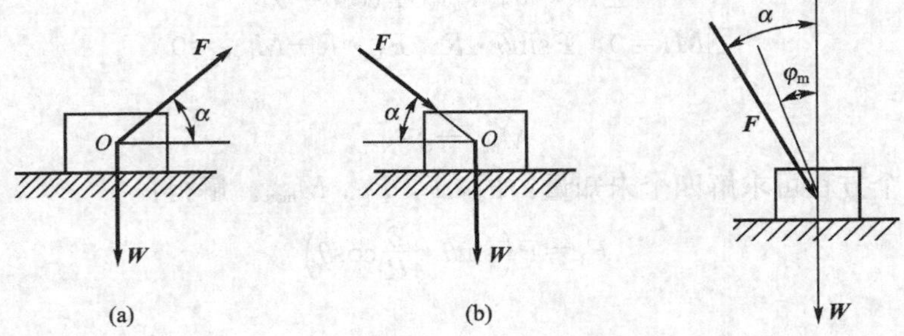

图 4.12　　图 4.13

4-6　重力为 P 的均质圆柱放在 V 形槽里，考虑摩擦。当圆柱上作用一力偶，其力偶矩为 M 时（图 4.14 所示），圆柱处于极限平衡状态。此时接触点处的法向反力 F_{NA} 与 F_{NB} 哪个大？说明理由。

4-7　如图 4.15 所示，已知杆 OA 重为 P，物块 M 重为 Q，杆与物块间有摩擦，而物体与地面间的摩擦略去不计。当水平力 F 增大而物块仍然保持平衡时，杆对物块 M 的正压力大小如何变化？试说明理由。

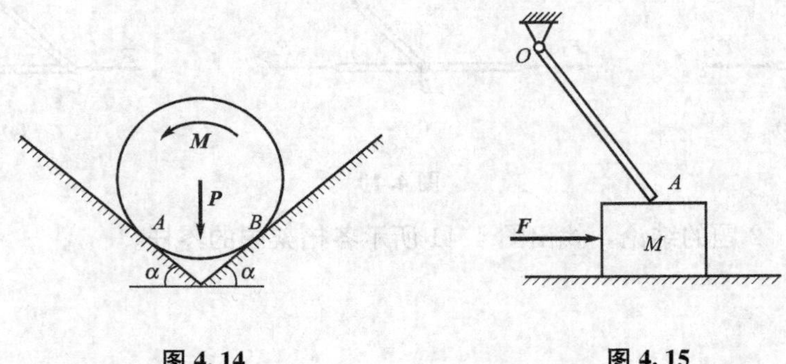

图 4.14　　图 4.15

习　题

4－1　试判断图 4.16 所示结构中所有零杆。

4－2　试用节点法求图 4.17 所示桁架中各杆件的内力。

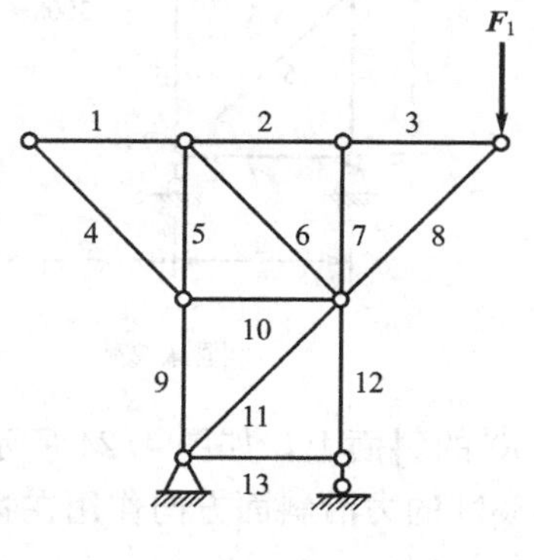

图 4.16

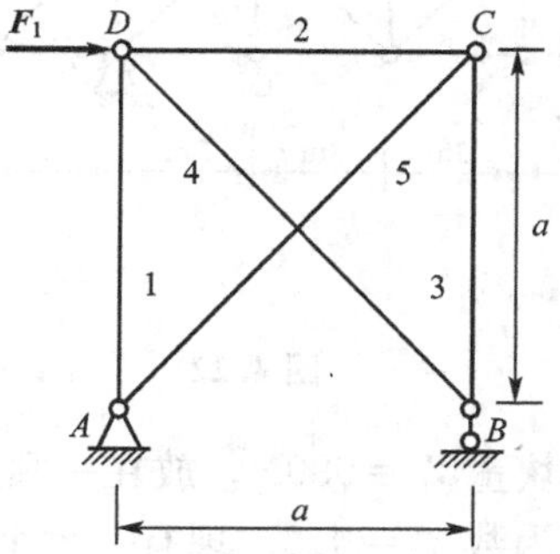

图 4.17

4－3　试用节点法求图 4.18 所示桁架中各杆件的内力。

4－4　试用节点法求图 4.19 所示桁架中各杆件的内力。

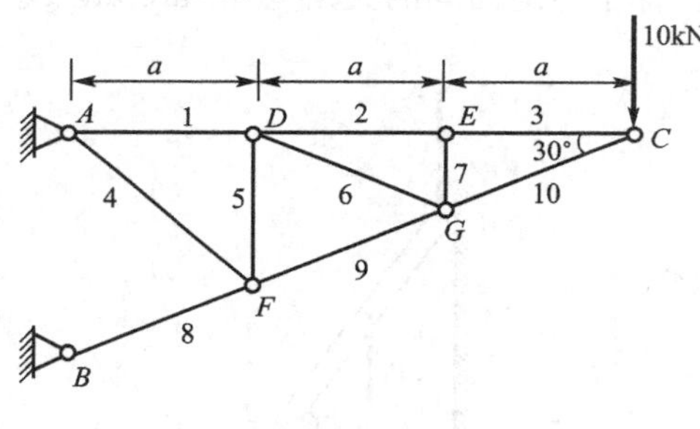

图 4.18

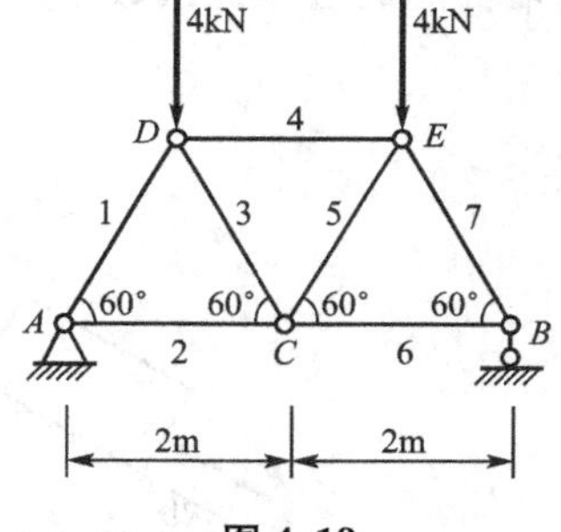

图 4.19

4－5　试用截面法求图 4.20 所示桁架中各杆件的内力。

4－6　试用截面法求图 4.21 所示桁架中 1、2 杆的内力。

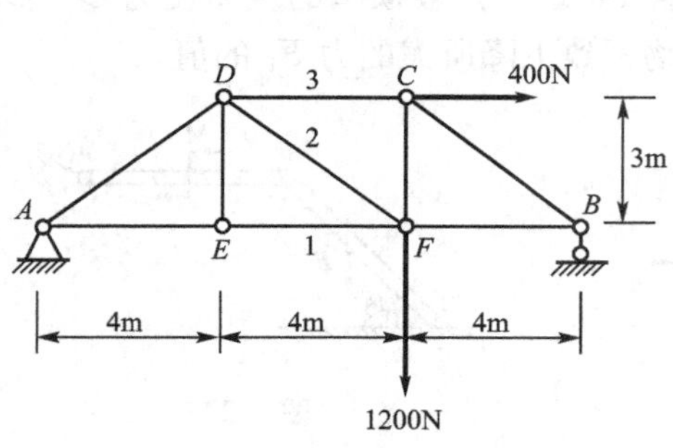

图 4.20

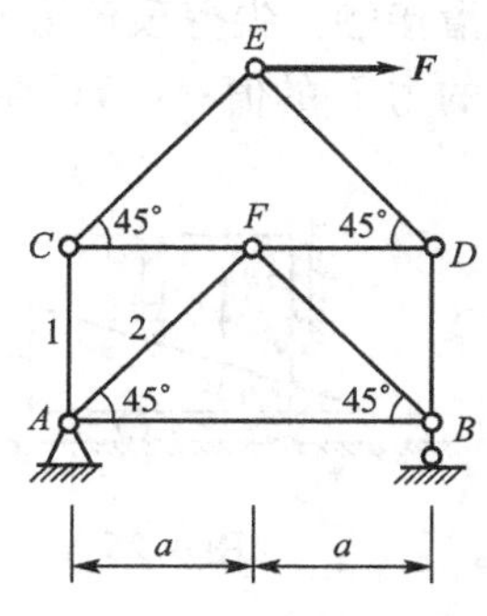

图 4.21

4-7　试用截面法求图4.22所示桁架中1、2杆的内力。

4-8　试求图4.23所示桁架中3、4、5、6杆件的内力。

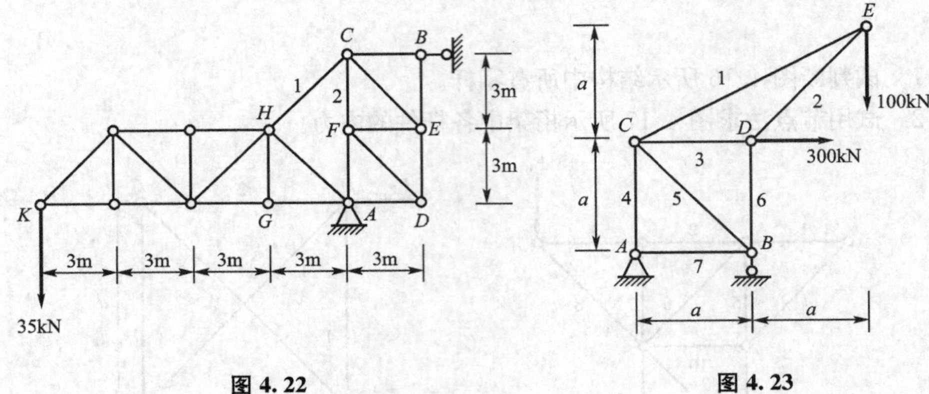

图4.22　　图4.23

4-9　物块重$W=980\text{N}$，放在一倾斜角$\alpha=30°$的斜面上，如图4.24所示。已知接触面间的静摩擦因数$f_s=0.2$。现有一大小为$F=588\text{N}$的力沿斜面方向作用在物块上，物块在斜面上是否处于静止？若静止，这时摩擦力为多大？

4-10　如图4.25所示，一均质梯子长为1，重为$P_1=200\text{N}$，今有一人重$P_2=600\text{N}$，试问此人若要爬到梯顶而梯不致滑倒，则梯子与地面间的静摩擦因数f_{sB}至少应该多大。已知梯子与墙面间的静摩擦因数$f_{sA}=\dfrac{1}{3}$。梯子与地面间的夹角为$\theta=\arctan\dfrac{4}{3}$。

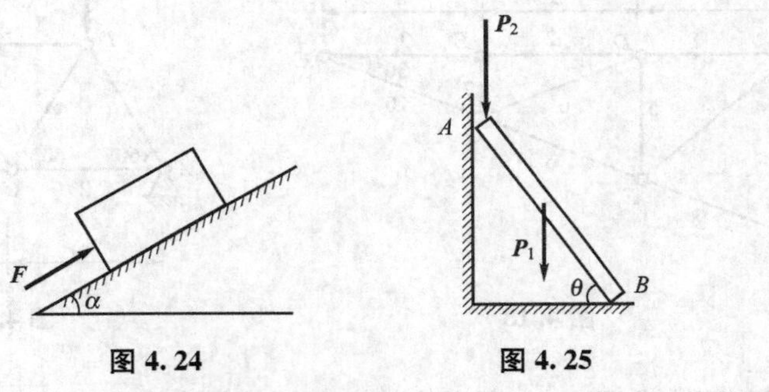

图4.24　　图4.25

4-11　用尖劈顶起重物的装置如图4.26所示。重物与尖劈间的摩擦因数为f，其他有圆辊处为光滑接触，尖劈顶角为θ，且$\tan\theta>f$，被顶举的重力设为Q。试求：(1)顶举重物上升所需的力F的值；(2)顶住重物不致下降所需的力F_1的值。

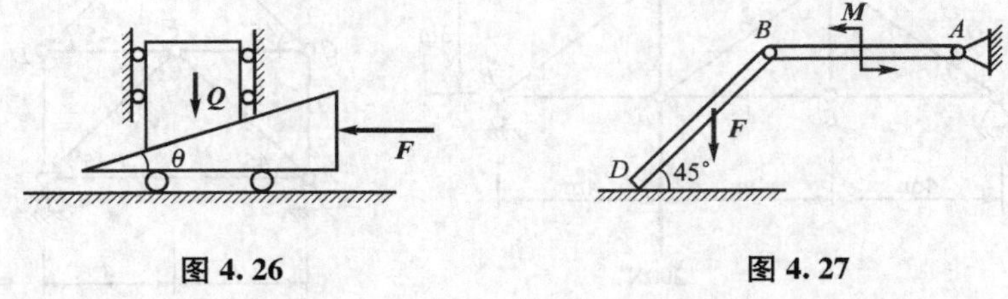

图4.26　　图4.27

4-12　如图4.27所示机构自重不计。已知$M=200\text{kN}\cdot\text{m}$，两杆等长为$l=2\text{m}$，$D$

处的静摩擦因数 $f_s=0.6$，荷载 $\boldsymbol{F}$ 作用在 BD 杆中点。试求图 4.27 所示位置欲使机构保持平衡时的力 F_1 的值。

4-13 如图 4.28 所示，正圆锥体高 40cm，底半径为 $a=10$cm，重心距底面为 $a=10$cm，重为 $W=10$N，放在与水平面成 30°角的斜面上，静摩擦因数为 $f_s=0.5$，水平拉力 $\boldsymbol{F}$ 作用在圆锥顶点，并在与斜面直交的铅锤面内。试求圆锥平衡时力 F 的值。

4-14 如图 4.29 所示滚子重 $W=100$N，半径 $R=10$cm，其上作用一力偶 $M=3$N·cm，滚子与地面间的滑动摩擦因数 $f=0.2$。滚动摩阻系数 $\delta=0.05$cm。试求滚子所受的滑动摩擦力及滚动摩阻力偶。

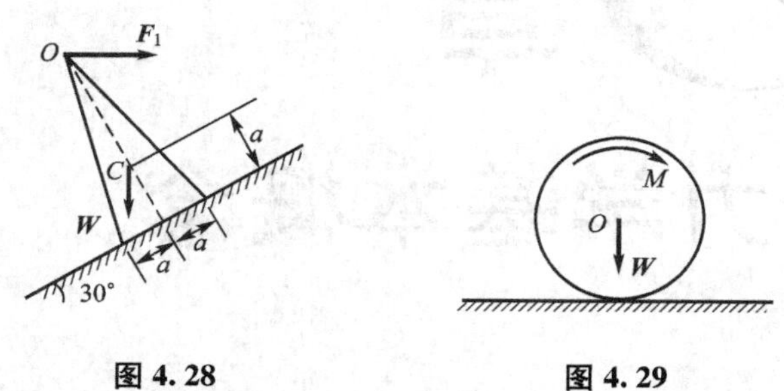

图 4.28 图 4.29

4-15 如图 4.30 所示，圆轮 B 半径为 R，重力为 Q，位于与水平面成 θ 角的斜面上。一根绳子过滑轮 A，一端系在 B 轮的中心，另一端吊一重物 C，绳 BD 段与斜面平行。已知：B 轮沿斜面的滚动摩阻系数为 δ。试求当系统处于平衡时重物 C 的重力 W。

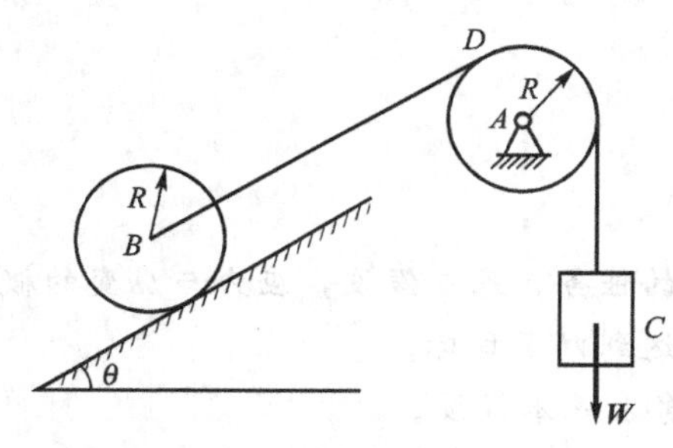

图 4.30

第5章 材料力学基本概念

教学目标

本章主要介绍材料力学的任务，基本假设，应力与应变的概念，以及杆件变形的基本形式。通过本章的学习，应达到以下目标。

(1) 明确材料力学的任务和基本假设。

(2) 掌握内力与截面法，应力与应变的概念。

(3) 了解杆件变形的基本形式。

教学要求

知识要点	能力要求	相关知识
材料力学的任务与基本假设	(1) 明确材料力学的任务 (2) 了解材料力学的研究方法 (3) 掌握材料力学的基本假设	(1) 构件的强度、刚度和稳定性概念 (2) 构件的承载能力的概念 (3) 连续性、均匀性和各向同性假设
内力与截面法	(1) 理解内力的概念 (2) 掌握求内力的截面法	(1) 内力的概念 (2) 截面法
应力与应变	(1) 掌握应力的概念 (2) 掌握应变的概念 (3) 掌握简单的应力—应变关系	(1) 全应力、正应力和切应力的概念 (2) 线应变和切应变的概念 (3) 胡克定律
杆件变形的基本形式	(1) 了解杆件的概念 (2) 掌握杆件变形的四种基本形式	(1) 轴向拉伸或压缩的概念 (2) 剪切的概念 (3) 扭转的概念 (4) 弯曲的概念

基本概念

构件，变形，承载能力，强度、刚度和稳定性，连续性、均匀性和各向同性假设，全应力、正应力和切应力，线应变和切应变，轴向拉伸或压缩、剪切、扭转、弯曲，组合变形

5.1 材料力学的任务

机械与工程结构通常是由若干个零部件构成的，我们把构成它们的每一个组成部分统称为构件。如机械的轴，房屋的梁、柱子等。在机械或工程结构工作时，有关构件将受到力的作用，因而会产生几何形状和尺寸的改变，称为变形。若这种变形在外力撤除后能完全消除，则称之为弹性变形；若这种变形在外力撤除后不能消除，则称之为塑性变形(或永久变形)。为了保证机械或工程结构能正常工作，则要求每一个构件都具有足够的承受荷载的能力，简称承载能力。构件的承载能力通常由以下 3 个方面来衡量。

(1) 强度：构件抵抗破坏(断裂或产生显著塑性变形)的能力称为强度。构件具有足够的强度是保证其正常工作最基本的要求。例如，构件工作时发生意外断裂或产生显著塑性变形是不容许的。

(2) 刚度：构件抵抗弹性变形的能力称为刚度。为了保证构件在荷载作用下所产生的变形不超过许可的限度，必须要求构件具有足够的刚度。例如，如果机床主轴或床身的变形过大，将影响加工精度；齿轮轴的变形过大，将影响齿与齿间的正常啮合等。

(3) 稳定性：构件保持原有平衡形式的能力称为稳定性。在一定外力作用下，构件突然发生不能保持其原有平衡形式的现象，称为失稳。构件工作时产生失稳一般也是不容许的。例如，桥梁结构的受压杆件失稳将可能导致桥梁结构的整体或局部塌毁。因此，构件必须具有足够的稳定性。

构件的设计，必须符合安全、实用和经济的原则。材料力学的任务是：在保证满足强度、刚度和稳定性要求(安全、实用)的前提下，以最经济的代价，为构件选择适宜的材料，确定合理的形状和尺寸，并提供必要的理论基础和计算方法。

一般说来，强度要求是基本的，只是在某些情况下才提出刚度要求。至于稳定性问题，只是在特定受力情况下的某些构件中才会出现。

材料的强度、刚度和稳定性与材料的力学性能有关，而材料的力学性能主要由实验来测定；材料力学的理论分析结果也应由实验来检验；还有一些尚无理论分析结果的问题，也必须借助于实验的手段来解决。所以，实验研究和理论分析同样是材料力学解决问题的重要手段。

5.2 材料力学的基本假设

所有构件都是由固体材料制成的，它们在外力作用下都会发生变形，故称为变形固体。变形固体在外力作用下所产生的物理现象是各种各样的，为了研究的方便，常常舍弃那些与所研究的问题无关或关系不大的特征，而只保留其主要特征，并通过作出某些假设将所研究的对象抽象成一种理想化的“模型”。例如，在理论力学中，为了从宏观上研究物体机械运动规律，可将物体抽象化为刚体；而在材料力学中，为了研究构件的强度、刚度和稳定性问题，则必须考虑构件的变形，即只能把构件看作变形固体。

为了简化性质复杂的变形固体，通常作出如下基本假设。

(1) 连续性假设：即认为材料无间隙地分布于物体所占的整个空间中。根据这一假设，物体内因受力和变形而产生的内力和位移都将是连续的，因而可以表示为各点坐标的连续函数，从而有利于建立相应的数学模型。

(2) 均匀性假设：即认为物体内各点处的力学性能都是一样的，不随点的位置而变化。按此假设，从构件内部任何部位所切取的微元体，都具有与构件完全相同的力学性能。同样，通过试样所测得的材料性能，也可用于构件内的任何部位。应该指出，对于实际材料，其基本组成部分的力学性能往往存在不同程度的差异，但是，由于构件的尺寸远大于其基本组成部分的尺寸，按照统计学观点，仍可将材料看成是均匀的。

(3) 各向同性假设：即认为材料沿各个方向上的力学性能都是相同的。我们把具有这种属性的材料称为各向同性材料，如低碳钢、铸铁等。在各个方向上具有不同力学性能的材料则称为各向异性材料，如由增强纤维(碳纤维、玻璃纤维等)与基体材料(环氧树脂、陶瓷等)制成的复合材料。本书仅研究各向同性材料的构件。按此假设，我们在计算中就不用考虑材料力学性能的方向性，而可沿任意方位从构件中截取一部分作为研究对象。

此外，在材料力学中还假设构件在外力作用下所产生的变形与构件本身的几何尺寸相比是很小的，即小变形假设。根据这一假设，当考虑构件的平衡问题时，一般可略去变形的影响，因而可以直接应用理论力学的分析方法。

实际上，工程材料与上面所讲的“理想”材料并不完全相符合。但是，材料力学并不关心其微观上的差异，而只着眼于材料的宏观性能。实践表明，按这种理想化的材料模型研究问题，所得的结论能够很好地符合实际情况。即使对某些均匀性较差的材料(如铸铁、混凝土等)，在工程上也可得到比较满意的结果。

5.3 外力、内力与截面法

5.3.1 外力

作用于构件上的荷载和约束反力统称为外力。

按外力的作用方式可分为表面力和体积力。表面力是作用于构件表面的力，又可分为分布力和集中力。分布力是连续作用于构件表面的力，如作用于船体上的水压力。有些分布力是沿杆件的轴线作用的，如楼板对屋梁的作用力。如果分布力的作用面积远小于构件的表面面积，或沿杆件轴线的分布范围远小于杆件长度，则可将分布力简化为作用于一点的力，称为集中力，如列车车轮对钢轨的压力。体积力是连续分布于构件内部各质点上的力，如重力和惯性力等。

按荷载随时间变化的情况可分为静荷载与动荷载。随时间变化极缓慢或不变化的荷载，称为静荷载。其特征是在加载过程中，构件不产生加速度或产生的加速度极小，可以忽略不计。随时间显著变化或使构件各质点产生明显加速度的荷载，称为动荷载。

构件在静荷载和动荷载作用下的力学性能颇不相同，分析方法也不完全相同，但前者是后者的基础。

5.3.2 内力

构件在未受外力作用时，其内部各质点之间即存在着相互的力作用，正是由于这种"固有的内力"作用，才能使构件保持一定的形状。当构件受到外力作用而变形时，其内部各质点的相对位置发生了改变，同时内力也发生了变化，这种引起内部质点产生相对位移的内力，即由于外力作用使构件产生变形时所引起的"附加内力"，就是材料力学所研究的内力。当外力增加，使内力超过某一限度时，构件就会破坏，因而内力是研究构件强度问题的基础。

5.3.3 截面法

为了显示和确定构件的内力，可假想地用一平面将构件截分为 A、B 两部分[图 5.1(a)]，任取其中一部分为研究对象(例如 A 部分)，并将另一部分(例如 B 部分)对该部分的作用以截开面上的内力代替。由于假设构件是均匀连续的变形体，故内力在截面上是连续分布的[图 5.1(b)]。应用力系简化理论，这一连续分布的内力系可以向截面形心 C 简化为一主矢 $\boldsymbol{F}_{\mathrm{R}}$ 和一主矩 $\boldsymbol{M}$，若将它们沿三个选定的坐标轴(沿构件轴线建立 x 轴，在所截横截面内建立 y 轴与 z 轴)分解，便可得到该截面上的 3 个内力分量 F_{N}，$F_{\mathrm{S}y}$ 与 $F_{\mathrm{S}z}$，以及 3 个内力偶矩分量 M_x，M_y 与 M_z[图 5.1(c)]。

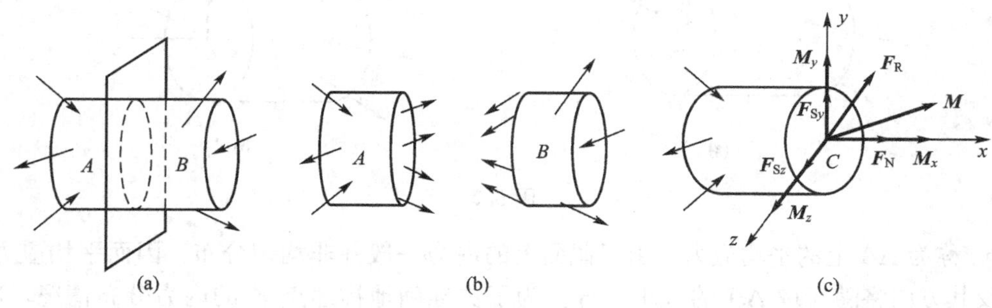

图 5.1

由于整个构件处于平衡状态，其任一部分也必然处于平衡状态，故只需考虑 A 部分的平衡，根据理论力学的静力平衡条件，即可由已知的外力求得截面上各个内力分量的大小和方向。同样，也可取 B 部分作为研究对象，并求得其内力分量。显然，B 部分在截开面上的内力与 A 部分在截开面上的内力是作用力与反作用力，它们是等值反向的。

上述这种假想地用一平面将构件截分为两部分，任取其中一部分为研究对象，根据静力平衡条件求得截面上内力的方法，称为截面法。其全部过程可以归纳为如下 3 个步骤。

(1) 在需求内力的截面处，假想地用一平面将构件截分为两部分，任取其中一部分为研究对象。

(2) 在选取的研究对象上，除保留作用于该部分上的外力外，还要加上弃去部分对该部分的作用力，即截开面上的内力。

(3) 由理论力学的静力平衡条件，求出该截面上的内力。

必须指出，在计算构件内力时，用假想的平面把构件截开之前，不能随意应用力或力偶的可移性原理，也不能随意应用静力等效原理。这是由于外力移动之后，内力及变形也会随之发生变化。

5.4 应力与应变

5.4.1 应力

上节我们应用截面法分析了构件截面上的内力，但是，截面法仅能求得构件截面上分布内力系的主矢和主矩。一般情况下，内力在截面上并不是均匀分布的。为了描述内力系在截面上各点处分布的强弱程度，我们需引入内力集度(分布内力集中的程度)即应力的概念。

如图5.2(a)所示，在受力构件截面上任一点 K 的周围取一微小面积 ΔA，并设作用于该面积上的内力为 ΔF，则 ΔA 上分布内力的平均集度为：

$$p_m=\frac{\Delta F}{\Delta A} \tag{5.1}$$

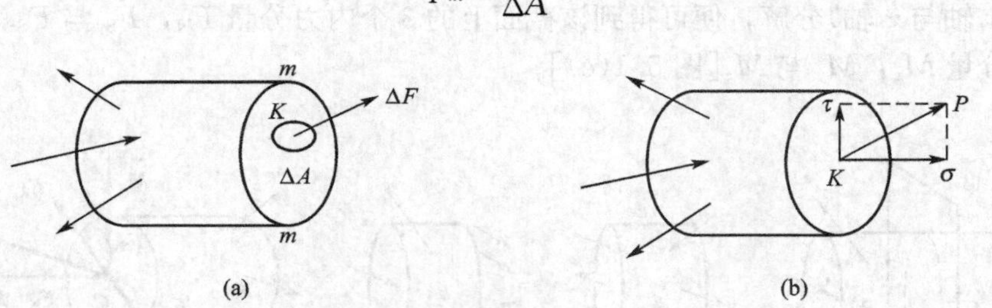

图5.2

p_{m} 称为 ΔA 上的平均应力。由于截面上的内力一般并非均匀分布，因而平均应力 p_{m} 之值及其方向将随所取 ΔA 的大小而异。为了更准确地描述点 K 的内力分布情况，应使 ΔA 趋于零，由此所得平均应力 p_{m} 的极限值，称为点 K 处的总应力(或称全应力)，并用 p 表示，即

$$p=\lim_{\Delta A\to 0}\frac{\Delta F}{\Delta A}=\frac{\mathrm{d}F}{\mathrm{d}A} \tag{5.2}$$

显然，总应力 p 的方向即 ΔF 的极限方向。为了分析方便，通常将总应力 p 分解为垂直于截面的法向分量 σ 和与截面相切的切向分量 τ[图5.2(b)]。法向分量 σ 称为正应力，切向分量 τ 称为切应力。显然，总应力 p 与正应力 σ 和切应力 τ 三者之间有如下关系

$$p^2=\sigma^2+\tau^2 \tag{5.3}$$

应力量纲是［力］/［长度］²，在国际单位制中，应力单位是“帕斯卡”(Pascal)或简称帕(Pa)，$1Pa=1N/m^2$。由于这个单位太小，使用不便，故也常采用千帕(kPa)($1kPa=10^3Pa$)、兆帕(MPa)($1MPa=10^6Pa$)或吉帕(GPa)($1GPa=10^9Pa$)。

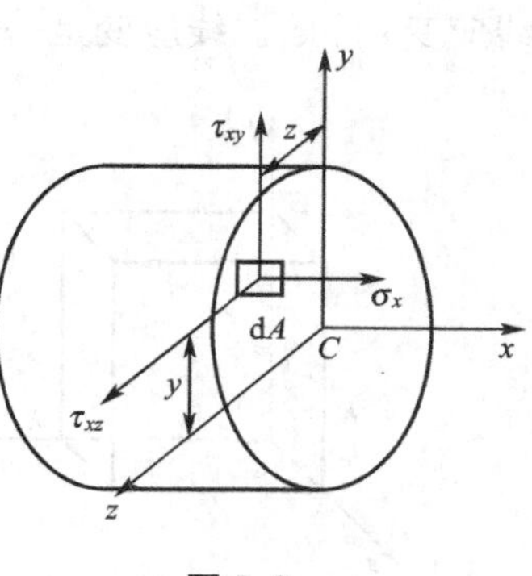

图 5.3

从5.3节我们知道，内力分量是截面上分布内力系向截面形心简化的结果，因此，从图5.3可以得到，受力构件任一截面上的6个内力分量(F_N、F_{Sy}、F_{Sz}和M_x、M_y、M_z)与该截面上任一点处的3个应力分量(σ_x，τ_{xy}，τ_{xz})之间有如下关系式：

$$\left.\begin{aligned}
F_N&=\int_A\sigma_x\mathrm{d}A\\
F_{Sy}&=\int_A\tau_{xy}\mathrm{d}A\\
F_{Sz}&=\int_A\tau_{xz}\mathrm{d}A\\
M_x&=\int_A(\tau_{xz}y-\tau_{xy}z)\mathrm{d}A\\
M_y&=\int_A\sigma_x z\mathrm{d}A\\
M_z&=-\int_A\sigma_x y\mathrm{d}A
\end{aligned}\right\} \tag{5.4}$$

式(5.4)表明，如果已知构件某一截面上的内力分量及应力分布规律，便可确定该截面上的应力值。

5.4.2 应变

在外力作用下，构件内各点的应力一般是不同的，同样，构件内各点的变形程度也不相同。为了研究构件的变形，可设想将构件分割成许多微小的正六面体(当六面体的边长趋于无限小时称为单元体)，构件的变形可以看作是这些单元体变形累积的结果。而单元体的变形只表现为边长的改变与直角的改变两种。为了度量单元体的变形程度，人们定义了线应变与切应变两个物理量。

线应变是指单元体棱边长度的相对变化量，通常用ε表示。

从受力构件内任一点K处取出一个单元体如图5.4(a)所示，设其沿x轴的棱边KB原长为Δx，变形后长度为$\Delta x+\Delta u$［图5.4(b)］，Δu称为棱边KB的伸长量，而Δu与Δx的比值，则称为棱边KB的平均线应变，用ε_{mx}表示，即：

$$\varepsilon_{mx}=\frac{\Delta u}{\Delta x} \tag{5.5}$$

其极限值：

$$\varepsilon_x=\lim_{\Delta x\to 0}\frac{\Delta u}{\Delta x}=\frac{\mathrm{d}u}{\mathrm{d}x} \tag{5.6}$$

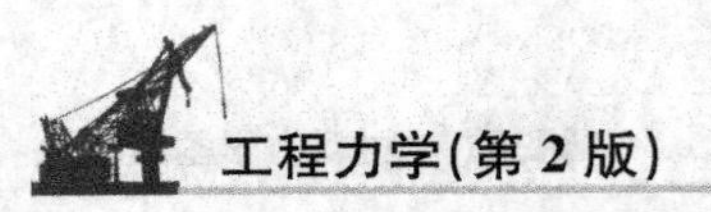

则称为点 K 处沿 x 轴方向的线应变。同样，我们也可以定义点 K 处沿 y、z 轴方向的线应变 ε_y、ε_z。线应变是一个无量纲的量。

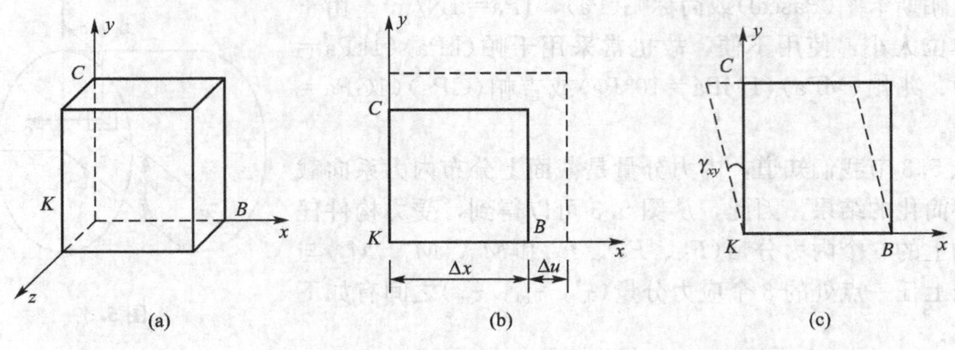

图 5.4

切应变是指单元体两条互相垂直的棱边所夹直角的改变量，也称为剪应变或角应变，用 γ 表示。

例如，如图 5.4(c)所示，直角 BCK 变形以后的改变量 γ_{xy} 就是点 K 在 xy 平面内的切应变。类似地，也可定义点 K 在 yz 平面及 zx 平面内的切应变 γ_{yz} 和 γ_{zx}。切应变也是一个无量纲的量，通常用弧度来度量。

5.4.3 简单的应力-应变关系

在实际构件中，经常可以在构件内的某一点处取得如图 5.5(a)或图 5.5(b)所示应力情况的单元体，这是微元体受力最基本、最简单的两种形式，前者称为单向受力或单向应力状态，后者称为纯剪切应力状态。

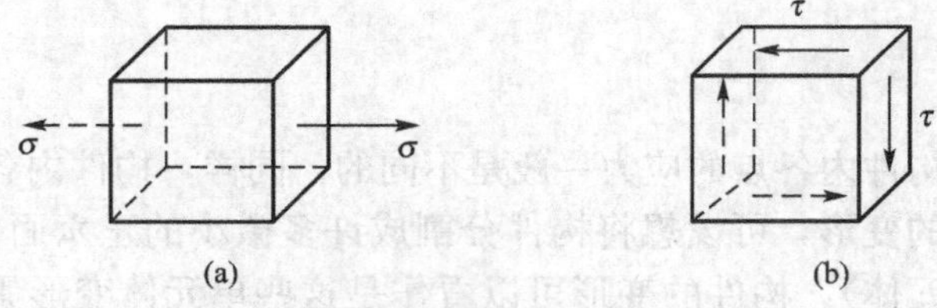

图 5.5

对于工程中常用材料制成的构件，实验结果表明：若在线弹性范围内加载(应力小于某一极限值)，对于只承受单向应力状态或纯剪切应力状态的微元体，正应力与线应变以及切应力与切应变之间存在着线性关系，即：

$$\sigma = E\varepsilon \tag{5.7}$$

$$\tau = G\gamma \tag{5.8}$$

式中，E，G——与材料有关的常数，分别称为弹性模量(或杨氏模量)和剪切弹性模量(或切变模量)。

式(5.7)和式(5.8)即为描述线弹性材料物性关系的方程，前者称为胡克定律，后者称为剪切胡克定律。所谓线弹性材料是指弹性范围内加载时应力-应变满足线性关系的材料。

5.5 杆件变形的基本形式

工程实际中的构件是各种各样的，但按其几何特征大致可以简化为杆、板、壳和块体等。本书所研究的只是其中的杆件。所谓杆件是指其长度远大于其横向尺寸的构件。

杆件在不同的外力作用下，其产生的变形形式各不相同，但通常可以归结为以下四种基本变形形式以及它们的组合变形形式。

1. 轴向拉伸或压缩

杆件受到与杆轴线重合的外力作用时，杆件的长度发生伸长或缩短，这种变形形式称为轴向拉伸[图 5.6(a)]或轴向压缩[图 5.6(b)]。如简单桁架中的杆件通常发生轴向拉伸或压缩变形。

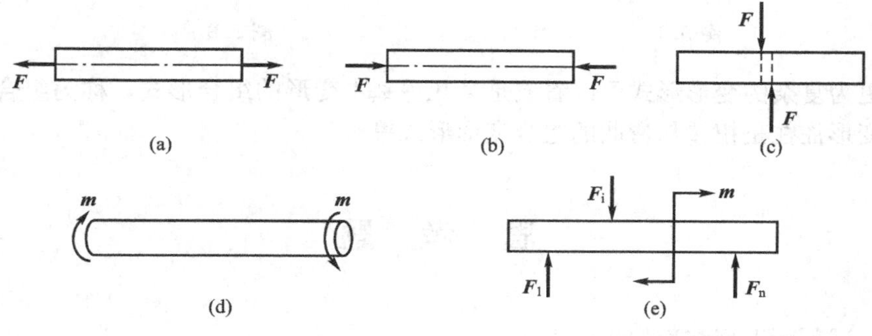

图 5.6

2. 剪切

在垂直于杆件轴线方向受到一对大小相等、方向相反、作用线相距很近的力作用时，杆件横截面将沿外力作用方向发生错动(或错动趋势)，这种变形形式称为剪切[图 5.6(c)]。机械中常用的连接件，如键、销钉、螺栓等都产生剪切变形。

3. 扭转

在一对大小相等、转向相反、作用面垂直于直杆轴线的外力偶作用下，直杆的任意两个横截面将发生绕杆件轴线的相对转动，这种变形形式称为扭转[图 5.6(d)]。工程中常将发生扭转变形的杆件称为轴。如汽车的传动轴、电动机的主轴等的主要变形，都包含扭转变形在内。

4. 弯曲

在垂直于杆件轴线的横向力，或在作用于包含杆轴的纵向平面内的一对大小相等、方向相反的力偶作用下，直杆的相邻横截面将绕垂直于杆轴线的轴发生相对转动，杆件轴线由直线变为曲线，这种变形形式称为弯曲［图 5.6(e)]。如桥式起重机大梁、列车轮轴、车刀等的变形，都属于弯曲变形。凡是以弯曲为主要变形的杆件，称为梁。

产生弯曲变形的梁除承受横向荷载外，还必须有支座来支撑它，常见的支座有三种基本形式：固定端、固定铰和活动铰支座，分别如图 5.7(a)、(b)、(c)所示。根据梁的支撑情况，一般把梁简化为三种基本形式：悬臂梁、简支梁和外伸梁，分别如图5.8(a)、(b)、(c)所示。

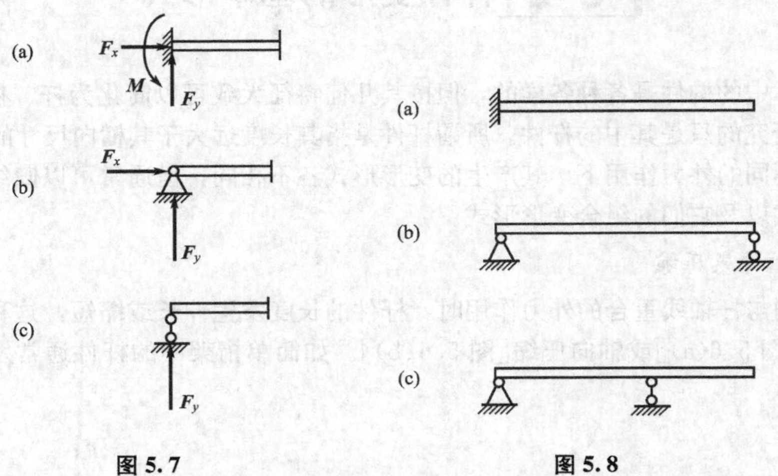

图5.7　　图5.8

其他更为复杂的变形形式可以看成是某几种基本变形的组合形式，称为组合变形。如传动轴的变形往往是扭转与弯曲的组合变形形式等。

思　考　题

5-1　试判断下列结论的正确性。

(1) 同一截面上正应力σ与切应力τ必相互垂直。

(2) 同一截面上各点的正应力σ必定大小相等，方向相同。

(3) 同一截面上各点的切应力必相互平行。

5-2　试判断下列结论的正确性。

(1) 若物体产生位移，则必定同时产生变形。

(2) 若物体各点均无位移，则该物体必定无变形。

(3) 若物体无变形，则必定物体内各点均无位移。

(4) 若物体产生变形，则必定物体内各点均有位移。

5-3　试判断下列结论的正确性。

(1) 若物体的各部分均无变形，则物体内各点的应变均为零。

(2) 若物体内各点的应变均为零，则物体无位移。

5-4　图5.9所示结构中，杆1、杆2和杆3各发生什么变形？

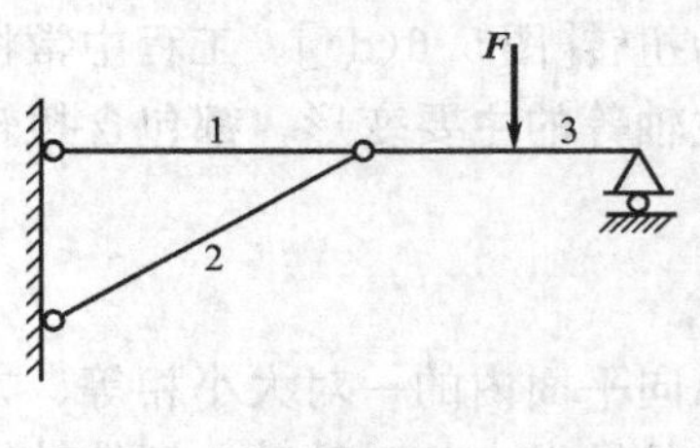

图5.9

习 题

5-1 用截面法求图 5.10 所示结构中 1—1 和 2—2 截面的内力。

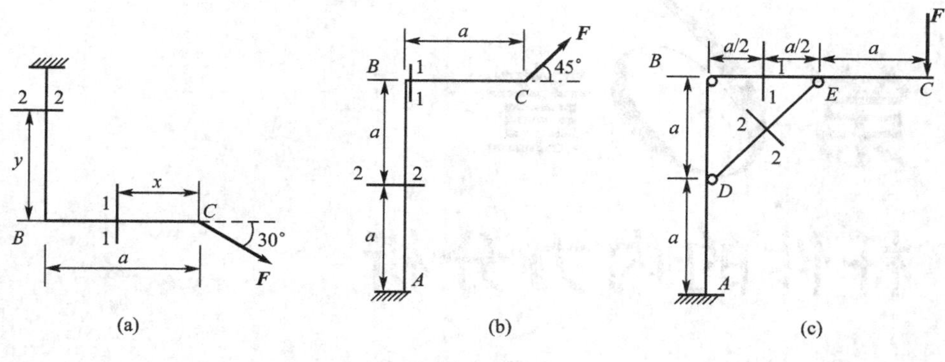

图 5.10

5-2 用截面法求图 5.11 所示构件中 1—1、2—2 和 3—3 截面的内力。

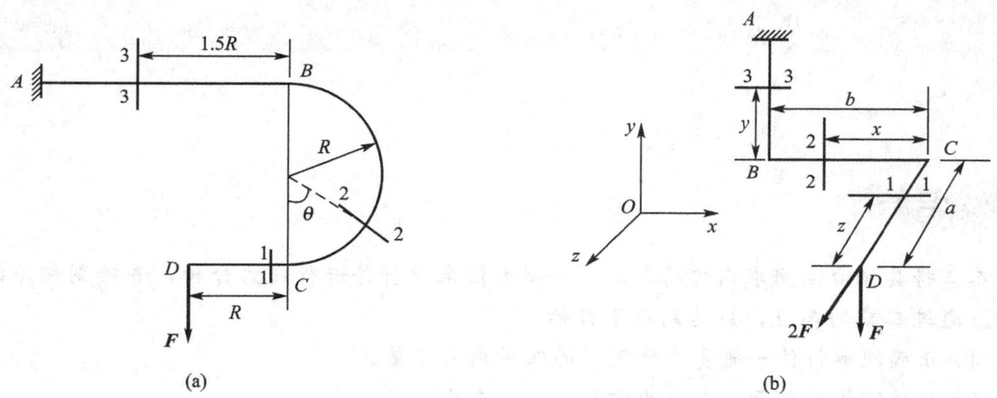

图 5.11

5-3 如图 5.12 所示，一等直杆的横截面为等边三角形，已知该截面上的正应力 σ 为均匀分布。试求该截面上内力的合力及其作用点的位置。

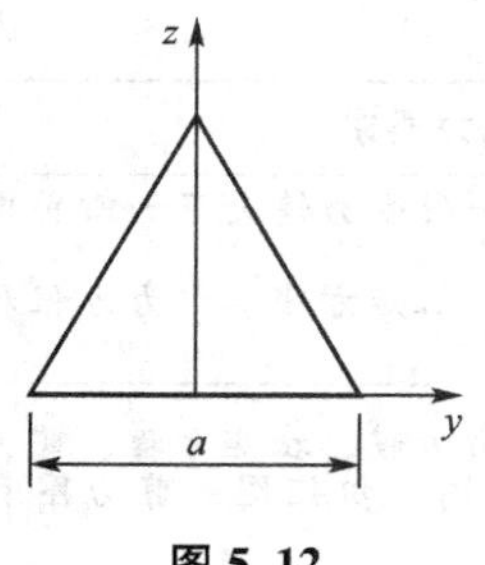

图 5.12

第6章 杆件的内力分析

教学目标

本章将具体地运用求内力的方法——截面法来对杆件进行内力分析，并绘制相应的内力图。通过本章的学习，应达到以下目标。

(1) 正确理解杆件一般受力情况下的四种内力分量。

(2) 熟练掌握用截面法求内力方程，并画内力图。

(3) 熟练掌握剪力、弯矩与荷载集度间的微积分关系，并用来画梁的剪力图与弯矩图。

教学要求

知识要点	能力要求	相关知识
杆件的内力方程	(1) 正确理解杆件一般受力情况下的四种内力分量 (2) 会求轴力方程、扭矩方程、剪力方程和弯矩方程	(1) 截面法 (2) 轴力、扭矩、剪力和弯矩的概念
杆件的内力图	(1) 熟练掌握由轴力方程、扭矩方程、剪力方程和弯矩方程画轴力图、扭矩图、剪力图和弯矩图 (2) 熟练掌握剪力、弯矩与荷载集度间的微积分关系，并用来画梁的剪力图与弯矩图	(1) 轴力图、扭矩图、剪力图和弯矩图的概念 (2) 剪力、弯矩与荷载集度间的微积分关系

基本概念

轴力、扭矩、剪力和弯矩，轴力图、扭矩图、剪力图和弯矩图

6.1 杆件的内力分量、内力方程及内力图

6.1.1 杆件的内力分量

从5.3节我们知道，在一般情况下，受力杆件截面上分布的内力系可以向截面形心简化为一主矢 $\boldsymbol{F}_{\mathrm{R}}$ 和一主矩 $\boldsymbol{M}$。若以杆件的轴线为 x 轴，在横截面上再取 y 轴和 z 轴，则在直角坐标 $Oxyz$ 内，主矢 $\boldsymbol{F}_{\mathrm{R}}$ 可以分解为沿3个坐标轴方向的分量 F_{N}、$F_{\mathrm{S}y}$ 与 $F_{\mathrm{S}z}$；主矩 $\boldsymbol{M}$ 可以分解为绕3个坐标轴的力偶矩 M_x、M_y 与 M_z（图6.1）。因此，在一般情况下，杆件横截面上的内力有6个分量，它们分别对应于某种基本变形。依其对应的变形形式，6个内力分量可以归纳为4种内力，即：

(1) 沿 x 轴的内力分量 F_{N}，对应于杆件轴向拉伸或压缩变形，称为轴力。

(2) 沿 y 轴和 z 轴的内力分量 $F_{\mathrm{S}y}$ 与 $F_{\mathrm{S}z}$，对应于杆件剪切变形，称为剪力。

(3) 沿 x 轴的内力偶矩分量 M_x，对应于杆件扭转变形，称为扭矩，常用 T 表示。

(4) 沿 y 轴和 z 轴的内力偶矩分量 M_y 和 M_z，对应于杆件弯曲变形，称为弯矩。

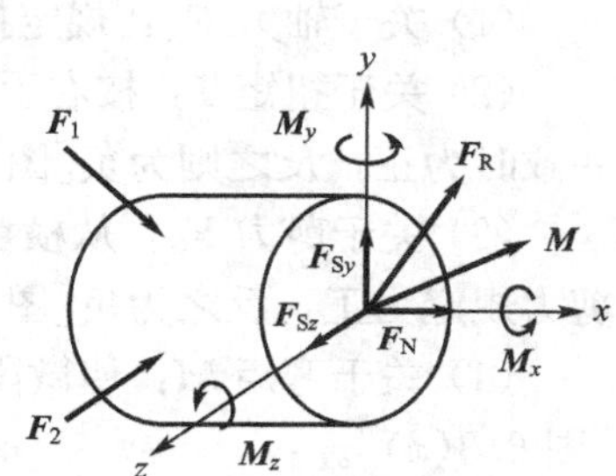

图6.1

确定杆件截面上内力的方法是截面法。

下面举例说明。

例6.1 图6.2(a)所示之平面直角折杆 ABC 的 A 端为固定端，C 端受集中力 F_1 及 F_2 作用，力 F_1 与 ABC 折杆所在平面垂直，力 F_2 在 ABC 平面内且与 BC 段垂直。试求 AB 段内Ⅰ—Ⅰ截面上的内力分量。

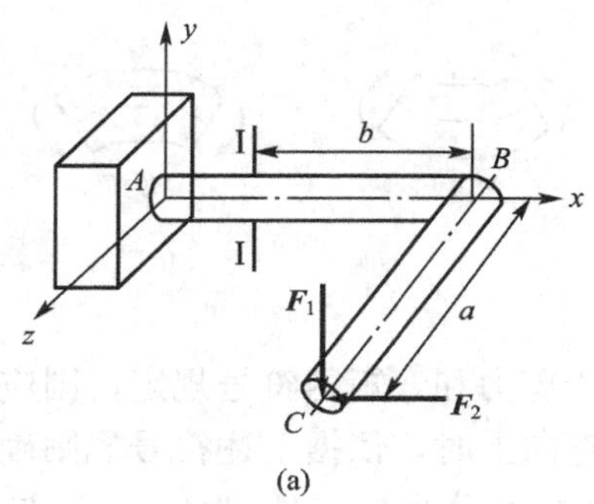

(a)

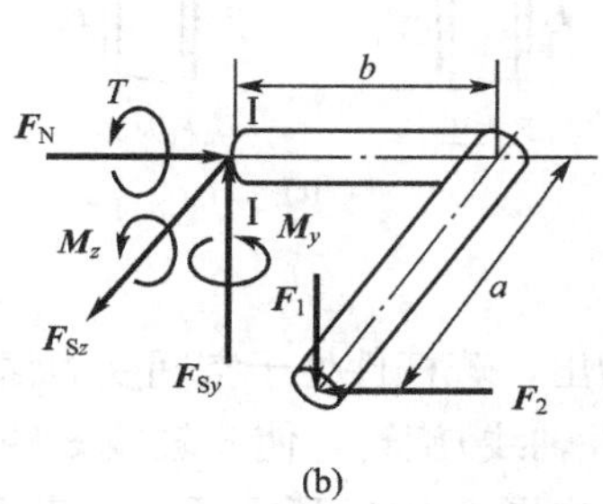

(b)

图6.2

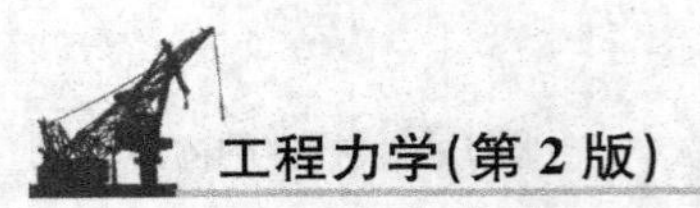

解：从Ⅰ—Ⅰ截面处截开，取右段部分作为研究对象，并在截面上加上6个内力分量，如图6.2(b)所示。

$$\sum F_x=0,\ F_N-F_2=0,\ F_N=F_2$$
$$\sum F_y=0,\ F_{Sy}-F_1=0,\ F_{Sy}=F_1$$
$$\sum F_z=0,\ F_{Sz}=0$$
$$\sum M_x=0,\ T+F_1a=0,\ T=-F_1a$$
$$\sum M_y=0,\ M_y-F_2a=0,\ M_y=F_2a$$
$$\sum M_z=0,\ M_z-F_1b=0,\ M_z=F_1b$$

注意：若求得的内力分量为正，则表示其方向与图示假定方向相同；若求得的内力分量为负，则表示其方向与图示假定方向相反。

同样，我们也可以取Ⅰ—Ⅰ截面左段部分作为研究对象，并求得Ⅰ—Ⅰ截面上的6个内力分量[此时须先求出固定端的约束反力(偶)]，其大小应与前面求得的相同，但方向相反，请读者自行验证。

为了使由取截面左段部分或右段部分为研究对象所求得的同一截面上的内力分量具有相同的正负号，联系到变形情况，作出如下的符号规定。

(1) 关于轴力 $\boldsymbol{F}_N$：规定拉伸时的轴力为正，压缩时的轴力为负[图6.3(a)]。

(2) 关于扭矩 $\boldsymbol{T}$：按右手螺旋法则把 $\boldsymbol{T}$ 表示为矢量，当矢量方向与截面的外法线方向一致时为正，反之则为负[图6.3(b)]。

(3) 关于剪力 $\boldsymbol{F}_S$：从横截面的内侧截取微段 dx，凡使微段有顺时针方向转动趋势的剪力规定为正，反之为负[图6.3(c)]。

(4) 关于弯矩 $\boldsymbol{M}$：使微段 dx 弯曲变形凸向下方时，此截面上的弯矩为正，反之为负[图6.3(d)]。

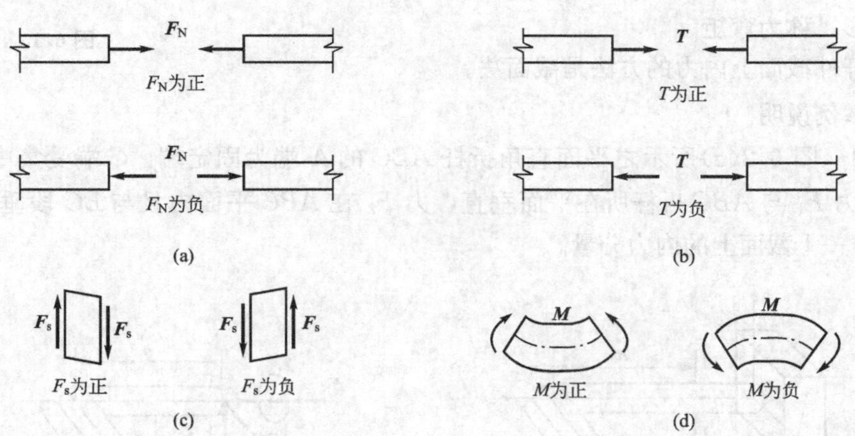

图 6.3

还应指出，若杆件处于空间受力情况时，关于剪力和弯矩的符号规定，则应使杆件绕 x 轴(即杆件轴线)旋转，使 y 轴或 z 轴旋转至垂直向上时，依据上述符号规则确定其正负号。例如，在图6.2(b)所示Ⅰ—Ⅰ截面上的6个内力分量中，F_N 为负，F_{Sy} 与 F_{Sz} 为正，T 为负，M_y 为正，M_z 为负。

6.1.2 杆件的内力方程与内力图

一般情况下，受力杆件各横截面上的内力是不相同的，即内力是横截面位置坐标 x 的函数。描写内力随截面位置变化规律的函数式，称为内力方程。根据内力的分类，内力方程可以分为轴力方程、扭矩方程、剪力方程和弯矩方程。根据内力方程，可以计算出杆件任一横截面上的内力。

工程上除了以内力方程描述杆件内力的变化规律外，更多的是用图形描绘内力沿杆轴线的变化规律，即用平行于杆轴的横坐标轴 x 表示横截面的位置，用纵坐标表示对应截面上的内力，这种图形称为内力图。内力图包括轴力图(F_N 图)、扭矩图(T 图)、剪力图(F_S 图)和弯矩图(M 图)。

1. 轴力与轴力图

发生轴向拉伸或压缩变形的杆件，其横截面上的内力分量只有轴力，求轴力的方法是截面法。下面举例说明。

例 6.2 直杆受力如图 6.4(a)所示。已知：$F_1=15\text{kN}$，$F_2=12\text{kN}$，$F_3=8\text{kN}$。试计算杆各段的轴力，并作轴力图。

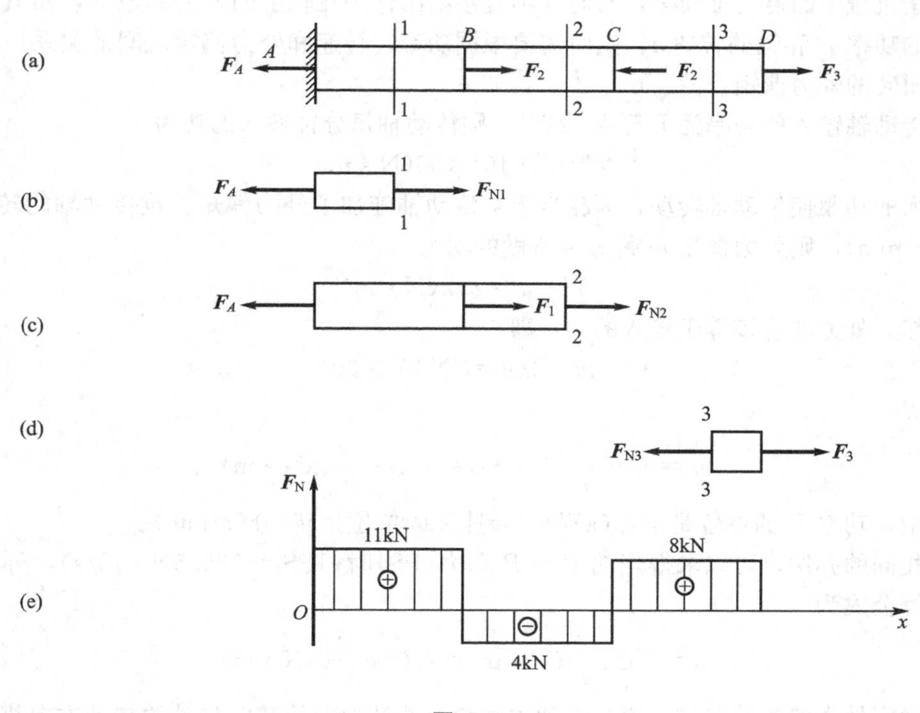

图 6.4

解：(1) 计算约束力 F_A，由整个杆的平衡方程

$$\sum F_x=0,\quad -F_A+F_1-F_2+F_3=0$$

得

$$F_A=F_1-F_2+F_3=15-12+8=11\text{kN}$$

(2) 分段计算轴力。

设 AB 、BC 和 CD 段的轴力均为拉力，并分别用 F_{N1}、F_{N2} 和 F_{N3} 表示，则由图 6.4(b)、(c)与(d)列平衡方程 $\sum F_x=0$，可得

$$F_{N1}=F_A=11\text{kN}$$

$$F_{N2}=F_A-F_1=-4\text{kN}$$

$$F_{N3}=F_3=8\text{kN}$$

所求得 F_{N2} 为负，说明 BC 段轴力的实际方向与所设方向相反，即应为压力。

(3) 画轴力图。

根据上述轴力值，画出轴力图如图 6.4(e)所示。可见最大轴力发生在 AB 段内，其值为 $F_{Nmax}=11\text{kN}$。

从上述轴力图还可以总结出如下规律：①轴力与杆件截面尺寸无关；②某段杆无外力作用时，该段杆轴力为常量；③某截面作用集中力时，该截面的轴力图突变，突变值等于集中力；关于突变方向，若该集中力使右侧截面受拉，则往正向突变，反之则相反。

2. 扭矩与扭矩图

发生扭转变形的杆件，通常称为轴，如机器中的传动轴、发动机的主轴、螺丝刀等。轴在外力偶矩作用下，其横截面上的内力分量只有扭矩。

关于机械中的传动轴问题，有时并不直接给出作用在轴上的外力偶矩 m，而只给出轴所传送的功率 P 和轴的转速 n，这时需要根据功率、转速和外力偶矩之间的关系，求出使轴发生扭转的外力偶矩。

设传动轴输入的功率为 P 千瓦(kW)，则传动轴每分钟输入的功为

$$W=P\times10^3\times60(\text{N}\cdot\text{m})$$

输入的功驱使传动轴转动，即相当于给传动轴施加了外力偶矩。设传动轴的转速为 n 转/分(r/min)，则外力偶矩 m 每分钟所做的功为

$$W=m\cdot2\pi n(\text{N}\cdot\text{m})$$

显然，外力功应该等于输入的功，即

$$m\cdot2\pi n=P\times10^3\times60$$

所以

$$m=9549\,\frac{P}{n}(\text{N}\cdot\text{m})=9.549\,\frac{P}{n}(\text{kN}\cdot\text{m})\tag{6.1}$$

式中，功率 P 的单位是千瓦(kW)，转速 n 的单位是转/分(r/min)。

用相同的办法，可以求得当功率为 P 马力(PS)时(1PS $=735.5\text{N}\cdot\text{m/s}$)，外力偶矩 m 的计算公式为

$$m=7024\,\frac{P}{n}(\text{N}\cdot\text{m})=7.024\,\frac{P}{n}(\text{kN}\cdot\text{m})\tag{6.2}$$

在确定外力偶的转向时，应注意到主动轮上的外力偶的转向与轴的转动方向相同，而从动轮上的外力偶的转向则与轴的转动方向相反，这是因为从动轮上的外力偶是阻力偶。

例 6.3 传动轴如图 6.5(a)所示，主动轮 B 输入的功率为 $P_B=10.5\text{kW}$，从动轮 A 和 C 输出的功率分别为 $P_A=4\text{kW}$、$P_C=6.5\text{kW}$，轴的转速 $n=680\text{r/min}$，试画出轴的扭矩图。

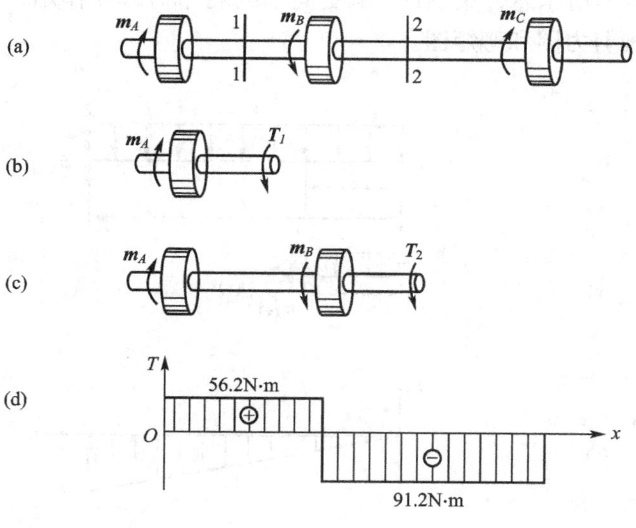

图 6.5

解：(1) 计算外力偶矩。

根据公式(6.1)可求得各齿轮所受到的外力偶矩分别为：

$$m_A=9549\frac{P_A}{n}=9549\times\frac{4}{680}=56.2\text{N}\cdot\text{m}$$

$$m_B=9549\frac{P_B}{n}=9549\times\frac{10.5}{680}=147.4\text{N}\cdot\text{m}$$

$$m_C=9549\frac{P_C}{n}=9549\times\frac{6.5}{680}=91.2\text{N}\cdot\text{m}$$

(2) 计算扭矩。

求 AB 段的扭矩时，可在 AB 段内假想地用 1—1 截面将轴截开，取左段为研究对象，并设该截面上的扭矩 T 为正[图 6.5(b)]，由平衡条件

$$\sum M_x=0,\ T_1-m_A=0$$

得

$$T_1=m_A=56.2\text{N}\cdot\text{m}$$

同理，由图 6.5(c)求得 BC 段的扭矩为

$$T_2=m_A-m_B=56.2-147.4=-91.2\text{N}\cdot\text{m}$$

式中负号表示 T_2 的转向与假设方向相反，即实际扭矩是负值。

(3) 画扭矩图。

根据各段扭矩值画出扭矩图如图 6.5(d)所示。

3. 剪力、弯矩与剪力图、弯矩图

以弯曲变形为主的杆件，通常称为梁。如房屋结构中的横梁、桥式起重机大梁等。梁在横向外力或作用面在包含梁轴线平面内的外力偶矩作用下，其横截面上的内力分量通常包括剪力和弯矩。求剪力和弯矩的方法仍然是截面法。

例 6.4 图 6.6(a)所示悬臂梁 AB，承受向下的均布荷载 q 作用，试建立梁的剪力方程和弯矩方程，并画剪力图和弯矩图。

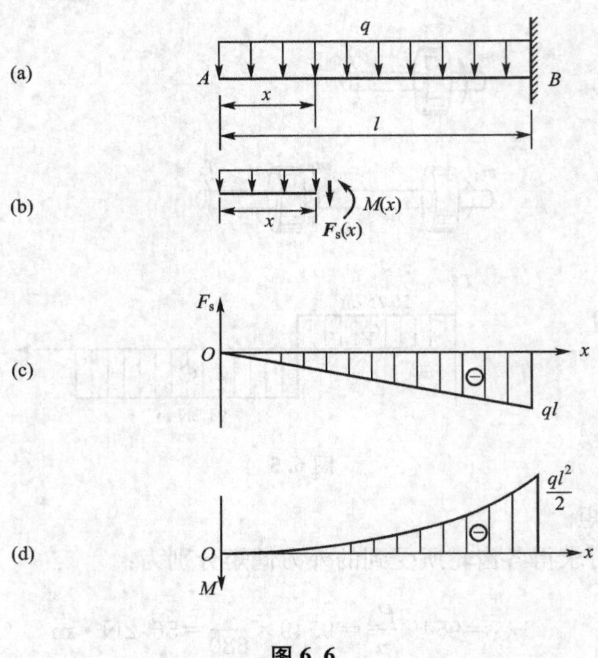

图 6.6

解：(1) 列剪力方程和弯矩方程。

选 A 为原点，并用坐标 x 表示横截面的位置，用截面法切取左段为研究对象[图 6.6(b)]。在截面上分别按正向假定剪力 $F_S(x)$ 和弯矩 $M(x)$，根据左段的平衡条件，得梁的剪力方程和弯矩方程分别为

$$F_S(x)=-qx \quad (0\leqslant x\leqslant l) \tag{a}$$

$$M(x)=-\frac{1}{2}qx^2 \quad (0\leqslant x\leqslant l) \tag{b}$$

(2) 画剪力图和弯矩图

式(a)表示 $F_S(x)$ 是 x 的一次函数式，且 $F_S(0)=0$，$F_S(l)=-ql$。

由此画出梁的剪力图如图 6.6(c)所示。

式(b)表示 $M(x)$ 是 x 的二次函数，弯矩图为二次抛物线，最少需要确定图形上的 3 个点，方能画出这条曲线。例如：

$$x=0,\ M(0)=0$$

$$x=\frac{l}{2},\ M\left(\frac{l}{2}\right)=-\frac{1}{8}ql^2$$

$$x=l,\ M(l)=-\frac{1}{2}ql^2$$

最后画出弯矩图如图 6.6(d)所示。

例 6.5 外伸梁受力如图 6.7(a)所示。试列出该梁的剪力方程与弯矩方程，并画出剪力图和弯矩图。

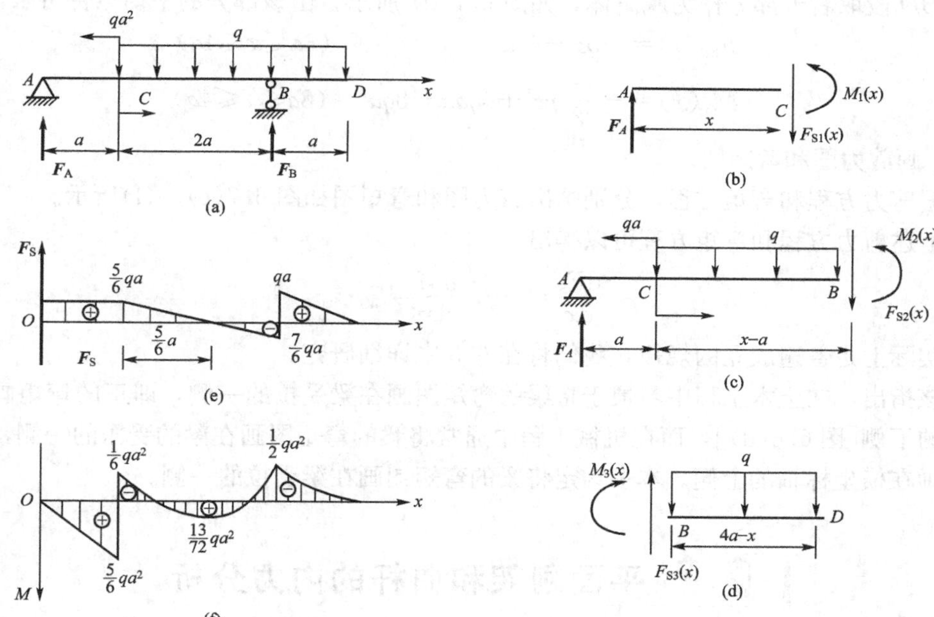

图 6.7

解：(1) 求支座反力。

以整个梁为研究对象，列平衡方程

$$\sum M_A=0,\ F_B\cdot 3a-3qa\cdot\frac{5}{2}a+qa^2=0$$

$$F_B=\frac{13}{6}qa$$

$$\sum F_y=0,\quad F_A+F_B-3qa=0$$

$$F_A=\frac{5}{6}qa$$

(2) 建立剪力方程与弯矩方程。

取坐标如图 6.7(a)所示，在 AC 段取左半部分为脱离体，并按正向假定剪力 $F_{S1}(x)$和弯矩 $M_1(x)$如图 6.7(b)所示，由该部分平衡条件得

$$F_{S1}(x)=F_A=\frac{5}{6}qa \qquad (0\leqslant x\leqslant a)$$

$$M_1(x)=F_A\cdot x=\frac{5}{6}qax \quad (0\leqslant x\leqslant a)$$

在 CB 段同样取左半部分为脱离体，如图 6.7(c) 所示，由该部分平衡条件可求得

$$F_{S2}(x)=\frac{11}{6}qa-qx \quad (a\leqslant x\leqslant 3a)$$

$$M_2(x)=-\frac{1}{2}qx^2+\frac{11}{6}qax-\frac{3}{2}qa^2\ (a\leqslant x\leqslant 3a)$$

在 BD 段取右半部分作为脱离体，如图 6.7(d) 所示，由该部分的平衡条件可求得

$$F_{S3}(x)=-qx+4qa \qquad (3a\leqslant x\leqslant 4a)$$

$$M_3(x)=-\frac{1}{2}qx^2+4qax-8qa^2 \quad (3a\leqslant x\leqslant 4a)$$

(3) 画剪力图和弯矩图。

依据剪力方程和弯矩方程，分别画出剪力图和弯矩图如图 6.7(e)、(f)所示。

从上述剪力方程和弯矩方程可以得出

$$\frac{\mathrm{d}F_S}{\mathrm{d}x}=-q，\frac{\mathrm{d}M}{\mathrm{d}x}=F_S$$

这实际上是普遍成立的规律，我们将在 6.3 中详细研究。

应该指出，在土木工程中习惯于将梁的弯矩图画在梁受拉的一侧，即正的弯矩画在横坐标轴的下侧[图 6.6(d)]，而在机械工程中通常将梁的弯矩图画在梁的受压的一侧，即正的弯矩画在横坐标轴的上侧。本书约定将梁的弯矩图画在梁受拉的一侧。

6.2 平面刚架和曲杆的内力分析

6.2.1 平面刚架的内力分析

刚架是由若干根杆刚性连结而成的结构，杆与杆之间在连接处不能相对转动，其夹角保持不变。若组成刚架的各根杆都在同一平面内，且外力(偶)也都作用于该平面内，则这种刚架称为平面刚架，否则就称为空间刚架。

求刚架的内力，仍需采用截面法。

一般情况下，平面刚架横截面上的内力有轴力、剪力和弯矩。轴力图和剪力图可画在杆的任意一侧，但需注明正负号(其正负号的约定与直杆的一致)。对于弯矩图，在土木工程中，通常约定将弯矩图画在各段杆的受拉的一侧，而在机械工程中，则将弯矩图画在各段杆的受压的一侧，且不需注明正负号。本书约定将弯矩图画在各段杆受拉的一侧。

例 6.6 平面刚架受力如图 6.8(a)所示。试作刚架的内力图。

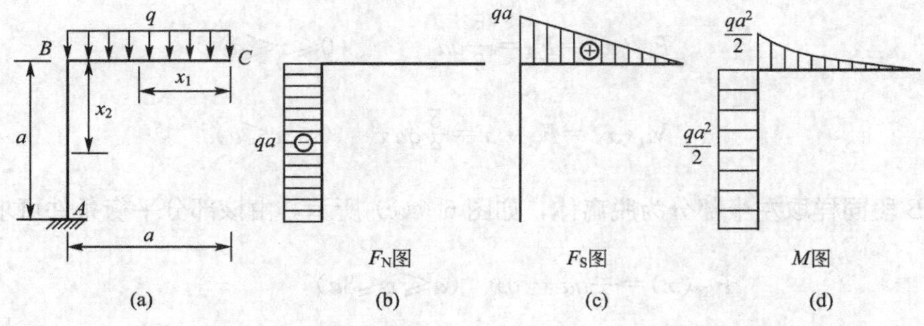

图 6.8

解：计算内力时，一般应先求刚架的约束反力。本题中刚架的 C 端为自由端，若取包含自由端的部分为研究对象[图 6.8(a)]，就可以不求约束反力。下面分别列出各段杆的内力方程：

CB 段($0\leqslant x_1\leqslant a$)：

$$F_N(x_1)=0$$

$$F_S(x_1)=qx_1$$

$$M(x_1)=\frac{1}{2}qx_1^2\quad\text{（上侧受拉）}$$

BA 段($0\leqslant x_2\leqslant a$)：

$$F_N(x_2)=-qa$$

$$F_S(x_2)=0$$

$$M(x_2)=\frac{1}{2}qa^2\quad\text{（左侧受拉）}$$

根据各段杆的内力方程，即可绘出轴力、剪力和弯矩图，分别如图 6.8(b)、(c)和(d)所示。

6.2.2　平面曲杆的内力分析

工程中有些构件，如活塞环、拱等、其轴线是一条平面曲线，且一般都有一个纵向对称面，当外力(偶)作用于该对称面内时，曲杆也将发生平面弯曲，称为平面曲杆。平面曲杆横截面上的内力一般有轴力、剪力和弯矩。轴力、剪力的符号规定与直杆的规定相同；弯矩使曲杆的曲率增大(即曲杆外侧受拉)时规定为正。

计算平面曲杆的内力通常还是采用截面法，且对圆弧形曲杆选用极坐标表示其截面位置较为方便。作平面曲杆的内力图常常以内力方程为依据，以曲杆的轴线为基准线，沿其轴线的法线方向标出内力的大小，并约定：将弯矩图画在曲杆受拉的一侧(机械类习惯于将弯矩图画在曲杆受压的一侧)，而不在图中注明正负号。

例 6.7　圆弧形曲杆受集中荷载 F 作用如图 6.9(a)所示，已知曲杆轴线的半径为 R，试求曲杆的内力方程，并作内力图。

解：取圆心 O 为极点，以 OB 为极轴，并用 θ 表示横截面的位置[图 6.9(a)]。应用截面法截取 BC 弧段为研究对象，作受力分析如图 6.9(b)所示。由平衡方程可求出：

$$F_N(\theta)=-F\sin\theta\quad\left(0\leqslant\theta\leqslant\frac{\pi}{2}\right)$$

$$F_S(\theta)=F\cos\theta\quad\left(0\leqslant\theta\leqslant\frac{\pi}{2}\right)$$

$$M(\theta)=FR\sin\theta\quad\left(0\leqslant\theta\leqslant\frac{\pi}{2}\right)$$

在上式所适用的范围内，对 θ 取不同值，算出各相应横截面上的轴力、剪力和弯矩。以曲杆的轴线为基线，将算得的轴力、剪力和弯矩分别标在相应的径向线上，连接这些点的光滑曲线即为曲杆的轴力、剪力和弯矩图，分别如图 6.9(c)、(d)、(e)所示。

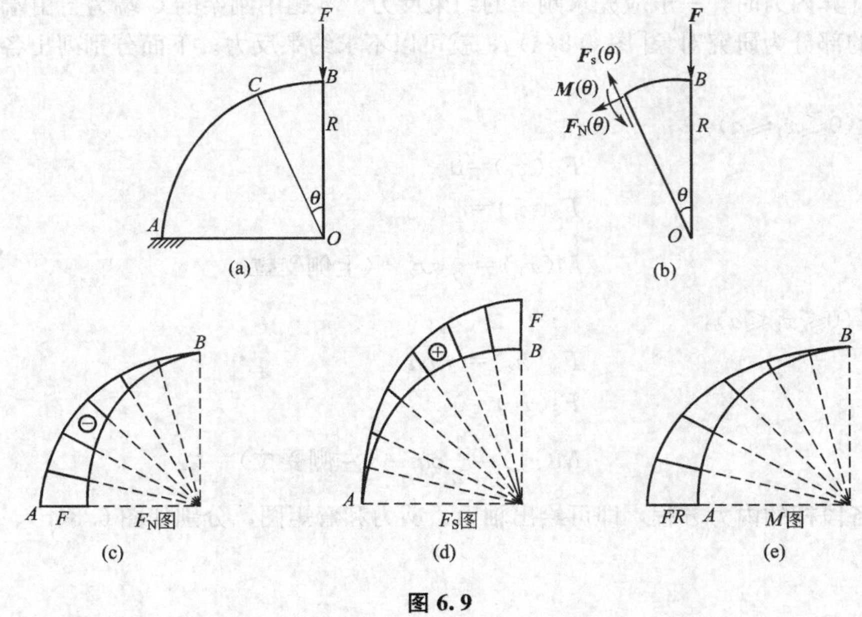

图 6.9

6.3 用简易法作梁的剪力图和弯矩图

在 6.1.2 小节中介绍了由杆件的内力方程作内力图，其中轴力图与扭矩图一般都很简单。变化较复杂，作图较困难的是剪力图和弯矩图，要列出梁的剪力和弯矩方程往往也比较麻烦，因此，在本节中将介绍一种不需列出剪力和弯矩方程，而直接作出梁的剪力图和弯矩图的简易方法，即利用剪力、弯矩与荷载集度间的关系来作梁的剪力图和弯矩图。

6.3.1 剪力、弯矩与荷载集度间的微分关系

设一梁上作用有任意的分布荷载，其集度为 $q(x)$，并规定 $q(x)$ 向上为正[图 6.10(a)]。从梁中取出长为 $\mathrm{d}x$ 的微段来研究[图 6.10(b)]。设此微段梁左侧截面上的剪力和弯矩分别为 $F_S(x)$ 和 $M(x)$，右侧截面上的剪力和弯矩分别为 $F_S(x)+\mathrm{d}F_S(x)$ 和 $M(x)+\mathrm{d}M(x)$，作用于此微段梁上的分布荷载可视为均布。并设以上各力(偶)皆为正向。由梁微段的平衡方程

$$\sum F_y=0$$

可得

$$F_S(x)+q(x)\mathrm{d}x-[F_S(x)+\mathrm{d}F_S(x)]=0$$

$$\frac{\mathrm{d}F_S(x)}{\mathrm{d}x}=q(x) \tag{6.3}$$

由 $\sum M_O=0$

得

$$M(x)+\mathrm{d}M(x)-M(x)-F_S(x)\cdot\mathrm{d}x-q(x)\cdot\mathrm{d}x\cdot\frac{\mathrm{d}x}{2}=0$$

略去高阶微量 $q(x)\cdot\frac{dx^2}{2}$ 后，可得

$$\frac{dM(x)}{dx}=F_S(x) \tag{6.4}$$

若将式(6.4)对 x 取导数，并将式(6.3)代入，则得

$$\frac{d^2M(x)}{dx^2}=\frac{dF_S(x)}{dx}=q(x) \tag{6.5}$$

以上三式即为梁的剪力、弯矩与荷载集度间的微分关系式。它们分别表示：剪力图中某点处的切线斜率等于梁上对应点处的荷载集度；弯矩图中某点处的切线斜率等于梁上对应截面上的剪力。显然，在梁上的集中力或集中力偶作用处上述关系式并不成立。

在集中力 $\boldsymbol{F}$ 左右两侧截面上[图 6.10(c)]，有

$$F_{S2}(x)=F_{S1}(x)+F \tag{6.6}$$

$$M_2(x)=M_1(x) \tag{6.7}$$

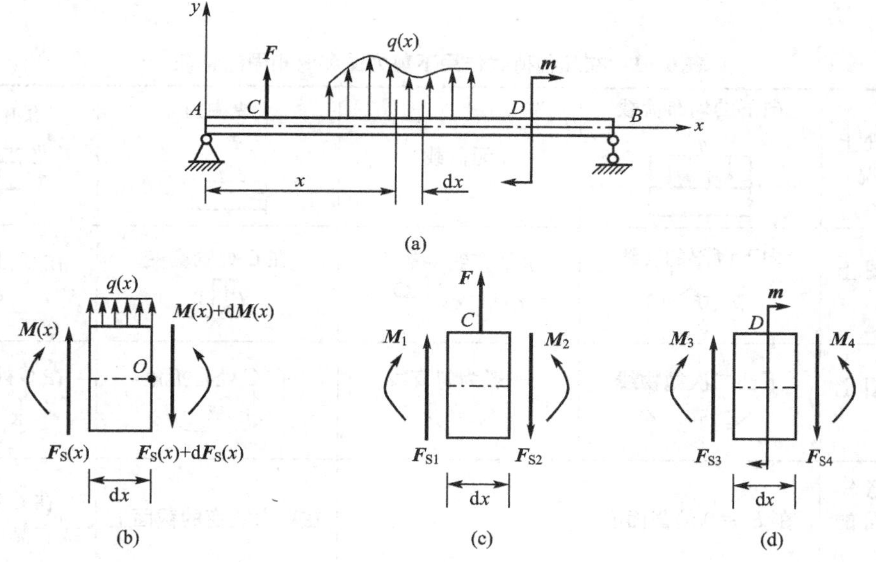

图 6.10

在集中力偶 $\boldsymbol{m}$ 左右两侧截面上[图 6.10(d)]，有

$$F_{S4}(x)=F_{S3}(x) \tag{6.8}$$

$$M_4(x)=M_3(x)+m \tag{6.9}$$

从式(6.3)～式(6.9)，可以得出梁的剪力图和弯矩图(设 M 图画在梁的受拉一侧，即正值弯矩画在梁轴线的下侧)有如下特征：

(1) 梁上某段无荷载作用[$q(x)=0$]时，则该段梁的剪力图为一段水平直线；弯矩图为一段直线：当 $F_S>0$ 时，M 图向右下方倾斜；当 $F_S<0$ 时，M 图向右上方倾斜；当 $F_S=0$ 时，M 图是一段水平直线。

(2) 梁上某段有均布荷载[$q(x)=q_0$]作用时，则该段梁的剪力图为一段斜直线，且倾斜方向与均布荷载 q_0 的方向一致；弯矩图为一段二次抛物线，且抛物线的开口方向与均布荷载 q_0 的方向相反。

(3) 梁上集中力作用处，剪力图有突变，突变值等于集中力的大小，突变方向与集中力的方向一致(从左往右画 F_S 图)；两侧截面上的弯矩值相等，但弯矩图的切线斜率有突变，因而弯矩图在该处有折角。

(4) 梁上集中力偶作用处，两侧截面上的剪力相同，剪力图无影响；弯矩图有突变，突变值等于集中力偶的大小，关于突变方向：若集中力偶为顺时针方向，则弯矩图往正向突变；反之则相反。

(5) 梁端部的剪力值等于端部的集中力(左端向上或右端向下时为正)；梁端部的弯矩值等于端部的集中力偶(左端顺时针或右端逆时针时为正)。

(6) 在梁的某一截面上，若 $F_S(x)=\dfrac{dM(x)}{dx}=0$，则在这一截面上弯矩有一极值(极大或极小值)。最大弯矩值 $|M(x)|_{max}$ 不仅可能发生于剪力等于零的截面上，也有可能发生于集中力或集中力偶作用的截面上。

为了便于记忆，现将上述关于梁的剪力图与弯矩图的特征汇总整理为表 6-1，以供参考。

表 6-1 在几种荷载作用下剪力图和弯矩图的特征

一段梁上的外力情况	向下的均布荷载 q	无荷载	集中力 F C	集中力偶 m C
剪力图上的特征	向下倾斜的直线 ⊕ 或 ⊖	水平直线一般为 ⊕ 或 ⊖	在 C 处的突变 F C	在 C 处无变化 C
弯矩图上的特征	下凸二次抛物线 或	一般为斜直线 或	在 C 处有折角 C 或 C	在 C 处有突变 C m
最大弯矩所在截面的可能位置	在 $F_S=0$ 的截面上		在剪力突变的截面上	在 C 截面左侧或右侧截面上

6.3.2 剪力、弯矩与荷载集度间的积分关系

利用导数关系式(6.3)和式(6.4)，经过积分得

$$F_{S2}(x_2)-F_{S1}(x_1)=\int_{x_1}^{x_2}q(x)dx \tag{6.10}$$

$$M(x_2)-M(x_1)=\int_{x_1}^{x_2}F_S(x)dx \tag{6.11}$$

以上两式表明，在 $x=x_2$ 和 $x=x_1$ 两截面上的剪力值之差，等于两截面间分布荷载图的面积；两截面上的弯矩值之差，等于两截面间剪力图的面积。应该注意，由于 $q(x)$、$F_S(x)$有正负，故它们的面积就有“正面积”与“负面积”两种情况。此外，式(6.10)与

式(6.11)在包含有集中力或集中力偶的两截面间不适用，在集中力或集中力偶作用处应分段。

6.3.3 用简易法作梁的剪力图和弯矩图

利用上述微分关系与积分关系得出的规律，便可迅速地画出梁的剪力图和弯矩图。通常将这种利用剪力、弯矩与荷载集度间的关系作梁的剪力图和弯矩图的方法，称为简易法。

例 6.8 用简易法作图 6.11(a)所示简支梁的剪力图和弯矩图。

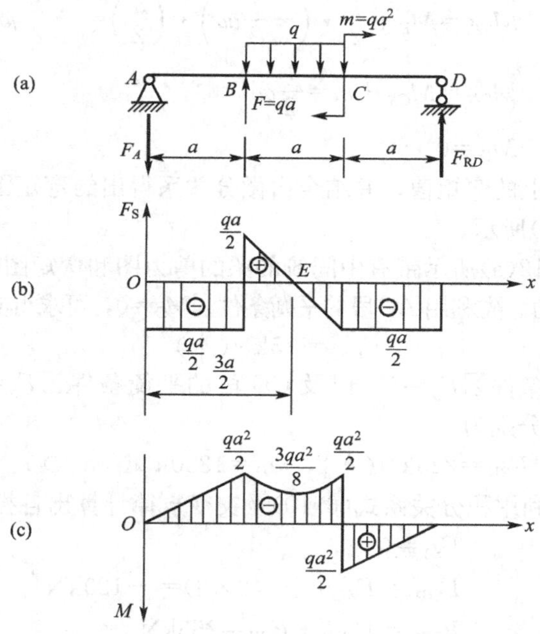

图 6.11

解：(1) 求支座反力。利用整体的平衡条件可求得两支座的约束反力分别为

$$F_{RA}=\frac{1}{2}qa(\downarrow), \quad F_{RD}=\frac{1}{2}qa\ (\uparrow)$$

(2) 画剪力图。首先利用积分关系式(6.10)及突变规律计算出各控制截面上的剪力值

$$F_{SA}=-F_{RA}=-\frac{1}{2}qa$$

$$F_{SB左}=F_{SA}=-\frac{1}{2}qa$$

$$F_{SB右}=F_{SB左}+F=\frac{1}{2}qa$$

$$F_{SC}=F_{SB右}+(-qa)=-\frac{1}{2}qa$$

$$F_{SD}=F_{SC}=-\frac{1}{2}qa(=-F_{RD})$$

由以上各控制截面上的剪力值，并结合由微分关系得出的剪力图图线形状规律，便可画出剪力图如图6.11(b)所示(注意应在图中标出 $F_S=0$ 的截面 E 的位置)。

(3) 画弯矩图。首先利用积分关系式(6.11)及突变规律计算出各控制截面上的弯矩值：

$$M_A=0$$

$$M_B=M_A+\left(-\frac{1}{2}qa\right)\cdot a=-\frac{1}{2}qa^2$$

$$M_E=M_B+\frac{1}{2}\cdot\left(\frac{1}{2}qa\right)\cdot\left(\frac{a}{2}\right)=-\frac{3}{8}qa^2$$

$$M_{C左}=M_E+\frac{1}{2}\cdot\left(-\frac{1}{2}qa\right)\cdot\left(\frac{a}{2}\right)=-\frac{1}{2}qa^2$$

$$M_{C右}=M_{C左}+m=\frac{1}{2}qa^2$$

$$M_D=0$$

由以上各控制截面上的弯矩值，并结合由微分关系得出的弯矩图图线形状规律，便可画出弯矩图如图6.11(c)所示。

例6.9 试作图6.12(a)所示带有中间铰的梁的剪力图和弯矩图。

解： (1) 求支座反力。先利用 AC 段的平衡条件 $\sum M_C=0$，可求得支座 B 的约束反力为

$$F_{RB}=375\text{kN}(\uparrow)$$

再利用整体的平衡条件 $\sum F_y=0$，以及 CD 段的平衡条件 $\sum F_y=0$，可求得固定端 D 的约束反力及反力偶矩分别为

$$F_{RD}=225\text{kN}(\uparrow),\ m_D=1350\text{kN}\cdot\text{m}(\circlearrowleft)$$

(2) 画剪力图。先利用积分关系式(6.10)及突变规律计算出各控制截面上的剪力值：

$$F_{SA}=0$$

$$F_{SB左}=F_{SA}+(-40\times3)=-120\text{kN}$$

$$F_{SB右}=F_{SB左}+F_{RB}=255\text{kN}$$

$$F_{SC}=F_{SB右}+(-40\times12)=-225\text{kN}$$

$$F_{SD}=F_{SC}=-225\text{kN}$$

由以上各控制截面上的剪力值，并结合由微分关系得出的剪力图图线形状规律，便可画出剪力图如图6.12(b)所示。为了画出弯矩图，还需求出 $F_S=0$ 的截面 E 的位置示于图6.12(b)中。

(3) 画弯矩图。先求出各控制截面上的弯矩值：

$$M_A=0$$

$$M_B=M_A+\frac{1}{2}\times(-120)\times3=-180\text{kN}\cdot\text{m}$$

$$M_E=M_B+\frac{1}{2}\times255\times6.375=632.6\text{kN}\cdot\text{m}$$

$$M_C=0(\text{中间铰})$$

$$M_D=-m_D=-1350\text{kN}\cdot\text{m}$$

由以上各控制截面上的弯矩值，并结合由微分关系得出的弯矩图图线形状规律，便可

画出弯矩图，如图 6.12(c)所示。

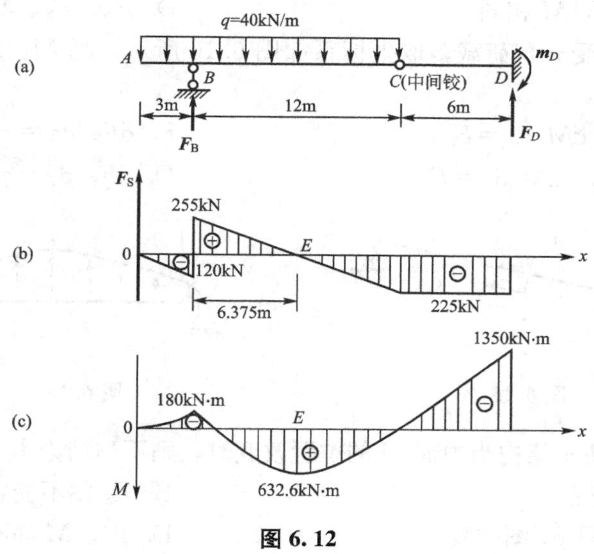

图 6.12

思 考 题

6－1 梁的内力符号与坐标系是否有关系？

6－2 如图 6.13 所示，梁的受载情况对于中央截面为反对称。设 $F=qa/2$，F_{Sc}和 M_C 表示梁中央截面上的剪力和弯矩，则下列结论中哪个是正确的？

A. $F_{Sc}\neq0$，$M_C\neq0$　　B. $F_{Sc}\neq0$，$M_C=0$

C. $F_{Sc}=0$，$M_C\neq0$　　D. $F_{Sc}=0$，$M_C=0$

6－3 如图 6.14 所示，若梁的受力情况对于梁的中央截面为反对称，则下列结论中哪个是正确的？

A. F_S 图和 M 图均为反对称，中央截面上剪力为零

B. F_S 图和 M 图均为对称，中央截面上弯矩为零

C. F_S 图反对称，M 图对称，中央截面上剪力为零

D. F_S 图对称，M 图反对称，中央截面上弯矩为零

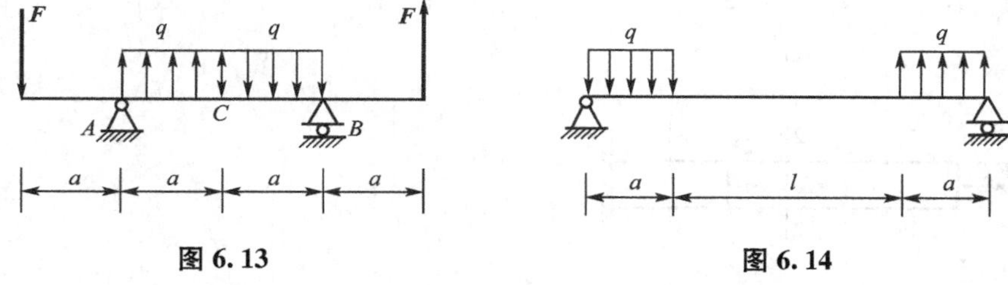

图 6.13　　图 6.14

6－4 图 6.15 所示受载梁，截面 C 左、右两侧的内力下列结论中哪个是正确的？

A. F_N、F_S、M 均不相同　　B. F_N、F_S 相同，M 不同

C. F_N、F_S 不同，M 相同　　D. F_N、F_S、M 均相同

6-5　简支梁承受分布荷载，取坐标系如图 6.16 所示，则 M、F_S、q 间的微分关系哪个是正确的?

A. $dF_S/dx=q$，$dM/dx=F_S$　　B. $dF_S/dx=-q$，$dM/dx=-F_S$

C. $dF_S/dx=-q$，$dM/dx=F_S$　　D. $dF_S/dx=q$，$dM/dx=-F_S$

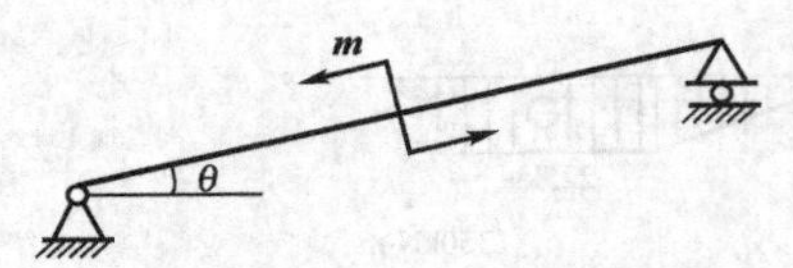

图 6.15

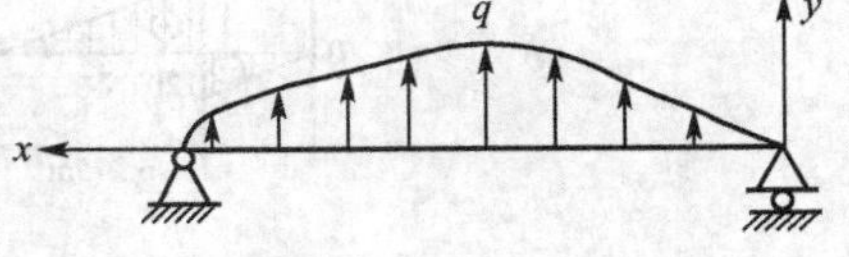

图 6.16

6-6　图 6.17 所示梁中当力偶 M 的位置改变时，则下列结论中哪个是正确的?

A. F_S、M 图改变　　B. F_S 图不变，只 M 图改变

C. M 图不变，只 F_S 图改变　　D. F_S、M 都不变

6-7　图 6.18 所示梁受分布力偶作用，其值沿轴线按线性规律分布，则 $|M_{max}|$ 发生在何处?

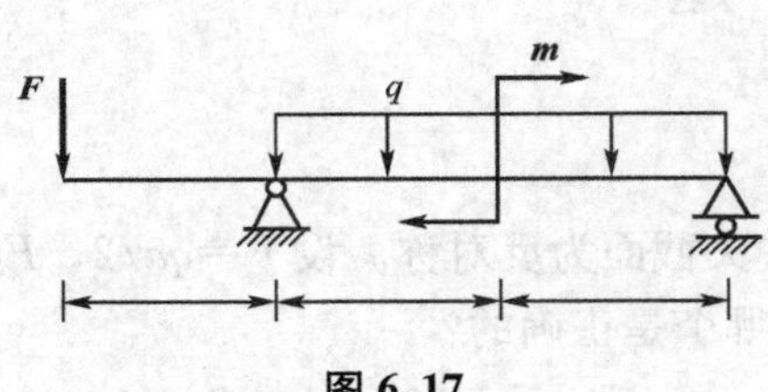

图 6.17

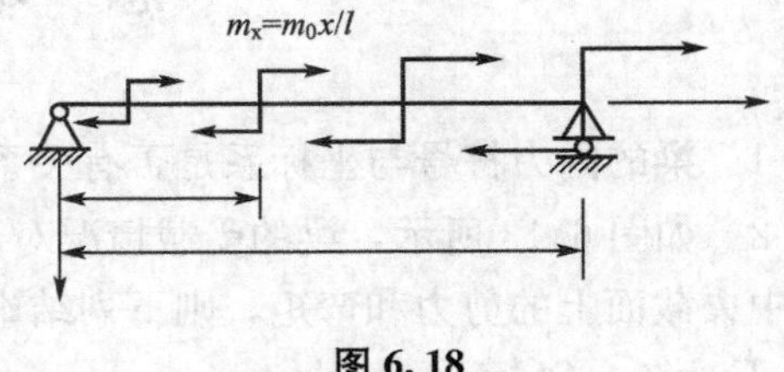

图 6.18

习　题

6-1　求图 6.19 所示各杆 1—1、2—2 和 3—3 截面上的轴力，并作轴力图。

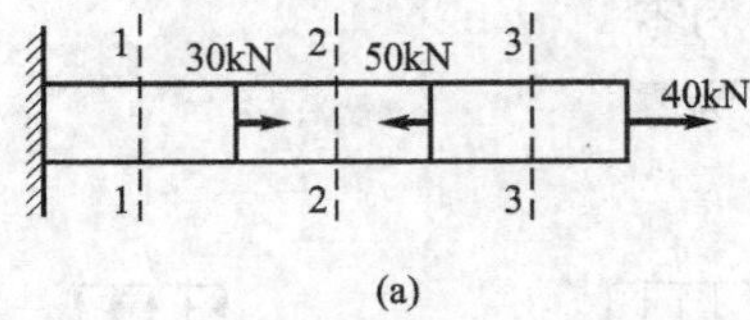

(a)

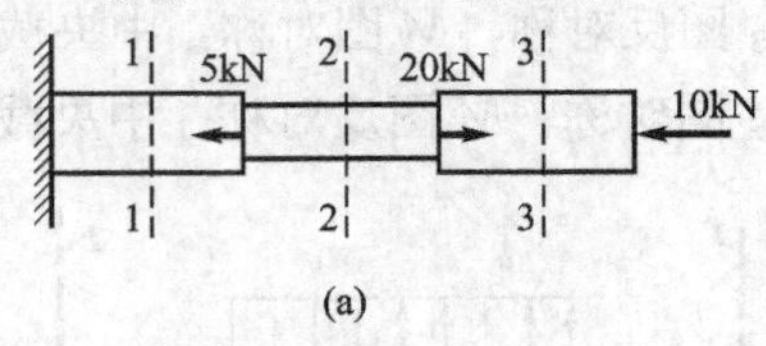

(a)

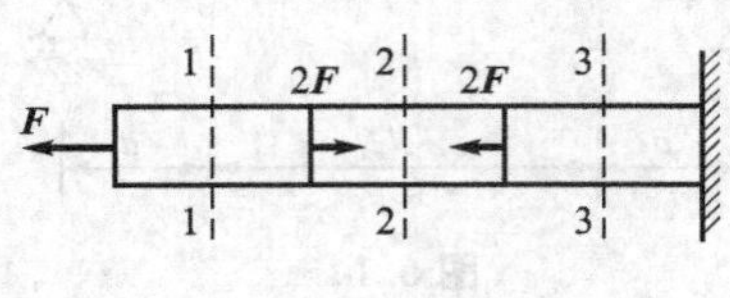

(c)

图 6.19

6-2 求图 6.20 所示各杆 1—1、2—2 和 3—3 截面上的扭矩，并作扭矩图。

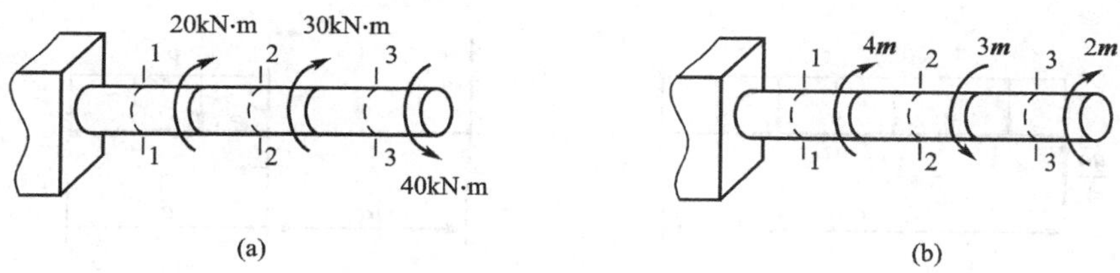

图 6.20

6-3 某传动轴由电机带动，如图 6.21 所示。已知轴的转速为 $n=300\text{r/min}$，轮 1 为主动轮，输入功率 $P_1=50\text{kW}$，轮 2、轮 3 与轮 4 为从动轮，输入功率分别为 $P_2=10\text{kW}$、$P_3=P_4=20\text{kW}$。

(1) 试画出轴的扭矩图，并求轴的最大扭矩。

(2) 若将轮 1 和轮 3 的位置对调，轴的最大扭矩为多少，对轴的受力是否有利。

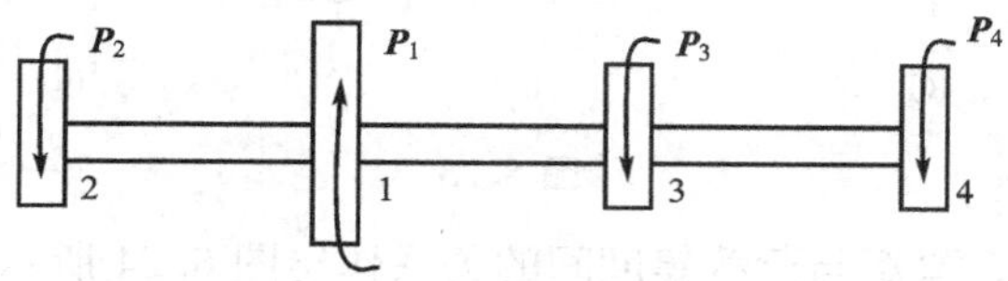

图 6.21

6-4 试求图 6.22 所示各梁 1—1、2—2、3—3 截面上的剪力和弯矩，这些指定截面无限接近于截面 B 或 C。

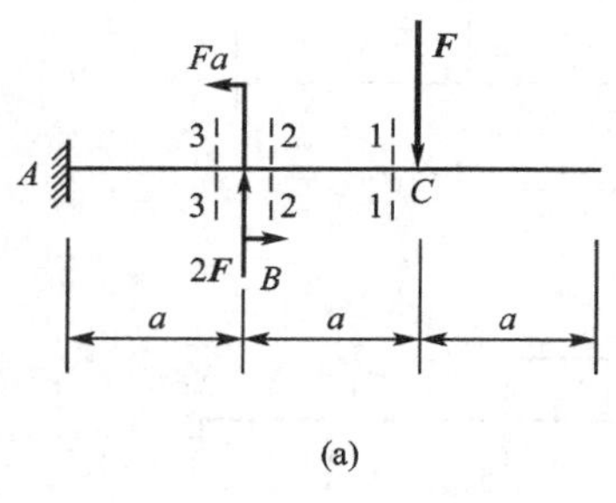

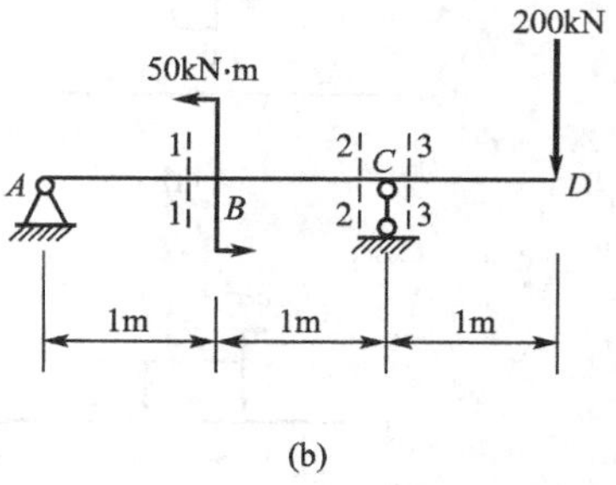

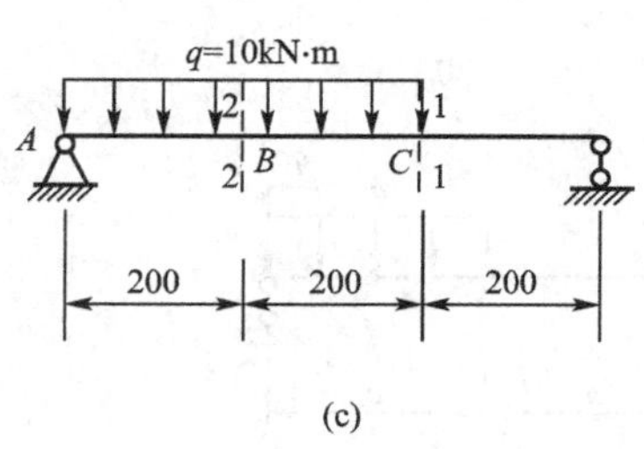

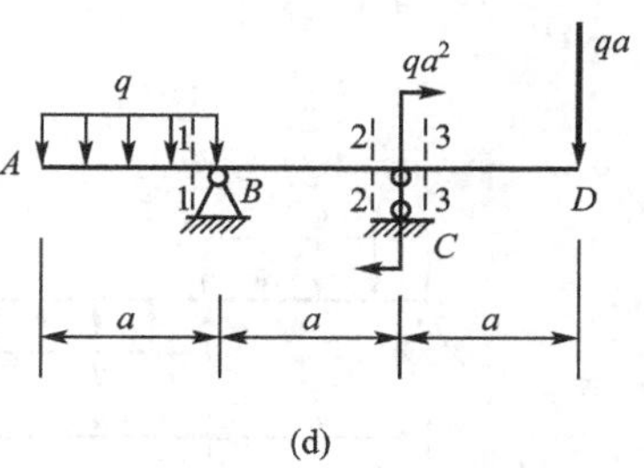

图 6.22

6-5　试列出图 6.23 所示各梁的剪力与弯矩方程，并画出剪力图与弯矩图。

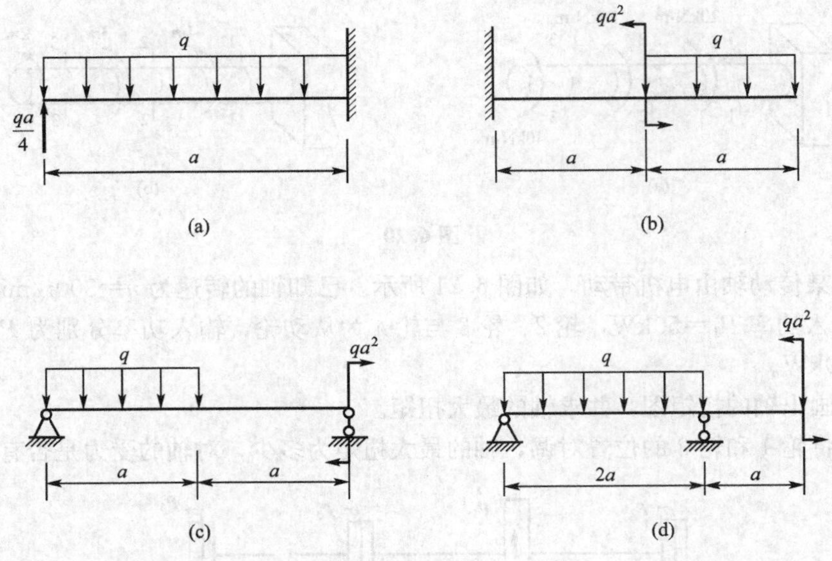

图 6.23

6-6　试利用剪力、弯矩与荷载集度间的关系作出图 6.24 所示梁的剪力图与弯矩图。

6-7　试作出图 6.25 所示具有中间铰的梁的剪力图和弯矩图。

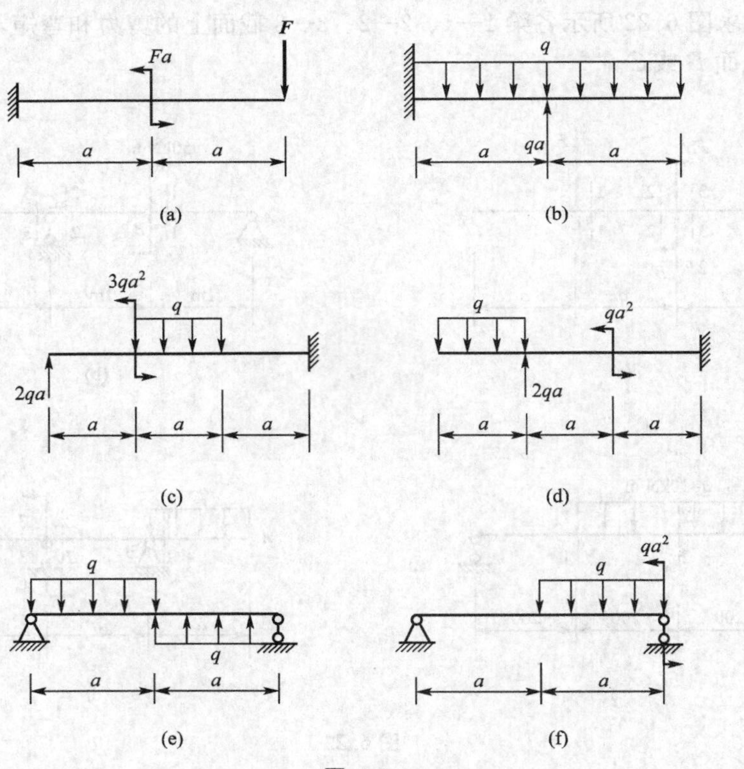

图 6.24

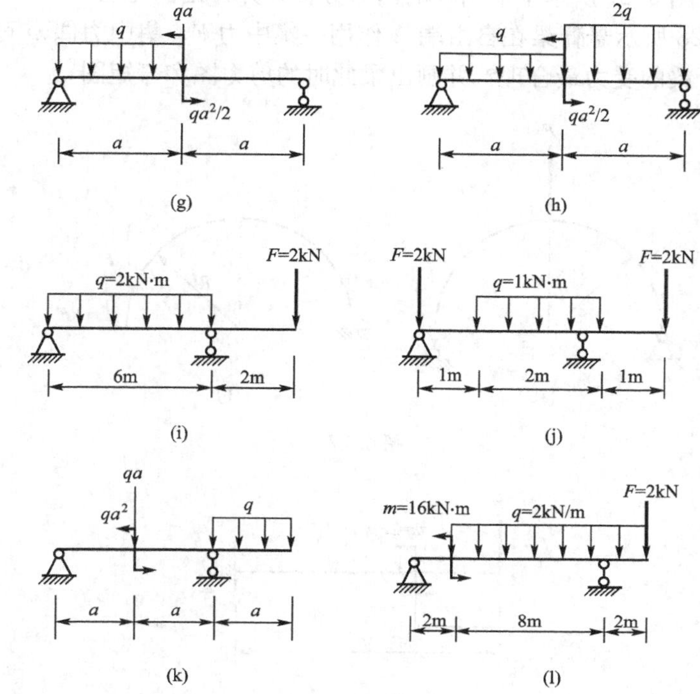

图 6.24（续）

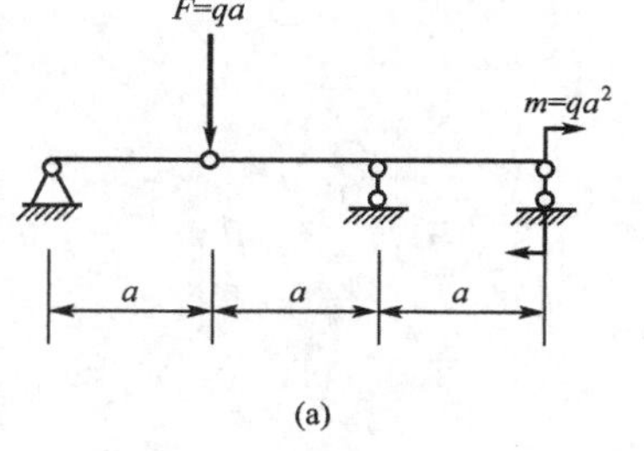

(a)

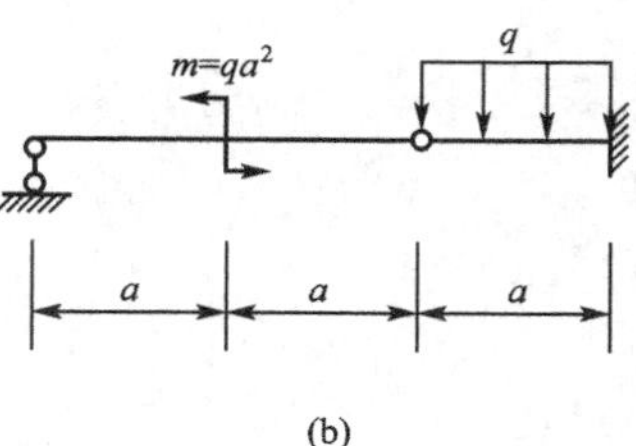

(b)

图 6.25

6－8 试作出图 6.26 所示平面刚架的内力图。

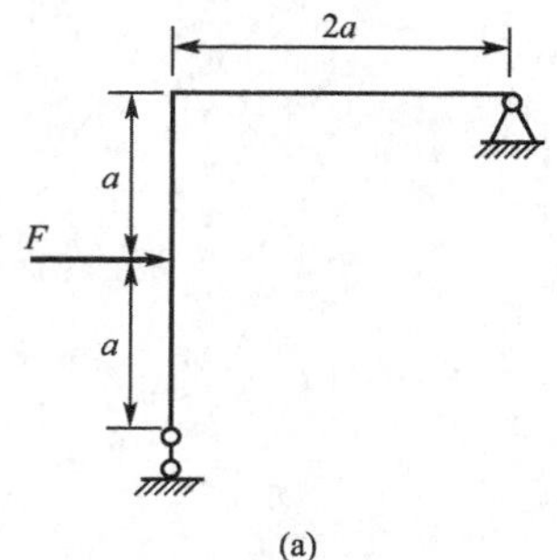

(a)

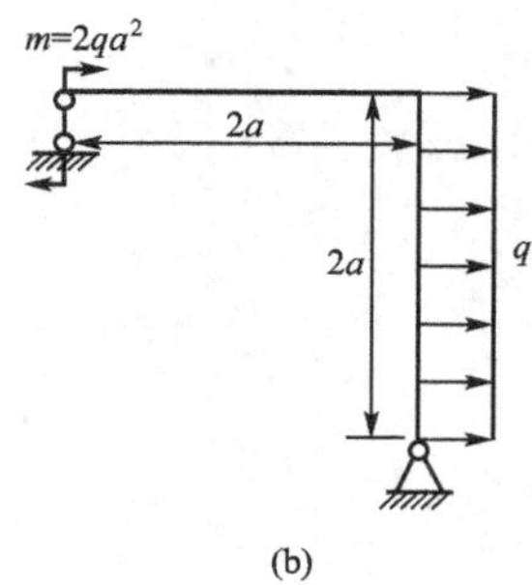

(b)

图 6.26

6-9　试列出图6.27所示平面曲杆的内力方程，并作出内力图。

6-10　图6.28所示悬臂梁在自由端A作用一集中力$\boldsymbol{F}$，集中力偶$\boldsymbol{m}$可沿梁移动，问$\boldsymbol{m}$在什么位置时，梁的受力最合理？并画出梁此时的剪力图和弯矩图。

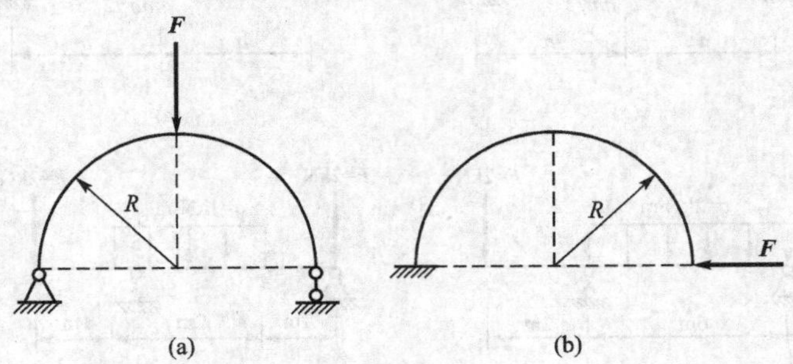

图6.27

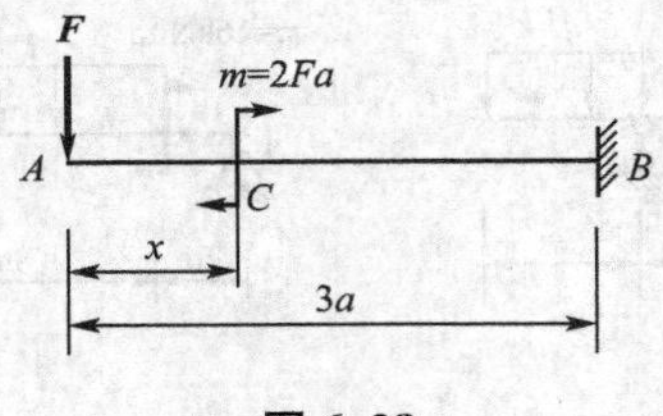

图6.28

第7章 截面图形的几何性质

教学目标

本章主要介绍构件截面图形的几何性质，即与构件截面几何形状和尺寸有关的一些量，例如形心、静矩、惯性矩、惯性半径、极惯性矩、惯性积等。通过对本章的学习，应达到以下目标。

(1) 理解形心、静矩、惯性矩、惯性半径、极惯性矩、惯性积和形心主惯性矩等基本概念，能熟练求简单组合图形的形心、静矩等。

(2) 能熟练利用平行移轴公式求组合图形的惯性矩、惯性积等。

(3) 能熟练利用转轴公式求截面图形的形心主惯性轴位置，并计算形心主惯性矩。

教学要求

知识要点	能力要求	相关知识
截面图形的几何性质	(1) 理解形心、静矩、惯性矩、惯性半径、极惯性矩、惯性积和形心主惯性矩的概念 (2) 掌握求简单组合图形的形心、静矩等的计算方法	(1) 形心、静矩、惯性矩、惯性半径、极惯性矩、惯性积和形心主惯性矩的概念及其研究方法 (2) 简单组合图形的形心、静矩等的计算公式
平行移轴公式	(1) 理解平行移轴公式的推导过程 (2) 熟练利用平行移轴公式求组合图形的惯性矩、惯性积等	(1) 惯性矩平行移轴公式的推导过程 (2) 惯性积平行移轴公式的推导过程 (3) 平行移轴公式的求组合图形的惯性矩、惯性积等
转轴公式	(1) 理解转轴移轴公式的推导过程 (2) 能熟练利用转轴公式求截面图形的形心主惯性轴位置，并计算形心主惯性矩	(1) 理解转轴移轴公式的推导过程 (2) 利用转轴公式求截面图形的形心主惯性轴位置，并计算形心主惯性矩

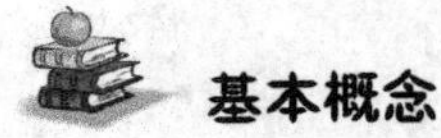

基本概念

形心、静矩、惯性矩、惯性半径、极惯性矩、惯性积、平行移轴公式、转轴公式

7.1 静矩与形心

考察如图7.1所示任意截面几何图形。在其上取面积微元 dA，设该微元在 Oyz 坐标系中的坐标为(y、z)。定义下列积分

$$S_y = \int_A z\,\mathrm{d}A,\ S_z = \int_A y\,\mathrm{d}A \tag{7.1}$$

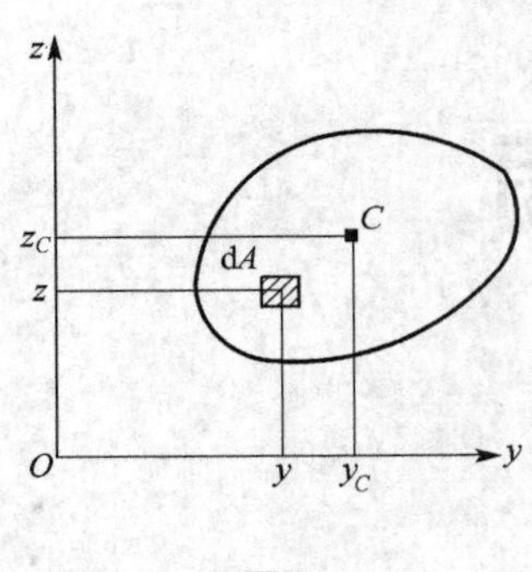

图7.1

分别为截面图形对 y 轴和 z 轴的静矩(或称为面积矩)。其量纲为长度的三次方。常用单位是 m^3 或 mm^3。

由于均质等厚薄板的重心与薄板截面图形的形心有相同的坐标(y_C、z_C)，而薄板的重心坐标由式(2.24)给出，即

$$y_C = \frac{\int_A y\,\mathrm{d}V}{V} = \frac{\int_A y\,\mathrm{d}A}{A} = \frac{S_z}{A}$$

$$z_C = \frac{\int_A z\,\mathrm{d}V}{V} = \frac{\int_A z\,\mathrm{d}A}{A} = \frac{S_y}{A}$$

所以，形心坐标为

$$y_C = \frac{\int_A y\,\mathrm{d}A}{A} = \frac{S_z}{A},\ z_C = \frac{\int_A z\,\mathrm{d}A}{A} = \frac{S_y}{A} \tag{7.2a}$$

或

$$S_y = A \cdot z_C,\ S_z = A \cdot y_C \tag{7.2b}$$

由式(7.2)可知，若某坐标轴通过形心，则图形对该轴的静矩等于零，即若 $y_C=0$，则 $S_z=0$，或若 $z_C=0$，则 $S_y=0$；反之，若图形对某一坐标轴的静矩等于零，则该坐标轴必然通过图形的形心。静矩与所选坐标轴有关，其值可能为正、负或零。

如果一个截面图形是由几个简单平面图形组合而成，则称为组合截面图形。设第 i 个组成部分的面积为 A_i，其形心坐标为(y_{Ci}，z_{Ci})，则其静矩和形心坐标分别为

$$S_z = \sum_{i=1}^{n} A_i y_{Ci},\ S_y = \sum_{i=1}^{n} A_i z_{Ci} \tag{7.3}$$

$$y_C = \frac{S_z}{A} = \frac{\sum_{i=1}^{n} A_i y_{Ci}}{\sum_{i=1}^{n} A_i},\ z_C = \frac{S_y}{A} = \frac{\sum_{i=1}^{n} A_i z_{Ci}}{\sum_{i=1}^{n} A_i} \tag{7.4}$$

例7.1 求图7.2所示半圆形截面图形的静矩 S_y、S_z 及形心位置坐标。

解： 由对称性可知，$y_C=0$，$S_z=0$。现取平行于 y 轴的狭长条作为微面积 dA，则有

$$\mathrm{d}A = y\,\mathrm{d}z = 2\sqrt{R^2 - z^2}\,\mathrm{d}z$$

所以

$$S_y = \int_A z\mathrm{d}A = \int_0^R z \cdot 2\sqrt{R^2 - z^2}\mathrm{d}z = \frac{2}{3}R^3$$

$$z_C = \frac{S_y}{A} = \frac{4R}{3\pi}$$

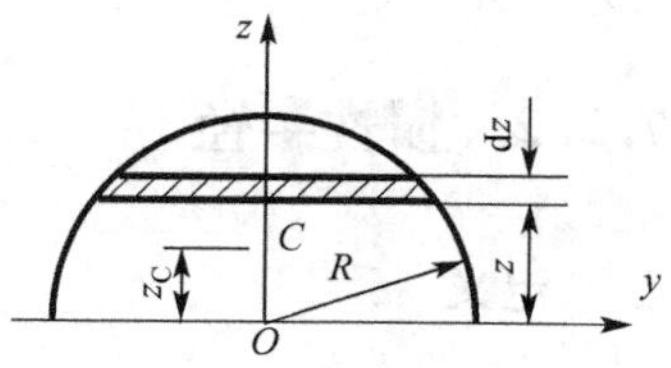

图 7.2

读者自己也可用极坐标求解。

例 7.2 试求图 7.3 所示组合截面图形的形心位置。

解： 将图形看做由两个矩形Ⅰ和Ⅱ组成，在图示坐标下每个矩形的面积及形心位置分别为

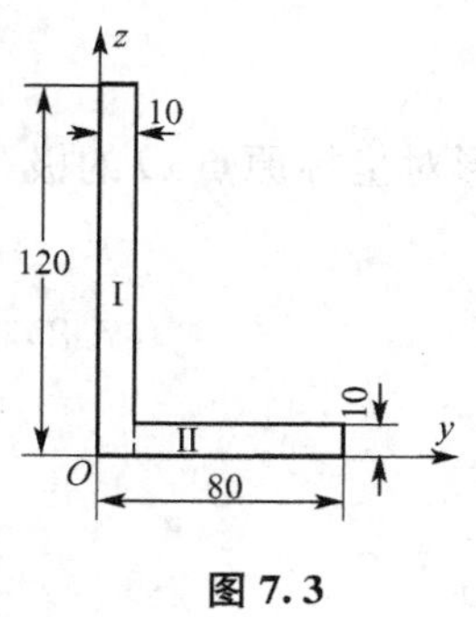

图 7.3

矩形Ⅰ： $A_1 = 120 \times 10 = 1200\text{mm}^2$

$$y_{C1} = \frac{10}{2} = 5\text{mm},\ z_{C1} = \frac{120}{2} = 60\text{mm}$$

矩形Ⅱ： $A_2 = 70 \times 10 = 700\text{mm}^2$

$$y_{C2} = 10 + \frac{70}{2} = 45\text{mm},\ z_{C2} = \frac{10}{2} = 5\text{mm}$$

整个图形形心 C 的坐标为

$$y_C = \frac{A_1 y_{C1} + A_2 y_{C2}}{A_1 + A_2} = \frac{1200 \times 5 + 700 \times 45}{1200 + 700} = 19.7\text{mm}$$

$$z_C = \frac{A_1 z_{C1} + A_2 z_{C2}}{A_1 + A_2} = \frac{1200 \times 60 + 700 \times 5}{1200 + 700} = 39.7\text{mm}$$

7.2 惯性矩、惯性积、极惯性矩

7.2.1 惯性矩和惯性积

考察如图 7.4 所示任意截面图形，在其上取面积微元 $\mathrm{d}A$，设该微元在 Oyz 坐标系中的坐标为(y、z)。定义下列积分

$$I_y = \int_A z^2\mathrm{d}A,\ I_z = \int_A y^2\mathrm{d}A,\ I_{yz} = \int_A yz\mathrm{d}A \tag{7.5}$$

其中，I_y 和 I_z 分别称为截面图形对 y 轴和 z 轴的惯性矩，I_{yz} 称为截面图形对 y 轴和 z 轴的惯性积。其量纲为长度的四次方。I_y 和 I_z 恒为正值；I_{yz} 可为正值或负值，且若 y，z 轴中有一根为对称轴，则惯性积 I_{yz} 为零。

设 I_{yi}，I_{zi}，I_{yzi} 分别为组合图形第 i 组成部分对 y、z 轴的惯性矩和惯性积，则组合图形的惯性矩和惯性积分别为

$$I_y = \sum_{i=1}^{n} I_{yi},\ I_z = \sum_{i=1}^{n} I_{zi},\ I_{yz} = \sum_{i=1}^{n} I_{yzi} \tag{7.6}$$

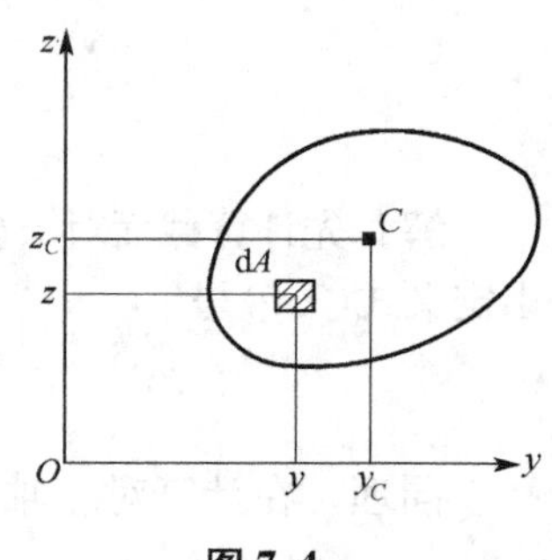

图 7.4

7.2.2 惯性半径

定义

$$i_y=\sqrt{\frac{I_y}{A}},\ i_z=\sqrt{\frac{I_z}{A}} \tag{7.7}$$

分别为截面图形对 y 轴和对 z 轴的惯性半径。

7.2.3 极惯性矩

若以 ρ 表示微面积 $\mathrm{d}A$ 到坐标原点 O 的距离(图 7.4)，则定义图形对坐标原点 O 的极惯性矩为

$$I_{\mathrm{p}}=\int_A \rho^2 \mathrm{d}A \tag{7.8}$$

因为 $$\rho^2=y^2+z^2$$

所以，极惯性矩与(轴)惯性矩间有如下关系

$$I_{\mathrm{p}}=\int_A (y^2+z^2)\,\mathrm{d}A=I_y+I_z \tag{7.9}$$

式(7.9)表明，图形对任意两个互相垂直轴的(轴)惯性矩之和，等于它对该两轴交点的极惯性矩。

例 7.3 试计算图 7.5(a)所示矩形截面对其对称轴(形心轴)x 和 y 轴的惯性矩。

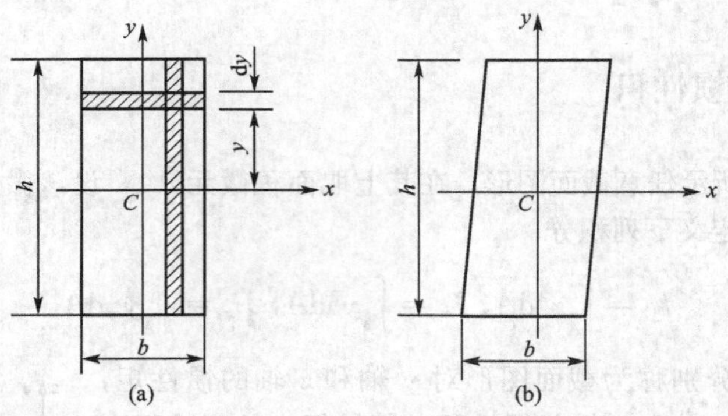

图 7.5

解：先计算截面对 x 轴的惯性矩 I_x。取平行于 x 轴的狭长条作为微面积，即 $\mathrm{d}A=b\mathrm{d}y$，由定义式(7.5)得

$$I_x=\int_A y^2\mathrm{d}A=\int_{-\frac{h}{2}}^{\frac{h}{2}} by^2\mathrm{d}y=\frac{bh^3}{12}$$

同理，在计算对 y 轴的惯性矩 I_y时，可以取 $\mathrm{d}A=h\mathrm{d}x$。由定义式(7.5)得

$$I_y=\int_A x^2\mathrm{d}A=\int_{-\frac{b}{2}}^{\frac{b}{2}} hx^2\mathrm{d}x=\frac{b^3h}{12}$$

若截面是高度为 h 的平行四边形［图 7.5(b)］，则它对于形心轴 x 的惯性矩同样为 $I_x=\frac{bh^3}{12}$，请读者自行验证。

例 7.4　试求图 7.6 所示圆形截面的惯性矩 I_y，I_z，惯性积 I_{yz} 和极惯性矩 I_P。

解：取微面积 $\mathrm{d}A$ 如图 7.6 所示，根据定义

$$I_y=\int_A z^2\mathrm{d}A=\int_{-\frac{d}{2}}^{\frac{d}{2}} z^2\cdot 2\sqrt{R^2-z^2}\,\mathrm{d}z=\frac{\pi d^4}{64}$$

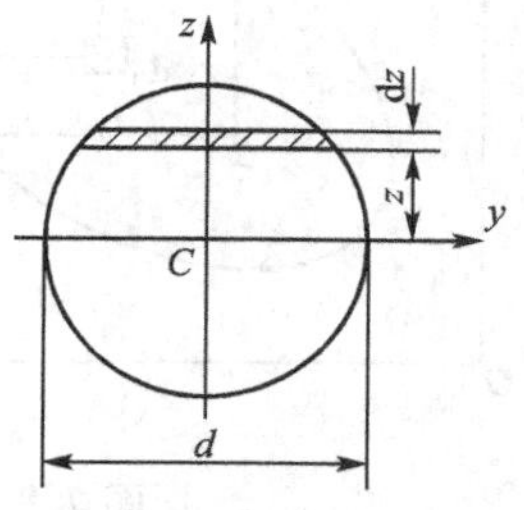

图 7.6

由于轴对称性，则有

$$I_y=I_z=\frac{\pi d^4}{64},\quad I_{yz}=0$$

由式(7.9)得

$$I_p=I_y+I_z=\frac{\pi d^4}{32}$$

对于外径为 D、内径为 d 的空心圆截面，则有

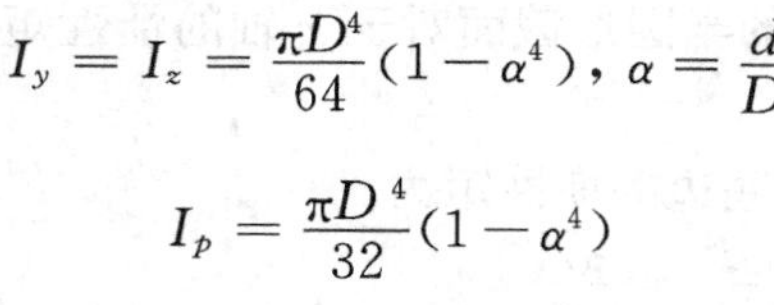

$$I_y=I_z=\frac{\pi D^4}{64}(1-\alpha^4),\ \alpha=\frac{d}{D}$$

$$I_p=\frac{\pi D^4}{32}(1-\alpha^4)$$

例 7.5　求图 7.7 所示三角形图形的惯性矩 I_y 及惯性积 I_{yz}。

解：取平行于 y 轴的狭长矩形作为微面积，由于 $\mathrm{d}A=y\mathrm{d}z$，其中宽度 y 随 z 变化，$y=\frac{b}{h}z$。

则由式(7.5)得

$$I_y=\int_A z^2\mathrm{d}A=\int_0^h \frac{b}{h}z^3\,\mathrm{d}z=\frac{bh^3}{4}$$

$$I_{yz}=\int_0^h z\cdot\left(\frac{y}{2}\right)\cdot y\mathrm{d}z=\frac{b^2h^2}{8}$$

图 7.7

7.3 平行移轴公式

同一平面图形对于相互平行的两对直角坐标轴的惯性矩或惯性积并不相同，如果其中一对轴是图形的形心轴(y_C，z_C)时，如图 7.8 所示，可得到如下平行移轴公式

$$\left.\begin{aligned} I_y&=I_{y_C}+a^2A\\ I_z&=I_{z_C}+b^2A\\ I_{yz}&=I_{y_Cz_C}+abA \end{aligned}\right\}\tag{7.10}$$

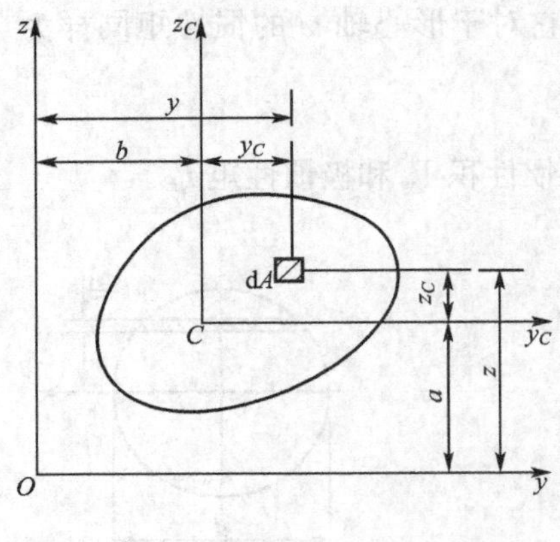

图 7.8

式中，(b, a)是平面图形的形心坐标，A是平面图形的面积。

现简单证明之。

由于

$$z = z_C + a, y = y_C + b$$

所以

$$I_y = \int_A z^2 \mathrm{d}A = \int_A (z_C + a)^2 \mathrm{d}A$$
$$= \int_A z_C{}^2 \mathrm{d}A + 2a\int_A z_C \mathrm{d}A + a^2\int_A \mathrm{d}A$$

其中，$\int_A z_C \mathrm{d}A$ 为图形对形心轴 y_C 的静矩，其值应等于零，则得

$$I_y = I_{y_C} + a^2 A$$

同理可以证明(7.10)中的其他两式。

式(7.10)表明：同一平面图形对所有相互平行的坐标轴的惯性矩中，对形心轴的惯性矩最小。在使用惯性积移轴公式时应注意 a，b 的正负号。

例 7.6 试求图 7.9 所示的半圆形截面对于 x 轴的惯性矩，其中 x 轴与半圆形的底边平行，相距 1m。

解： 易知半圆形截面对其底边的惯性矩为

$$I_{x_0} = \frac{1}{2} \cdot \frac{\pi d^4}{64} = \frac{\pi r^4}{8}$$

用平行移轴公式(7.10)求得截面对形心轴的惯性矩为

$$I_{x_C} = \frac{\pi r^4}{8} - \frac{\pi r^2}{2} \cdot \left(\frac{4r}{3\pi}\right)^2 = \frac{\pi r^4}{8} - \frac{8r^4}{9\pi}$$

再用平行移轴公式(7.10)求得截面对 x 轴的惯性矩为

$$I_x = I_{x_C} + \frac{\pi r^2}{2} \cdot \left(1 + \frac{4r}{3\pi}\right)^2 = \frac{\pi r^4}{8} + \frac{\pi r^2}{2} + \frac{4r^3}{3}$$

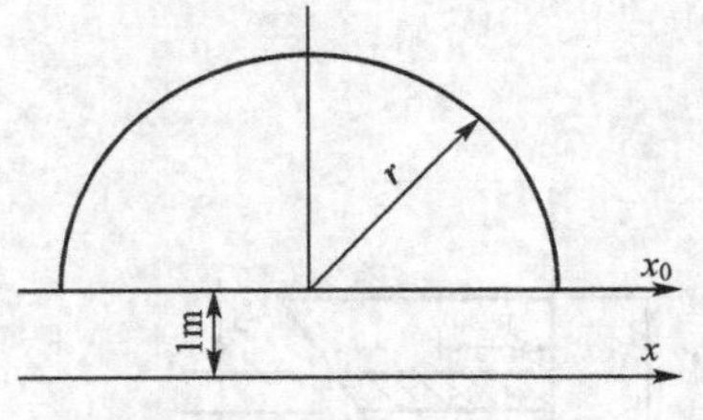

图 7.9

工程计算中应用最广泛的是求组合图形的惯性矩与惯性积，即求图形对于通过其形心的轴的惯性矩与惯性积。为此一般都需应用平行移轴公式。下面举例说明。

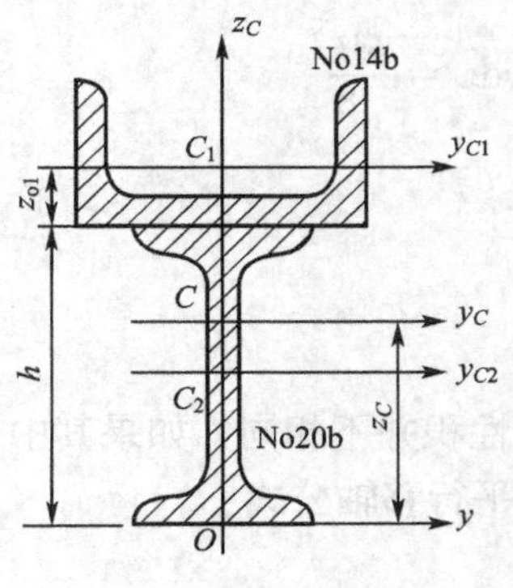

图 7.10

例 7.7 确定图 7.10 所示组合图形的形心位置，并计算该平面图形对形心轴 y_C 的惯性矩。

解： (1) 查型钢表。

槽钢 *No14b*

$$A_1 = 21.316\text{cm}^2 \quad I_{y_{C1}} = 61.1\text{cm}^4 \quad z_{o1} = 1.67\text{cm}$$

工字钢 *No20b*

$$A_2 = 39.578\text{cm}^2 \quad I_{y_{C2}} = 2500\text{cm}^4 \quad h = 20\text{cm}$$

(2) 计算形心位置。

由组合图形的对称性(对称轴是 z_C 轴)知：

$$y_C = 0$$

$$z_C = \frac{A_1 \cdot z_{C1} + A_2 \cdot z_{C2}}{A_1 + A_2} = \frac{21.316 \times (1.67 + 20) + 39.578 \times 10}{21.316 + 39.578} = 14.09\text{cm}$$

(3) 用平行移轴公式计算各个图形对 y_C 轴的惯性矩。

$$I_{y_C}^{\mathrm{I}} = I_{y_{C1}} + \overline{CC_1}^2 \cdot A_1 = 61.1 + (1.67 + 20 - 14.09)^2 \times 21.316 = 1285.8\mathrm{cm}^4$$

$$I_{y_C}^{\mathrm{II}} = I_{y_{C2}} + \overline{CC_2}^2 \cdot A_2 = 2500 + (14.09 - 10)^2 \times 39.578 = 3162.1\mathrm{cm}^4$$

(4) 求组合图形对 y_C 轴的惯性矩。

$$I_{y_C} = I_{y_C}^{\mathrm{I}} + I_{y_C}^{\mathrm{II}} = 4447.9\mathrm{cm}^4$$

例 7.8 计算图 7.11 所示组合图形对 y、z 轴的惯性积。

解：将图形分成Ⅰ、Ⅱ两部分，由定义式(7.5)得

$$I_{yz} = \int_A yz\mathrm{d}A = \int_{A_1} yz(\mathrm{d}y\mathrm{d}z) + \int_{A_2} yz(\mathrm{d}y\mathrm{d}z)$$

$$= \int_0^{40} y\mathrm{d}y\int_0^{10} z\mathrm{d}z + \int_0^{10} y\mathrm{d}y\int_{10}^{40} z\mathrm{d}z$$

$$= 40000 + 37500 = 77500\mathrm{mm}^4$$

或者由平行移轴公式(7.10)得

$$I_{yz} = \sum(I_{y_{Ci}z_{Ci}} + a_i b_i A_i) = [0 + 5\times20\times(40\times10)] + [0 + 25\times5\times(10\times30)] = 77500\mathrm{mm}^4$$

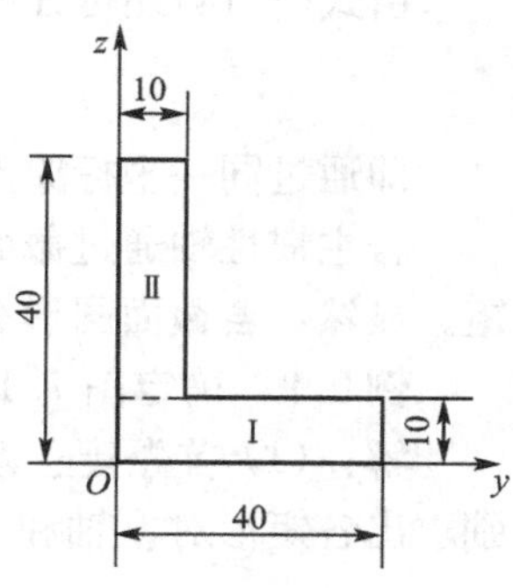

图 7.11 (单位：mm)

7.4 转轴公式与主惯性轴

任意平面图形(图 7.12)对 y 轴和 z 轴的惯性矩和惯性积，可由式(7.5)求得。若将坐标轴 y，z 绕坐标原点 O 点旋转 α 角，且以逆时针转角为正，则新旧坐标轴之间应有如下关系

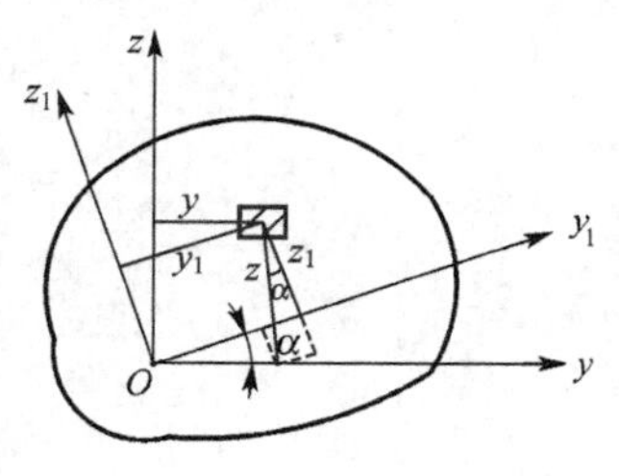

图 7.12

$$\left.\begin{aligned} y_1 &= y\cos\alpha + z\sin\alpha \\ z_1 &= z\cos\alpha - y\sin\alpha \end{aligned}\right\} \tag{7.11}$$

将式(7.11)代入惯性矩及惯性积的定义式(7.5)，则可得相应量的新、旧转换关系，即转轴公式

$$I_{y_1} = \frac{I_y + I_z}{2} + \frac{I_y - I_z}{2}\cos2\alpha - I_{yz}\sin2\alpha \tag{7.12}$$

$$I_{z_1} = \frac{I_y + I_z}{2} - \frac{I_y - I_z}{2}\cos2\alpha + I_{yz}\sin2\alpha \tag{7.13}$$

$$I_{y_1z_1} = \frac{I_y - I_z}{2}\sin2\alpha + I_{yz}\cos2\alpha \tag{7.14}$$

若令 α_0 是惯性矩为极值时的方位角，则由条件 $\frac{\mathrm{d}I_{y_1}}{\mathrm{d}\alpha} = 0$，可得

$$\tan2\alpha_0 = -\frac{2I_{yz}}{I_y - I_z} \tag{7.15}$$

由式(7.15)可以求出 α_0。由 α_0 确定的一对坐标轴 y_0 和 z_0 称为主惯性轴。

由(7.15)式求出 $\sin2\alpha_0$，$\cos2\alpha_0$ 后，代入式(7.12)与式(7.13)，即可得到惯性矩的两个极值，称主惯性矩。主惯性矩的计算公式为

$$I_{\max} = \frac{I_y + I_z}{2} + \frac{1}{2}\sqrt{(I_y - I_z)^2 + 4I_{yz}^2} \tag{7.16}$$

$$I_{\min}=\frac{I_y+I_z}{2}-\frac{1}{2}\sqrt{(I_y-I_z)^2+4I_{yz}{}^2} \tag{7.17}$$

而此时惯性积等于零。因此也可以说：图形对一对正交坐标轴的惯性积等于零，则这一对坐标轴称为主惯性轴，简称为主轴。

由式(7.14)还可证明

$$I_{y1}+I_{z1}=I_y+I_z \tag{7.18}$$

即通过同一坐标原点的任意一对直角坐标轴的惯性矩之和为一常量。

若主惯性轴通过截面形心，则称为形心主惯性轴，相应的主惯性矩称为形心主惯性矩。显然，若截面图形有对称轴，则对称轴一定是形心主惯性轴。

例 7.9 确定图 7.13 所示截面图形的形心主惯性轴位置，并计算形心主惯性矩。

解：(1) 首先建立截面图形的形心坐标系 Cyz 如图 7.13 所示。利用平行移轴公式分别求出各矩形对 y 轴和 z 轴的惯性矩和惯性积。

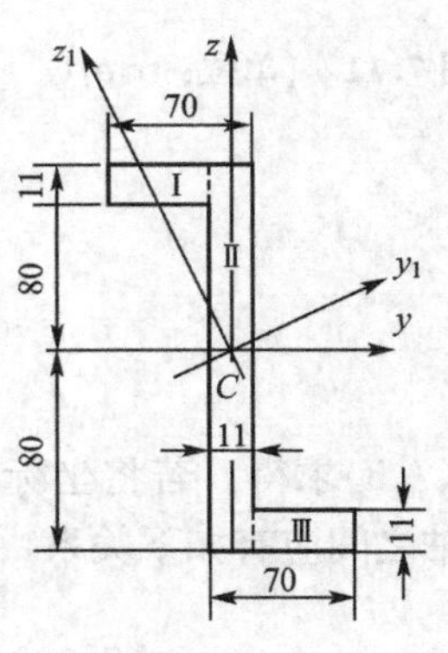

图 7.13

矩形Ⅰ：

$$I_y^{\mathrm{I}}=I_{y_{C1}}^{\mathrm{I}}+a_1{}^2A_1=\frac{1}{12}\times0.059\times0.011^3+0.0745^2\times0.011\times0.059=360.9\text{cm}^4$$

$$I_z^{\mathrm{I}}=I_{z_{C1}}^{\mathrm{I}}+b_1{}^2A_1=\frac{1}{12}\times0.059^3\times0.011+(-0.035)^2\times0.011\times0.059=98.2\text{cm}^4$$

$$I_{yz}^{\mathrm{I}}=I_{y_{C1}z_{C1}}^{\mathrm{I}}+a_1b_1A_1=0+(-0.035)\times0.0745\times0.011\times0.059=-169\text{cm}^4$$

矩形Ⅱ：

$$I_y^{\mathrm{II}}=I_{y_{C1}}^{\mathrm{II}}=\frac{1}{12}\times0.011\times0.16^3=3769\text{cm}^4$$

$$I_z^{\mathrm{II}}=I_{z_{C1}}^{\mathrm{II}}=\frac{1}{12}\times0.16\times0.011^3=1.78\text{cm}^4$$

$$I_{yz}^{\mathrm{II}}=0$$

矩形Ⅲ：

$$I_y^{\mathrm{III}}=I_y^{\mathrm{I}}=360.9\text{cm}^4$$
$$I_z^{\mathrm{III}}=I_z^{\mathrm{I}}=98.2\text{cm}^4$$
$$I_{yz}^{\mathrm{III}}=I_{yz}^{\mathrm{I}}=-169\text{cm}^4$$

整个图形对 y 轴和 z 轴的惯性矩和惯性积分别为

$$I_y=I_y^{\mathrm{I}}+I_y^{\mathrm{II}}+I_y^{\mathrm{III}}=1097.3\text{cm}^4$$
$$I_z=I_z^{\mathrm{I}}+I_z^{\mathrm{II}}+I_z^{\mathrm{III}}=198\text{cm}^4$$
$$I_{yz}=I_{yz}^{\mathrm{I}}+I_{yz}^{\mathrm{II}}+I_{yz}^{\mathrm{III}}=-338.4\text{cm}^4$$

(2) 将求得的 I_y，I_z，I_{yz} 代入式(7.15)得

$$\tan2\alpha_0=\frac{-2I_{yz}}{I_y-I_z}=\frac{-2\times(-338)}{1097.3-198}=0.752$$

则

$$\alpha_0=18.5°\text{ 或 }108.5°$$

α_0的两个值分别确定了形心主惯性轴 y_0和 z_0的位置，由式(7.12)、式(7.13)得

$$I_{y_0}=\frac{1097.3+198}{2}+\frac{1097.3-198}{2}\cos37^\circ-(-338)\sin37^\circ=1210\text{cm}^4$$

$$I_{z_0}=\frac{1097.3+198}{2}+\frac{1097.3-198}{2}\cos217^\circ-(-338)\sin217^\circ=85\text{cm}^4$$

例 7.10　试确定图 7.14 所示平面图形的形心主惯性轴的位置，并求形心主惯性矩。

解：(1) 计算形心位置：组合图形由外面矩形 1 减去里面矩形 2 组合而成。

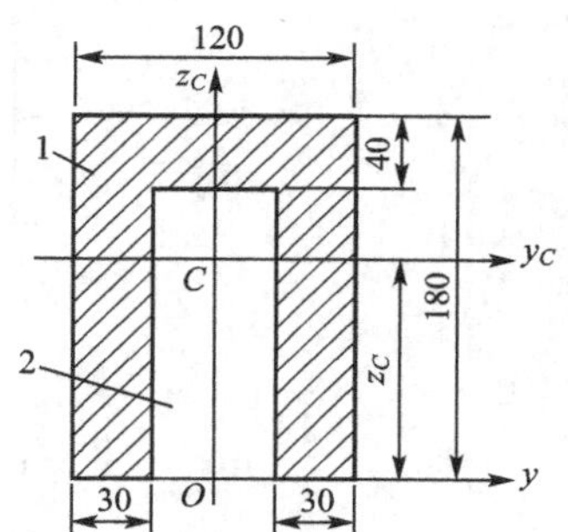

图 7.14

由组合图形的对称性(对称轴是 z_C轴)知：

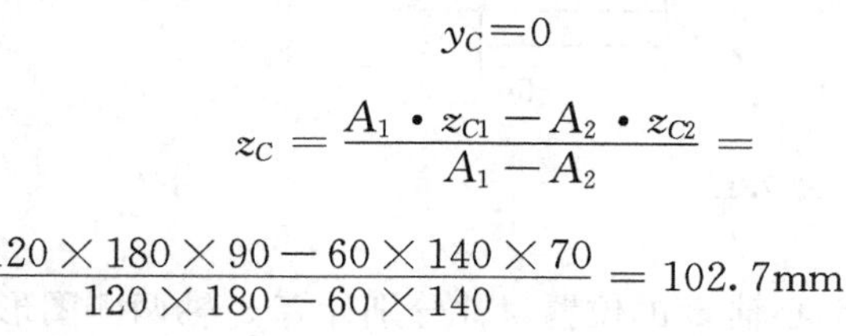

$$y_C=0$$

$$z_C=\frac{A_1\cdot z_{C1}-A_2\cdot z_{C2}}{A_1-A_2}=$$

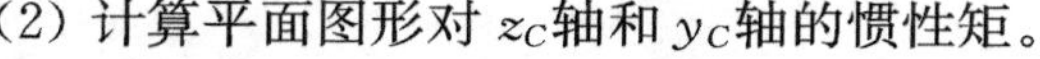

$$\frac{120\times180\times90-60\times140\times70}{120\times180-60\times140}=102.7\text{mm}$$

(2) 计算平面图形对 z_C轴和 y_C轴的惯性矩。

$$I_{z_C}=\frac{1}{12}\times180\times120^3-\frac{1}{12}\times140\times60^3=23.4\times10^6\text{mm}^4$$

$$I_{y_C}=\left[\frac{1}{12}\times120\times180^3+(102.7-90)^2\times120\times180\right]-\left[\frac{1}{12}\times60\times140^3+(102.7-70)^2\times60\times140\right]=39.1\times10^6\text{mm}^4$$

(3) 由于 z_C轴是对称轴，所以 y_C轴和 z_C轴是形心主惯性轴，上式求得的 I_{z_C}、I_{y_C} 即为形心主惯性矩。

思　考　题

7-1　平面图形对何轴的静矩为零，惯性矩为零？

7-2　如何确定平面图形形心的位置？若平面图形具有一个对称轴或两个对称轴，其形心应位于何处？

7-3　平面图形的形心轴、对称轴和主轴之间有何区别和联系。主轴是否都通过形心？对称轴一定是形心主轴吗？对称图形的形心主轴必须是对称的吗？

7-4　如何建立平行移轴公式？平面图形对某坐标轴的惯性矩与该平面图形的形心同该坐标轴的距离有何关系？

7-5　如何确定主轴的方位？主轴与形心主轴有何区别？对称截面的形心主轴位于何处？

习　题

7-1　试求图7.15所示图形的形心位置。

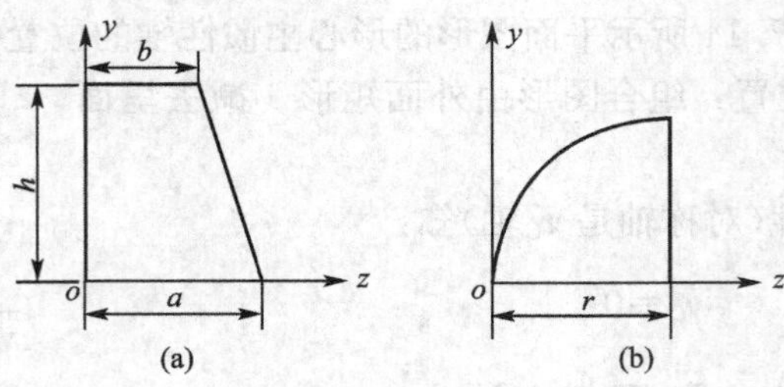

图7.15

7-2　试求图7.16所示图形的水平形心轴z_C的位置，并分别计算z_C轴两侧图形对z_C轴的静矩。

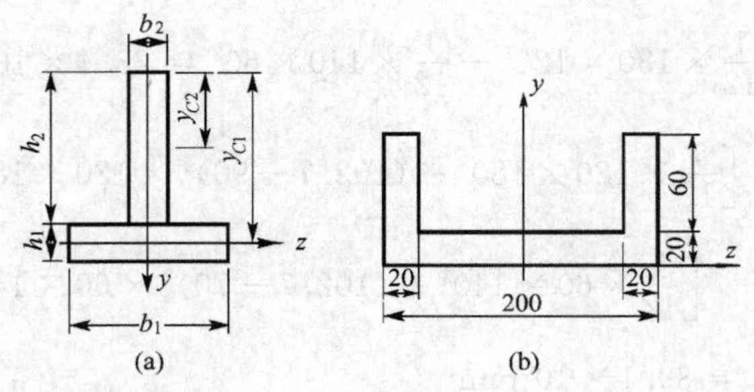

图7.16

7-3　已知图7.17所示组合图形中$b_1=100\text{mm}$，$b_2=20\text{mm}$，$h_1=20\text{mm}$，$h_2=100\text{mm}$，试确定其形心位置。

7-4　试求图7.18所示三角形截面对通过顶点A并平行于底边BC的轴x的惯性矩。

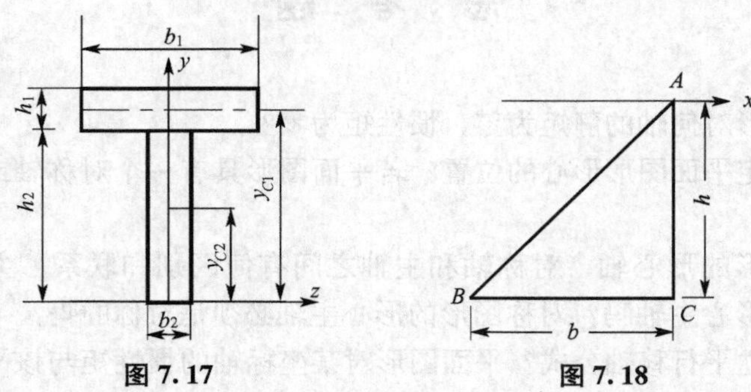

图7.17　　**图7.18**

7-5　在直径$D=8a$的圆截面中，开了一个$2a\times 4a$的矩形孔，如图7.19所示，试求截面对其水平形心轴和竖直形心轴的惯性矩。

7-6 试求图 7.20 所示矩形及圆形截面的惯性半径。

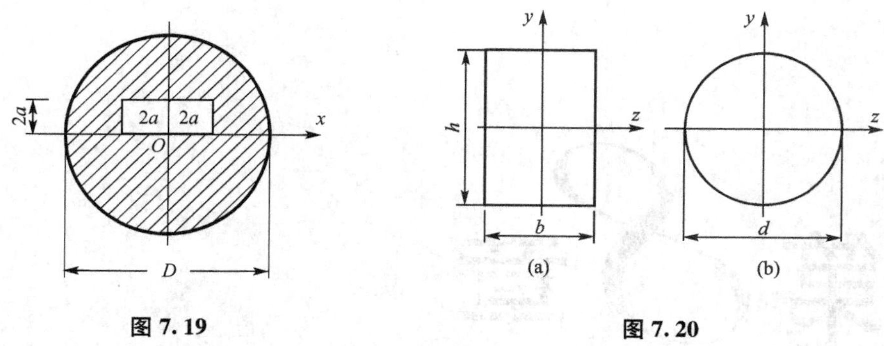

图 7.19　　　　图 7.20

7-7 试求图 7.21 所示截面对形心轴的惯性矩 I_{z_C}。

7-8 采用两根槽钢 16 焊接成如图 7.22 所示截面。若要使两个形心主惯性矩 I_x 和 I_y 相等，两槽钢之间的距离 a 应为多少?

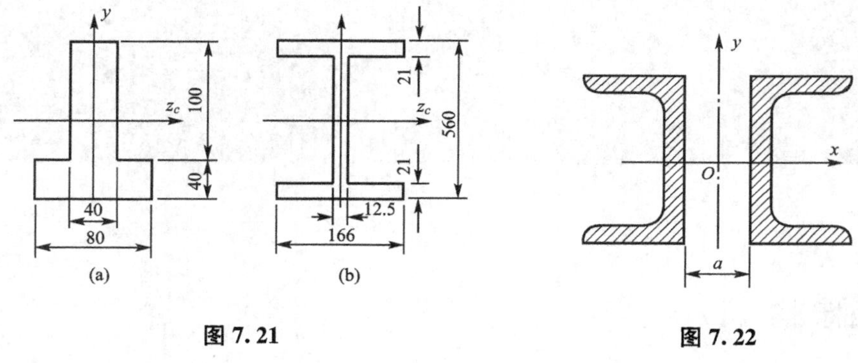

图 7.21　　　　图 7.22

7-9 试求图 7.23 所示组合截面对其水平形心轴 x 的惯性矩。

7-10 试确定图 7.24 所示图形对通过坐标原点 O 的主惯性轴的位置，并计算主惯性矩。

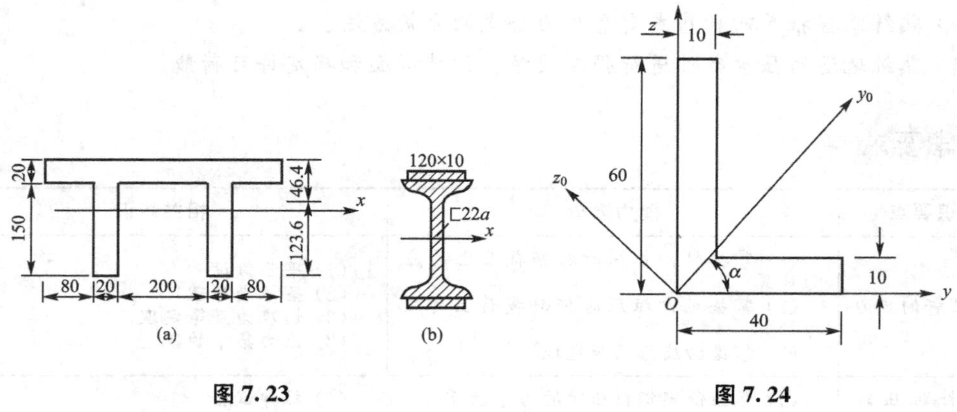

图 7.23　　　　图 7.24

第8章 杆件的应力与强度计算

教学目标

本章主要介绍杆件在轴向拉伸、扭转、平面弯曲时的应力与强度计算；同时也介绍剪切与挤压的实用计算，以及材料在拉伸与压缩时的力学性能。通过本章的学习，应达到以下目标。

(1) 了解材料的力学性能。

(2) 熟练掌握推导四种基本变形应力公式的分析方法。

(1) 熟练地运用强度条件进行强度校核、设计截面和确定许可荷载。

教学要求

知识要点	能力要求	相关知识
拉压杆的应力	(1) 掌握轴向拉压时杆横截面上的应力计算 (2) 掌握轴向拉压时杆斜截面上的应力计算 (3) 掌握切应力互等定理	(1) 平面假设 (2) 圣维南原理 (3) 切应力互等定理 (2) 应力集中的概念
材料拉压时的力学性质	(1) 掌握低碳钢拉压时的力学性质 (2) 掌握铸铁拉压时的力学性质	(1) 拉伸试验 (2) 压缩试验

（续）

知识要点	能力要求	相关知识
强度条件	(1) 了解安全因数及许用应力的确定 (2) 熟练掌握拉压杆的强度校核、截面设计和许可荷载的确定	(1) 极限应力的概念 (2) 安全因数的概念 (3) 许用应力的概念
连接件的实用计算	(1) 掌握剪切的概念与实用计算 (2) 掌握挤压的概念与实用计算	(1) 连接件的概念 (2) 剪切的概念 (3) 挤压的概念
圆轴扭转切应力	(1) 掌握推导圆轴扭转切应力公式的分析方法 (2) 掌握圆轴扭转的强度计算	(1) 平面假设(刚性圆盘假设) (2) 变形几何关系、物理关系、静力学关系 (3) 剪切胡克定律 (4) 扭转试验
梁的弯曲应力	(1) 掌握推导梁的弯曲正应力和切应力公式的分析方法 (2) 掌握梁的弯曲正应力与强度计算 (3) 掌握梁的弯曲切应力与强度计算	(1) 平面弯曲的概念 (2) 纯弯曲和横力弯曲的概念 (3) 平面假设、单向受力假设
梁的合理强度设计	(1) 了解提高梁弯曲强度的措施 (2) 了解等强度梁的概念	等强度梁的概念
弯曲中心的概念	(1) 了解开口薄壁截面梁的弯曲切应力计算 (2) 了解弯曲中心的概念	弯曲中心的概念

基本概念

全应力、正应力和切应力，平面假设，圣维南原理，应力集中，力学性质，极限应力，安全因数，许用应力，强度条件，许可荷载，平面弯曲、纯弯曲、横力弯曲，等强度梁，弯曲中心

8.1 拉压杆的应力

发生轴向拉伸或压缩变形的杆件简称为拉压杆。为了对拉压杆进行强度计算，必须求出截面上的应力。

8.1.1 横截面上的正应力

从前面的分析可以知道，拉压杆横截面上的内力只有轴力 F_N，与轴力对应的应力为正应力 σ，且它们之间满足如下的静力学关系：

$$F_N = \int_A \sigma \mathrm{d}A \tag{a}$$

为了将上式中的正应力 σ 求出来，必须知道 σ 在横截面上的分布规律，而应力分布规律与变形有关，为此，通过试验观察杆的变形。如图 8.1 所示为一等截面直杆，试验前，在杆表面画两条垂直于杆轴的横线 ab 和 cd，然后，在杆两端施加一对大小相等、方向相

反的轴向荷载 F。从试验中观察到：横线 ab 和 cd 仍为直线，且仍垂直于杆件轴线，只是间距增大，分别平移至 $a'b'$ 和 $c'd'$ 位置。根据这种现象，可以假设杆件变形后横截面仍保持为平面，且仍然垂直于杆的轴线。这就是平面假设。由此可以推断拉杆所有纵向纤维的伸长是相等的。再考虑到材料是均匀的，各纵向纤维的力学性能相同，故它们受力相同，即正应力均匀分布于横截面上，σ 等于常量。于是由式(a)得

$$F_{\mathrm{N}} = \int_A \sigma \mathrm{d}A = \sigma A$$

$$\sigma = \frac{F_{\mathrm{N}}}{A} \tag{8.1}$$

式(8.1)即为杆件受轴向拉伸或压缩时，横截面上正应力计算公式，适用于横截面为任意形状的等截面直杆。可见，正应力与轴力具有相同的正负号，即拉应力为正，压应力为负。

若轴力沿轴线变化，或截面的尺寸也沿轴线缓慢变化时(图 8.2)，只要外力合力与轴线重合，式(8.1)仍可适用。这时把它写成

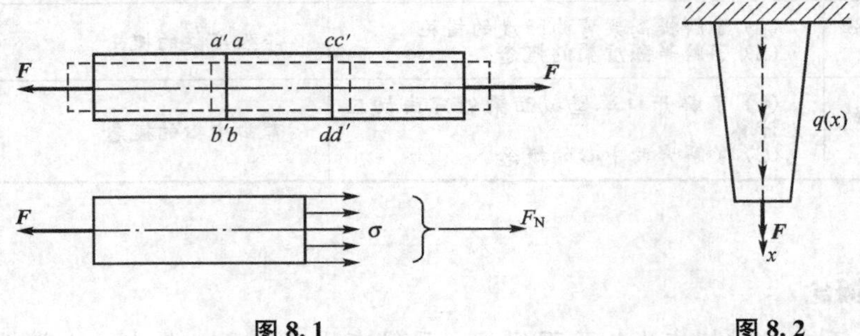

图 8.1　　图 8.2

$$\sigma(x) = \frac{F_{\mathrm{N}}(x)}{A(x)} \tag{b}$$

式中，$\sigma(x)$、$F_N(x)$ 和 $A(x)$ 表示这些量都是横截面位置坐标 x 的函数。

应该指出，式(8.1)只在杆上离外力作用点稍远的部分才正确，而在外力作用点附近的应力情况则比较复杂(因为实际上杆端外力一般总是通过各种不同的连接方式传递到杆上的)。但圣维南(Saint-Venant)原理指出："力作用于杆端方式的不同，只会使与杆端距离不大于杆的横向尺寸的范围内受到影响"，这一原理已被实验所证实。因此在拉压杆的应力计算中，都以式(8.1)为准。

当等直杆受几个轴向外力作用时，由轴力图求得其最大轴力 F_{Nmax}，代入式(8.1)即得杆内的最大正应力为

$$\sigma_{\max} = \frac{F_{\mathrm{Nmax}}}{A} \tag{8.2}$$

最大应力所在的横截面称为危险截面，危险截面上的正应力称为最大工作应力。

8.1.2 斜截面上的应力

为了全面分析拉压杆的强度问题，仅仅研究横截面上的正应力是不够的，还需研究其

斜截面上的应力情况。

考察图 8.3(a)所示拉压杆，利用截面法，沿任一斜截面 m—m 将杆截开，取左半部分为研究对象，该斜截面的方位以其外法线 On 与 x 轴的夹角 α 表示，且规定：从 x 轴逆时针旋转到外法线 On 时，角 α 为正，反之为负。如前所述，杆件横截面上的应力均匀分布，由此可以推断，斜截面 m—m 上的总应力 p_α 也为均匀分布［图 8.3(b)］，且其方向必与杆轴平行。

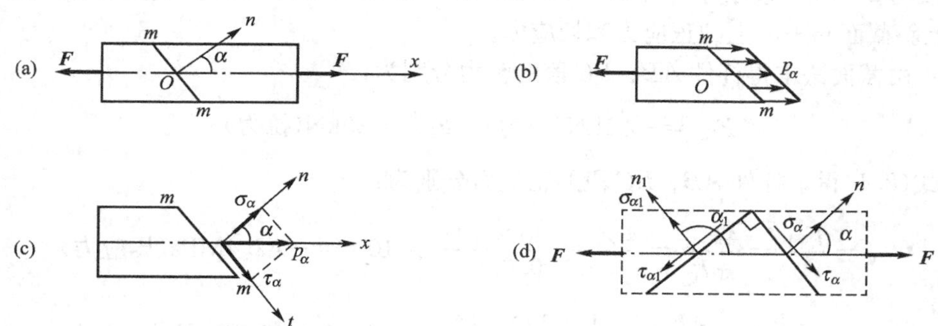

图 8.3

设杆件横截面的面积为 A，则杆左半部分的平衡方程为

$$p_\alpha \frac{A}{\cos\alpha} - F = 0$$

由此可得斜截面 m—m 上各点处的应力为

$$p_\alpha = \frac{F\cos\alpha}{A} = \sigma\cos\alpha \qquad (b)$$

式中，$\sigma=\dfrac{F}{A}$，表示杆件横截面上的正应力。

将应力 p_α 沿截面法向与切向分解［图 8.3(c)］，得斜截面上的正应力与切应力分别为

$$\left.\begin{aligned} \sigma_\alpha &= p_\alpha\cos\alpha = \sigma\cos^2\alpha \\ \tau_\alpha &= p_\alpha\sin\alpha = \frac{\sigma}{2}\sin2\alpha \end{aligned}\right\} \qquad (8.3)$$

式(8.3)是求拉压杆中任意斜截面上正应力 σ_α 和切应力 τ_α 的计算公式。它反映了 σ_α 和 τ_α 值随斜截面方位角 α 的变化规律。其正负符号规定如下：正应力 σ_α 仍规定拉应力为正，切应力 τ_α 规定绕研究对象体内任一点有顺时针转动趋势时为正值，反之则为负值。

由式(8.3)可知：

(1) 当 $\alpha=0°$ 时，正应力最大，其值为 $\sigma_{\max}=\sigma$，即拉压杆的最大正应力发生在横截面上，其值为 σ。

(2) 当 $\alpha=45°$ 时，切应力最大，其值为 $\tau_{\max}=\sigma/2$，即拉压杆的最大切应力发生在与杆轴成 45° 的斜截面上，其值为 $\sigma/2$。

(3) 当 $\alpha=90°$ 时，$\sigma=\tau=0$，即与横截面垂直的纵截面上不存在应力。

(4) 当 $\alpha_1=\alpha+90°$ 时，$\tau_{\alpha1}=\frac{\sigma}{2}\sin2(\alpha+90°)=-\frac{\sigma}{2}\sin2\alpha=-\tau_\alpha$。这表明：在两个互相垂直的截面上，切应力必然成对出现，其数值相等，方向为共同指向或背离此两垂直面的交线［图8.3(d)］。这个规律称为切应力互等定理。这是一个普遍成立的定理，在任何受力情况下都是成立的。

例8.1 阶梯形圆截面直杆受力如图8.4(a)所示，已知荷载 $F_1=20\text{kN}$，$F_2=50\text{kN}$，杆 AB 段与 BC 段的直径分别为 $d_1=30\text{mm}$，$d_2=20\text{mm}$。试求各段杆横截面上的正应力及 AB 段上斜截面 m—m 上的正应力和切应力。

解：由截面法求得杆件 AB、BC 段的轴力分别为：

$$F_{N1}=-30\text{kN}(压力)\quad F_{N2}=20\text{kN}(拉力)$$

由式(8.1)得，杆件 AB、BC 段的正应力分别为：

$$\sigma_1=\frac{F_{N1}}{A_1}=\frac{4F_{N1}}{\pi d_1^2}=\frac{4\times(-30\times10^3)}{\pi\times0.03^2}\times10^{-6}=-42.4\text{MPa}(压应力)$$

$$\sigma_2=\frac{F_{N2}}{A_2}=\frac{4F_{N2}}{\pi d_2^2}=\frac{4\times20\times10^3}{\pi\times0.02^2}\times10^{-6}=63.7\text{MPa}(拉应力)$$

斜截面 m—m 的方位角为：$\alpha=40°$，于是由式(8.3)得，斜截面 m—m 上的正应力与切应力分别为：

$$\sigma_{40°}=\sigma_1\cos^2\alpha=-42.4\cos^2 40°=-32.5\text{MPa}$$

$$\tau_{40°}=\frac{\sigma_1}{2}\sin2\alpha=-\frac{42.4}{2}\sin80°=-20.9\text{MPa}$$

其方向如图8.4(b)所示。

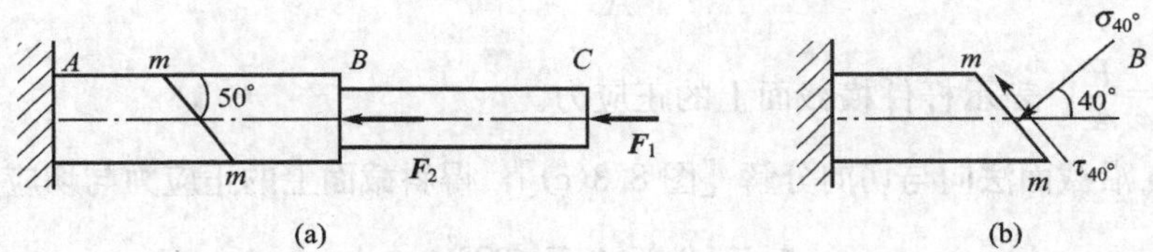

图8.4

8.1.3 应力集中的概念

如前所述，等直杆轴向拉伸或压缩时，其横截面上的应力是均匀分布的。但是，工程实际中的构件由于结构上的需要，往往在杆中开孔、切槽或将杆制成阶梯形等，这就使得杆的局部区段的截面尺寸发生急剧变化。由实验得知，在杆件尺寸突然改变的横截面上，正应力不再是均匀分布的，局部地方的应力急剧增大。例如图8.5(a)、(b)所示的带有半圆形切口和钻有圆孔的板条，受轴向拉力 F 作用时，在切口、孔口边缘附近的局部区域内，应力急剧增大，边缘处达到最大值 σ_{max}。这种由于杆件形状和尺寸的急剧变化引起局部应力急剧增大的现象称为应力集中。

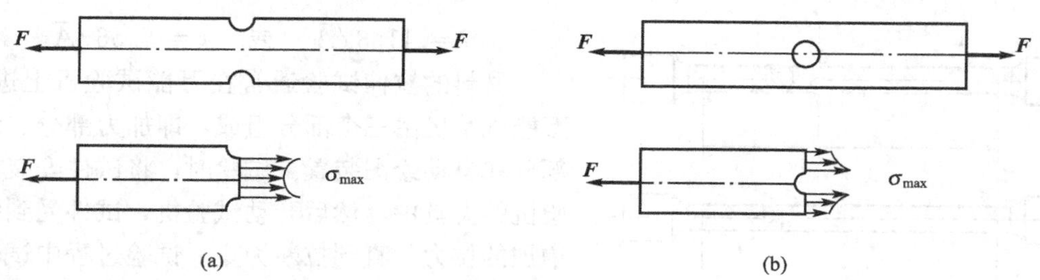

图 8.5

应力集中的程度常用理论应力集中因数 $K_{t\sigma}$ 表示，其定义为

$$K_{t\sigma}=\frac{\sigma_{max}}{\sigma_{m}} \tag{8.4}$$

式中，σ_{max}——发生应力集中的截面上的最大应力；

σ_{m} ——同一截面上的平均应力；

$K_{t\sigma}$——一个大于 1 的系数。

实验结果表明：截面尺寸改变得越急剧、角越尖、孔越小，应力集中的程度就越严重。因此，在杆件上应尽可能避免尖角、槽和小孔，在阶梯轴肩处应采用圆弧过渡，而且过渡圆弧的半径以尽可能大些为好。

8.2 材料拉压时的力学性能

构件的强度、刚度与稳定性，不仅与构件的形状、尺寸及所受的外力有关，而且与材料的力学性能有关。所谓材料的力学性能是指材料受外力作用后，在强度和变形方面所表现出来的特性，也称为机械性质。材料的力学性能不仅与材料内部的成分和组织结构有关，还受到加载速度、温度、受力状态及周围介质的影响。本节主要介绍常用材料在常温和静载作用下处于轴向拉伸和压缩时的力学性能，这是材料最基本的力学性能。

8.2.1 材料拉伸时的力学性能

材料在拉伸时的力学性能主要通过拉伸试验得到。为了便于对试验结果进行比较，国家标准《金属材料　拉伸试验　第 1 部分：室温试验方法》(GB 228.1—2010)规定：试件必须做成标准尺寸，称为比例试件。一般金属材料采用圆截面或矩形截面比例试件(图 8.6)。试验时在试件等直部分的中部取长度为 l 的一段作为测量变形的工作段，其长度 l 称为标距。对于圆截面试件，通常将标距 l 与横截面直径 d 的比例规定为

$$l=10d \quad 或 \quad l=5d$$

前者称为长试件，后者称为短试件。对于矩形截面试件，其标距与横截面面积 A 的比例规定为

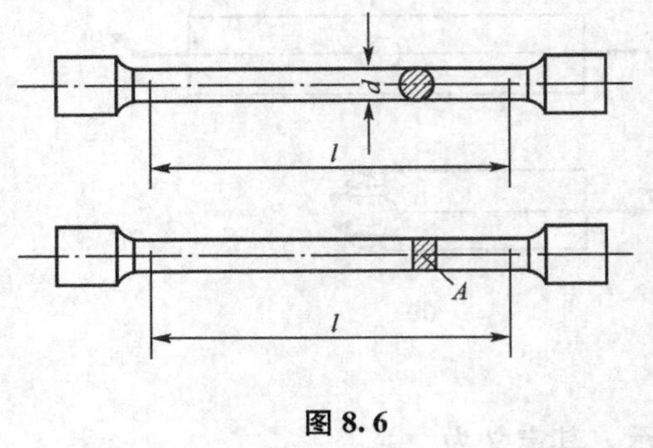

图 8.6

$$l = 11.3\sqrt{A} \quad 或 \quad l = 5.56\sqrt{A}$$

材料的拉伸试验通常在万能试验机上进行。万能试验机由三个部分组成，即加力部分、测力部分和自动绘图装置。试验时，将试件安装在试验机的夹具中，然后开动试验机，试件受到缓慢增加的拉力，直到拉断为止。试验过程中试件受到的拉力 F 可由试验机的示力盘读出，而工作段的伸长量 Δl 则可由变形仪表测出，同时自动绘图装置还可自动绘出 $F-\Delta l$ 曲线，称为材料的拉伸图。

下面介绍几种典型材料的拉伸试验结果。

1. 低碳钢拉伸时的力学性能

低碳钢是工程中广泛应用的金属材料，其拉伸时的力学性能最为典型，下面详细进行介绍。

低碳钢的拉伸图($F-\Delta l$ 曲线)如图 8.7(a)所示。为了消除试件尺寸的影响，将拉力 F 除以试件横截面的原始面积 A，得到横截面上的正应力 $\sigma=F/A$；同时，将伸长量 Δl 除以标距 l，得到线应变 $\varepsilon=\Delta l/l$。以 σ 为纵坐标，ε 为横坐标，绘出与拉伸图相似的 $\sigma-\varepsilon$ 曲线，如图 8.7(b)所示。此曲线称为应力-应变曲线。

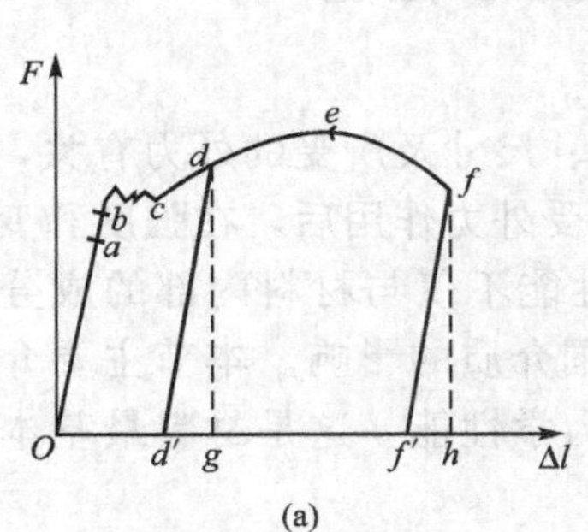

(a)

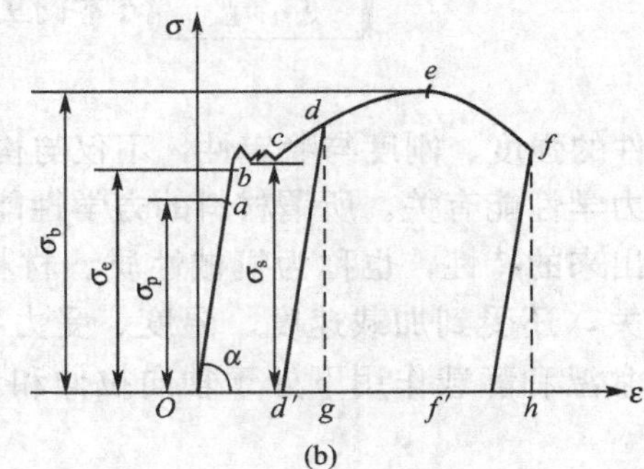

(b)

图 8.7

根据试验结果［图 8.7(b)］，低碳钢的力学性能大致如下。

1) 弹性阶段

弹性阶段可分为两段：直线段 Oa 和微弯段 ab。直线段 Oa 表示应力 σ 与应变 ε 成正比关系，故称 Oa 段为比例阶段或线弹性阶段。a 点所对应的应力值称为材料的比例极限，用 σ_p 表示。σ_p 是材料服从胡克定律的最大应力。即当 $\sigma \leqslant \sigma_p$ 时，$\sigma=E\varepsilon$。其中，弹性模量 E 等于直线段 Oa 的斜率，即 $E=\tan\alpha$。低碳钢 Q235 的比例极限 $\sigma_p \approx 200\text{MPa}$，弹性模量 $E \approx 200\text{GPa}$。

过了 a 点后，图线 ab 微弯而偏离直线 Oa，表示 σ 与 ε 不再成正比例关系，将 ab 曲线段称为非线弹性阶段。只要不超过 b 点，在卸去荷载后，试件的变形能够完全消除，这说明试件的变形是弹性变形，故 Ob 段称为弹性阶段。b 点所对应的应力值称为弹性极限，用 σ_e 表示。在 $\sigma-\varepsilon$ 曲线上，a、b 两点非常接近，所以工程上对 a、b 两点并不严格区分。

2）屈服阶段

超过弹性极限后，$\sigma-\varepsilon$ 曲线上的 bc 段呈接近水平线的小锯齿形阶段。这时应力几乎不增加，而变形却迅速增加，材料暂时失去了抵抗变形的能力，这种现象称为屈服或流动。bc 段称为屈服阶段。使材料发生屈服的应力，称为材料的屈服应力或屈服极限(也称为屈服点)，用 σ_s 表示。低碳钢 Q235 的屈服应力 $\sigma_s \approx 235\text{MPa}$。如果试件表面光滑，则当材料屈服时，在试件表面可观察到与轴线约成 45°角的倾斜条纹(图 8.8)，称为滑移线。这是因为在试件的 45°斜面上，作用有最大切应力 τ_{max}，当 τ_{max} 达到某一极限值时，由于金属材料内部晶格之间产生相对滑移而形成了滑移线。材料屈服表现为显著的塑性变形，而工程中的大多数构件一旦出现显著的塑性变形，将不能正常工作(或称失效)。所以屈服应力 σ_s 是衡量材料失效与否的强度指标。

3）强化阶段

经过屈服阶段后，材料又恢复了抵抗变形的能力，要使试件继续变形必须再增加荷载。这种现象称为材料的强化或称为应变硬化。这时 $\sigma-\varepsilon$ 曲线又逐渐上升，直到曲线的最高点 e。所以 ce 段称为材料的强化阶段或硬化阶段。e 点所对应的应力 σ_b 是材料所能承受的最大应力，称为强度极限或抗拉强度，它是衡量材料强度的另一个重要指标。低碳钢 Q235 的强度极限 $\sigma_b \approx 380\text{MPa}$。在强化阶段中，试件的变形绝大部分是塑性变形，此时试件的横向尺寸有明显的缩小。

4）局部变形阶段

在 e 点之前试件产生均匀变形。过 e 点后，在试件的某一局部范围内，横向尺寸突然急剧缩小，形成颈缩现象(图 8.9)。由于试件颈缩处的横截面面积显著减小，荷载读数开始下降，在 $\sigma-\varepsilon$ 曲线中应力随之下降，直至 f 点试件断裂。ef 阶段称为局部变形阶段。

在拉伸过程中，由于试件的横向尺寸不断缩小，所以在 $\sigma-\varepsilon$ 曲线中按试件原始面积求出的应力 $\sigma=F/A$，实质上是名义应力(或为工程应力)。相应地，按试件工作段的原始长度求出的线应变 $\varepsilon=\Delta l/l$，实质上是名义应变(或为工程应变)。对于解决弹性范围内的实际问题，按试件原始尺寸得到的名义 $\sigma-\varepsilon$ 曲线所提供的数据足以满足工程实际的需要。

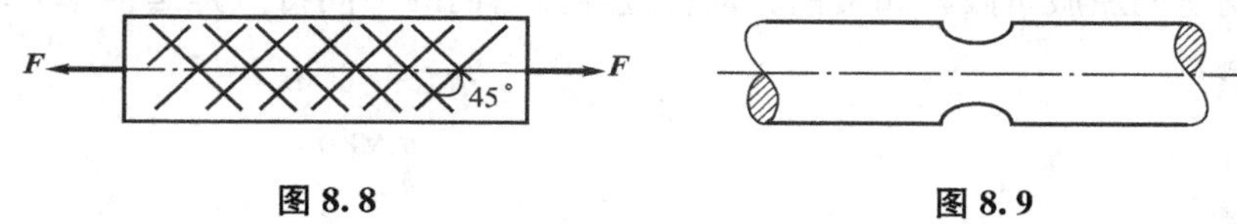

图 8.8　　图 8.9

5）延伸率和断面收缩率

试件拉断后，弹性变形消失，塑性变形 Of' 则保留下来。工程上用试件拉断后保留的变形来表示材料的塑性性能。衡量材料的塑性指标有两个：一个是延伸率(也称伸长率)，用 δ 表示；另一个是断面收缩率(也称截面缩减率)，用 ψ 表示。它们的计算公式分别为

$$\delta=\frac{l_1-l}{l}\times 100\% \tag{8.5}$$

$$\psi=\frac{A-A_1}{A}\times 100\% \tag{8.6}$$

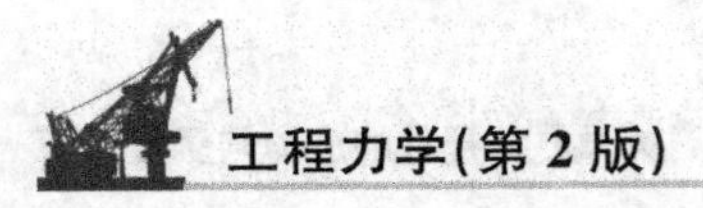

式中，l_1 ——试件拉断后工作段的长度；

l ——试件标距原长；

A_1 ——试件拉断后颈缩处的最小横截面面积；

A ——试件原始横截面面积。

延伸率 δ 越大，表明材料的塑性性能越好。工程上通常按延伸率的大小把材料分为两大类：$\delta>5\%$ 的材料称为塑性材料或韧性材料，如碳钢、黄铜、铝合金等；而把 $\delta<5\%$ 的材料称为脆性材料，如铸铁、砖石、玻璃、陶瓷等。低碳钢Q235的延伸率 $\delta=20\%\sim30\%$，这说明低碳钢是一种塑性性能很好的材料。

断面收缩率 ψ 也是衡量材料塑性性能的重要指标，ψ 越大，材料的塑性性能越好。低碳钢Q235的断面收缩率 $\psi\approx60\%$。

6）卸载定律及冷作硬化

如果试件拉伸到强化阶段的任一点 d 处［图8.7(b)］，然后逐渐卸除荷载，则应力和应变关系将沿着与直线段 Oa 几乎平行的直线段 dd' 下降到 d' 点。这说明在卸载过程中，应力和应变按直线规律变化，这就是卸载定律。若用 $\Delta\sigma$ 表示卸载时的应力增量，用 $\Delta\varepsilon$ 表示卸载时的应变增量，则有 $\Delta\sigma=E\Delta\varepsilon$。如果卸载后不久又重新加载，应力-应变关系基本上沿着卸载时的同一直线 $d'd$ 上升到 d 点，然后沿着原来的 $\sigma-\varepsilon$ 曲线 def 直到断裂。可见，在重新加载过程，材料的比例极限得到了提高，而塑性变形却减小了，这种现象称为冷作硬化。冷作硬化经过退火后又可消除。

在工程中，经常利用冷作硬化来提高钢筋和钢缆绳等构件在线弹性范围内所能承受的最大荷载。值得注意的是，若试件拉伸至强化阶段后卸载，经过一段时间后再受拉，则其线弹性范围内的最大荷载还有所提高，如图8.10中虚线 bb' 所示。这种现象称为冷作时效。冷作时效不仅与卸载后至加载的时间间隔有关，而且与试件所处的温度有关。

2. 其他材料拉伸时的力学性能

其他材料拉伸时的力学性能，也可用拉伸时的 $\sigma-\varepsilon$ 曲线来表示。图8.11中给出了另外几种典型的金属材料在拉伸时的 $\sigma-\varepsilon$ 曲线。可以看出，其中16Mn钢与低碳钢的 $\sigma-\varepsilon$ 曲线相似，有完整的弹性阶段、屈服阶段、强化阶段和局部变形阶段。但工程中大部分金属材料都没有明显的屈服阶段，如黄铜、铝合金等。它们的共同特点是延伸率 δ 均较大，都属于塑性材料。

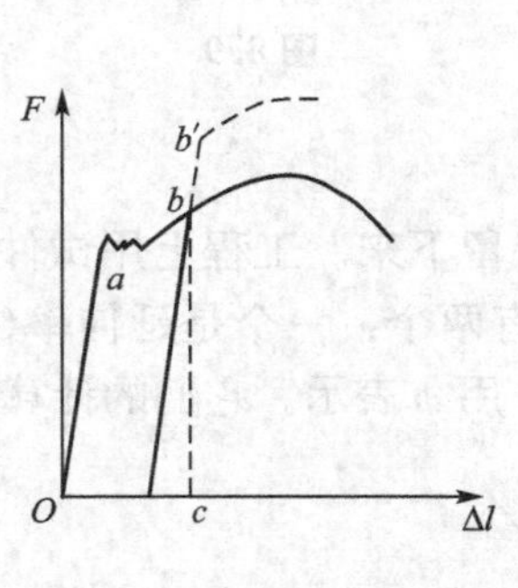

图8.10

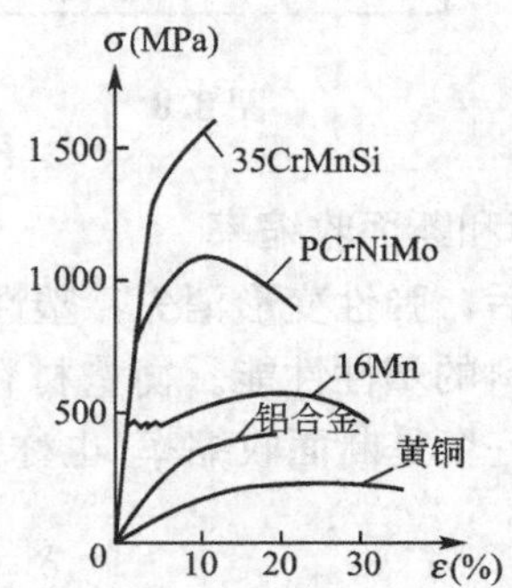

图8.11

对于没有屈服阶段的塑性材料，通常将对应于塑性应变为$\varepsilon_p=0.2\%$时的应力值作为屈服极限，称为材料的名义屈服极限(或名义屈服点)，常用$\sigma_{0.2}$表示(图 8.12)。

对于脆性材料，如铸铁、陶瓷、混凝土等，材料从受拉到断裂，变形都很小，没有屈服阶段和颈缩现象，延伸率很小。

灰铸铁拉伸时的$\sigma-\varepsilon$曲线如图 8.13 所示。由于灰铸铁的$\sigma-\varepsilon$曲线没有明显的直线部分，且拉断时试件变形很小，因此，在工程计算中，通常规定某一总应变时$\sigma-\varepsilon$曲线的割线来代替此曲线在开始部分的直线，从而确定其弹性模量，并称之为割线弹性模量。同时，认为材料在这范围内近似地服从胡克定律。

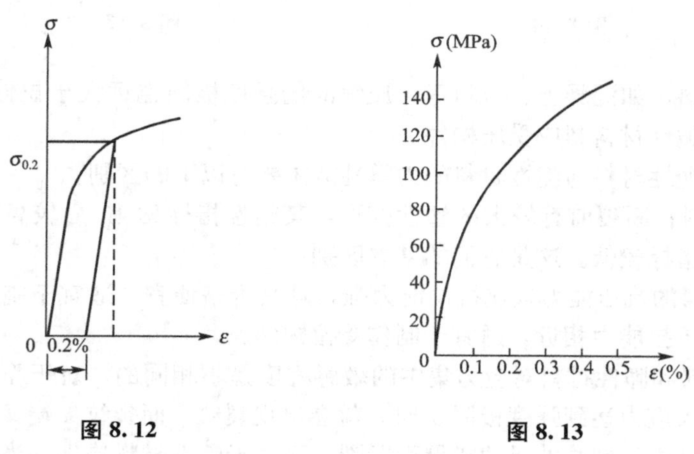

图 8.12　　图 8.13

衡量脆性材料强度的唯一指标是材料的抗拉强度σ_b。铸铁等脆性材料的抗拉强度很低，所以不宜作为抗拉构件的材料。

8.2.2 材料压缩时的力学性能

材料压缩时的力学性能由压缩试验测定。压缩试件常采用圆柱体和立方体两种。金属材料一般采用粗短圆柱体试件，其高度为直径的 1.5～3.0 倍，以防止试件试验时被压弯。非金属材料(如混凝土、石料等)的试件则常做成立方块。

低碳钢压缩时的$\sigma-\varepsilon$曲线如图 8.14 所示。试验表明，低碳钢压缩时的比例极限σ_p、屈服极限σ_s和弹性模量E均与拉伸时基本相同。但进入强化阶段以后，试件越压越扁，横截面面积不断增大，试件的抗压能力也不断增大，曲线不断上升，试件最后被压成薄饼形状，不发生破坏，因而得不到压缩时的强度极限。

其他塑性材料在压缩时的情况也都和低碳钢的相似。因此，工程中常认为塑性材料在拉伸与压缩时的力学性能是相同的，一般以拉伸试验所测得的力学性能为依据。

铸铁压缩时的$\sigma-\varepsilon$曲线如图 8.15 所示。可见，铸铁压缩时无论强度极限σ_b，还是延伸率δ都比拉伸时要大得多；其$\sigma-\varepsilon$曲线的直线部分很短，只能认为是近似地符合胡克定律的；铸铁压缩破坏时，其断裂面与轴线大致成 45°～55°的倾角，说明主要是因最大切应力τ_{max}作用而破坏。

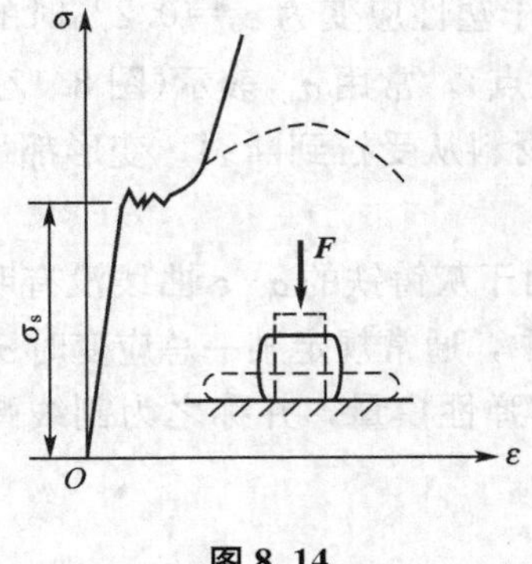

图 8.14

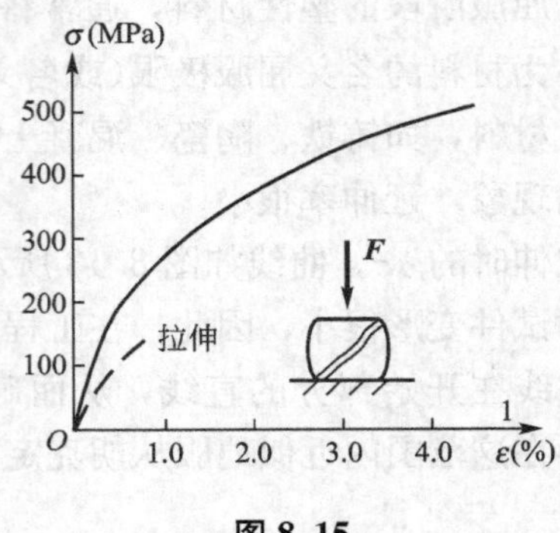

图 8.15

其他脆性材料，如混凝土、石料等，压缩时的强度极限也远大于拉伸时的强度极限。所以工程上常用脆性材料制成受压构件。

综上所述，塑性材料与脆性材料的力学性能主要有以下的区别。

(1) 塑性材料在断裂前有较大的塑性变形，其塑性指标(δ 和 ψ)较高；而脆性材料的变形较小，塑性指标较低。这是它们的基本区别。

(2) 脆性材料的抗压能力远比抗拉能力强，且其价格便宜，适宜于制作受压构件；塑性材料的抗压与抗拉能力相近，适宜于制作受拉构件。

(3) 塑性材料和脆性材料对应力集中的敏感程度是不相同的。对于脆性材料构件，当应力集中处的最大应力达到强度极限 σ_b时，就会出现裂纹，而裂纹尖端又会引起更严重的应力集中，使构件由于裂纹的迅速扩展而断裂。而对于塑性材料构件，当应力集中处的最大应力达到屈服极限 σ_s时，该处材料的变形可以继续增长，而应力却不再增大。如果外力继续增加，则增加的力将由截面上尚未屈服的材料来承担，使截面上的应力逐渐趋于均匀分布，直到整个截面上的应力都达到 σ_s，构件才会破坏。因此，应力集中现象对于脆性材料的危害要比塑性材料严重得多。对于一般的塑性材料，在静荷载作用下可以不考虑应力集中的影响。至于灰铸铁，其内部的不均匀性和缺陷往往是产生应力集中的主要因素，而构件外形和尺寸改变所引起的应力集中就可能成为次要因素，因此，对于灰铸铁就可以不考虑应力集中的影响。

上面关于塑性材料和脆性材料的划分只是指常温、静载时的情况。实际上，同一种材料在不同的外界因素影响下，可能表现为塑性，也可能表现为脆性。例如，低碳钢在低温时也会变得很脆。因此，如果说材料处于塑性或脆性状态，就更确切些。

最后还应指出，处于高温下的构件，当承受的应力超过某一定值(低于材料的 σ_s)时，其变形随着时间的增加而不断增大，这种现象称为蠕变。例如用低碳钢制成的高温(300℃以上)高压蒸汽管道，由于蠕变的作用管径不断增加，管壁逐渐变薄，有时可能导致管壁破裂。蠕变变形是塑性变形。

高温下工作的构件，在发生弹性变形后，如保持其变形总量不变，则构件内将保持一定的预紧力。随着时间的增长，因蠕变而逐渐发展的塑性变形将逐步地代替原有的弹性变形，从而使构件内的预紧力逐渐降低，这种现象称为松弛。例如拧紧的螺栓隔段时间后需重新拧紧，就是由于发生了松弛的缘故。

对于处于高温高压下工作的构件，应当注意其发生的蠕变和松弛现象，以免造成不良后果。

8.3 许用应力、安全因数和强度条件

8.3.1 许用应力和安全因数

如前所述，脆性材料构件当应力达到强度极限σ_b时，会引起断裂，塑性材料构件当应力达到屈服极限σ_s(或名义屈服极限$\sigma_{0.2}$)时，将产生屈服或出现显著塑性变形。构件工作时发生屈服或出现显著塑性变形一般也是不容许的。所以，从强度方面考虑，断裂是构件破坏或失效的一种形式，屈服或出现显著塑性变形也是构件失效的一种形式。通常我们将构件失效时所承受的应力称为材料的极限应力，并用σ_u表示。显然，对于脆性材料，$\sigma_u=\sigma_b$；对于塑性材料，$\sigma_u=\sigma_s$或$\sigma_{0.2}$。为了保证构件具有足够的强度，构件在外力作用下的最大工作应力必须小于材料的极限应力。在强度计算中，把材料的极限应力除以一个大于1的系数n，作为构件工作时所容许的最大应力，称为材料的许用应力，并用$[\sigma]$表示。显然

脆性材料：
$$[\sigma]=\frac{\sigma_b}{n_b}$$

塑性材料：
$$[\sigma]=\frac{\sigma_s}{n_s}\quad 或\quad [\sigma]=\frac{\sigma_{0.2}}{n_s}$$

式中，n_b，n_s——分别称为脆性材料和塑性材料的安全因数。

安全因数是表示构件安全储备大小的一个系数。正确地选择安全因数是十分重要而又非常复杂的问题。安全因数取得偏大，将会造成材料的浪费；安全因数取得过小，又可能使构件不能正常工作甚至发生破坏性事故。因此，安全因数的选取必须体现既安全又经济实用的设计思想。确定安全因数时应该考虑的因素一般有：①荷载的类型以及对荷载估计的准确性；②材质类型(塑性材料或脆性材料)，包括材质的均匀性和材料性能数据的可靠性；③实际构件简化过程和计算方法的精确程度；④构件的重要性及其工作条件等。各种材料在不同工作条件下的安全因数和许用应力，均由国家有关技术部分制订，并列入设计规范或手册中。

还需指出，由于脆性材料的抗压能力比抗拉能力强，故其许用压应力(用$[\sigma_c]$表示)比许用拉应力(用$[\sigma_t]$表示)大；而塑性材料的抗拉与抗压能力相同，故其只有一个许用应力$[\sigma]$。

8.3.2 拉压杆的强度条件

材料的许用应力是构件实际工作时的最大极限值。因此，为了保证构件安全可靠地工作，构件内的最大工作应力σ_{max}不得超过材料的许用应力$[\sigma]$，即

$$\sigma_{max}=\left(\frac{F_N}{A}\right)_{max}\leqslant[\sigma] \tag{8.7}$$

上式表示杆件受到轴向拉伸或压缩时的强度条件。对于等直杆，式(8.7)则变为

$$\sigma_{\max} = \frac{F_{N\max}}{A} \leqslant [\sigma] \tag{8.8}$$

利用上述条件，可以解决以下三类强度问题。

1. 校核强度

当已知拉压杆的截面尺寸、许用应力和所受外力时，通过比较工作应力与许用应力的大小，以判断该杆是否安全。需要指出的是

$$\frac{\sigma_{\max} - [\sigma]}{[\sigma]} \times 100\% \leqslant 5\%$$

在工程上是容许的。

2. 设计截面尺寸

如果已知拉压杆所受外力和材料的许用应力，根据强度条件可以确定该杆所需横截面面积。例如，对于等直杆，其所需横截面面积为

$$A \geqslant \frac{F_{N\max}}{[\sigma]}$$

3. 确定许可荷载

如果已知拉压杆的截面尺寸和许用应力，根据强度条件可以确定该杆所能承受的最大轴力

$$F_N \leqslant A[\sigma]$$

然后根据杆件的静力平衡条件，求出轴力与外力间的关系，就可以确定出杆件或结构所能承担的最大安全荷载，即许可荷载。

例 8.2 一钢制直杆受力如图 8.16(a)所示。已知$[\sigma]=160\text{MPa}$，$A_1=300\text{mm}^2$，$A_2=150\text{mm}^2$，试校核此杆的强度。

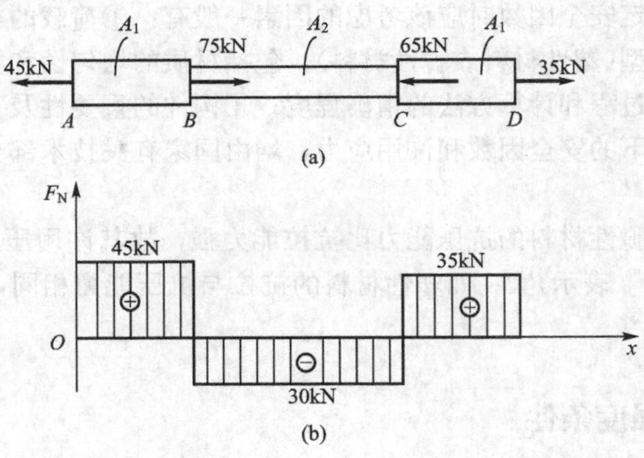

图 8.16

解：(1) 用截面法计算杆件各段轴力，并画轴力图如图 8.16(b)所示。

(2) 确定可能的危险截面。

AB 段截面——因其轴力 $F_{N1}=45\text{kN}$ 最大。

BC段截面——其轴力$F_{N2}=-30$kN虽然最小，但面积也是最小的。

注意到CD段截面不可能是危险截面，因为其轴力$F_{N3}<F_{N1}$，且AB段和CD段的截面面积都相同。

(3) 用强度条件校核该杆的强度安全性。

AB段：$$\sigma_{AB}=\frac{F_{N1}}{A_1}=\frac{45\times10^3}{300\times10^{-6}}\times10^{-6}=150\text{MPa(拉应力)}<[\sigma]$$

BC段：$$\sigma_{BC}=\frac{F_{N2}}{A_2}=\frac{30\times10^3}{150\times10^{-6}}\times10^{-6}=200\text{MPa(压应力)}>[\sigma]$$

可见，AB段满足强度要求，而BC段不满足强度要求。

一般来说，当校核了结构中某一杆件或某一杆件截面不满足强度要求时，该结构的强度便是不安全的了。

例 8.3 图8.17(a)所示桁架，杆AB为直径$d=30$ mm的圆钢杆，其许用应力为$[\sigma]_1=160$MPa，杆BC为边长$a=8$cm的正方形截面木杆，许用应力为$[\sigma]_2=8$MPa。试求该桁架的许可荷载$[F]$。若该桁架承受荷载$F=120$kN，试重新设计两杆尺寸。

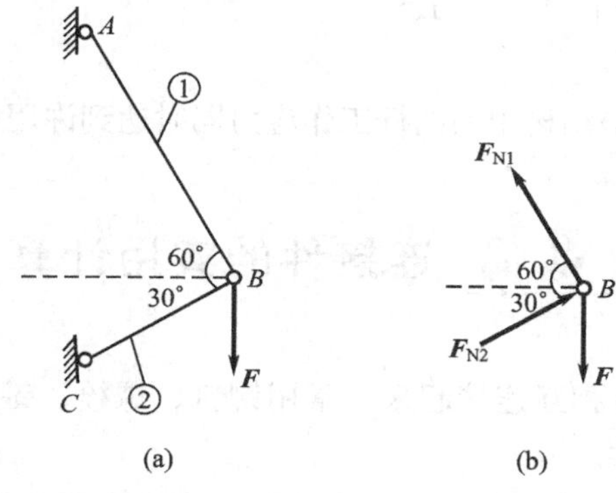

图 8.17

解：(1) 静力分析。

取节点B为研究对象，受力如图8.17(b)所示。根据节点B的平衡方程

$$\sum F_x=0,\quad F_{N2}\cos30°-F_{N1}\cos60°=0$$

$$\sum F_y=0,\quad F_{N1}\sin60°+F_{N2}\sin30°-F=0$$

解得

$$F_{N1}=\frac{\sqrt{3}}{2}F\text{(拉力)},\quad F_{N2}=\frac{1}{2}F\text{(压力)}$$

(2) 由强度条件确定许可荷载。

杆AB $$F_{N1}\leqslant A_1[\sigma]_1=\frac{\pi d^2}{4}[\sigma]_1$$

所以 $$F\leqslant\frac{2}{\sqrt{3}}\cdot\frac{\pi d^2}{4}[\sigma]_1=\frac{2}{\sqrt{3}}\cdot\frac{\pi\times0.03^2}{4}\times160\times10^6\times10^{-3}=130.6\text{kN}$$

杆BC $$F_{N2}\leqslant A_2[\sigma]_2=a^2[\sigma]_2$$

所以 $$F\leqslant2a^2[\sigma]_2=2\times0.08^2\times8\times10^6\times10^{-3}=102.4\text{kN}$$

可见，该桁架的许可荷载由方木杆 BC 的强度条件确定，其值为 $[F]=102.4\text{kN}$。

(3) 当 $F=120\text{kN}$ 时，重新设计两杆尺寸。

杆 AB　　$F_{N1}=\frac{\sqrt{3}}{2}F=60\sqrt{3}\text{kN}$

由　　$A_1=\frac{\pi d^2}{4}\geqslant\frac{F_{N1}}{[\sigma]_1}$

得　　$d\geqslant\sqrt{\frac{4F_{N1}}{\pi[\sigma]_1}}=\sqrt{\frac{4\times60\sqrt{3}\times10^3}{\pi\times160\times10^6}}\times10^3=28.8\text{mm}$

可取 $d=29\text{mm}$。

杆 BC　　$F_{N2}=\frac{1}{2}F=60\text{kN}$

由　　$A_2=a^2\geqslant\frac{F_{N2}}{[\sigma]_2}$

得　　$a\geqslant\sqrt{\frac{F_{N2}}{[\sigma]_2}}=\sqrt{\frac{60\times10^3}{8\times10^6}}\times10^3=86.6\text{mm}$

可取 $a=87\text{mm}$。

此种设计可使图 8.17(a)结构中的两杆工作应力同时达到许用应力，称为等强度设计。

8.4 连接件的实用计算

在工程中，为了将构件相互连接起来，常用铆钉、螺栓、键或销钉等连接，这些起连接作用的部件统称为连接件。

连接件的受力与变形一般是很复杂的，很难做出精确的理论分析。因此，工程中通常采用实用的简化分析方法或称为假定计算方法。其要点是：一方面假定应力分布规律，从而计算出各部分的“名义应力”；另一方面，根据实物或模拟实验，并采用同样的计算方法，由破坏荷载确定材料的极限应力；然后，再根据上述两方面的结果建立其强度条件。实践表明，这种假定计算方法是可靠的。现以铆钉等连接为例，介绍有关概念与计算方法。

8.4.1 剪切的概念与实用计算

考察如图 8.18(a)所示的铆钉连接，显然，铆钉在两侧面上分别受到大小相等、方向相反、作用线相距很近的两组外力系的作用［图 8.18(b)］。铆钉在这样的外力作用下，将沿两侧外力之间，并与外力作用线平行的截面 m—m 发生相对错动，这种变形形式称为剪切。发生剪切变形的截面 m—m，称为受剪面或剪切面。

应用截面法，可求得受剪面 m—m 上的剪力 F_S［图 8.18(c)］。在工程实用计算中，通常假定受剪面上的切应力均匀分布，于是，受剪面上的名义切应力为

$$\tau=\frac{F_S}{A_s} \tag{8.9}$$

式中，F_S——受剪面上的剪力；

A_s——受剪面的面积。

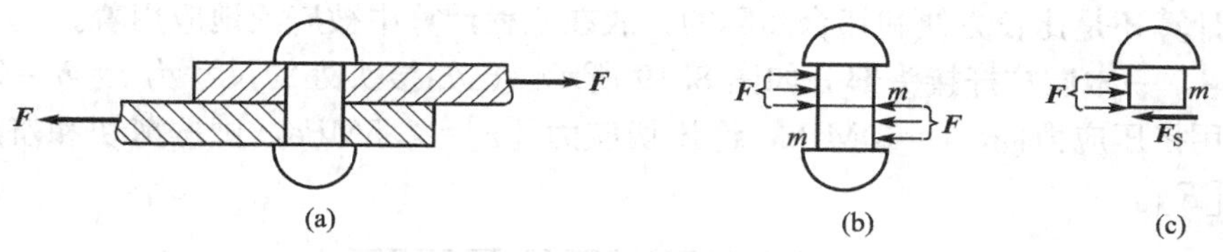

图 8.18

然后，通过直接试验，并按式(8.9)求得剪切破坏时材料的极限名义切应力 τ_u，再除以安全因数，即得材料的许用切应力$[\tau]$。于是，剪切强度条件为

$$\tau = \frac{F_S}{A_s} \leqslant [\tau] \tag{8.10}$$

剪切假定计算中的许用切应力 $[\tau]$ 与拉伸许用应力 $[\sigma]$ 有关。对于钢材

$$[\tau] = (0.75 \sim 0.80)[\sigma]$$

需要注意，在计算中要正确确定有几个受剪面，以及每个受剪面上的剪力。

8.4.2 挤压的概念与实用计算

在如图 8.18(a)所示的铆钉连接中，除铆钉发生剪切变形外，在连接板孔边与铆钉之间还存在着相互压紧的现象，称为挤压。挤压发生在构件相互接触的局部面积上(这也是与压缩的最大区别)，它在构件接触面附近的局部区域内发生较大的接触应力，称为挤压应力，并用 σ_{bs}表示。挤压应力是垂直于接触面的正应力。当挤压应力过大时，将会在二者接触的局部区域产生过量的塑性变形，从而导致二者失效。

挤压接触面上的应力分布同样也是很复杂的，在工程计算中也是采用假定计算，即假定挤压应力在有效挤压面上均匀分布。于是，可得名义挤压应力为

$$\sigma_{bs} = \frac{F_{bs}}{A_{bs}} \tag{8.11}$$

式中，F_{bs}——接触面上的挤压力；

A_{bs}——有效挤压面面积。

当挤压面为平面接触时，有效挤压面面积等于实际承压面积(如平键)；当挤压面为圆柱面接触时，有效挤压面面积为实际承压面积在垂直于挤压力的直径平面上的投影面积(如螺栓、销钉等)。

然后，通过直接试验，并按公式(8.11)求出材料的极限名义挤压应力，从而确定许用挤压应力 σ_{bs}。于是，挤压强度条件为

$$\sigma_{bs} = \frac{F_{bs}}{A_{bs}} \leqslant [\sigma_{bs}] \tag{8.12}$$

应当注意，挤压应力是在连接件和被连接件之间相互作用的。因而，当两者材料不同

时，应校核其中许用挤压应力较低的材料的挤压强度。

上面介绍的实用计算方法，从理论上看虽不够完善，但对一般的连接件来说，用这种简化方法计算还是比较方便和切合实际的，故在工程计算中被广泛地应用着。

例 8.4 一木质拉杆接头部分如图 8.19 所示。已知接头处的尺寸为 $l=h=b=18\text{cm}$，材料的许用挤压应力$[\sigma_{bs}]=10\text{MPa}$，许用切应力 $[\tau]=2.5\text{MPa}$，试按剪切和挤压强度求许可拉力$[F]$。

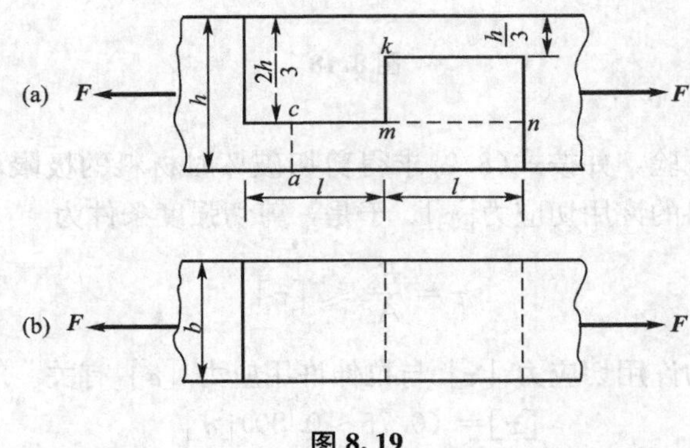

图 8.19

解：(1) 按剪切强度确定许可拉力。

接头左半部分拉杆的受剪面 m—n [图 8.19(a)] 上的剪力为 $F_S=F$，受剪面面积为 $A_s=bl$，于是由式(8.10)得

$$\tau=\frac{F_S}{A_s}=\frac{F}{bl}\leqslant[\tau]$$

$$F\leqslant bl[\tau]=0.18\times0.18\times2.5\times10^6\times10^{-3}=81\text{kN}$$

(2) 按挤压强度确定许可拉力。

挤压面 m—k [图 8.19(a)] 上的挤压力为 $F_{bs}=F$，有效挤压面积为 $A_{bs}=\frac{1}{3}bh$，由式(8.12)得

$$\sigma_{bs}=\frac{F_{bs}}{A_{bs}}=\frac{3F}{bh}\leqslant[\sigma_{bs}]$$

$$F\leqslant\frac{1}{3}bh[\sigma_{bs}]=\frac{1}{3}\times0.18\times0.18\times10\times10^6\times10^{-3}=108\text{kN}$$

所以，许可拉力由剪切强度确定，其值为$[F]=81\text{kN}$。

例 8.5 在图 8.20(a)所示铆接接头中，已知荷载 $F=80\text{kN}$，板宽 $b=100\text{mm}$，板厚 $t=12\text{mm}$，铆钉直径 $d=16\text{mm}$，许用切应力 $[\tau]=100\text{MPa}$，许用挤压力 $[\sigma_{bs}]=300\text{MPa}$，许用拉力 $[\sigma]=160\text{MPa}$，试校核该接头的强度。

解：(1) 铆钉的剪切强度校核。

研究表明，若外力的作用线通过铆钉群横截面的形心，且各铆钉的材料与直径均相同，则每个铆钉的受力都相等。因此，对于图 8.20(a)所示铆钉群，各铆钉剪切面上的剪力应均为

$$F_S=\frac{F}{4}=\frac{80}{4}=20\text{kN}$$

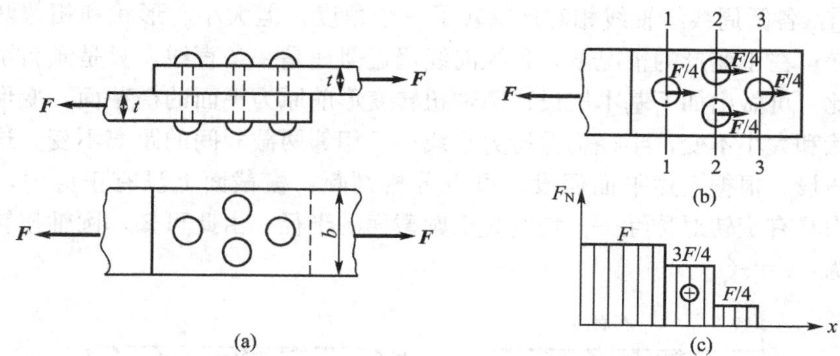

图 8.20

而相应的切应力则为

$$\tau=\frac{F_S}{A_s}=\frac{4F_S}{\pi d^2}=\frac{4\times 20\times 10^3}{\pi\times 0.016^2}\times 10^{-6}=99.5\text{MPa}<[\tau]$$

这表明铆钉的剪切强度足够。

(2) 铆钉的挤压强度校核。

铆钉所受的挤压力等于剪切面上的剪力 F_S，即 $F_{bs}=F_S=20\text{kN}$，所以铆钉的挤压应力为

$$\sigma_{bs}=\frac{F_{bs}}{A_{bs}}=\frac{F_{bs}}{td}=\frac{20\times 10^3}{0.012\times 0.016}\times 10^{-6}=104.2\text{MPa}<[\sigma_{bs}]$$

这表明铆钉的挤压强度足够。

(3) 板的拉伸强度校核。

板的受力如图 8.20(b)所示。利用截面法，可求出板各段的轴力，并画出其轴力图，如图 8.20(c)所示。可见，板的危险截面为截面 1—1 或截面 2—2。它们的应力分别为

$$\sigma_{1-1}=\frac{F_{N1}}{A_1}=\frac{F}{(b-d)t}=\frac{80\times 10^3}{(0.1-0.016)\times 0.012}\times 10^{-6}=79.4\text{MPa}<[\sigma]$$

$$\sigma_{2-2}=\frac{F_{N2}}{A_2}=\frac{\frac{3}{4}F}{(b-2d)t}=\frac{\frac{3}{4}\times 80\times 10^3}{(0.1-2\times 0.016)\times 0.012}\times 10^{-6}=73.5\text{MPa}<[\sigma]$$

这表明板的拉伸强度足够。所以，该接头是安全的。

8.5 圆轴扭转切应力及强度条件

扭转是杆件的基本变形之一。工程中常把以扭转变形为主要变形的直杆称为轴。圆轴在工程中最常见，本节将研究圆轴扭转时的应力与强度计算。

8.5.1 试验与假设

为了研究圆轴的扭转应力，首先通过试验观察其变形。

取一等截面圆轴，并在其表面等间距地画上纵向线和圆周线［图 8.21(a)］，然后在轴两端施加一对大小相等、方向相反的力偶矩，使轴发生扭转变形。从试验中观察到

[图 8.21(b)]：各圆周线绕轴线相对地旋转了一个角度，但大小、形状和相邻两周线间的距离保持不变；在小变形的情况下，各纵向线仍近似地是一条直线，只是倾斜了一个微小的角度。由此，可做出如下基本假设：圆轴扭转变形前原为平面的横截面，变形后仍保持为平面，形状和大小不变，半径仍保持为直线；且相邻两截面间的距离不变。这就是圆轴扭转的平面假设。根据上述平面假设，可以分析判断：横截面上没有正应力，只有切应力，且切应力具有旋转对称性——均垂直于圆截面的半径。由此可知，圆轴扭转时横截面上的切应力为：$\tau=\tau(\rho)$。

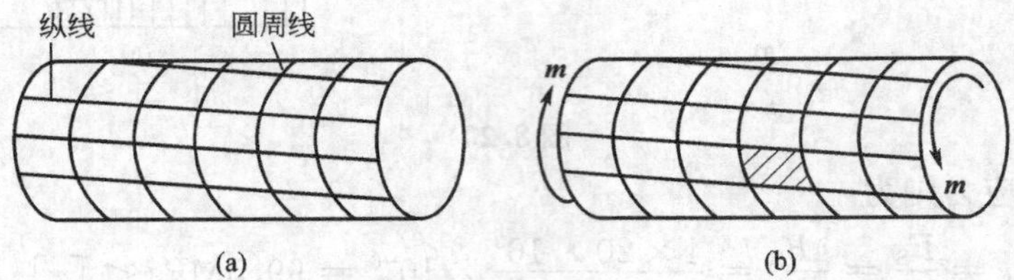

图 8.21

8.5.2 横截面上的切应力

为了得到圆轴扭转时横截面上的应力，必须综合考虑几何关系、物理关系和静力学关系三方面。

1. 几何关系

用相距为 dx 的两个横截面及夹角无限小的两个纵向截面，从受扭圆轴内切取一楔形体 O_1ABCDO_2 来分析 [图 8.22(a)]。

根据平面假设，楔形体的变形如图中虚线所示，表面的矩形 $ABCD$ 变形为平行四边形 $ABC'D'$，距轴线 ρ 的任一矩形 $abcd$ 变为平行四边形 $abc'd'$，即均在垂直于半径的平面内发生剪切变形。设楔形体左右两端横截面间的相对扭转角为 $d\varphi$，矩形 $abcd$ 的切应变为 γ_ρ，则由图可知

$$\gamma_\rho \approx \tan\gamma_\rho = \frac{\overline{dd'}}{\overline{ad}} = \frac{\rho \mathrm{d}\varphi}{\mathrm{d}x}$$

由此得

$$\gamma_\rho = \rho\frac{\mathrm{d}\varphi}{\mathrm{d}x} \tag{a}$$

2. 物理关系

由剪切胡克定律知，在剪切比例极限内，切应力与切应变成正比，所以，横截面上距圆心 ρ 处的切应力为

$$\tau_\rho = G\gamma_\rho = G\rho\frac{\mathrm{d}\varphi}{\mathrm{d}x} \tag{b}$$

这表明圆轴横截面上的切应力沿半径线性分布。又因为 γ_ρ 发生在垂直于半径的平面

内，所以 τ_ρ 也与半径垂直［图 8.22(b)］。由于$\frac{\mathrm{d}\varphi}{\mathrm{d}x}$未知，所以还不能用式(b)来计算扭转切应力。

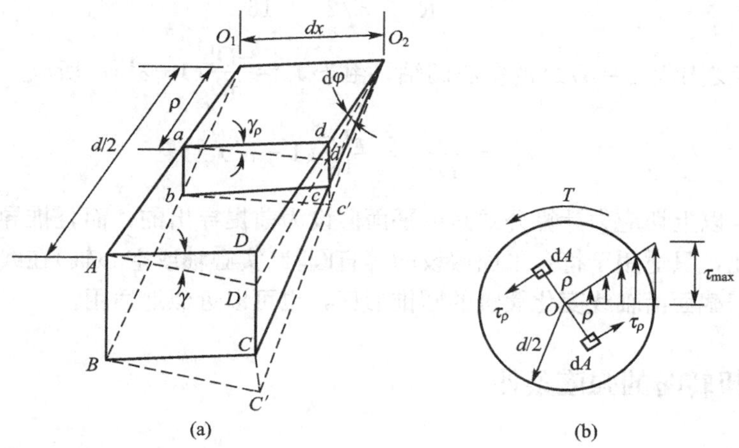

图 8.22

3. *静力学关系*

在横截面上，距圆心为 ρ 的任意点处，取微面积 $\mathrm{d}A$［图 8.22(b)］，其上的微内力 $\tau_\rho \mathrm{d}A$ 对圆心的力矩为 $\rho\tau_\rho \mathrm{d}A$，整个横截面上所有内力矩之和构成该截面上的扭矩 $\boldsymbol{T}$，即

$$T = \int_A \rho\tau_\rho \mathrm{d}A \tag{c}$$

将式(b)代入式(c)，得

$$T = G\frac{\mathrm{d}\varphi}{\mathrm{d}x}\int_A \rho^2 \mathrm{d}A = GI_\mathrm{p}\frac{\mathrm{d}\varphi}{\mathrm{d}x}$$

于是得

$$\frac{\mathrm{d}\varphi}{\mathrm{d}x} = \frac{T}{GI_\mathrm{p}} \tag{8.13}$$

这是圆轴扭转变形的基本公式。式中，GI_p 称为圆轴截面扭转刚度。

最后，将式(8.13)代入式(b)，得

$$\tau_\rho = \frac{T\rho}{I_\mathrm{p}} \tag{8.14}$$

这是圆轴扭转切应力的一般公式。

从式(8.14)可知，当 ρ 等于横截面的半径 R 时，即在横截面周边上的各点处，切应力将达到最大值，其值为

$$\tau_{\max} = \frac{TR}{I_\mathrm{p}} = \frac{T}{I_\mathrm{p}/R} = \frac{T}{W_\mathrm{p}} \tag{8.15}$$

式中，$W_\mathrm{p}=I_\mathrm{p}/R$ 也是一个仅与截面尺寸有关的量，称为扭转截面系数(或抗扭截面系数)。

对于直径为 d 的实心圆轴，由于 $I_p=\frac{\pi d^4}{32}$，所以

$$W_p = \frac{I_p}{R} = \frac{I_p}{d/2} = \frac{\pi d^3}{16} \tag{8.16}$$

对于内外径之比为 $\alpha=d/D$ 的空心圆轴，由于 $I_p=\frac{\pi D^4}{32}(1-\alpha^4)$，所以

$$W_p = \frac{I_p}{D/2} = \frac{\pi D^3}{16}(1-\alpha^4) \tag{8.17}$$

必须指出，以上切应力计算公式是以平面假设为前提导出的，而且推导中使用了剪切胡克定律，因此，只适用于符合平面假设的等直圆轴(实心轴或空心轴)在线弹性范围以内的条件。对于横截面沿轴线变化缓慢的圆锥形杆，也可以近似地适用。

8.5.3 圆轴扭转时的强度条件

为了保证受扭圆轴能安全正常地工作，其最大工作切应力 τ_{max} 不应超过材料的许用切应力[τ]，即

$$\tau_{max} \leqslant [\tau] \tag{8.18}$$

式中，许用切应力[τ]是由扭转试验得到的极限切应力 τ_u，除以安全因数 n 而得到的。

对于等直圆轴，最大工作切应力 τ_{max} 发生在最大扭矩 T_{max} 所在横截面上的周边各点处；对于阶梯形圆轴，由于其各段的扭转截面系数 W_p 不同，τ_{max} 就不一定发生在 T_{max} 所在的截面上，这时应同时考虑 T 和 W_p 两个因素来确定。

应用强度条件可以解决强度校核、截面设计和确定许可荷载等三类强度计算问题。

例 8.6 图 8.23(a)所示阶梯形圆轴，AB 段为实心部分，直径 $d_1=40$mm，BC 段为空心部分，内径 $d=50$mm，外径 $D=60$mm。扭转力偶矩为 $M_A=0.8$kN·m，$M_B=1.8$kN·m，$M_C=1$kN·m。已知材料的许用切应力为[τ]=80MPa，试校核轴的强度。

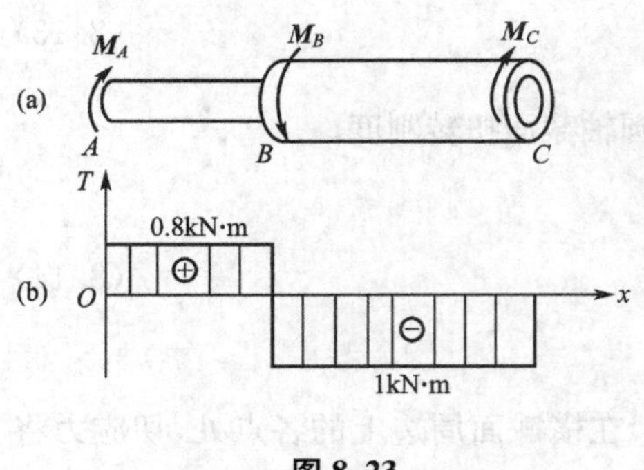

图 8.23

解： 用截面法求出 AB、BC 段的扭矩，并绘出扭矩图如图 8.23(b)所示。

由扭矩图可见，轴 BC 段扭矩比 AB 段大，但两段轴的直径不同，因此须分别校核两段轴的强度。

AB 段：

$$\tau_{max}^{AB} = \frac{T_{AB}}{W_{pAB}} = \frac{0.8\times10^3}{\frac{\pi}{16}\times0.04^3}\times10^{-6} = 63.7\text{MPa} < [\tau]$$

BC 段：

$$\alpha=\frac{d}{D}=\frac{50}{60}=0.833$$

$$W_{pBC}=\frac{\pi D^3}{16}(1-\alpha^4)=\frac{\pi\times0.06^3}{16}(1-0.833^4)=2.199\times10^{-5}\text{m}^3$$

$$\tau_{max}^{BC}=\frac{T_{BC}}{W_{pBC}}=\frac{1\times10^3}{2.199\times10^{-5}}\times10^{-6}=45.5\text{MPa}<[\tau]$$

因此，该轴满足强度条件的要求。

8.6 梁的弯曲正应力及正应力强度条件

8.6.1 弯曲的概念

杆件在其包含杆轴线的纵向平面内，承受垂直于杆轴线的横向外力(荷载)或外力偶作用时，杆的轴线将由直线变为曲线，这种变形称为弯曲。凡是以弯曲为主要变形的杆件，称为梁。

工程中常用的梁其横截面大都具有纵向对称轴，如圆形、矩形、工字形、T形及箱形截面梁等，当荷载作用在梁的纵向对称面上时，其轴线将受弯变成纵向对称面内的一条平面曲线，这种弯曲称为对称弯曲。对称弯曲时，由于梁变形后的轴线所在平面与外力作用面重合，因此也称为平面弯曲。平面弯曲是弯曲变形中最简单和最基本的情况，本节将仅讨论直梁的平面弯曲。

一般情况下，梁的横截面上同时存在着弯矩和剪力两种内力。由于弯矩M只能由法向微内力σdA合成，剪力F_S只能由切向微内力τdA合成，因此，梁的横截面上通常同时存在着正应力σ和切应力τ。这种平面弯曲称为横力弯曲(或剪切弯曲)。如果梁的横截面上只有弯矩，而剪力不存在，这时横截面上将只有正应力而无切应力，这种平面弯曲称为纯弯曲。

8.6.2 纯弯曲时梁横截面上的正应力

研究梁纯弯曲时横截面上的正应力与研究圆轴扭转时的切应力相似，需通过试验观察变形情况，从几何关系、物理关系和静力学关系三方面进行综合分析。

1. 几何关系

为便于观察变形现象，采用矩形截面的橡皮梁进行纯弯曲试验。实验前，在梁的侧面上画一些水平的纵向线和与纵向线相垂直的横向线［图8.24(a)］，然后在梁两端纵向对称面内施加一对方向相反、力偶矩均为M的力偶，使梁发生纯弯曲变形［图8.24(b)］。从试验中观察到：

(1) 变形前互相平行的纵向直线，变形后均变为圆弧线，且靠近梁顶面的纵向线缩短，而靠近梁底面的纵向线伸长。

(2) 变形前垂直于纵向线的横向线变形后仍为直线，且仍与纵向曲线正交，只是相对转过了一个角度。

根据上述变形现象，可对梁内变形做出如下假设：梁弯曲变形后，其横截面仍保持为平面，且仍与纵向曲线正交，称为平面假设。

根据平面假设，梁弯曲时，顶部“纤维”缩短，底部“纤维”伸长，由缩短区到伸长区，其间必存在一长度不变的过渡层，称为中性层。中性层与横截面的交线称为中性轴(图8.25)。由于梁的变形对称于纵向对称面，因此，中性轴 z 轴必垂直于横截面的纵向对称轴 y 轴。至于中性轴在横截面上的具体位置尚待确定。

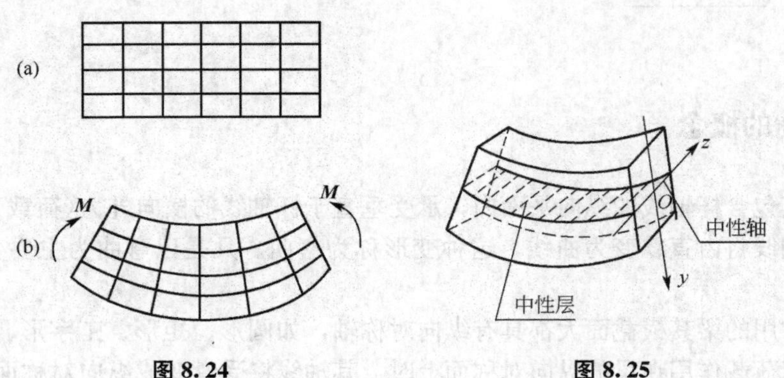

图8.24　　图8.25

现在，我们来研究纵向纤维应变的规律。为此，用横截面 $m-m$ 和 $n-n$ 从梁中切取长为 $\mathrm{d}x$ 的一微段，并沿截面纵向对称轴与中性轴分别建立坐标轴 y 轴与 z 轴［图8.26(a)］。梁弯曲后，坐标为 y 的纵向纤维 ab 变为弧线 $a'b'$［图8.26(b)］。设两截面的相对转角为 $\mathrm{d}\theta$，中性层的曲率半径为 ρ，则纵向纤维 ab 的线应变为

$$\varepsilon=\frac{a'b'-ab}{ab}=\frac{(\rho+y)\mathrm{d}\theta-\rho\mathrm{d}\theta}{\rho\mathrm{d}\theta}=\frac{y}{\rho} \tag{a}$$

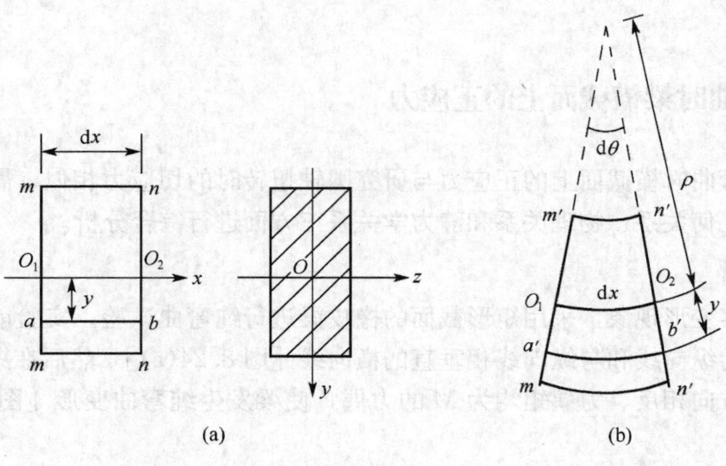

图8.26

上式表明，纵向纤维的线应变与它到中性层的距离 y 成正比，而与 z 无关。这也表明，距中性轴等距离各点处的线应变完全相同。

2. 物理关系

假设梁在纯弯曲时各纵向纤维之间互不挤压(称为单向受力假设)，则每根纵向纤维的受力类似于轴向拉伸(或压缩)的情况。当正应力不超过材料的比例极限时，应满足胡克定律，即

$$\sigma = E\varepsilon = E\frac{y}{\rho} \tag{b}$$

可见，正应力沿截面高度呈线性分布，而沿截面宽度为均匀分布，中性轴上各点处的正应力均为零。

3. 静力学关系

根据以上分析得到了正应力分布规律的公式(b)，但由于在该式中中性层的曲率半径 ρ 以及中性轴的位置还不知道，故还不能由式(b)计算正应力。这些问题必须利用静力学关系才能解决。

纯弯曲时，横截面上各点处的法向内力元素 $\sigma \mathrm{d}A$ 构成了空间平行力系，它们应满足如下的静力平衡条件(图 8.27)：

$$F_{\mathrm{N}} = \int_A \sigma \mathrm{d}A = 0 \tag{c}$$

$$M_y = \int_A z\sigma \mathrm{d}A = 0 \tag{d}$$

$$M_z = \int_A y\sigma \mathrm{d}A = M \tag{e}$$

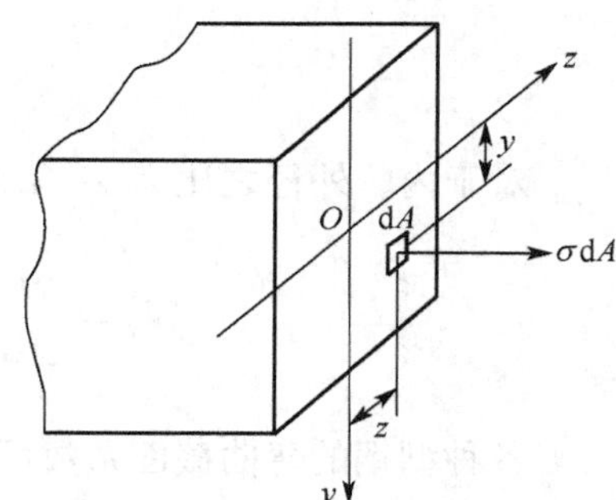

图 8.27

将式(b)代入式(c)，得

$$F_{\mathrm{N}} = \int_A E\frac{y}{\rho}\mathrm{d}A = \frac{E}{\rho}\int_A y\mathrm{d}A = \frac{E}{\rho}S_z = 0$$

可见，有 $S_z=0$，这表明中性轴 z 必须过横截面的形心，由此确定了中性轴的位置。

将式(b)代入式(d)，得

$$M_y = \int_A \frac{E}{\rho}yz\mathrm{d}A = \frac{E}{\rho}\int_A yz\mathrm{d}A = \frac{E}{\rho}I_{yz} = 0$$

由此得到 $I_{yz}=0$，由于 y 轴是横截面的纵向对称轴，所以该式自然满足。

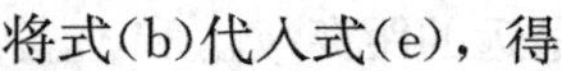

将式(b)代入式(e)，得

$$M_z = \frac{E}{\rho}\int_A y^2\mathrm{d}A = \frac{E}{\rho}I_z = M$$

由此即可得到中性层曲率 $1/\rho$ 的表达式

$$\frac{1}{\rho} = \frac{M}{EI_z} \tag{8.19}$$

式(8.19)是研究弯曲变形的一个基本公式。从该式可知，在相同弯矩作用下，EI_z 越大，则梁的弯曲程度就越小，所以，将 EI_z 称为梁截面弯曲刚度(或抗弯刚度)。

将式(8.19)代入式(b)，得

$$\sigma = \frac{My}{I_z} \tag{8.20}$$

这就是等直梁在纯弯曲时横截面上任一点的正应力计算公式。式中，M 为横截面上的弯矩，y 为所求正应力点到中性轴的距离，I_z 为横截面对中性轴的惯性矩。

由式(8.20)可知，当 $y=y_{\max}$ 时，即在横截面上离中性轴最远的各点处，弯曲正应力最大，其值为

$$\sigma_{\max} = \frac{My_{\max}}{I_z}$$

令

$$W_z = \frac{I_z}{y_{\max}}$$

则

$$\sigma_{\max} = \frac{M}{W_z} \tag{8.21}$$

式中，W_z 是一个仅与截面形状和尺寸有关的量，称为弯曲截面系数(或抗弯截面系数)，其单位为 m^3。

对于高为 h，宽为 b 的矩形截面，其弯曲截面系数为

$$W_z = \frac{I_z}{y_{\max}} = \frac{\frac{1}{12}bh^3}{\frac{1}{2}h} = \frac{bh^2}{6}$$

对于直径为 d 的圆形截面，其弯曲截面系数为

$$W_z = \frac{I_z}{y_{\max}} = \frac{\frac{\pi d^4}{64}}{\frac{d}{2}} = \frac{\pi d^3}{32}$$

对于内、外径之比为 $\alpha = d/D$ 的空心圆截面，其弯曲截面系数为

$$W_z = \frac{I_z}{y_{\max}} = \frac{\frac{\pi D^4}{64}(1-\alpha^4)}{\frac{D}{2}} = \frac{\pi D^3}{32}(1-\alpha^4)$$

各种型钢的弯曲截面系数可从附录Ⅰ中查出。

当梁弯曲时，横截面上既有拉应力也有压应力。对于中性轴为对称轴的横截面，如矩形、圆形、工字形等截面，其最大拉应力和最大压应力在数值上相等，可用式(8.21)求得。对于中性轴不是对称轴的横截面，例如T字形截面，其最大拉应力与最大压应力在数值上不相等，这时应分别以横截面上受拉和受压部分距中性轴最远的距离 y_{tmax} 和 y_{cmax} 代入式(8.20)，以求得相应的最大应力。

8.6.3 横力弯曲时梁横截面上的正应力

横力弯曲时，梁的横截面上既有正应力，又有切应力。由于切应力的存在，梁的横截面将不再保持为平面，此外，在与中性层平行的纵截面上，还有由横向力引起的挤压应力。因此，梁在纯弯曲时所做的平面假设和单向受力假设都不能成立。但实验和理论分析

表明，当梁的跨长 l 与截面高度 h 之比 $l/h \geqslant 5$ 时(称为细长梁)，剪力对弯曲正应力分布规律的影响甚小，纯弯曲时的正应力公式可以用于横力弯曲时正应力的计算，其误差很小，足以满足工程上的精度要求。而且梁的跨高比 l/h 越大，其误差越小。

等直梁横力弯曲时，最大正应力发生在弯矩最大的横截面上，其值为

$$\sigma_{\max} = \frac{M_{\max}}{W_z} \tag{8.22}$$

8.6.4 梁的正应力强度条件

等直梁的最大弯曲正应力一般发生在弯矩最大的横截面上离中性轴最远的各点处。而该处的切应力一般为零或很小(见 8.7 节)，因而最大弯曲正应力作用点可以看作处于单向受力状态，于是可以仿效轴向拉压杆的强度条件来建立梁的正应力强度条件

$$\sigma_{\max} = \frac{M_{\max}}{W_z} \leqslant [\sigma] \tag{8.23}$$

即要求梁内的最大弯曲正应力不超过材料在单向受拉压时的许用应力 $[\sigma]$。

式(8.23)仅适用于许用拉应力 $[\sigma_t]$ 与许用压应力 $[\sigma_c]$ 相同的梁。如果二者不同，例如铸铁等脆性材料的许用拉应力小于许用压应力，则应分别求出其最大工作拉应力与压应力，按下式进行强度计算

$$\sigma_{t\max} \leqslant [\sigma_t], \sigma_{c\max} \leqslant [\sigma_c] \tag{8.24}$$

利用梁的正应力强度条件式(8.23)，可以进行以下三种类型的强度计算：

(1) 校核强度：$\sigma_{t\max} \leqslant [\sigma]$。

(2) 设计截面：对于等直梁，强度条件可改写为

$$W_z \geqslant \frac{M_{\max}}{[\sigma]}$$

利用上式求出 W_z，然后根据 W_z 与截面尺寸间的关系，即可求出截面的尺寸。

(3) 确定许可荷载：对等直梁，强度条件改写为

$$M_{\max} \leqslant W_z[\sigma]$$

由上式求出 $M_{\max}$ 后，再利用 $M_{\max}$ 与外荷载间的关系即可设计出梁中的许可荷载。

例 8.7 图 8.28(a)所示简支梁由 56a 号工字钢制成，其截面简化后的尺寸如图 8.28(b)所示，试求梁危险截面上的最大正应力及同一截面上翼缘与腹板交界处 K 点的正应力 σ_K。

解： 首先作梁的弯矩图如图 8.28(c)所示。可见跨中截面为危险截面，最大弯矩值为

$$M_{\max} = 225\text{kN} \cdot \text{m}$$

利用附录 A 型钢表查得，56a 号工字钢截面的 $W_z = 2342\text{cm}^3$ 和 $I_z = 65586\text{cm}^4$。危险截面上的最大正应力为

$$\sigma_{\max} = \frac{M_{\max}}{W_z} = \frac{225 \times 10^3}{2342 \times 10^{-6}} \times 10^{-6} = 96.07\text{MPa}$$

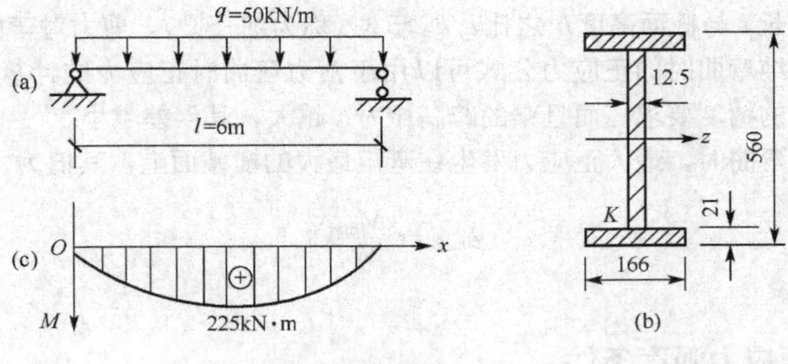

图 8.28

危险截面上 K 点处的正应力为

$$\sigma_K=\frac{M_{\max}y_K}{I_z}=\frac{225\times10^3\times\left(\frac{0.56}{2}-0.021\right)}{65586\times10^{-8}}\times10^{-6}=88.85\text{MPa}$$

注意到横截面上的正应力沿高度呈线性分布，且中性轴上的正应力为零，因此 σ_K 也可按比例求得：

$$\sigma_K=\frac{y_K}{y_{\max}}\sigma_{\max}=\frac{\left(\frac{0.56}{2}-0.021\right)}{\frac{0.56}{2}}\times96.07=88.85\text{MPa}$$

例 8.8 T字形截面的铸铁梁如图 8.29(a)、(b)所示。已知截面形心 C 点的坐标 $y_1=80\text{mm}$，$y_2=160\text{mm}$，截面对中性轴 z 的惯性矩 $I_z=8533\text{cm}^4$，铸铁的许用拉应力为 $[\sigma_t]=30\text{MPa}$，许用压应力为 $[\sigma_c]=90\text{MPa}$。试校核梁的正应力强度。

解：作梁的弯矩图如图 8.29(c)所示。最大正弯矩在截面 C 上，$M_C=18.75\text{kN}\cdot\text{m}$。最大负弯矩在截面 B 上，$M_B=-30\text{kN}\cdot\text{m}$。

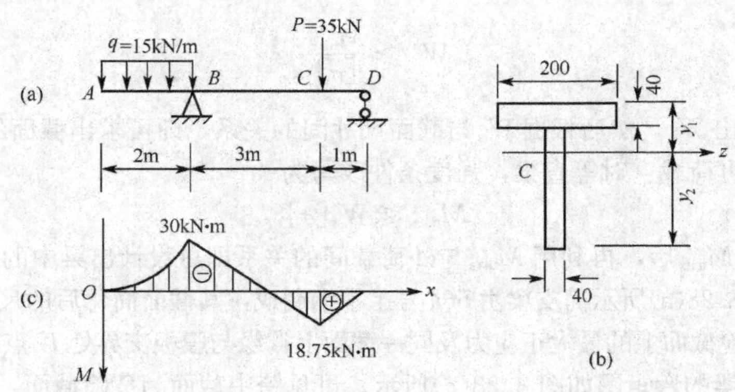

图 8.29

因铸铁材料的抗拉与抗压性能不同，且截面关于中性轴不对称，所以需对最大拉应力与最大压应力分别进行校核。

(1) 校核拉应力。

首先分析最大拉应力 $\sigma_{t\max}$ 所在的位置。

在最大正弯矩的截面 C 上，σ_{tmax}发生在截面的下边缘，其值为

$$\sigma_{tmax}^{C}=\frac{M_C y_2}{I_z}$$

在最大负弯矩的截面 B 上，σ_{tmax}发生在截面的上边缘，其值为

$$\sigma_{tmax}^{B}=\frac{M_B y_1}{I_z}$$

在以上二式中，$M_B>M_C$，而 $y_1<y_2$(均指绝对值)，应比较 $M_C y_2$与 $M_B y_1$：

$$M_C y_2=18.75\times10^3\times160\times10^{-3}=3000\text{N}\cdot\text{m}^2$$

$$M_B y_1=30\times10^3\times80\times10^{-3}=2400\text{N}\cdot\text{m}^2$$

可见，$M_C y_2>M_B y_1$，故最大拉应力发生在截面 C 上，其值为

$$\sigma_{tmax}=\frac{M_C y_2}{I_z}=\frac{3000}{8533\times10^{-8}}\times10^{-6}=35.16\text{MPa}>[\sigma_t]$$

(2) 校核压应力。

也需要先分析最大压应力 σ_{cmax}所在截面位置。截面 C 上的最大压应力发生在上边缘，截面 B 上的最大压应力发生在下边缘，因 M_B 与 y_2 分别大于 M_C 与 y_1，所以，梁中的最大压应力一定发生在截面 B 上，其值为

$$\sigma_{cmax}=\frac{M_B y_2}{I_z}=\frac{30\times10^3\times160\times10^{-3}}{8533\times10^{-8}}\times10^{-6}=56.25\text{MPa}<[\sigma_c]$$

可见，该梁满足压应力强度条件，但不满足拉应力强度条件。

8.7 梁的弯曲切应力及切应力强度条件

梁在横力弯曲时，横截面上同时存在弯曲正应力和弯曲切应力。弯曲正应力已在上节中研究过，现在来介绍几种常见截面梁的弯曲切应力计算公式。

8.7.1 矩形截面梁

关于矩形截面梁弯曲切应力的分布情况，通常采用以下两条基本假设。

(1) 横截面上各点处的切应力均平行于侧边，且与该截面上剪力方向一致。

(2) 切应力沿截面宽度均匀分布，即距中性轴等距离各点处的切应力相等。

由弹性力学可知，对于高度大于宽度的矩形截面梁，以上两条假设是足够准确的。在这两条假设的前提下，切应力的研究大为简化，仅通过静力平衡条件即可导出切应力公式。

现考察一宽度为 b，高度为 h，且 $h>b$ 的矩形截面梁。设在梁的纵向对称面内承受任意荷载作用而使梁发生横力弯曲。首先用相距 dx 的两个横截面 $m—m$ 和 $n—n$ 从梁中截取一微段，如图 8.30(a)所示，再用一距中性层距离为 y 的纵截面 ab 将该微段的下部切出，如图 8.30(b)所示。设横截面上距中性轴为 y 处的切应力为 $\tau(y)$，则由切应力互等定理可知，纵截面 ab 上的切应力 τ'在数值上也等于 $\tau(y)$。因此。若能确定 τ'，则 $\tau(y)$也随之确定。

如图 8.30(a)所示，设微段梁左侧截面 $m—m$ 上的剪力和弯矩分别为 F_S和 M，因微段

梁上没有横向荷载，所以微段梁右侧截面 $n—n$ 上的剪力和弯矩分别为 F_S 和 $M+dM$。微段梁上的应力分布情况如图 8.30(b)所示。设微段梁下部横截面 am 和 bn 的面积为 A^*，在该二截面上与弯曲正应力所对应的分布内力构成的轴向合力分别为 F_{N1}^* 和 F_{N2}^*，在纵向截面 ab 上与切应力 τ' 所对应的分布内力构成的合力为 dF_S'。则有

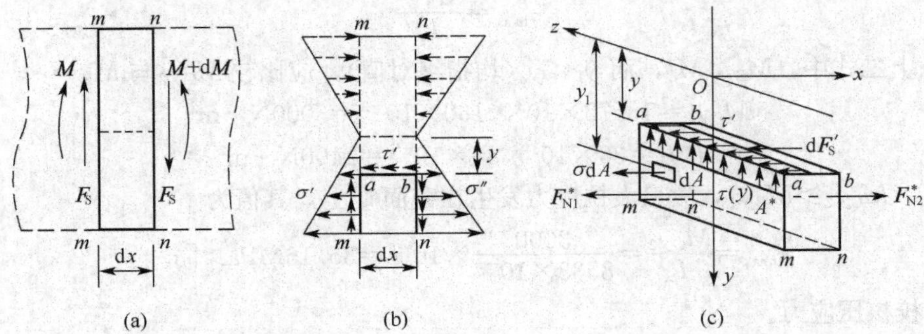

图 8.30

$$F_{N1}^* = \int_{A^*} \sigma'(y_1)\,dA = \int_{A^*} \frac{My_1}{I_z}dA = \frac{M}{I_z}\int_{A^*} y_1\,dA = \frac{M}{I_z}S_z^* \tag{a}$$

$$F_{N2}^* = \int_{A^*} \sigma''(y_1)\,dA = \int_{A^*} \frac{(M+dM)y_1}{I_z}dA = \frac{M+dM}{I_z}S_z^* \tag{b}$$

$$dF_S' = \tau' b\,dx \tag{c}$$

式中 $S_z^* = \int_{A^*} y_1\,dA$ 表示横截面下部 am 对中性轴 z 的静矩；I_z 表示整个横截面对 z 轴的惯性矩。

由微段下部的轴向平衡方程 $\sum F_x = 0$，可得

$$F_{N2}^* - F_{N1}^* - dF_S' = 0 \tag{d}$$

将式(a)、(b)、(c)代入式(d)，并考虑 $\dfrac{dM}{dx}=F_S$，则得到

$$\tau' = \frac{F_S S_z^*}{bI_z}$$

由切应力互等定理 $\tau=\tau'$，故有

$$\tau = \frac{F_S S_z^*}{bI_z} \tag{8.25}$$

式(8.25)即为矩形截面梁的弯曲切应力计算公式。式中的 F_S、I_z 和 b 对某一横截面而言均为常量，因此，横截面上的切应力 τ 沿截面高度(即随坐标 y)的变化情况，由部分面积 A^* 与坐标 y 之间的关系所反映。在计算 $S_z^* = \int_{A^*} y_1\,dA$ 时，可以取 $dA = b\,dy_1$，由图 8.31(a)可得

$$S_z^* = \int_y^{h/2} y_1 b\,dy_1 = \frac{b}{2}\left(\frac{h^2}{4} - y^2\right)$$

代入式(8.25)，即得

$$\tau = \frac{F_S}{2I_z}\left(\frac{h^2}{4} - y^2\right) \quad \text{(e)}$$

可见，τ 沿截面高度成二次抛物线分布，如图 8.31(b)所示。当 $y = \pm\frac{h}{2}$ 时，即在横截面的上、下边缘处，切应力 $\tau = 0$；在中性轴处($y = 0$)，切应力最大，其值为

$$\tau_{max} = \frac{3}{2}\frac{F_S}{bh} \tag{8.26}$$

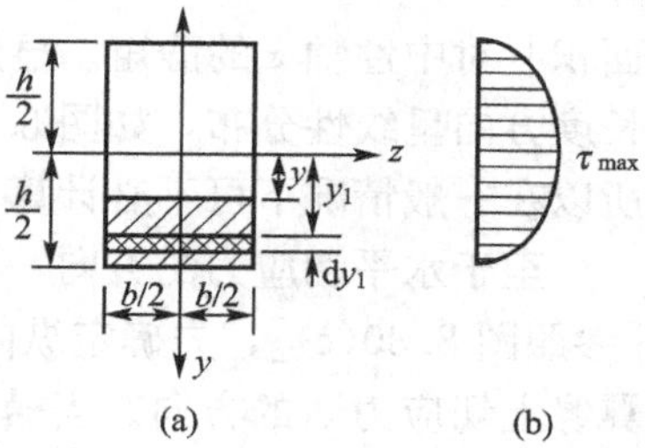

图 8.31

式中，$A = bh$，为矩形截面的面积。这表明矩形截面上的最大切应力为截面上平均切应力的 1.5 倍。

8.7.2 工字形截面梁

工字形截面是由上、下翼缘及中间腹板组成的，腹板和翼缘上均存在着切应力，下面将分别进行讨论。

1. 腹板上的切应力

由于腹板是狭长矩形，完全可以采用前述关于矩形截面梁的两条假设。于是可以从式(8.25)直接求得

$$\tau = \frac{F_S S_z^*}{I_z d} \tag{8.27}$$

式中，F_S——截面上的剪力；

d ——腹板厚度；

I_z ——工字形截面对中性轴 z 的惯性矩；

S_z^*——距中性轴 z 距离为 y 的横线以外部分的横截面面积 A^* ［图 4.32(a)所示阴影线面积］对中性轴 z 的静矩。

切应力沿腹板高度的分布规律如图 4.32(a)所示，仍是按抛物线规律分布，最大切应力 τ_{max} 仍发生在截面的中性轴上，但最大切应力与最小切应力相差不大。

2. 翼缘上的切应力

翼缘上切应力情况比较复杂，既存在竖向切应力(分量)，又存在水平切应力(分量)。

其中竖向切应力很小(远小于腹板上的切应力)，分布情况又很复杂，故一般不予考虑。而水平切应力通常假定沿翼缘厚度 δ 均匀分布，于是可经过与矩形截面梁切应力公式相似的推导过程得到

$$\tau_1 = \frac{F_S S_z^*}{I_z \delta} \tag{8.28}$$

式中，F_S——横截面上的剪力；

δ ——翼缘的厚度；

I_z ——横截面对中性轴 z 的惯性矩；

S_z^*——翼缘上欲求应力点到翼缘边缘间的面积 A_1^* ［图 8.32(b)中画阴影线的

面积]对中性轴 z 的静矩。显然，S_z^* 是翼缘上点的位置坐标 ξ 的线性函数。所以 τ_1 沿翼缘长度方向呈线性分布，如图8.32(b)所示。其最大值 τ_{max} 也比腹板上的最小切应力小得多，所以在一般情况下可不必计算。

至于水平切应力的方向，可仿照矩形截面切应力的推导过程，由脱离体的平衡条件[参照图8.30(c)]，先确定纵向截面上切应力 τ_1' 的方向，再由切应力互等定理确定横截面翼缘上切应力 τ_1 的方向。当横截面上剪力 F_S 方向竖直向上时，工字形截面腹板和翼缘上切应力方向如图8.32(c)所示，它们组成所谓"切应力流"，即截面上各点切应力的方向像水管中的干管与支管中的水流方向一样。

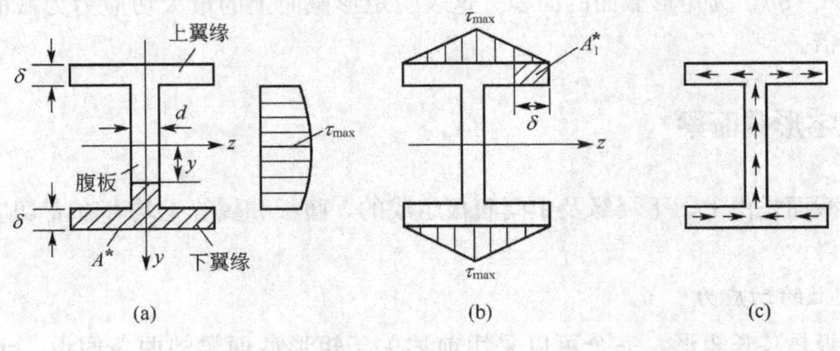

图 8.32

对于所有开口薄壁截面，其横截面上的切应力方向均符合"切应力流"的规律。

8.7.3 其他形状截面梁

1. 槽形截面梁

槽形截面梁腹板和翼缘上切应力的计算公式与工字形截面梁腹板和翼缘上的切应力计算公式相同。其分布规律及"切应力流"如图8.33(a)所示(设横截面上剪力 F_S 方向竖直向下)。最大切应力仍发生在截面的中性轴上。

2. T字形截面梁

T字形截面可视为由两个狭长矩形组成，下面的狭长矩形与工字形截面的腹板相似，该部分上的切应力仍用式(8.27)计算。其分布规律及"切应力流"如图8.33(b)所示。最大切应力仍发生在截面的中性轴上。

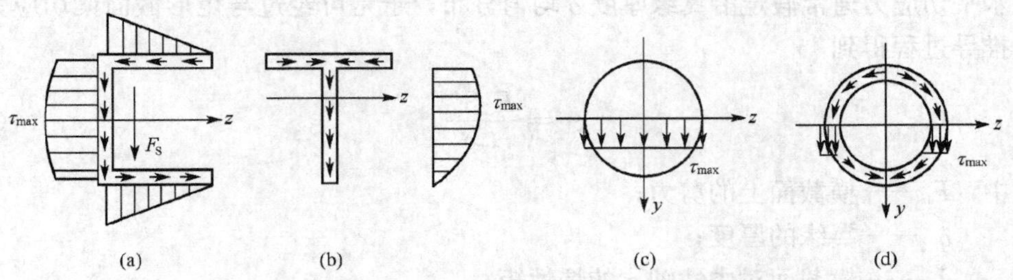

图 8.33

3. 圆形及薄壁环形截面

圆形与薄壁环形截面其最大竖向切应力也都发生在截面的中性轴上，并且沿中性轴均匀分布，其值也可按式(8.27)计算，最终计算结果分别为

圆形截面
$$\tau_{\max}=\frac{4}{3}\frac{F_S}{A_1} \tag{8.29}$$

薄壁环形截面
$$\tau_{\max}=2\frac{F_S}{A_2} \tag{8.30}$$

式中，F_S——横截面上的剪力；

A_1、A_2——分别为圆形截面和薄壁环形截面的面积。

8.7.4 切应力强度条件

等直梁的最大弯曲切应力通常发生在最大剪力作用面的中性轴上各点处，而该处的弯曲正应力均为零。因此，最大弯曲切应力作用点处于纯剪切应力状态，于是可仿效圆轴扭转来建立相应的切应力强度条件

$$\tau_{\max}=\frac{F_{S\max}S_{z\max}^*}{I_z d}\leqslant[\tau] \tag{8.31}$$

式中，$[\tau]$——材料在横力弯曲时的许用切应力，其值在有关设计规范中有具体规定。

在设计梁的截面时，必须同时满足正应力和切应力强度条件。在一般情况下，梁的强度大都由正应力控制，所以通常是按正应力强度选出截面，再按切应力强度校核。工程中按正应力强度设计的截面，切应力强度条件大多可以满足。但是，对于薄壁截面梁与弯矩较小而剪力较大的梁(如短粗梁、集中荷载作用在支座附近的梁等)，则不仅应考虑正应力强度条件，而且还应考虑切应力强度条件。还应指出，在某些薄壁梁(如工字形、T字形截面梁等)的腹板与翼缘交界处，同时存在着较大的弯曲正应力与切应力，这种正应力与切应力共同作用下的强度问题，必须应用第10章中的强度理论进行讨论。

例8.9 试求图8.34(a)所示矩形截面外伸梁1—1截面上A、B两点及2—2截面上C、D两点的弯曲正应力和切应力。

解： 首先作梁的剪力图与弯矩图分别如图8.34(b)、(c)所示。可见，在1—1截面上，$F_{S1}=-\frac{3}{2}qa$，$M_1=-qa^2$。在2—2截面上，$F_{S2}=qa$，$M_2=-qa^2$。

下面应用式(8.20)及式(8.25)来分别计算A、B、C、D四点的弯曲正应力及切应力。公式中，$I_z=\frac{bh^3}{12}$。

A点：
$$y_A=-\frac{h}{4}$$
$$S_{zA}^*=\frac{b}{2}\left(\frac{h^2}{4}-\frac{h^2}{16}\right)=b\left(\frac{h}{4}\right)\left(\frac{3h}{8}\right)=\frac{3}{32}bh^2$$
$$\sigma_A=\frac{M_1 y_A}{I_z}=\frac{(-qa^2)\left(-\frac{h}{4}\right)}{\frac{bh^3}{12}}=\frac{3qa^2}{bh^2}\quad(\text{拉应力})$$

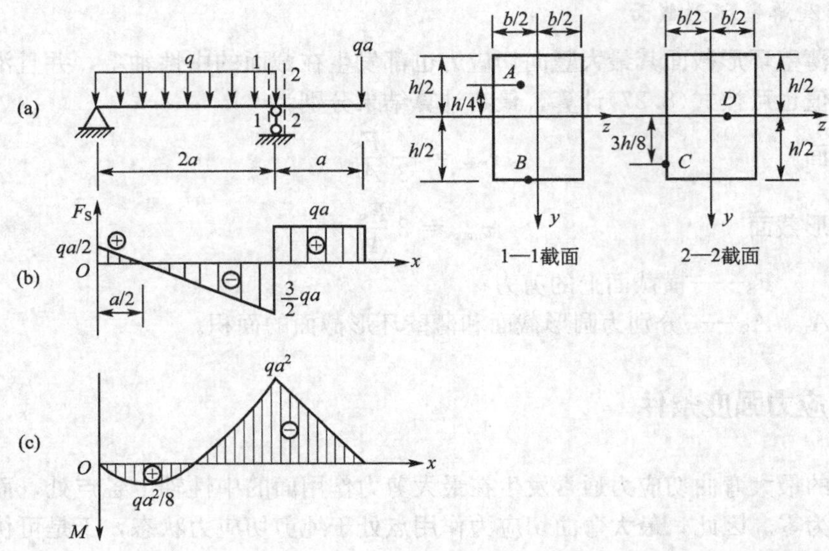

图 8.34

$$\tau_A=\frac{F_{S1}S_{zA}^*}{bI_z}=\frac{\left(-\frac{3}{2}qa\right)\left(\frac{3}{32}bh^2\right)}{b\left(\frac{bh^3}{12}\right)}=-\frac{27qa}{16bh}$$

B 点：

$$y_B=\frac{h}{2}$$

$$S_{zB}^*=0$$

$$\sigma_B=\frac{M_1y_B}{I_z}=\frac{(-qa^2)\left(\frac{h}{2}\right)}{\frac{bh^3}{12}}=-\frac{6qa^2}{bh^2}\text{（压应力）}$$

$$\tau_B=\frac{F_{S2}S_{zB}^*}{bI_z}=0$$

C 点：

$$y_C=\frac{3h}{8}$$

$$S_{zC}^*=\frac{b}{2}\left[\frac{h^2}{4}-\left(\frac{3h}{8}\right)^2\right]=b\left(\frac{h}{8}\right)\left(\frac{7}{16}h\right)=\frac{7}{128}bh^2$$

$$\sigma_C=\frac{M_2y_C}{I_z}=\frac{(-qa^2)\left(\frac{3h}{8}\right)}{\frac{bh^3}{12}}=-\frac{9qa^2}{2bh^2}\text{（压应力）}$$

$$\tau_C=\frac{F_{S2}S_{zC}^*}{bI_z}=\frac{qa\left(\frac{7}{128}bh^2\right)}{b\left(\frac{bh^3}{12}\right)}=\frac{21qa}{32bh}$$

D 点：

$$\sigma_D=0$$

$$\tau_D=\frac{3}{2}\frac{F_{S2}}{bh}=\frac{3qa}{2bh}$$

注意，在计算弯曲正应力时，弯矩 M 及点的坐标 y 都可直接取绝对值进行计算，然后根据弯矩的正负号来直接判断该点的正应力是拉应力还是压应力。例如，当弯矩为正值时，中性轴以下部分的点受拉，以上部分的点则受压。在计算弯曲切应力时，剪力 F_S 也可取绝对值进行计算，切应力的方向与该截面上剪力的方向相同。

例 8.10 一工字形截面的外伸钢梁受力如图 8.35(a)所示。已知 $l=6\text{m}$，$F=30\text{kN}$，$q=6\text{kN/m}$，材料的许用应力 $[\sigma]=170\text{MPa}$，$[\tau]=100\text{MPa}$，工字钢的型号为 22a。试校核该梁的强度。

解：首先作出梁的剪力图与弯矩图分别如图 8.35(b)、(c) 所示。可见，最大弯矩发生在截面 C 上，其值为 $M_{\max}=39\text{kN}\cdot\text{m}$；最大剪力发生在 BC 段上，其值为 $F_{\max}=17\text{kN}$。

从型钢表中可以查得

$$W_z = 309\text{cm}^3 = 3.09\times10^{-4}\text{m}^3$$

$$\frac{I_z}{S_{z\max}^*} = 18.9\text{cm} = 0.189\text{m}$$

$$d = 7.5\text{mm} = 0.0075\text{m}$$

于是，可求得最大正应力为

$$\sigma_{\max} = \frac{M_{\max}}{W_z} = \frac{39\times10^3}{3.09\times10^{-4}}\times10^{-6} = 126\text{MPa} < [\sigma]$$

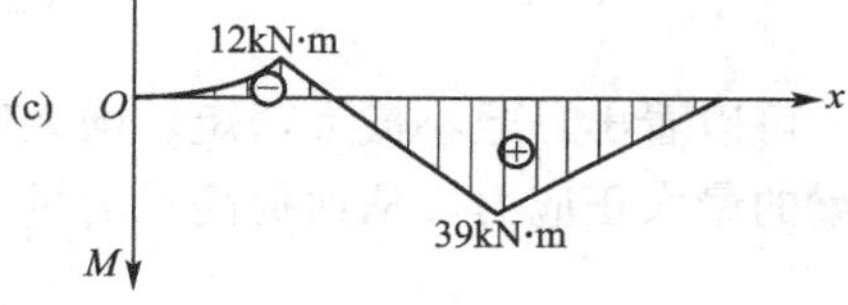

图 8.35

最大切应力为

$$\tau_{\max} = \frac{F_{S\max}S_{z\max}^*}{I_z d} = \frac{17\times10^3}{0.189\times0.0075}\times10^{-6} = 12\text{MPa} < [\tau]$$

所以，梁满足正应力与切应力强度条件，是安全的。

例 8.11 由三根木条胶合而成的悬臂梁如图 8.36 所示，跨度 $l=1\text{m}$。若胶合面上的许用切应力为 $[\tau_1]=0.34\text{MPa}$，木材的许用弯曲正应力为 $[\sigma]=10\text{MPa}$，许用切应力为 $[\tau]=1\text{MPa}$，试求许可荷载 F。

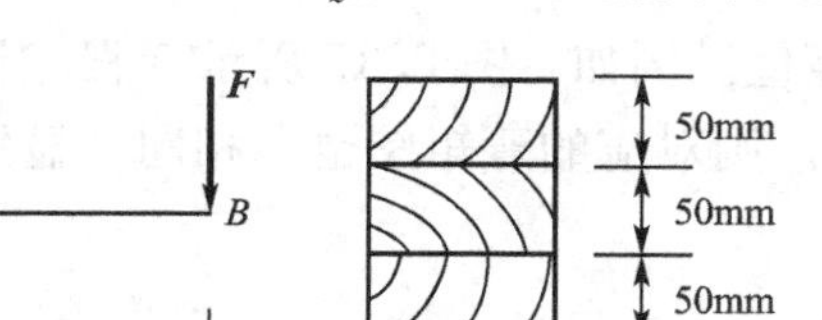

图 8.36

解：该梁的最大剪力为 $F_S=F$，最大弯矩为 $M_{\max}=Fl$。

(1) 胶合面的切应力强度条件为

$$\tau_1 = \frac{F_S S_{z1}^*}{I_z b} = \frac{F\times100\times50\times50\times10^{-9}}{100\times\frac{1}{12}\times100\times150^3\times10^{-15}} = \frac{2F}{150\times10^{-6}} \leqslant [\tau_1]$$

$$F \leqslant \frac{150^2\times10^{-6}\times[\tau_1]}{2} = \frac{150^2\times0.34}{2} = 3.83\times10^3\text{N} = 3.83\text{kN}$$

(2) 梁的正应力强度条件为

$$\sigma_{\max} = \frac{M_{\max}}{W_z} = \frac{6Fl}{bh^2} = \frac{6F}{100\times150^2\times10^{-9}} = \frac{6F}{2250\times10^{-6}} \leqslant [\sigma]$$

$$F \leqslant \frac{2250\times10^{-6}\times[\sigma]}{6} = \frac{2250\times10}{6} = 3750\text{N} = 3.75\text{kN}$$

(3) 梁的切应力强度条件为

$$\tau_{\max}=\frac{3}{2}\times\frac{F_S}{A}=\frac{3F}{2\times100\times150\times10^{-6}}\leqslant[\tau]$$

$$F\leqslant\frac{2\times100\times150\times10^{-6}\times[\tau]}{3}=\frac{2\times15000\times1}{3}=10000\text{N}=10\text{kN}$$

故 F 可取 3.75kN。

8.8 梁的合理强度设计

一般情况下，梁的强度是由弯曲正应力控制的，所以，提高梁的强度应该在满足梁承载能力的前提下，尽可能地降低梁的弯曲正应力，达到节省材料，减轻自重的目的，实现既经济又安全的合理设计。由梁的正应力强度条件

$$\sigma_{\max}=\frac{M_{\max}}{W_z}\leqslant[\sigma] \tag{a}$$

可以看出，减小最大弯矩、增大弯曲截面系数，或局部加强弯矩较大的梁段，都能降低梁的最大正应力，从而提高梁的承载能力，使梁的设计更为合理。

8.8.1 减小最大弯矩值

1. 合理布置荷载

合理布置荷载，可以降低梁的最大弯矩值。例如，图8.37所示3根相同的简支梁，受相同的外力作用，但外力的布置方式不同。则对应的弯矩图也不相同。显然图8.37(c)的布置较为合理。

2. 合理安置支座

合理地设置支座的位置，也可以降低梁内的最大弯矩值。例如图8.38(a)所示的梁，若将其支座各向内移动0.2l，如图8.38(b)所示，则后者的最大弯矩值仅为前者的$\frac{1}{5}$，所以，后者支座安置较为合理。

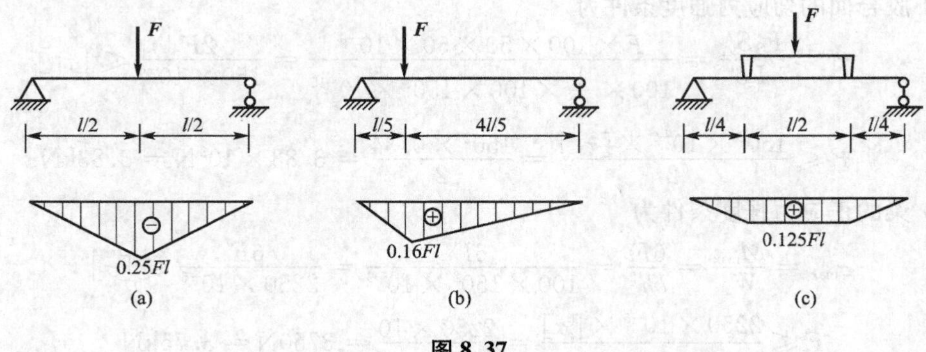

图8.37

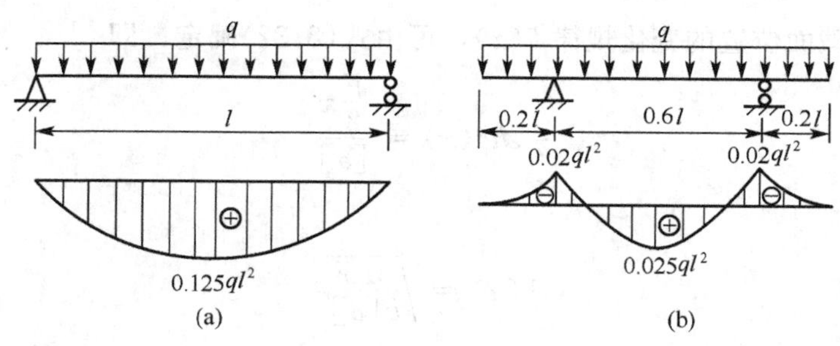

图 8.38

8.8.2 合理选取截面形状

从弯曲强度考虑，比较合理的截面形状，是使用较小的截面面积，却能获得较大弯曲截面系数的截面，即使$\frac{W_z}{A}$越大越好。由于在一般截面中，W_z与其高度的平方成正比，所以，应尽可能使横截面面积分布在距中性轴 z 较远的地方，以满足上述要求。实际上，由于弯曲正应力沿截面高度呈线性分布，当离中性轴最远各点处的正应力达到许用应力时，中性轴附近各点处的正应力仍很小，因此，在离中性轴较远的位置，配置较多的材料，将提高材料的利用率。例如，环形截面比圆形截面合理；矩形截面立放比扁放合理；而工字形截面又比立放的矩形截面更为合理。

从材料性能考虑，对于抗拉与抗压强度相同的塑性材料，宜采用关于中性轴对称的截面，这样可使最大拉应力和最大压应力同时接近或达到材料的许用应力。例如矩形、对称的工字形、箱形截面等。而对于抗拉强度低于抗压强度的脆性材料，则最好采用中性轴偏于受拉一侧的截面，例如 T 形，不对称的工字形、箱形截面等。并且，理想的设计是使

$$\frac{\sigma_{\text{tmax}}}{\sigma_{\text{cmax}}}=\frac{[\sigma_{\text{t}}]}{[\sigma_{\text{c}}]}$$

8.8.3 变截面梁

一般情况下，梁在各个截面上的弯矩是随截面位置而变化的。在按最大弯矩所设计的等截面梁中，除最大弯矩所在截面外，其余截面的材料强度均未得到充分利用。因此，在工程实际中，可根据弯矩沿梁轴的变化情况，将梁也设计成变截面的。例如，可在弯矩较大的部分进行局部加强。若使梁各横截面上的最大正应力都相等，并均达到材料的许用应力，则称为等强度梁。等强度梁应满足下列条件

$$\sigma_{\max}=\frac{M(x)}{W(x)}=[\sigma]$$

由此得

$$W(x)=\frac{M(x)}{[\sigma]} \tag{8.32}$$

例如，宽度不变而高度变化的矩形截面简支梁，如图 8.39(a)所示，若设计成等强度

梁，则其高度随截面位置的变化规律 $h(x)$，可由式(8.32)确定，即

$$\frac{1}{6}bh^2(x)=\frac{\frac{F}{2}x}{[\sigma]}$$

由此求得

$$h(x)=\sqrt{\frac{3Fx}{b[\sigma]}} \tag{b}$$

但在靠近支座处，应按切应力强度条件确定截面的最小高度，即

$$\tau_{\max}=\frac{3}{2}\frac{F_S}{A}=\frac{3}{2}\frac{F/2}{bh_{\min}}=\frac{3F}{4bh_{\min}}=[\tau]$$

可得

$$h_{\min}=\frac{3F}{4b[\tau]} \tag{c}$$

按式(b)和式(c)确定的梁的外形，如厂房建筑中常用的鱼腹梁，如图4.39(b)所示。

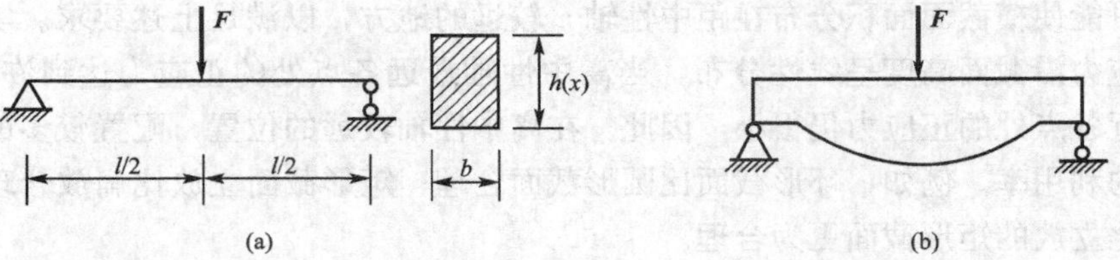

图 8.39

从强度及材料的利用方面看，等强度梁虽然很理想，但这种梁的加工制造比较困难。当梁上荷载较复杂时，梁的外形也随之复杂，其加工制作将更加困难。因此在工程中较少采用等强度梁，而是根据不同的具体情况，采用其他形式的变截面梁。

8.9 弯曲中心的概念

8.9.1 开口薄壁截面梁的弯曲切应力

关于开口薄壁梁的弯曲切应力，通常做出如下假设：横截面上各点处的切应力平行于该点处的周边切线或壁厚中线切线，并沿壁厚均匀分布。现在，利用上述假设研究开口薄壁截面梁的弯曲切应力。

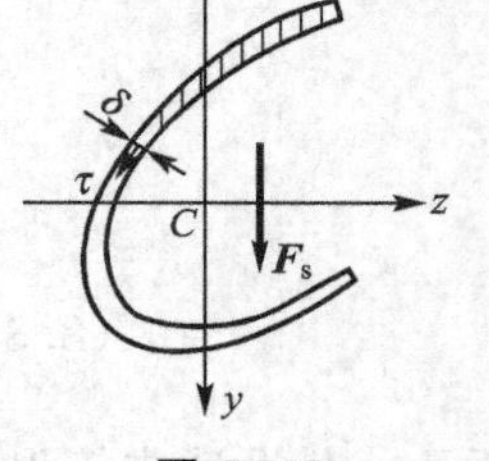

图 8.40

图8.40所示为一开口薄壁梁的横截面。设 y，z 轴为截面的形心主惯性轴。当梁在 xy 平面内发生平面弯曲时(此时剪力 F_S 沿 y 轴方向)，仿效矩形截面梁弯曲切应力公式的推导方法，可导出开口薄壁梁横截面上任一点处的弯曲切应力公式

$$\tau = \frac{F_S S_z^*}{I_z \delta} \tag{8.33}$$

式中，F_S ——横截面上的剪力；

δ ——需求切应力点处的截面壁厚；

I_z ——横截面对中性轴 z 的形心主惯性矩；

S_z^* ——图 8.40 中阴影部分的面积对中性轴 z 的静矩。

当梁发生非对称弯曲时，可以分解成两相互垂直的形心主惯性平面内的平面弯曲，然后进行叠加。

8.9.2 弯曲中心的概念

实验结果表明，若开口薄壁截面梁有纵向对称面，且横向力作用于对称面内，则梁只可能在纵向对称面内发生平面弯曲，不会发生扭转。若横向力作用面不是纵向对称面，即使是形心主惯性平面，如图 8.41(*a*)所示，梁除发生弯曲变形外，还将发生扭转变形。只有当横向力通过截面内某一特定点 A 时，如图 8.41(*b*)所示，梁才只有弯曲而无扭转变形。横截面内的这一特定点 A 称为截面的弯曲中心或剪切中心。

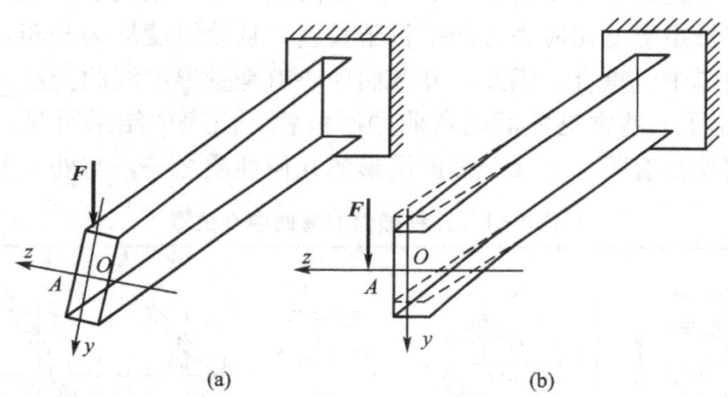

图 8.41

考察图 8.42(a)所示槽形截面悬臂梁，若横向外力 F 作用在形心主惯性平面 xy 内时，在梁的任一横截面 $m—n$ 上将产生弯曲切应力，如图 8.42(c)所示，与该切应力对应的分布内力将合成该截面上的剪力 F_S。显然，F_S 作用线将与 y 轴平行，并经过 z 轴上某一点 A。现从截面 $m—n$ 截取一段梁为研究对象，如图 8.42(b)所示。由于外力 F 与截面 $m—n$ 上剪力 F_S 不在同一个纵向平面内，所以该段梁不仅发生弯曲，还会发生扭转。若将力 F 平移至该截面上的 A' 点，使 F 与 F_S 在同一纵向平面内(该纵向平面与形心主惯性平面 xy 平行)，则该段梁将只发生弯曲，而不会发生扭转。如果考察在 xz 平面内的弯曲，则只有当外力作用线沿对称轴 z 轴作用时，梁才会只发生弯曲而不发生扭转。由此可知，A 点就是截面 $m—n$ 的弯曲中心，A' 点即为自由端截面的弯曲中心。

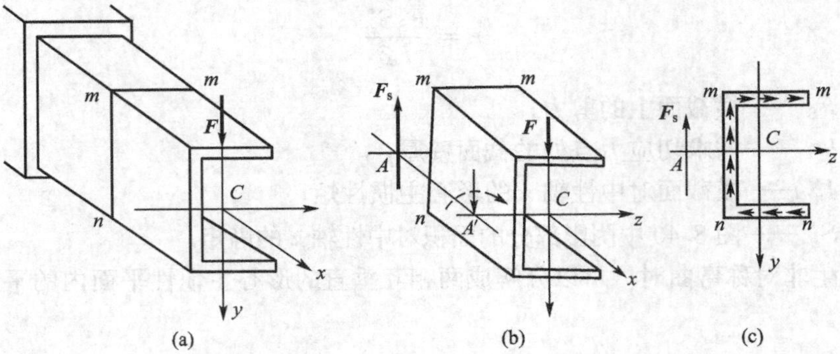

图 8.42

从上述分析可以得出如下结论：截面的弯曲中心就是当梁在两相互垂直平面内发生平面弯曲时，截面上与弯曲切应力对应的分布内力的合力(即剪力)作用线的交点。这一结论也给出了确定截面弯曲中心位置的方法，即找出两互相垂直的剪力作用线的交点。

对于具有一条对称轴的截面，其弯曲中心必在截面的对称轴上。因此，仅需确定其垂直于对称轴的剪力作用线，剪力作用线与对称轴的交点即为截面的弯曲中心。若截面有两条对称轴，则两对称轴的交点(即截面形心)就是弯曲中心。而Z字形等反对称截面，其弯曲中心也与截面形心重合。对于角钢、T字形等由壁厚中线汇交于一点的两个狭长矩形组成的截面，由于狭长矩形上切应力方向平行于长边，且沿厚度均匀分布，故剪力作用线必与狭长矩形长边壁厚中线重合，因此，其弯曲中心就是壁厚中线的交点。

表8-1中列出了一些常见截面的弯曲中心位置。由表中结果可见，弯曲中心的位置仅与横截面的几何特征有关，也属于截面图形的几何性质之一，与外力及材料均无关。

表 8-1　几种截面的弯曲中心位置

截面形状	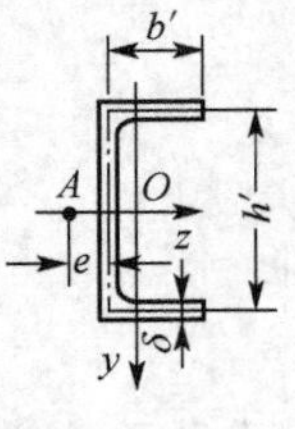	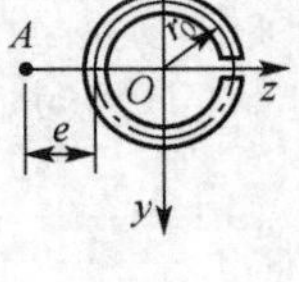	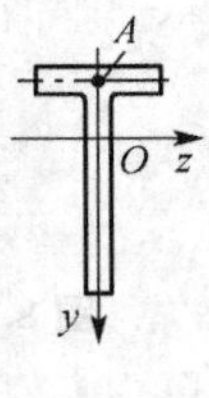 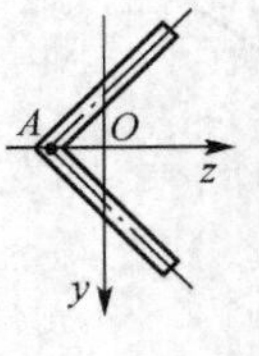 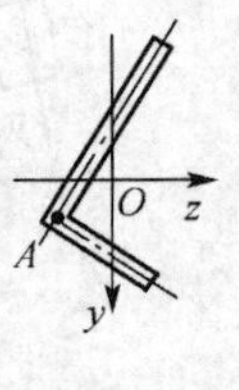	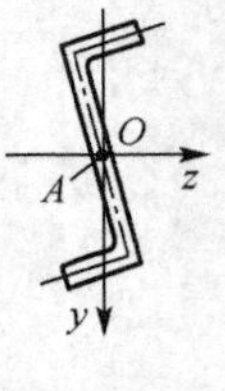
弯曲中心 A 的位置	$e=\dfrac{b'^2h'^2 z}{4I_z}$	$e=r_o$	在两个狭长矩形中线的交点	与形心重合

例 8.12　试确定如图 8.43 所示开口薄壁圆环截面弯曲中心的位置。设截面壁厚为 t，平均半径为 R。

解：(1) 求截面上的切应力。

用与 z 轴夹角为 θ 的半径截取部分面积 A_1，其静矩为

$$S_z^* = \int_{A_1} y\mathrm{d}A = \int_0^{\theta} (R\sin\varphi)(tR\,\mathrm{d}\varphi) = R^2 t(1-\cos\theta)$$

整个截面对 z 轴的惯性矩为

$$I_z = \int_A y^2\mathrm{d}A = \int_0^{2\pi} (R\sin\varphi)^2 (tR\,\mathrm{d}\varphi) = \pi R^3 t$$

代入式(8.3)，得

$$\tau=\frac{F_{S}S_{z}^{*}}{I_{z}t}=\frac{F_{S}}{\pi Rt}(1-\cos\theta)$$

(2) 确定弯曲中心的位置。

以圆心为矩心，由合力矩定理得

$$F_{S}\cdot e=\int_{A}R\tau\mathrm{d}A=\int_{0}^{2\pi}R\tau\cdot tR\mathrm{d}\theta$$

$$=\int_{0}^{2\pi}\frac{F_{S}R}{\pi}(1-\cos\theta)\mathrm{d}\theta=2F_{S}R$$

解得

$$e=2R$$

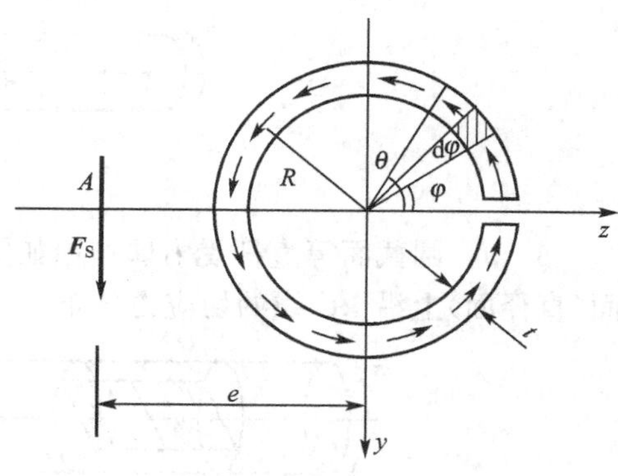

图 8.43

弯曲中心一定在对称轴上，F_S与对称轴的交点，即由圆心沿 z 轴向左量取 $e=2R$，就是弯曲中心。

思 考 题

8-1 拉(压)杆应力公式 $\sigma=F_{N}/A$ 的应用条件是什么？

8-2 低碳钢拉伸经过冷作硬化后，哪种指标得到提高？

8-3 伸长率(延伸率)公式 $\delta=(l_{1}-l)/l\times100\%$ 中 l_1 指的是什么？

8-4 如图 8.44 所示结构中二杆的材料相同，横截面面积分别为 A 和 $2A$，该结构的许可荷载是多少？

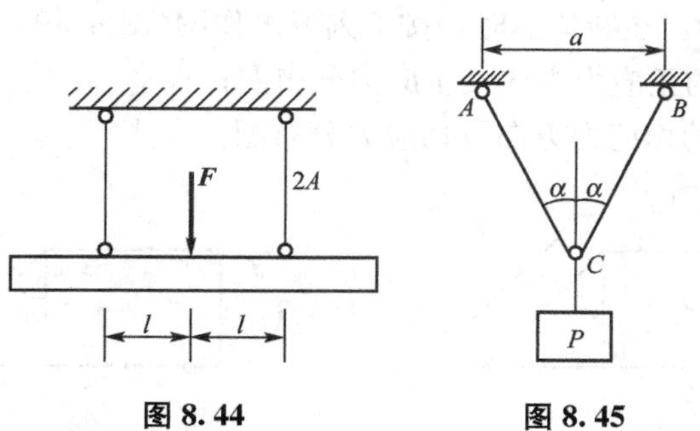

图 8.44　　图 8.45

8-5 在 A、B 两点连接绳索 ACB，绳索上悬挂重物 P，如图 8.45 所示。点 A、B 的距离保持不变，绳索的许用应力为 $[\sigma]$。试问：当 α 角取何值时，绳索的用料最省？

8-6 对于受扭的圆轴，如下结论中哪些是正确的？

(1) 最大切应力只出现在横截面上；

(2) 在横截面上和包含杆件轴线的纵截断面上均无正应力；

(3) 圆轴内最大拉应力的值和最大切应力的值相等。

8-7 建立圆轴的扭转应力公式 $\tau_{\rho}=T\rho/I_{p}$时，“平面假设”起到的作用是什么？

8-8 铸铁材料圆轴，两端受力如图 8.46 所示，圆轴的破坏截面是图示中的哪一种？

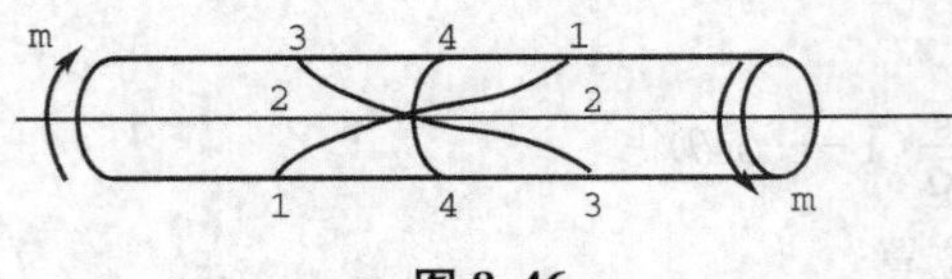

图 8.46

8-9　圆截面等直杆受力偶作用如图 8.47(a)所示，试在图 8.47(b)上画出 $ABCD$ 截面(直径面)上沿 BC 线的切应力分布。

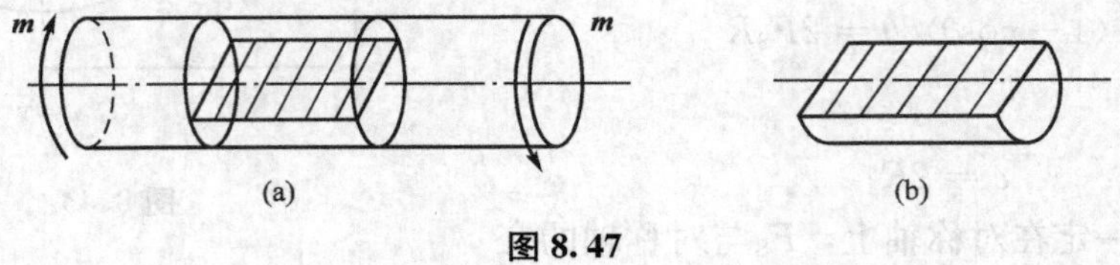

图 8.47

8-10　任意截面形状的等直梁在弹性纯弯曲条件下，中性轴的位置如何确定?

8-11　理想弹塑性材料梁，在极限弯矩作用下，截面上的中性轴位置如何确定?

8-12　如图 8.48 所示，铸铁工字形截面梁，欲在跨中截面腹板上钻一圆孔，布置位置有图示四种形式，最合理的方案是哪一种?

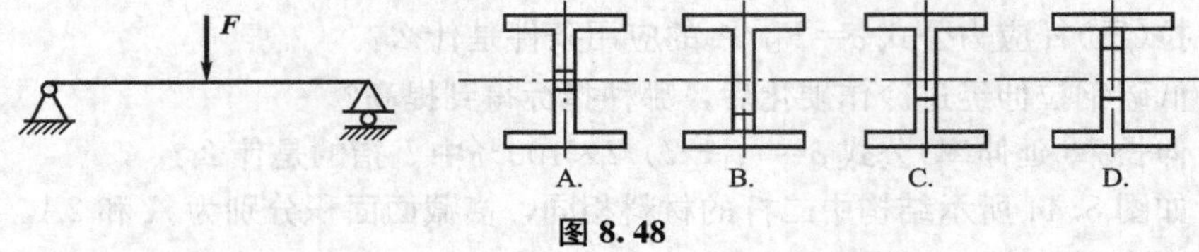

图 8.48

8-13　矩形截面梁，在纯弯曲时，按下列要求作图(图 8.49)。

(a) 画出斜截面上的正应力方向及正应力分布图;

(b) 画出斜截面上的切应力方向及切应力分布图。

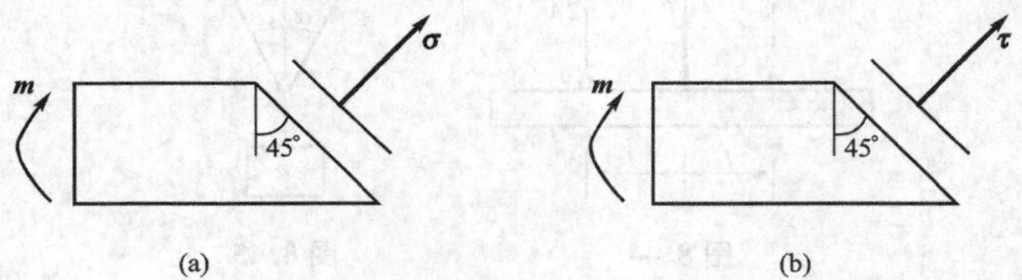

图 8.49

8-14　受力情况相同的三种等截面梁，它们分别由整块材料或两块材料并列或两块材料叠合(未粘结)组成，如图 8.50(a)、(b)、(c)所示。若用 σ_{max1}、σ_{max2}、σ_{max3} 分别表示这三种梁中横截面上的最大正应力，试比较其大小。

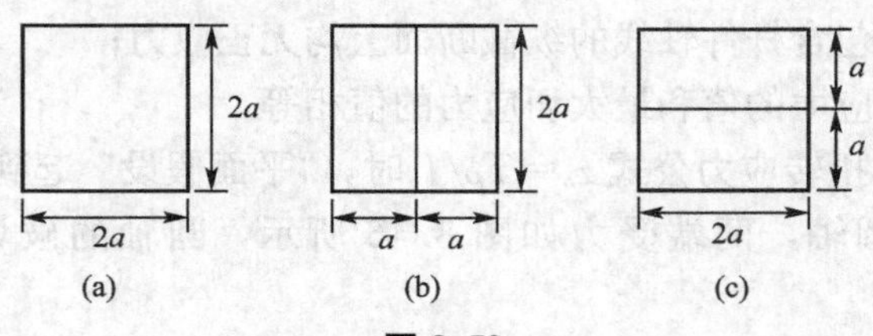

图 8.50

8-15 图8.51中(a)和(b)截面梁的材料相同，(b)梁为叠合梁，层间无摩擦。从强度考虑，(a)梁所能承受的最大荷载与(b)梁所能承受的最大荷载之比为多少？

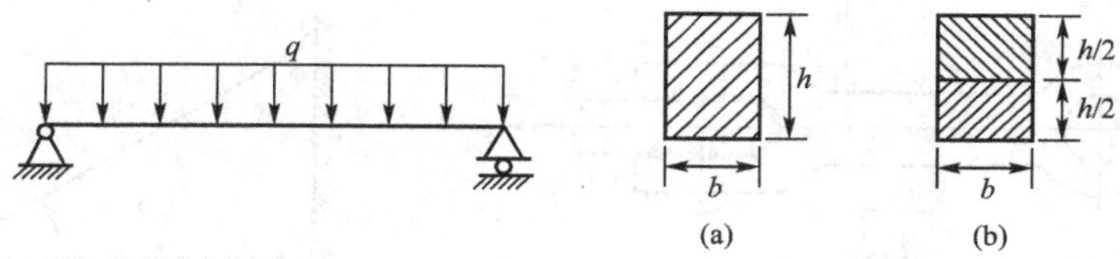

图8.51

习　题

8-1 如图8.52所示阶梯形截面直杆横截面1—1，2—2，3—3的面积分别为$A_1=200\text{mm}^2$，$A_2=300\text{mm}^2$，$A_3=400\text{mm}^2$，试求各横截面上的应力。

8-2 受轴向拉力$F=10\text{kN}$的直杆如图8.53所示，已知杆的横截面面积$A=100\text{mm}^2$，试求当$\alpha=0°$，30°，45°，60°，90°时各斜截面的正应力和切应力，并用图表示其方向。

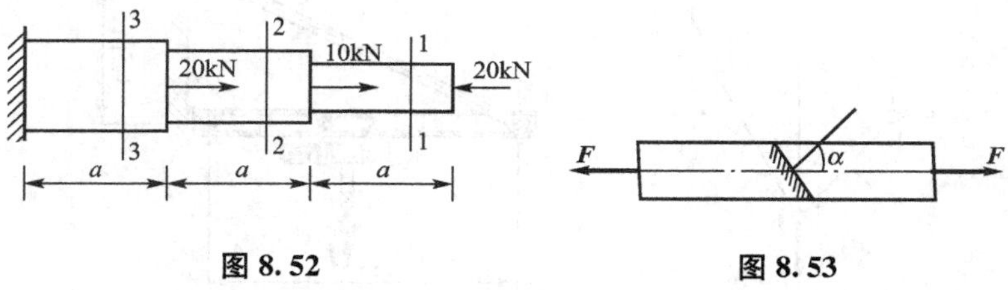

图8.52　　　　图8.53

8-3 中段开槽的直杆如图8.54所示，受轴向力$\boldsymbol{F}$作用；已知：$F=20\text{kN}$，$h=25\text{mm}$，$h_0=10\text{mm}$，$b=20\text{mm}$，试求杆内的最大正应力。

8-4 如图8.55所示，油缸盖与缸体采用6个螺栓连接。已知油缸内径$D=350\text{mm}$，油压$p=1\text{MPa}$。若螺栓材料的许用应力$[\sigma]=40\text{MPa}$，试求螺栓的内径。

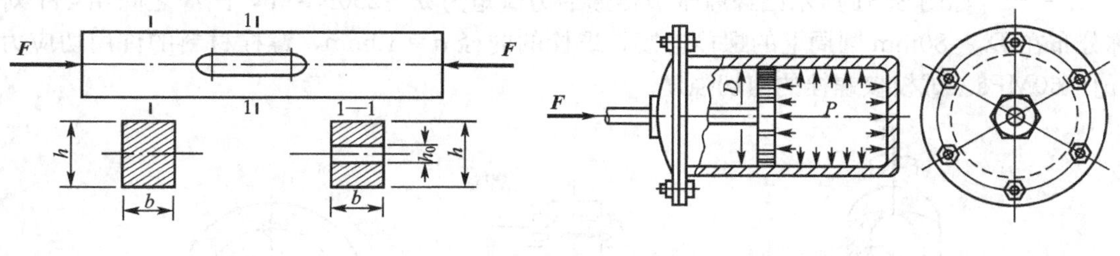

图8.54　　　　图8.55

8-5 某拉杆受力如图8.56所示，已知：$h=2b$，$F=40\text{kN}$，$[\sigma]=100\text{MPa}$。试设计拉杆截面尺寸b、h。

8-6 图8.57所示受力结构中，①、②杆的横截面积和许用应力分别为$A_1=10\times$

$10^2 mm^2$，$A_2=100\times10^2 mm^2$ 和 $[\sigma]_1=160MPa$，$[\sigma]_2=8MPa$。试求①、②杆的应力同时达到许用应力的 F 值和 θ 值。

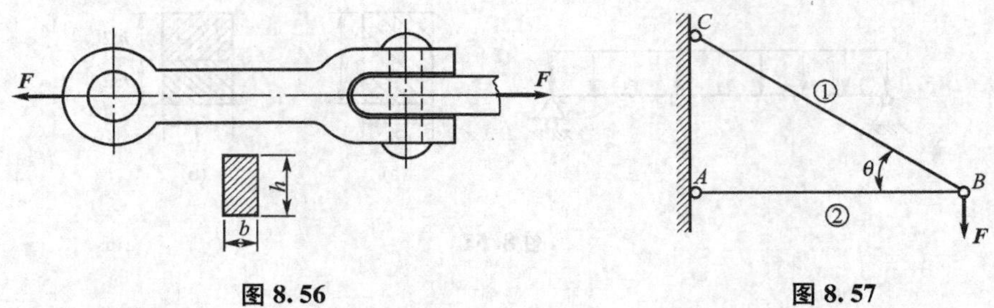

图 8.56　　图 8.57

8-7　如图 8.58 所示结构由圆截面直杆 AB 和 AC 铰接而成，杆 AC 的长度为杆 AB 长度的两倍，两杆截面面积均为 $2cm^2$。AB 杆许用应力 $[\sigma]_1=100MPa$，AC 杆许用应力 $[\sigma]_2=160MPa$。试求结构的许用荷载 $[F]$。

8-8　如图 8.59 所示结构中，小车可在梁 AC 上移动。已知小车上作用的荷载 $F=20kN$，斜杆 AB 为圆截面钢杆，钢的许用应力 $[\sigma]=120MPa$。若荷载 F 通过小车对梁 AC 的作用可简化为一集中力，试确定斜杆 AB 的直径 d。各杆自重下计(F 考虑最不利位置)。

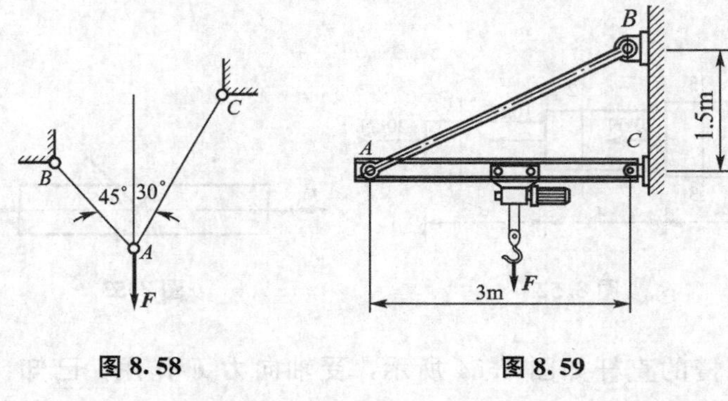

图 8.58　　图 8.59

8-9　如图 8.60 所示销钉连接。已知 $F=100kN$，销钉的直径 $d=30mm$，材料的许用切应力 $[\tau]=60MPa$。试校核销钉的剪切强度，若强度不够，应改用多大直径的销钉。

8-10　如图 8.61 所示凸缘联轴节传递的力偶矩为 $m=200N\cdot m$，凸缘之间用 4 个对称分布在 $D_0=80mm$ 圆周上的螺栓连接，螺栓的内径 $d=10mm$，螺栓材料的许用切应力 $[\tau]=60MPa$。试校核螺栓的剪切强度。

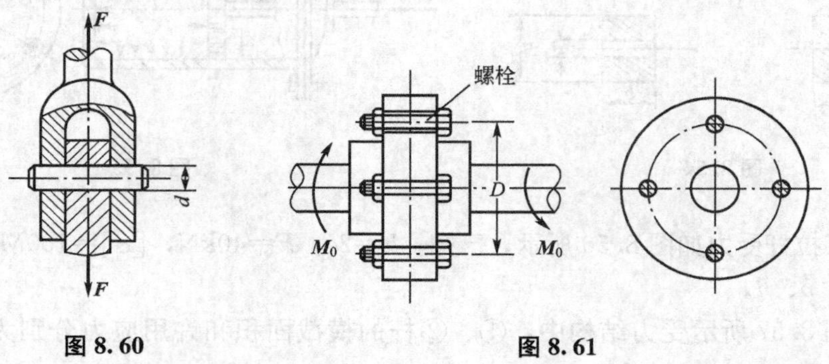

图 8.60　　图 8.61

8-11 木榫接头如图 8.62 所示，已知：$b=12\text{cm}$，$l=35\text{cm}$，$a=4.5\text{cm}$，$F=40\text{kN}$，试求接头的切应力和挤压应力。

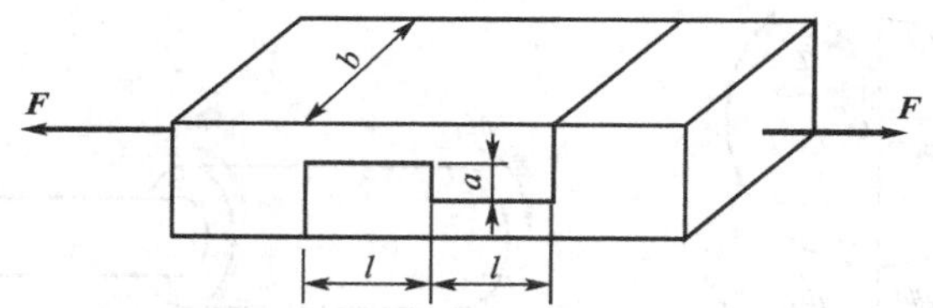

图 8.62

8-12 如图 8.63 所示螺栓接头，已知 $F=40\text{kN}$，螺栓的许用切应力 $[\tau]=130\text{MPa}$，许用挤压应力 $[\sigma_{bs}]=300\text{MPa}$。试求螺栓所需的直径 d。

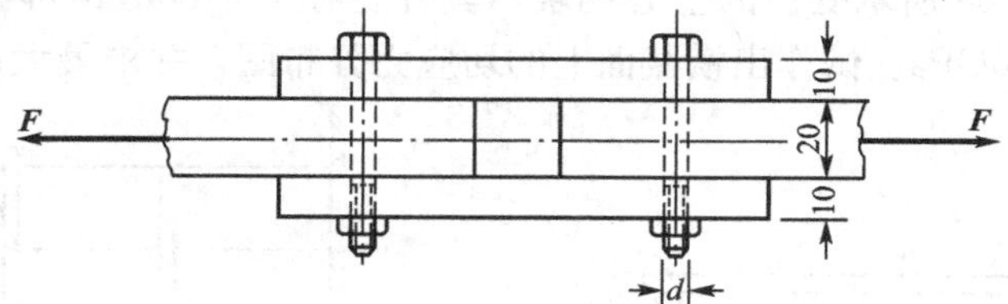

图 8.63

8-13 如图 8.64 所示两块钢板用螺栓连接，已知 $F=20\text{kN}$，螺栓直径 $d=16\text{mm}$，许用剪应力 $[\tau]=140\text{MPa}$，试校核螺栓的强度。

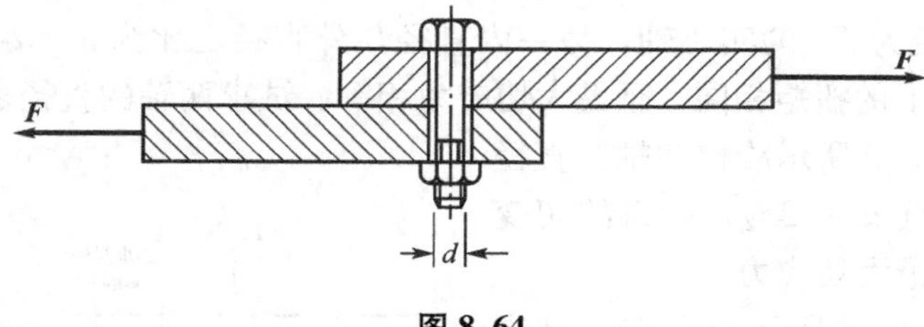

图 8.64

8-14 在图 8.65 所示铆接头中，已知：$F=24\text{kN}$，$b=100\text{mm}$，$t=10\text{mm}$，$d=17\text{mm}$，钢板的 $[\sigma]=170\text{MPa}$，铆钉的 $[\tau]=140\text{MPa}$，许用挤压应力 $[\sigma_{bs}]=320\text{MPa}$。试校核其强度。

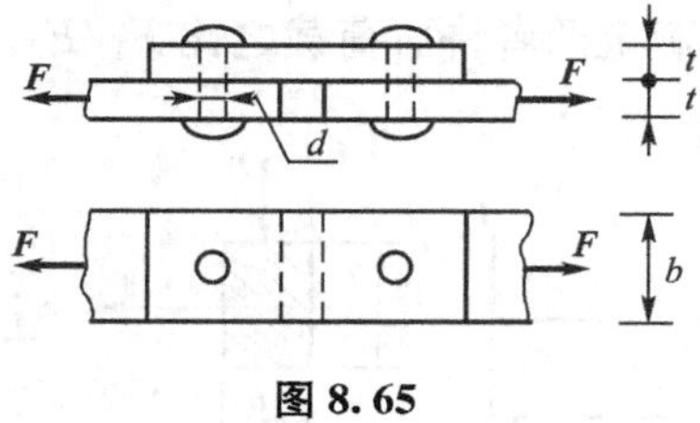

图 8.65

8-15 受扭圆轴某截面上的扭矩 $T=20\text{kN}\cdot\text{m}$，$d=100\text{mm}$。试求该截面 a、b、c 三点的切应力，并在图 8.66中标出方向。

8-16　如图 8.67 所示，已知：$m_1=5\text{kN}\cdot\text{m}$，$m_2=3.2\text{kN}\cdot\text{m}$，$m_3=1.8\text{kN}\cdot\text{m}$，$AB$ 段直径 $d_{AB}=80\text{mm}$，BC 段直径 $d_{BC}=50\text{mm}$，求此轴的最大切应力。

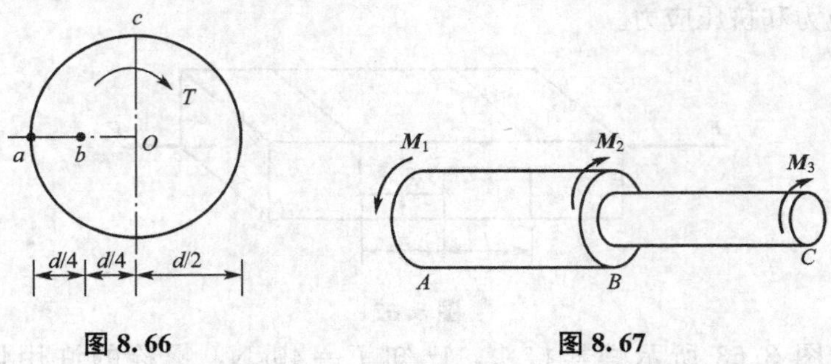

图 8.66　　图 8.67

8-17　如图 8.68 所示受扭的空心钢轴，其外直径 $D=80\text{mm}$，内直径 $d=62.5\text{mm}$，$m=2\text{kN}\cdot\text{m}$，$G=80\text{GPa}$。试作出横截面上的切应力分布图，并求最大切应力。

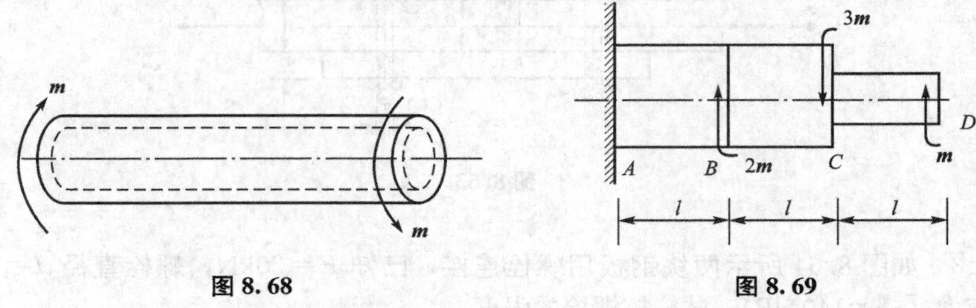

图 8.68　　图 8.69

8-18　一直径为 D_1 的实心轴，另一内直径与外直径之比为 $\alpha=d_2/D_2=0.8$ 的空心轴，若两轴横截面上的扭矩相同，且最大切应力相等。试求两轴的直径之比 D_2/D_1。

8-19　如图 8.69 所示阶梯圆轴，直径分别为 d_1 和 d_2，且 $d_1=2d_2$，材料的切变模量为 G。求轴的最大切应力。

8-20　如图 8.70 所示悬臂梁，试求 a—a 截面 A、B、C、D 四点的正应力，并绘出该截面的正应力分布图。

8-21　两矩形截面梁，尺寸和材料的许用应力均相等，放置如图 8.71(a)、(b) 所示。按弯曲正应力强度条件确定两者许可荷载之比 F_1/F_2。

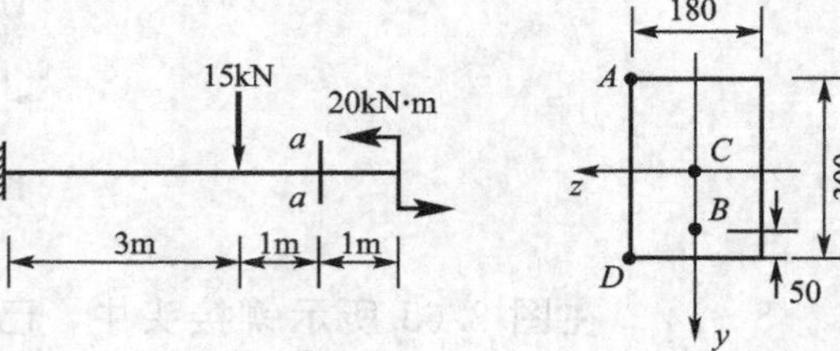

图 8.70

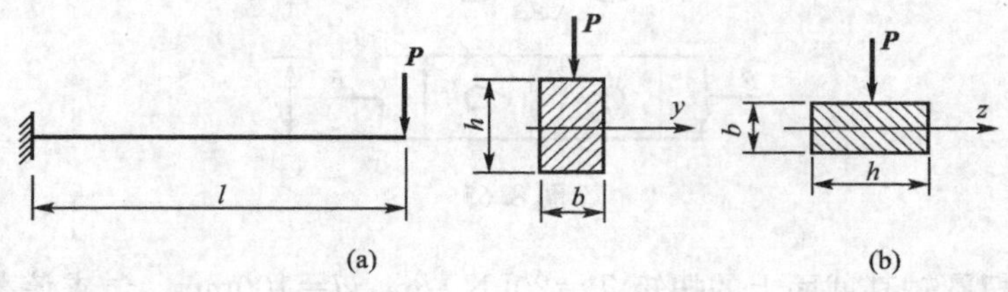

图 8.71

8-22　如图 8.72 所示矩形截面简支梁，已知 F、a、b、h，试计算 D 左边截面上 K 点的正应力及切应力。

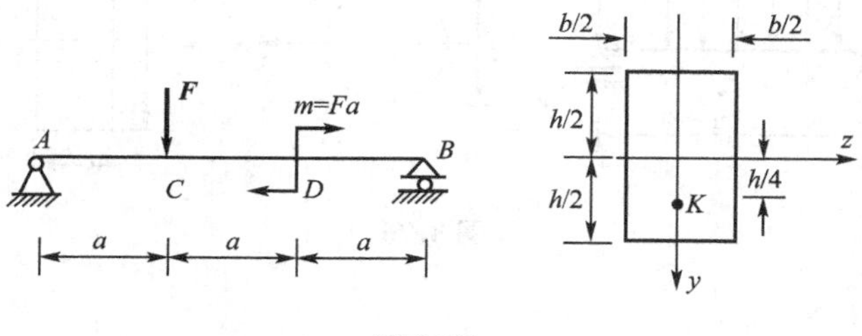

图 8.72

8-23　求如图 8.73 所示外伸梁 1—1 截面上 K 点(K 在腹板上)的正应力和切应力(已知 $I_z=5066\times10^{-8}\text{m}^4$)。

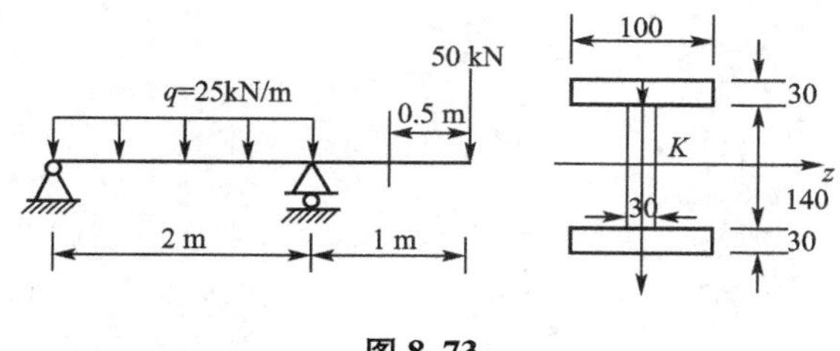

图 8.73

8-24　图 8.74 所示为一铸铁梁，$F_1=9\text{kN}$，$F_2=4\text{kN}$，许用拉应力 $[\sigma_t]=30\text{MPa}$，许用压应力 $[\sigma_c]=60\text{MPa}$，$I_y=7.63\times10^{-6}\text{m}^4$，试校核此梁的强度。

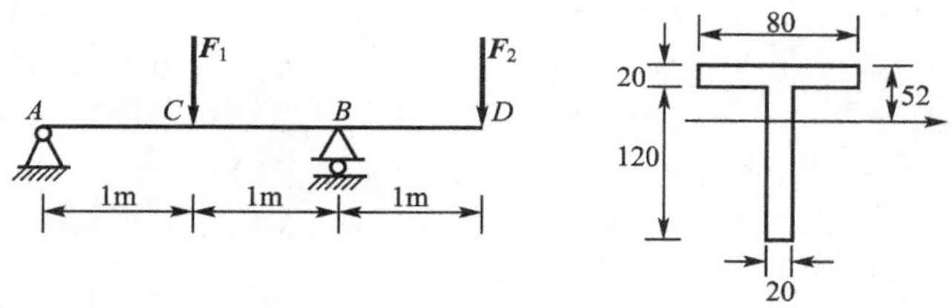

图 8.74

8-25　图 8.75 所示简支梁是由三块截面为 40mm×90mm 木板胶合而成，已知 $l=3\text{m}$，胶缝的容许切应力 $[\tau]=0.5\text{MPa}$，试按胶缝的切应力强度确定梁所能承受的最大荷载集度 q。

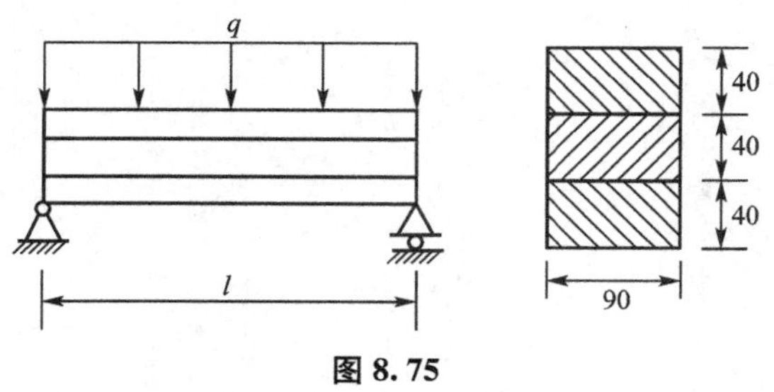

图 8.75

8-26　如图 8.76 所示梁 $[\sigma]=160\text{MPa}$，求：(1)按正应力强度条件选择圆形和矩形两种截面尺寸；(2)比较两种截面的 W_z/A，并说明哪种截面好。

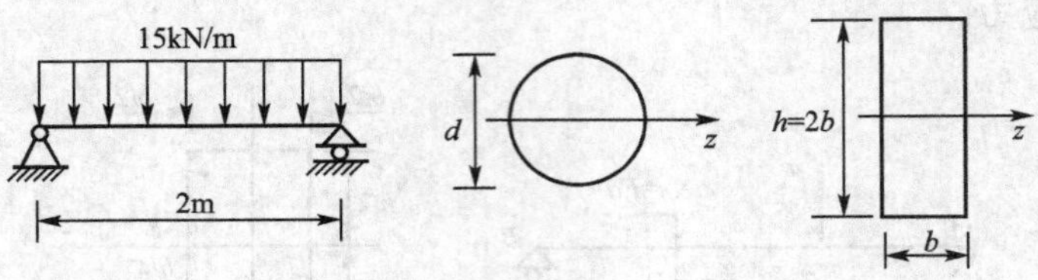

图 8.76

第9章 杆件的变形与刚度计算

教学目标

本章主要介绍杆件受拉(压)、扭转和弯曲时的变形。通过胡克定律求拉(压)杆的变形；通过微分方程求扭转变形；通过求解给定边界条件下的微分方程，来计算杆件的弯曲变形；依此来寻找受扭转和弯曲杆件的刚度条件；并介绍一些求解简单超静定问题的方法。通过对本章的学习，应达到以下目标。

(1) 理解横向应变、轴向应变、泊松比、相对扭转角、挠曲线、挠度、转角、叠加法和超静定问题等基本概念。

(2) 熟悉轴向拉压时杆件的总伸长的计算，扭转时单位长度相对扭转角的计算、扭转的刚度条件，弯曲时梁的挠度和转角的计算以及梁在弯曲时的刚度条件。

(3) 熟悉提高梁的弯曲刚度的措施。

(4) 能熟练地计算超静定梁的相关问题。

教学要求

知识要点	能力要求	相关知识
拉(压)杆的变形	(1) 理解拉(压)杆的轴向变形、横向变形的概念 (2) 熟悉泊松比的计算	(1) 拉(压)杆的轴向应变、横向应变的计算公式 (2) 泊松比的计算公式

(续)

知识要点	能力要求	相关知识
拉(压)杆的变形	(3) 熟悉受拉(压)杆件总伸长(缩短)的计算	(3) 杆件受拉(压)总伸长的计算公式
圆轴扭转变形及其刚度条件	(1) 理解扭转时的相对扭转角的基本概念 (2) 理解单位长度扭转角的基本概念 (3) 熟悉扭转刚度的计算方法	(1) 扭转时的相对扭转角的计算公式 (2) 单位长度扭转角的计算公式 (3) 扭转的刚度条件
梁的弯曲变形及其刚度计算	(1) 理解弯曲时的挠度、横截面转角及挠曲线等基本概念 (2) 能熟练应用积分法和叠加法计算梁的挠度和转角	(1) 理解弯曲时的挠度、横截面转角及挠曲线等基本概念 (2) 能熟练应用积分法和叠加法计算梁的挠度和转角
简单超静定问题	(1) 理解超静定问题的基本概念 (2) 能熟练计算简单拉压、扭转和弯曲超静定问题	(1) 理解超静定问题的相关概念 (2) 熟练计算简单拉压、扭转和弯曲超静定问题

基本概念

线应变、弹性模量、刚度、泊松比、初始尺寸原理、扭转角、挠度、转角、挠曲线微分方程、曲率、支承约束条件、连续性条件、边界条件、叠加法、超静定问题等

9.1 拉(压)杆的变形

由实验可知，直杆在轴向荷载作用下，将会发生轴向尺寸的改变，同时还伴有横向尺寸的变化。轴向伸长时，横向就略有缩小；反之轴向缩短时，横向就略有增大。

9.1.1 轴向变形

设等直杆的原长度为l(图9.1)，横截面面积为A。在轴向拉力F作用下，长度由l变成l_1。杆件在轴线方向的伸长为

$$\Delta l = l_1 - l$$

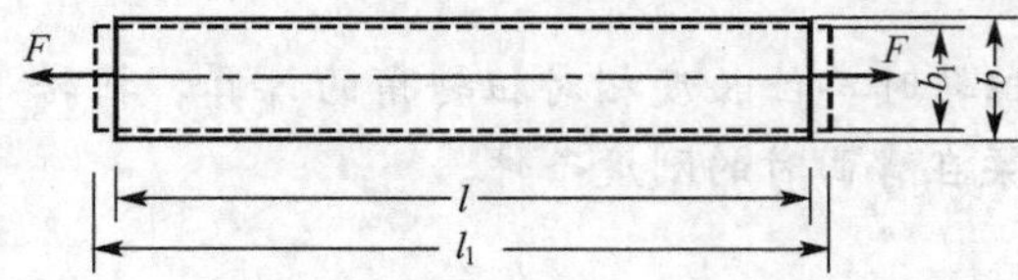

图9.1

由于拉(压)杆的轴向伸长是均匀变形，将Δl除以l得杆件轴线方向的线应变

$$\varepsilon = \frac{\Delta l}{l} \tag{9.1}$$

杆件横截面上的应力为

$$\sigma = \frac{F_N}{A} = \frac{F}{A}$$

胡克定律指出：当应力不超过材料的比例极限时，应力与应变成正比，即

$$\sigma = E\varepsilon$$

式中，弹性模量E的值随材料而不同。几种常见材料的E值已列入表9-1中。

若把上两式代入式(9.1)，得

$$\Delta l = \frac{F_N l}{EA} = \frac{Fl}{EA} \tag{9.2}$$

这表示：当应力不超过比例极限时，杆件的伸长 Δl 与荷载 F 和杆件的原长度 l 成正比，与横截面面积 A 成反比。这是胡克定律的另一表达形式，以上结果同样可以用于轴向压缩的情况，只要把轴向拉力改为压力，把伸长 Δl 改为缩短就可以了。

从式(9.2)可看出，对长度相同，受力相等的杆件，变形 Δl 与 EA 成反比，即 EA 越大则变形 Δl 越小，所以 EA 称为杆件的拉伸(压缩)刚度。它是衡量杆件抵抗变形能力的一个量。

9.1.2　横向变形

设等直杆变形前的横向尺寸为 b(图 9.1)，变形后为 b_1，则横向缩短为

$$\Delta b = b_1 - b \tag{9.3}$$

由于拉(压)杆的横向变形也是均匀变形，所以，横向应变为

$$\varepsilon' = \frac{\Delta b}{b} \tag{9.4}$$

试验结果表明：当应力不超过比例极限时，横向应变 ε' 与轴向应变 ε 之比的绝对值是一个常数，即

$$\left|\frac{\varepsilon'}{\varepsilon}\right| = \nu \quad 或 \frac{\varepsilon'}{\varepsilon} = -\nu \tag{9.5}$$

ν 称为泊松比，又称横向变形系数，与 E 一样，也是材料固有的弹性常数，且是一个没有量纲的量，常用材料的弹性模量和泊松比见表 9-1。

表 9-1

材料名称	E(GPa)	ν
碳　钢	196～216	0.24～0.28
合金钢	186～206	0.25～0.30
灰铸铁	78.5～157	0.23～0.27
铜及其合金	72.6～128	0.31～0.42
铝合金	70	0.33

例 9.1　图 9.2 所示托架，水平杆 BC 为钢圆杆，其直径 d=30mm。斜杆 AB 由两根 70mm×70mm×6mm 的等边角钢组成。若$[\sigma]$=160MPa，E=200GPa，试校核托架的强度，并求 B 点的位移。设 F=50kN。

解：(1) 求各杆轴力。取节点 B 为研究对象，由平衡方程可求得 1、2 杆轴力分别为

$$F_{N1} = \sqrt{3}F = 86.6\text{kN}, \quad F_{N2} = 2F = 100\text{kN}(压)$$

(2) 强度校核。

$$A_1 = \frac{\pi}{4}(3\times10^{-2})^2 = 0.707\times10^{-3}\text{m}^2, \quad A_2 = 2\times8.16\times10^2\text{mm}^2 = 1.632\times10^{-3}\text{m}^2$$

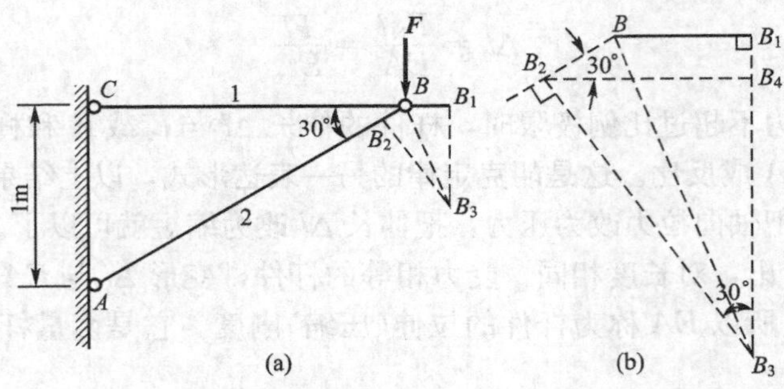

图 9.2

BA、BC 杆应力分别为

$$\sigma_1=\frac{F_{N1}}{A_1}=\frac{86.6\times10^3}{0.707\times10^{-3}}=122.5\text{MPa}<[\sigma]$$

$$\sigma_2=\frac{F_{N2}}{A_2}=\frac{100\times10^3}{1.632\times10^{-3}}=61.3\text{MPa}<[\sigma]$$

由此可见托架的两杆都满足强度要求，故整个结构是满足强度要求的。

(3) 求 B 点的位移。根据胡克定律式(9.2)分别求出 BC、BA 两杆的变形为

$$\Delta l_1=\frac{F_{N1}l_1}{EA_1}=\frac{86.6\times10^3\times1.732}{200\times10^9\times0.707\times10^{-3}}=1.061\times10^{-3}\text{m}$$

$$\Delta l_2=\frac{F_{N2}l_2}{EA_2}=\frac{100\times10^3\times2}{200\times10^9\times1.632\times10^{-3}}=0.613\times10^{-3}\text{m}$$

这里 Δl_1 为拉伸变形，而 Δl_2 为压缩变形。

设想将 B 处铰解开，两杆在各自杆端力的作用下自由伸缩，则 1 杆的 B 端将伸至 B_1，而 2 杆的 B 端将缩至 B_2，事实上，两杆相连于 B 点，并不分离，故 B 点的新位置应当在另一点 B_3 处。B_1B_3 和 B_2B_3 是两段极其微小的短圆弧。因为是小变形，可采用分别垂直于 BA、BC 的直线线段来代替圆弧，这两段直线的交点即为 B_3 的位置。图 9.2(b)中 BB_3 线段即为 B 点的位移。

对位移 BB_3 的求解，通常有两种方法。

① 图解法，即按同一比例作出图 9.2(b)所示多边形 $B_2BB_1B_3$，然后直接从图 b 中量出 BB_3 的值。

② 解析法，即根据图 9.2(b)所示的三角关系进行求解。

下面用解析法求出 BB_3。从图 9.2(b)中可看出

$$B_2B_4=\Delta l_2\cos30°+\Delta l_1$$

B 点的垂直位移

$$\begin{aligned}B_1B_3&=B_1B_4+B_4B_3=\Delta l_2\sin30°+B_2B_4\sec30°\\&=\Delta l_2\sin30°+(\Delta l_2\cos30°+\Delta l_1)\sec30°=3.064\times10^{-3}\text{m}\end{aligned}$$

B 点的水平位移

$$BB_1=\Delta l_1=1.061\times10^{-3}\text{m}$$

B 点的总位移 BB_3 为

$$BB_3=\sqrt{(BB_1)^2+(B_1B_3)^2}=3.243\times10^{-3}\text{m}$$

(4) 分析讨论。结构在荷载 F 作用下，由于两杆长度改变，使节点 B 发生了位移，同样两杆方位也发生了改变，夹角不再为 30°，这就使得按原夹角 30°求出的两杆轴力之值与实际数值存在差异。不过应注意到，我们所讨论的问题属于小变形，故可忽略高阶小量；另外，由实际计算结果可见，杆长的改变量确实很小(在弹性范围内，ε 之值很小)，以致两杆方位的改变量很小。由此可见，对轴力 F_{N1} 和 F_{N2} 采取这种近似简化计算是可行的，其与精确值之差是高阶小量。

把它总结为一条规律就是："在小变形的情况下，列平衡方程时，可以不考虑物体的微小变形，而按初始尺寸计算。"有时把它称为初始尺寸原理或小位移原理。这种满足工程要求且使计算过程简单的方法不但可在拉伸和压缩问题中应用，而且在今后所涉及扭转、弯曲等问题中也同样可以应用。

以上讨论是轴力 F_N 及横截面面积 A 沿杆轴线均不变化的情形。当轴力 F_N 或横截面面积 A 为杆轴线坐标 x 的连续函数时，杆件的轴向变形计算应先取微段 dx，视 $A(x)$，$F_N(x)$ 在 dx 范围内不变，引用胡克定律求得微段的轴向变形为

$$d(\Delta l)=\frac{F_N(x)dx}{EA(x)} \tag{9.6}$$

则整个杆件的变形为

$$\Delta l=\int_l \frac{F_N(x)dx}{EA(x)} \tag{9.7}$$

下面以例题示之。

例 9.2 图 9.3 中自由悬挂的变截面杆是圆锥体。其上下两端的直径分别为 d_2 和 d_1。试求由荷载 F 引起的轴向变形(不计自重的影响)。设杆长 l 及弹性模量 E 均已知。

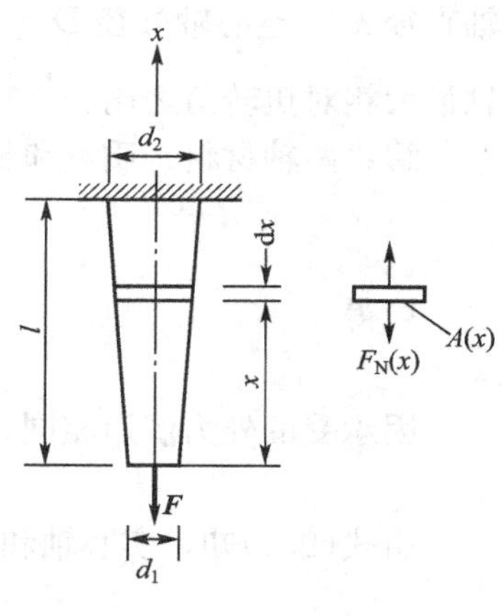

图 9.3

解：设坐标为 x 时，横截面的直径为 d，则

$$d=d_1\left(1+\frac{d_2-d_1}{d_1}\frac{x}{l}\right)$$

$$A(x)=\frac{\pi}{4}d^2=\frac{\pi}{4}d_1^2\left(1+\frac{d_2-d_1}{d_1}\frac{x}{l}\right)^2$$

轴力是常量，即 $F_N(x)=F$，由公式(9.7)求得整个杆件的伸长为

$$\Delta l=\int_l \frac{F_N(x)dx}{EA(x)}=\int_0^l \frac{4Fdx}{\pi E d_1^2\left(1+\frac{d_2-d_1}{d_1}\frac{x}{l}\right)^2}$$

$$=\frac{4Fl}{\pi E d_1 d_2}$$

9.2 圆轴扭转变形及其刚度条件

9.2.1 圆轴扭转变形

衡量圆轴扭转变形程度的量是两个横截面间绕轴线转过的相对转角，称为相对扭转

角，亦简称为扭转角，以φ记之。由式(8.13)得

$$d\varphi=\frac{T}{GI_{p}}dx$$

上式为相距dx的两个截面之间的相对扭转角，对相距为l，受到扭矩T作用的一段轴而言，显然

$$\varphi=\int_{l}d\varphi=\int_{0}^{l}\frac{T}{GI_{p}}dx \tag{9.8}$$

若T在长度l范围内为常量，且为等直圆轴，则

$$\varphi=\frac{Tl}{GI_{p}} \tag{9.9}$$

上式表明，GI_p越大，则φ越小，即φ与GI_p成反比，所以称GI_p为圆轴的扭转刚度。它与杆的截面形状、尺寸及材料等有关。

有时，轴上的扭矩分段为常量，或者阶梯轴，I_P是分段为常量。此时应分段计算相对扭转角，再代数相加，即

$$\varphi=\sum_{i=1}^{n}\frac{T_{i}l_{i}}{GI_{P_{i}}} \tag{9.10}$$

例9.3　一为实心、一为空心的两根圆轴，材料、长度和所受外力偶矩均相同，实心轴直径d_1，空心轴外径D_2、内径d_2，内外径之比$\alpha=\frac{d_2}{D_2}=0.8$。若两轴质量相同，试求两轴最大相对扭转角之比。

解：两轴材料、质量和长度相同，则截面积也相同$A_{实}=A_{空}$，即

$$\frac{\pi}{4}d_{1}^{2}=\frac{\pi}{4}(D_{2}^{2}-d_{2}^{2})$$

可得

$$d_{1}^{2}=D_{2}^{2}(1-\alpha^{2})$$

因承受的外力偶矩相同，两轴截面上扭矩也应相等

$$T_{实}=T_{空}$$

由式(9.9)知，实心轴和空心轴最大相对扭转角分别为

$$\varphi_{1}=\frac{T_{实}l}{GI_{p_1}},\quad \varphi_{2}=\frac{T_{空}l}{GI_{p_2}}$$

式中，l——轴的长度。故两轴最大相对扭转角之比

$$\frac{\varphi_1}{\varphi_2}=\frac{I_{P_2}}{I_{P_1}}=\frac{\frac{\pi}{32}D_{2}^{4}(1-\alpha^{4})}{\frac{\pi}{32}d_{1}^{4}}=\frac{D_{2}^{4}(1-\alpha^{4})}{d_{1}^{4}}$$

将$d_{1}^{2}=D_{2}^{2}(1-\alpha^{2})$代入上式，则

$$\frac{\varphi_1}{\varphi_2}=\frac{D_{2}^{4}(1-\alpha^{4})}{[D_{2}^{2}(1-\alpha^{2})]^{2}}=\frac{(1-\alpha^{4})}{(1-\alpha^{2})^{2}}=\frac{(1+\alpha^{2})}{(1-\alpha^{2})}$$

再将$\alpha=0.8$代入上式，得

$$\frac{\varphi_1}{\varphi_2}=\frac{(1+0.8^{2})}{(1-0.8^{2})}=4.56$$

可见，空心轴扭转角远小于实心轴的。因此，在两轴重量相同的情况下，采用空心圆轴不仅强度高，而且刚度也优于实心圆轴。

9.2.2　刚度条件

机械设备中，对受扭圆轴不仅有强度要求，对扭转变形一般也有所限制。例如，对机床丝杠的扭转变形就要加以限制，以保证机床的加工精度。工程上，对受扭圆轴的刚度要求，通常是限制轴的单位长度扭转角φ'的最大值，所谓单位长度扭转角就是

$$\varphi'=\frac{\mathrm{d}\varphi}{\mathrm{d}x}=\frac{T}{GI_{\mathrm{p}}}$$

则轴的扭转刚度条件为

$$\varphi'_{\max}\leqslant[\varphi']\mathrm{rad/m}$$

工程上习惯采用度/米(°/m)为单位长度扭转角的单位。结合式(9.9)，上述刚度条件可表示成

$$\varphi'_{\max}=\frac{T_{\max}}{GI_{\mathrm{p}}}\times\frac{180}{\pi}\leqslant[\varphi'] \tag{9.11}$$

式中，$\varphi'_{\max}$——轴的最大单位长度扭转角(°/m)；

$T_{\max}$——轴的最大扭矩(绝对值)；

GI_{p}——轴的扭转刚度；

$[\varphi']$——单位长度许用扭转角。各种轴类零件的$[\varphi']$值可从有关规范和手册中查到。通常其范围为

精密机械设备的轴　　$[\varphi']=0.25°\sim0.50°/\mathrm{m}$

一般传动轴　　$[\varphi']=0.50°\sim1.00°/\mathrm{m}$

精度要求不高的轴　　$[\varphi']=1.00°\sim2.50°/\mathrm{m}$

最后，讨论一下空心轴的问题。根据例 9.3 的分析，把轴心附近的材料移向边缘，得到空心轴，它可在保持重量不变的情况下，取得较大的I_{p}，亦即取得较大的刚度。因此，若保持I_{p}不变，则空心轴比实心轴可少用材料，重量也就较轻。所以，飞机、轮船、汽车的某些轴常采用空心轴，以减轻重量。车床主轴采用空心轴既提高了强度和刚度，又便于加工长工件。当然，如将直径较小的长轴加工成空心轴，则因工艺复杂，反而增加成本，并不经济。例如车床的光杆一般应采用实心轴。此外，空心轴体积较大，在机器中要占用较大空间，而且如轴壁太薄，还会因扭转而不能保持稳定性。

与强度条件类似，利用刚度条件(9.11)可对轴进行刚度校核、设计横截面尺寸及确定许用荷载等方面的刚度计算。

一般机械设备中的轴，先按强度条件确定轴的尺寸，再按刚度要求进行刚度校核。精密机器对轴的刚度要求很高，往往其截面尺寸的设计是由刚度条件所控制的。

例 9.4　图 9.4(a)为某组合机床主轴箱内第 4 轴的示意图。轴上有Ⅱ、Ⅲ、Ⅳ三个齿轮，动力由轴 5 经齿轮Ⅲ输送到轴 4，再由齿轮Ⅱ和Ⅳ带动轴 1、2 和 3。轴 1 和 2 同时钻孔，共消耗功率 0.756kW；轴 3 扩孔，消耗功率 2.98kW。若 4 轴转速为 183.5r/min，材料为 45 钢，$G=80\mathrm{GPa}$。取$[\tau]=40\ \mathrm{MPa}$，$[\varphi']=1.5°/\mathrm{m}$。试设计轴的直径。

解：为了分析轴4的受力情况，先由式(6.1)计算作用于齿轮Ⅱ和Ⅳ上的外力偶矩：

$$m_{\mathrm{II}} = 9549\frac{P_{\mathrm{II}}}{n} = 9549\times\frac{0.756}{183.5} = 39.3\mathrm{N\cdot m}$$

$$m_{\mathrm{IV}} = 9549\frac{P_{\mathrm{IV}}}{n} = 9549\times\frac{2.98}{183.5} = 155\mathrm{N\cdot m}$$

m_{II}和m_{IV}同为阻抗力偶矩，故转向相同。若轴5经齿轮Ⅲ传给轴4的主动力偶矩为m_{III}，则m_{III}的转向应该与阻抗力偶矩的转向相反［图9.4(b)］。于是由平衡方程，$\sum M_x=0$得

$$m_{\mathrm{III}} - m_{\mathrm{II}} - m_{\mathrm{IV}} = 0,$$

$$m_{\mathrm{III}} = m_{\mathrm{II}} + m_{\mathrm{IV}} = 39.3+155 = 194.3\ \mathrm{N\cdot m}$$

根据作用于轴4上m_{II}、m_{IV}和m_{III}的数值，作扭矩图如图9.4(c)所示。从扭矩图看出，在齿轮Ⅲ和Ⅳ之间，轴的任一横截面上的扭矩皆为最大值，且$T_{\max}=155\mathrm{N\cdot m}$，由强度条件得

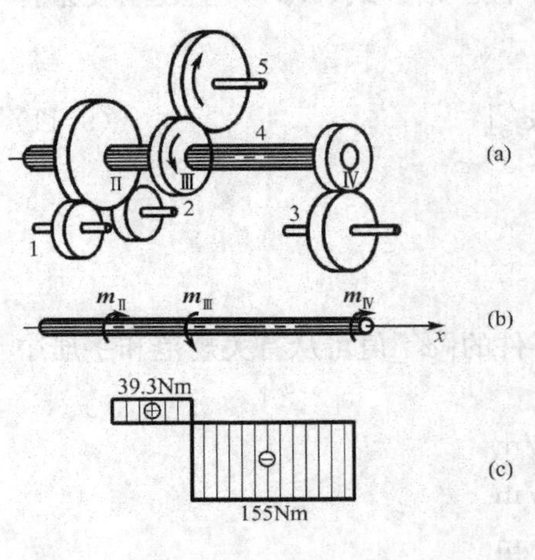

图9.4

$$\tau_{\max} = \frac{T_{\max}}{W_{\mathrm{p}}} = \frac{16T_{\max}}{\pi D^3} \leqslant [\tau]$$

$$D = \sqrt[3]{\frac{16T_{\max}}{\pi[\tau]}} = \sqrt[3]{\frac{16\times155}{\pi\times40\times10^6}} = 0.0272\mathrm{m}$$

其次，由刚度条件，

$$\varphi_{\max} = \frac{T_{\max}}{GI_{\mathrm{p}}}\times\frac{180}{\pi} = \frac{T_{\max}}{G\times\frac{\pi}{32}D^4}\times\frac{180}{\pi} \leqslant [\varphi']$$

$$D = \sqrt[4]{\frac{32T_{\max}\times180}{G\pi^2[\varphi']}} = \sqrt[4]{\frac{32\times155\times180}{80\times10^9\times\pi^2\times1.5}} = 0.0297\mathrm{m}$$

为了同时满足强度和刚度要求，选定轴的直径$D=30\mathrm{mm}$。可见，刚度条件是轴4的控制因素。由于刚度是大多数机床的主要矛盾，所以用刚度作为控制因素的轴也是相当普遍的。

像轴4这样靠齿轮传动的轴，它除了受扭外，同时还受到弯曲，应按扭弯组合变形计算(第10章)。但在开始设计时，由于轴的结构形式未定，轴承间的距离还不知道，支座反力不能求出，所以无法按扭弯组合变形计算。而扭矩的数值却与轴的结构形式无关，这样，可以先按扭转的强度条件和刚度条件初步估算轴的直径。再根据初估直径确定了轴的结构形式后，就可再按第11章和第14章提出的方法，做进一步的计算。

9.3 梁的弯曲变形及其刚度计算

工程中某些受弯构件不仅应该有足够的强度，还应该有足够的刚度。由于在一般细长梁中，剪力对弯曲变形的影响较小，可以忽略不计，故本章主要讨论梁在平面弯曲时由弯矩引起的弯曲变形，介绍梁的挠曲线近似微分方程及梁弯曲变形的两种计算方法，即积分法和叠加法求解梁的挠度和转角。并根据讨论的结果，建立弯曲变形的刚度条件。

工程实际中对某些受弯杆件的刚度要求有时是十分重要的。例如，机床主轴(图 9.5)，变形过大时，会影响轴上齿轮间的正常啮合，以及轴与轴承的配合，从而造成齿轮、轴承和轴的不均匀磨损，同时产生噪声，并影响加工精度。又如，输送液体的管道，若弯曲变形过大，将会影响管道内液体的正常输送，出现积液，沉淀或导致法兰盘连接不紧密的现象。

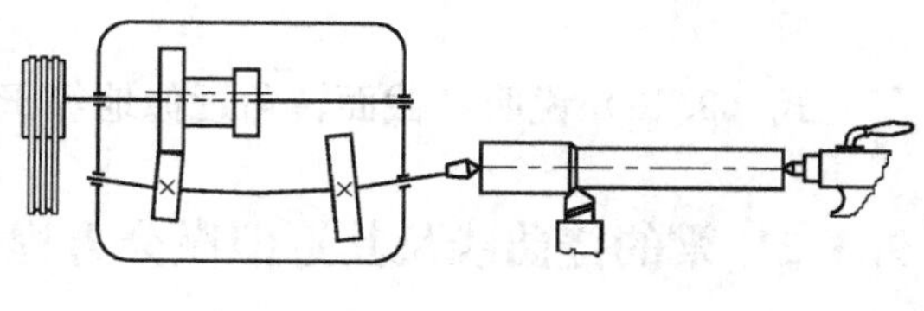

图 9.5

但在一些场合，又往往需要利用弯曲变形达到某种目的。例如车辆上使用的叠板弹簧(图 9.6)正是利用弯曲变形较大的特点，以达到缓冲减振的作用。又如，如图 9.7 所示的弹簧杆切断刀，由于弹簧刀杆的弹性变形较大，因此有较好的自动让刀作用，能有效地缓和冲击，切削速度比用直刀杆时提高了 2～3 倍。

为了限制或利用梁的变形，需要掌握弯曲变形的计算方法。另外，在求解超静定梁时，需要根据梁的变形，建立变形谐调条件。在讨论梁的振动问题分析，也需要知道梁的弯曲变形。

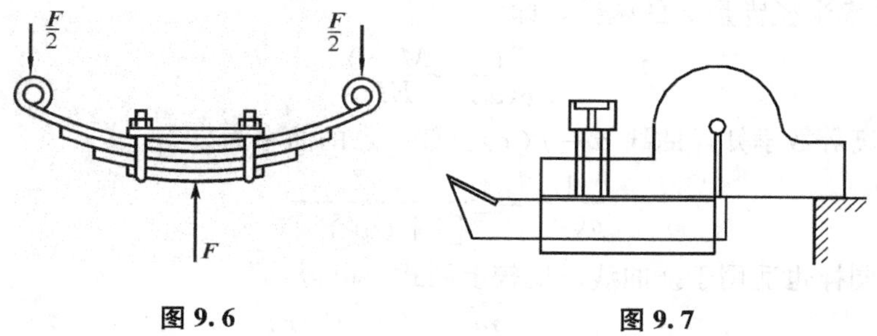

图 9.6　　图 9.7

9.3.1　梁的挠度与转角

图 9.8 所示为在荷载作用下的一任意梁。以变形前直梁的轴线为 x 轴，垂直向上的轴为 y 轴，在平面弯曲的情况下，变形后的梁轴线将成为 xy 平面内的一条光滑的曲线。该曲线称作梁的挠曲线，其方程可以表示为

$$w = f(x) \tag{9.12}$$

根据图 9.8 所示的变形曲线，弯曲变形可以由两个基本变量来度量：

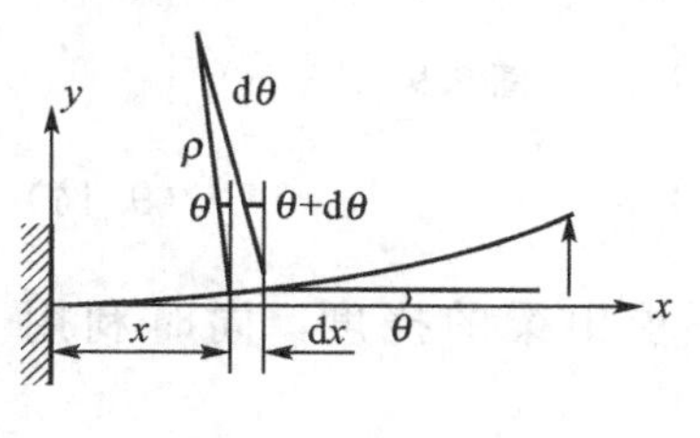

图 9.8

挠度——梁变形前轴线上的 x 点(即该点处横截面的形心)在 y 轴的方向上发生的线位移 w，称为梁在该点的挠度。在图 9.8所示坐标系下规定：挠度向上为正，向下为负。

转角——x 点处的横截面在弯曲变形过程中，绕中性轴转过的角度 θ，称为该截面的转角。规定转角逆时针为正，顺时针为负。

严格地说，梁的横截面形心还将产生 x 方向的位移，由于工程中常见的梁的挠度都远小于跨度，挠曲线是一条非常平坦的曲线，故横截面形心在 x 方向的位移可略去不计。

根据平面假设，梁的横截面在变形前垂直于轴线，变形后仍垂直于轴线，所以横截面转角 θ 就是挠曲线的法线与 y 轴的夹角，亦即挠曲线的切线与 x 轴的夹角。因为挠曲线是一非常平坦的曲线，θ 是一个非常小的角度，故有

$$\theta \approx \tan\theta = \frac{\mathrm{d}w}{\mathrm{d}x} = f'(x) \tag{9.13}$$

式(9.13)说明，截面转角近似地等于挠曲线上与该截面对应的点处切线的斜率。

9.3.2 梁的挠曲线及其近似微分方程

在第8章推导弯曲正应力时，曾得到梁的中性层的曲率表达式(当 $\sigma \leqslant \sigma_p$ 时)为

$$\frac{1}{\rho} = \frac{M}{EI_z}$$

对于细长梁，若忽略剪力对弯曲变形的影响，上式仍可用于横力弯曲。但此时，梁上的弯矩 **M** 和曲率半径皆是 x 的函数，即

$$\frac{1}{\rho(x)} = \frac{M(x)}{EI_z}$$

另外，由高等数学知，曲线 $w=f(x)$ 上任一点的曲率为

$$\frac{1}{\rho(x)} = \pm\frac{w''}{[1+(w')^2]^{\frac{3}{2}}}$$

上述关系同样也适用于挠曲线。比较上两式，可得：

$$\pm\frac{w''}{[1+(w')^2]^{\frac{3}{2}}} = \frac{M(x)}{EI_z}$$

上式称为挠曲线微分方程。在工程实际中，梁的挠度 w 和转角 θ 数值都很小，因此 $(w')^2$ 与1相比也很小，可以忽略不计。于是上式又可简化为

$$\pm w'' = \frac{M(x)}{EI_z}$$

根据弯矩正负号的规定，当挠曲线向下凸出时，M 为正(图9.9)。另一方面，在本章所选定的右手系中，向下凸出的曲线的二阶导数 w'' 也为正。同理，当挠曲线向上凸时，M 为负而 w'' 也为负。所以，上述两端的符号应一致。于是，上述表达式成为

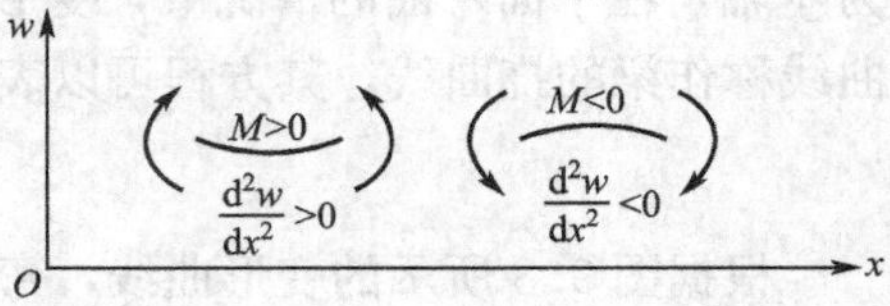

图 9.9

$$\frac{\mathrm{d}^2 w}{\mathrm{d}x^2} = \frac{M(x)}{EI_z} \tag{9.14}$$

式(9.14)称做挠曲线近似微分方程，由此方程即可求出梁的挠度，同时利用式(9.13)，又可求得梁横截面的转角。

9.3.3 用积分法求梁的位移

梁的挠曲线近似微分方程是在线弹性小变形情况下研究梁弯曲变形的基本方法。通过

求解上述微分方程，即可得到梁的挠曲线方程和转角方程，并可进一步求出梁任意截面的挠度和转角。

在等直梁的情况下，EI_z 等于常数，式(9.14)又可表示为

$$EI_z w''=M(x)$$

两端积分，可得梁的转角方程为

$$EI_z w' = EI_z\theta = \int M(x)\mathrm{d}x + C$$

再次积分，即可得到梁的挠曲线方程

$$EI_z w = \int\left(\int M(x)\mathrm{d}x\right)\mathrm{d}x + Cx + D$$

上式中 C 和 D 为积分常数，它们可由梁的支承约束条件和连续性条件(统称为边界条件)确定。

例 9.5 如图 9.10 所示，等直悬臂梁 AB 长度为 l，受均布荷载 q 作用，试求 AB 梁的最大挠度和转角。

解： 取如图 9.10 所示的坐标系，梁的弯矩方程为

$$M(x)=-\frac{1}{2}q(l-x)^2$$

$$=-\frac{1}{2}qx^2+qlx-\frac{1}{2}ql^2\ (0<x\leqslant l)$$

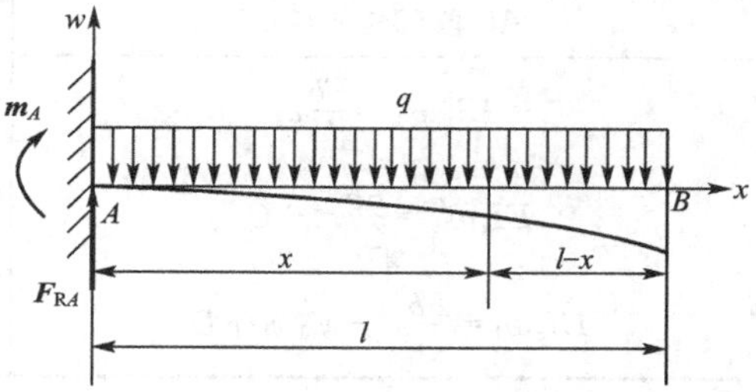

所以 AB 梁的挠曲线近似微分方程为

$$EI_z w''=-\frac{1}{2}qx^2+qlx-\frac{1}{2}ql^2$$

图 9.10

积分上式，可得

$$EI_z w'=EI_z\theta=-\frac{1}{6}qx^3+\frac{1}{2}qlx^2-\frac{1}{2}ql^2x+C$$

再积分上式，得

$$EI_z w=-\frac{1}{24}qx^4+\frac{1}{6}qlx^3-\frac{1}{4}ql^2x^2+Cx+D$$

悬臂梁的两个边界条件为：$x=0$(固定端)，挠度 w 和转角 θ 都为零，代入上两式确定出 $C=0$ 和 $D=0$。

所以，AB 梁的转角方程和挠曲线方程分别为

$$\theta(x)=\frac{1}{EI_z}\left(-\frac{1}{6}qx^3+\frac{1}{2}qlx^2-\frac{1}{2}ql^2x\right)$$

$$w(x)=\frac{1}{EI_z}\left(-\frac{1}{24}qx^4+\frac{1}{6}qlx^3-\frac{1}{4}ql^2x^2\right)$$

AB 梁的挠曲线大致形状如图 9.10 所示，从图中可以看到，最大挠度和转角都发生在梁的自由端。即

$$\theta_B=\theta(x)\mid_{x=l}=-\frac{ql^3}{6EI_z}$$

$$w_B=w(x)\mid_{x=l}=-\frac{ql^4}{8EI_z}$$

θ_B为负值，说明B截面转角是顺时针的；w_B为负值表示B点的挠度向下。

例 9.6 如图 9.11 所示，简支梁 AB 受集中力 $\boldsymbol{F}$ 作用，试讨论该梁的弯曲变形。

解：(1) 求梁的挠曲线方程和转角方程。在外力 $\boldsymbol{F}$ 作用下，支座 A、B 处的支反力分别为

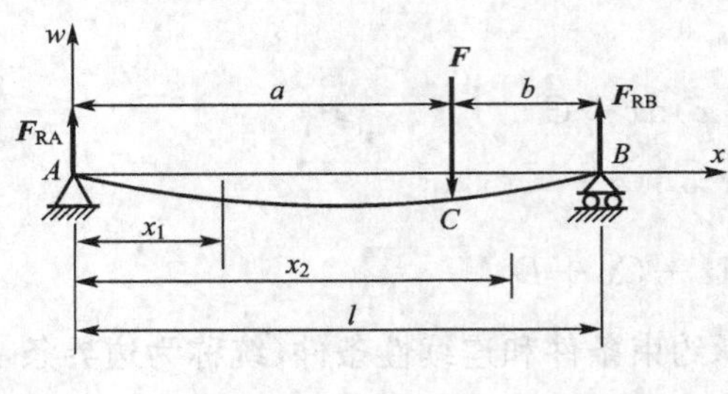

图 9.11

$$F_{\mathrm{RA}}=\frac{b}{l}F,F_{\mathrm{RB}}=\frac{a}{l}F$$

AB 梁的 AC、CB 段的弯矩方程分别为

$$M_1(x_1)=\frac{b}{l}Fx_1(0\leqslant x_1\leqslant a)$$

$$M_2(x_2)=\frac{b}{l}Fx_2-F(x_2-a)(a\leqslant x_2\leqslant l)$$

列出梁各段的挠曲线近似微分方程并积分，见表 9-2。

表 9-2

AC 段($0\leqslant x_1\leqslant a$)	CB 段($a\leqslant x_2\leqslant l$)
$EI_zw''_1=\frac{Fb}{l}x_1$	$EI_zw''_2=\frac{Fb}{l}x_2-F(x_2-a)$
$EI_zw'_1=\frac{Fb}{2l}x_1^2+C_1$	$EI_zw_2=\frac{Fb}{2l}x_2^2-\frac{F}{2}(x_2-a)^2+C_2$
$EI_zw_1=\frac{Fb}{6l}x_1^3+C_1x_1+D_1$	$EI_zw_2=\frac{Fb}{6l}x_2^3-\frac{F}{6}(x_2-a)^3+C_2x_2+D_2$

积分中出现 4 个积分常数 C_1、D_1 和 C_2、D_2，故需要 4 个条件来确定。由于 AB 梁的挠曲线应该是一条光滑连续的曲线，因此，在 AC 和 CB 两段挠曲线的交界截面 C 处，挠曲线应有唯一的挠度和转角。即挠曲线在 C 截面的连续条件为：当 $x_1=x_2=a$ 时，$\theta_1=\theta_2$，$w_1=w_2$。即

$$\frac{Fb}{2l}a^2+C_1=\frac{Fb}{2l}a^2-\frac{F}{2}(a-a)^2+C_2$$

$$\frac{Fb}{6l}a^3+C_1a+D_1=\frac{Fb}{6l}a^3-\frac{F}{6}(a-a)^3+C_2a+D_2$$

由以上两式解得

$$C_1=C_2\quad D_1=D_2$$

此外，梁在 AB 两端的支承约束条件为

$$x_1=0\text{ 时；}\quad w_1=0$$

$$x_2=l\text{ 时；}\quad w_2=0$$

即 $D_1=0$，

$$\frac{Fb}{6l}l^3-\frac{F}{6}(l-a)^3+C_2l=0$$

解得
$$D_1=D_2=0;\ C_1=C_2=-\frac{Fb}{6l}(l^2-b^2)$$

将积分常数代入表 9-2，得梁 AB 的挠曲线方程和转角方程，结果见表 9-3。

表 9-3

AC 段($0\leqslant x_1\leqslant a$)	CB 段($a\leqslant x_2\leqslant l$)
$\theta_1=w'_1=-\frac{Fb}{6EI_zl}(l^2-b^2-3x_1^2)$	$\theta_2=w'_2=-\frac{Fb}{6EI_zl}\left[(l^2-b^2-3x_2^2)+\frac{3l}{b}(x_2-a)^2\right]$
$w_1=-\frac{Fbx_1}{6EI_zl}(l^2-b^2-x_1^2)$	$w_2=-\frac{Fb}{6EI_zl}\left[(l^2-b^2-x_2^2)x_2+\frac{l}{b}(x_2-a)^3\right]$

(2) 求梁的最大挠度和转角。

将 $x_1=0$ 和 $x_2=l$ 代入表 9-3 中的转角方程，得 A、B 截面的转角分别为

$$\theta_A=\theta_1(x_1)\big|_{x_1=0}=-\frac{Fab(l+b)}{6EI_zl},\quad \theta_B=\theta_2(x_2)\big|_{x_2=l}=\frac{Fab(l+a)}{6EI_zl}$$

若 $a>b$，则可以断定 θ_B 为梁的最大转角。

为了确定挠度为极值的截面，先确定 C 截面的转角

$$\theta_c=\theta_1(x_1)\big|_{x_1=a}=\frac{Fab}{3EI_zl}(a-b)$$

若 $a>b$，则转角 $\theta_C>0$。因为 AC 段挠曲线为光滑连续曲线，而 $\theta_A<0$，当转角从截面 A 到截面 C 连续地由负值变为正值时，AC 段内必有一截面转角为零，此截面即为挠度最大的截面位置。为此，令 $\theta_1(x_1)=0$，即

$$\frac{Fb}{6EI_zl}(l^2-b^2-3x_0^2)=0$$

解得

$$x_0=\sqrt{\frac{l^2-b^2}{3}}$$

将 x_0 值代入挠曲线方程得梁 AB 的最大挠度为

$$w_{max}=\left|[w_1(x_1)]_{x_1=x_0}\right|=-\frac{Fb}{9\sqrt{3}EI_zl}\sqrt{(l^2-b^2)^3}$$

(3) 讨论两种特殊情况的挠度。

当集中力 $\boldsymbol{F}$ 作用在梁跨度中点$\left(即\ a=b=\frac{l}{2}\right)$时，极值点 x_0 及最大挠度 w_{max} 为

$$x_0=\sqrt{\frac{l^2-b^2}{3}}\Bigg|_{b=\frac{l}{2}}=\frac{l}{2},\quad w_{max}=-\frac{Fl^3}{48EI_z}$$

当集中力 $\boldsymbol{F}$ 无限接近于右端支座 $B(b\to 0)$时，极值点 x_0 及最大挠度为

$$x_0=\sqrt{\frac{l^2-b^2}{3}}\Bigg|_{b\to 0}=\frac{1}{\sqrt{3}}l=0.577l$$

$$w_{max}=-\frac{Fb}{9\sqrt{3}EI_zl}\sqrt{(l^2-b^2)^3}\Bigg|_{b\to 0}=-\frac{Fb}{9\sqrt{3}EI_z}l^2$$

而此时中点处的挠度为

$$w_{\frac{l}{2}}=\left|[w_1(x_1)]_{x_1=l/2}\right|=-\frac{Fb}{48EI_z}(3l^2-4b^2)\approx-\frac{Fbl^2}{16EI_z}$$

若用中点处的挠度 w_{max} 代替最大挠度 w_{max}，所引起的误差为

$$\frac{w_{max}-w_{l/2}}{w_{max}}=\frac{\frac{1}{9\sqrt{3}}-\frac{1}{16}}{\frac{1}{9\sqrt{3}}}=2.65\%$$

可见在这种极端的情况下，用中点挠度代替最大挠度，误差仅为 2.65%，故对于简支梁，只要挠曲线上无拐点，总可用跨度中点的挠度代替最大挠度，并且不会引起很大误差。

9.3.4 用叠加法求梁的挠度和转角

积分法是求梁弯曲变形的基本方法，利用此方法的优点是可以求得转角和挠度的普通方程式。但当只需确定某些特定截面的转角和挠度时，积分法就显得比较繁琐。通过上节的讨论，可知，在材料服从胡克定律和小变形情况下，挠曲线微分方程是线性的。线性方程的解可以用叠加法求得。设梁上作用着 n 种荷载，第一种荷载引起的弯矩为 $M_1(x)$，挠度为 $w_1(x)$；第二种荷载引起的弯矩为 $M_2(x)$，挠度为 $w_2(x)$；第 n 种荷载引起的弯矩为 $M_n(x)$，挠度为 $w_n(x)$。由于在上述条件下，内力弯矩与荷载也是线性关系。所以 n 种荷载共同作用时所引起的弯矩为 $M(x)=M_1(x)+M_2(x)+\cdots+M_n(x)$。

当 n 种荷载单独作用时的挠曲微分方程分别为

$$EI_z w_1''=M_1(x)$$
$$EI_z w_2''=M_2(x)$$
$$\cdots$$
$$EI_z w_n''=M_n(x)$$

将上 n 个式子相加，得

$$EI_z(w_1+w_2+\cdots+w_n)''=M_1(x)+M_2(x)+\cdots+M_n(x)=M(x)$$

但是，n 种荷载同时作用时的挠曲微分方程为

$$EI_z w''=M(x)$$

比较前两式，得

$$w(x)=w_1(x)+w_2(x)+\cdots+w_n(x)$$

对于 x 微分上式，得

$$\theta(x)=\theta_1(x)+\theta_2(x)+\cdots+\theta_n(x)$$

这就证明了求挠度或转角的叠加原理：在材料服从胡克定律和小变形情况下，梁上有几种荷载共同作用时的挠度或转角，等于几种荷载分别单独作用时的挠度或转角之代数和。

为了叠加的方便，现将梁在简单荷载作用下的变形汇总于表 9-4 中，以便直接查用。

表 9-4

序号	梁的简图	挠曲线方程	转角和挠度
①		$w=-\dfrac{mx^2}{2EI_z}$	$\theta_B=-\dfrac{ml}{EI_z}$ $w_B=-\dfrac{ml^2}{2EI_z}$
②		$w=-\dfrac{mx^2}{2EI_z}$，$0\leqslant x\leqslant a$ $w=-\dfrac{ma}{EI_z}\left[(x-a)+\dfrac{a}{2}\right]$， $a\leqslant x\leqslant l$	$\theta_B=-\dfrac{ma}{EI_z}$ $w_B=-\dfrac{ma}{EI_z}\left(l-\dfrac{a}{2}\right)$

（续）

序号	梁的简图	挠曲线方程	转角和挠度
③	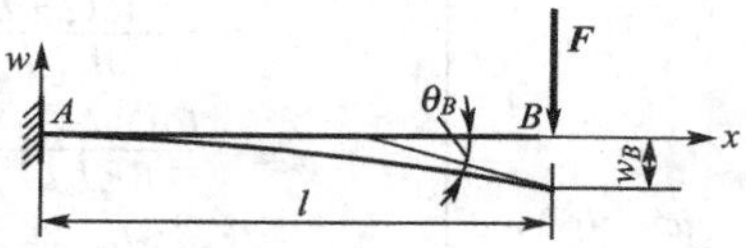	$w=-\dfrac{Fx^2}{6EI_z}(3l-x)$	$\theta_B=-\dfrac{Fl^2}{2EI_z}$ $w_B=-\dfrac{Fl^3}{3EI_z}$
④	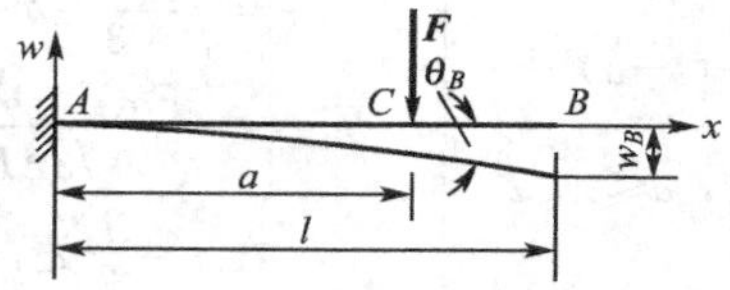	$w=-\dfrac{Fx^2}{6EI_z}(3a-x)$，$0\leqslant x\leqslant a$ $w=-\dfrac{Fa^2}{6EI_z}(3x-a)$，$a\leqslant x\leqslant l$	$\theta_B=-\dfrac{Fa^2}{2EI_z}$ $w_B=-\dfrac{Fa^2}{6EI_z}(3l-a)$
⑤	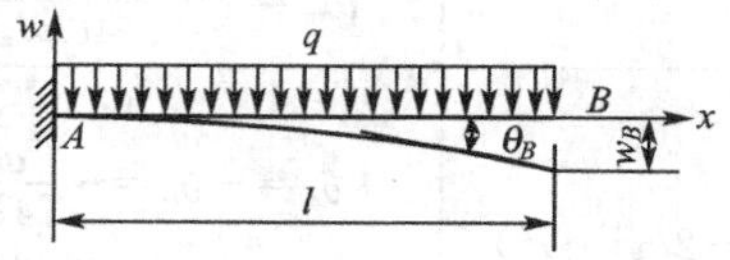	$w=-\dfrac{qx^2}{24EI_z}(x^2-4lx+6l^2)$	$\theta_B=-\dfrac{ql^3}{6EI_z}$ $w_B=-\dfrac{ql^4}{8EI_z}$
⑥	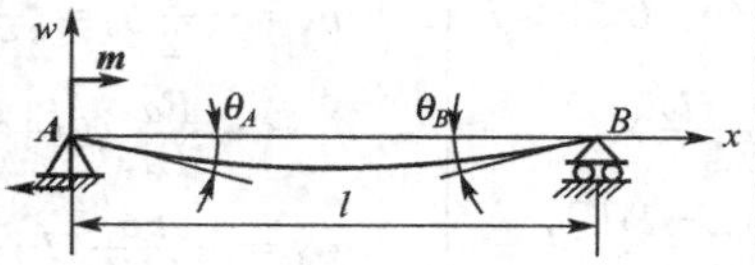	$w=-\dfrac{mx}{6EI_zl}(l-x)(2l-x)$	$\theta_A=-\dfrac{ml}{3EI_z}$ $\theta_B=\dfrac{ml}{6EI_z}$ $x=\left(1-\dfrac{1}{\sqrt{3}}\right)l$ $w_{\max}=-\dfrac{ml^2}{9\sqrt{3}EI_z}$ $x=\dfrac{l}{2}$，$w_{\frac{l}{2}}=-\dfrac{ml^2}{16EI_z}$
⑦	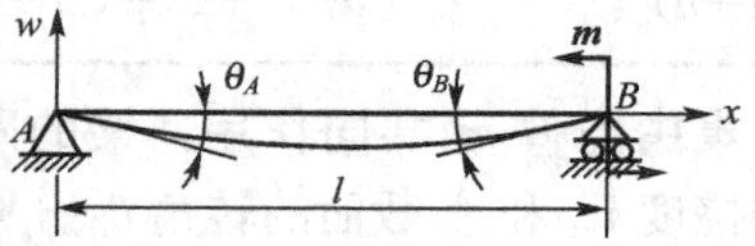	$w=-\dfrac{mx}{6EI_zl}(l^2-x^2)$	$\theta_A=-\dfrac{ml}{6EI_z}$ $\theta_B=\dfrac{ml}{3EI_z}$ $x=\dfrac{1}{\sqrt{3}}$，$w_{\max}=-\dfrac{ml^2}{9\sqrt{3}EI_z}$ $x=\dfrac{l}{2}$，$w_{\frac{l}{2}}=-\dfrac{ml^2}{16EI_z}$
⑧	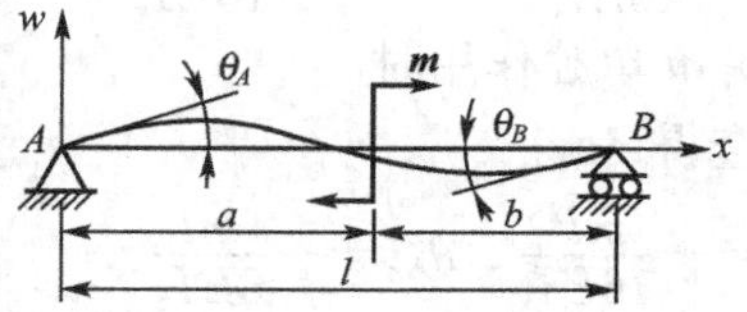	$w=\dfrac{mx}{6EI_zl}(l^2-3b^2-x^2)$， $0\leqslant x\leqslant a$ $w=\dfrac{m}{6EI_zl}[-x^3+3l(x-a)^2$ $+(l^2-3b^2)x]$，$a\leqslant x\leqslant l$	$\theta_A=\dfrac{m}{6EI_zl}(l^2-3b^2)$ $\theta_B=\dfrac{m}{6EI_zl}(l^2-3a^2)$
⑨	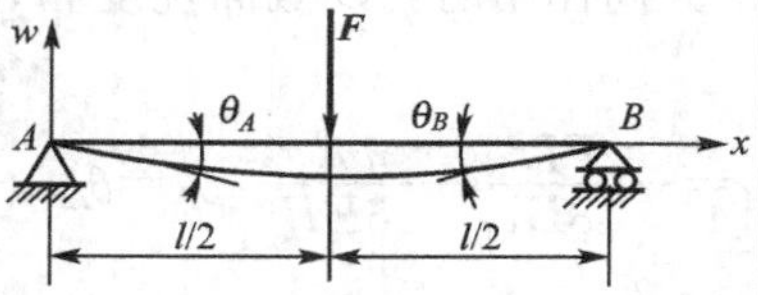	$w=-\dfrac{Fx}{48EI_z}(3l^2-4x^2)$， $0\leqslant x\leqslant \dfrac{l}{2}$	$\theta_A=-\theta_B=-\dfrac{Fl^2}{16EI_z}$ $w_{\max}=-\dfrac{Fl^3}{48EI_z}$

（续）

序号	梁的简图	挠曲线方程	转角和挠度
⑩		$w=-\frac{Fbx}{6EI_zl}(l^2-x^2-b^2)$， $0\leqslant x\leqslant a$ $w=-\frac{Fb}{6EI_zl}\Big[\frac{l}{6}(l-a)^3+$ $(l^2-b^2)x-x^2\Big]$，$a\leqslant x\leqslant l$	$\theta_A=-\frac{Fab(l+b)}{6EI_zl}$ $\theta_B=\frac{Fab(l+a)}{6EI_zl}$ 设 $a>b$，在 $x=\sqrt{\frac{l^2-b^2}{3}}$处， $w_{max}=-\frac{Fb(l^2-b^2)^{3/2}}{9\sqrt{3}EI_zl}$ 在 $x=\frac{l}{2}$处， $w_{\frac{l}{2}}=-\frac{Fb(3l^2-4b^2)}{48EI_z}$
⑪		$w=-\frac{qx}{24EI_z}(l^3-2lx^2+x^3)$	$\theta_A=-\theta_B=-\frac{ql^3}{24EI_z}$ $w_{max}=-\frac{5ql^4}{384EI_z}$
⑫		$w=\frac{Fax}{6EI_zl}(l^2-x^2)$，$0\leqslant x\leqslant l$ $w=-\frac{F(x-l)}{6EI_z}\times$ $[a(3x-l)-(x-l)^2]$， $l\leqslant x\leqslant(l+a)$	$\theta_A=-\frac{1}{2}\theta_B=\frac{Fal}{6EI_z}$ $\theta_C=-\frac{Fa}{6EI_z}(2l+3a)$ $w_C=-\frac{Fa^2}{3EI_z}(l+a)$
⑬		$w=-\frac{mx}{6EI_zl}(x^2-l^2)$，$0\leqslant x\leqslant l$ $w=-\frac{m}{6EI_z}(3x^2-4xl+l^2)$， $l\leqslant x\leqslant(l+a)$	$\theta_A=-\frac{1}{2}\theta_B=\frac{ml}{6EI_z}$ $\theta_C=-\frac{m}{3EI_z}(l+3a)$ $w_C=-\frac{ma}{6EI_z}(2l+3a)$

例 9.7 如图 9.12 所示，简支梁受集中力 $\boldsymbol{F}$ 和集中力偶 $\boldsymbol{m}$ 共同作用，梁的刚度为 EI_z，求梁中点的挠度 w_C 和 A 截面的转角 θ_A。

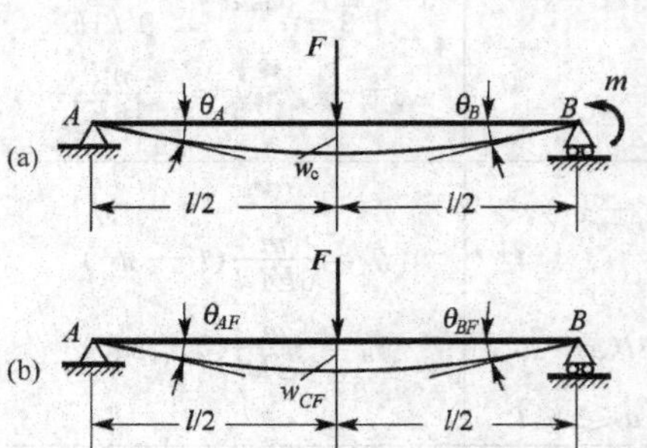

图 9.12

解：梁在荷载 F 单独作用时，由表 9-4⑨查得

$$w_{CF}=-\frac{Fl^3}{48EI_z},\quad \theta_{AF}=-\frac{Fl^2}{16EI_z}$$

梁在集中力偶 $\boldsymbol{m}$ 单独作用时

由表 9-4⑦查得

$$w_{Cm}=-\frac{ml^2}{16EI_z},\ \theta_{Am}=-\frac{ml}{6EI_z}$$

所以，F 和 m 共同作用时，C 截面挠度和 A 截面转角分别为：

$$w_C=w_{CF}+w_{CM}=-\frac{FL^3}{48EI_z}-\frac{ml^2}{16EI_z}\quad \theta_A=\theta_{AF}+\theta_{Am}$$

$$=-\frac{FL^2}{16EI_z}-\frac{ml}{6EI_z}$$

例 9.8 如图 9.13 所示，求简支梁 AB 跨度中点 C 的挠度。梁的抗弯刚度为 EI_z，$b<\frac{l}{2}$。

$$dF = q\mathrm{d}x$$

解：在梁的 DB 段内距 A 端为 x 处截取 $\mathrm{d}x$ 微段，将作用在该微段上的荷载看作一个集中力 $\mathrm{d}F$，即 $\mathrm{d}F=q\,\mathrm{d}x$，则可由表 9-4⑩查得 $\mathrm{d}F$ 作用时 C 点的挠度为

$$\mathrm{d}w_C=-\frac{(q\mathrm{d}x)(l-x)}{48EI_z}\left[3l^2-4(l-x)^2\right]$$

由于 $\mathrm{d}F=q\mathrm{d}x$ 在 DB 内连续作用，积分 $\mathrm{d}w_C$ 后即可得 C 点的挠度

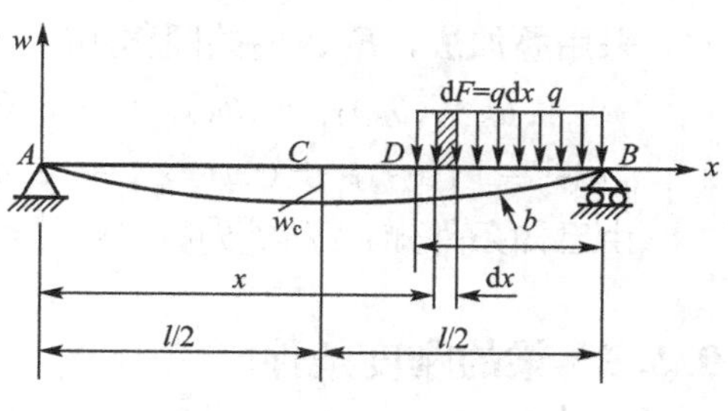

图 9.13

$$w_C=\int_{l-b}^{l}\mathrm{d}w_C=-\frac{qb^2}{48EI}\left(\frac{3}{2}l^2-b^2\right)$$

例 9.9 如图 9.14 (a)所示为车床主轴的示意图。轴的外径 $D=80\text{mm}$，内径 $d=40\text{mm}$，$l=400\text{mm}$，$a=100\text{mm}$，材料的 $E=210\text{GPa}$。设切削力 $F_1=2\text{kN}$，齿轮传动力 $F_2=1\text{kN}$。若主轴的许可变形为：卡盘 C 处的挠度$(w_c)=l/10^4=40\times10^{-6}\text{m}$，轴承 B 处的转角不超过 10^{-3} 弧度，试校核主轴的刚度。

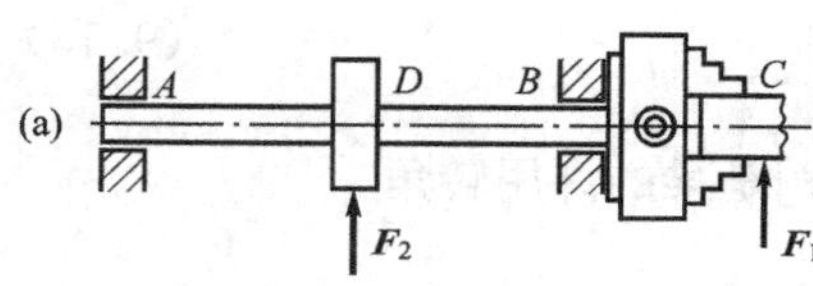

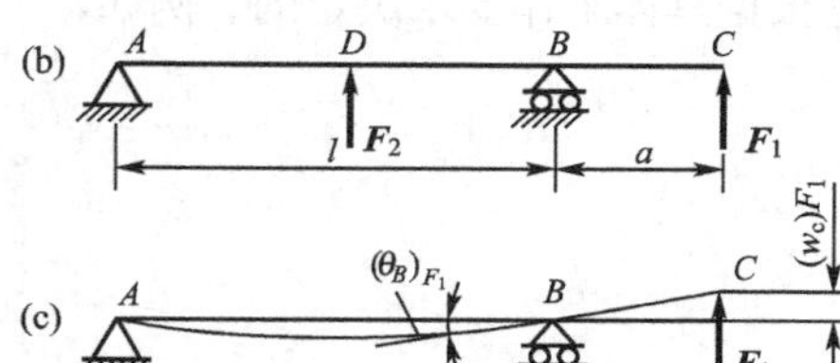

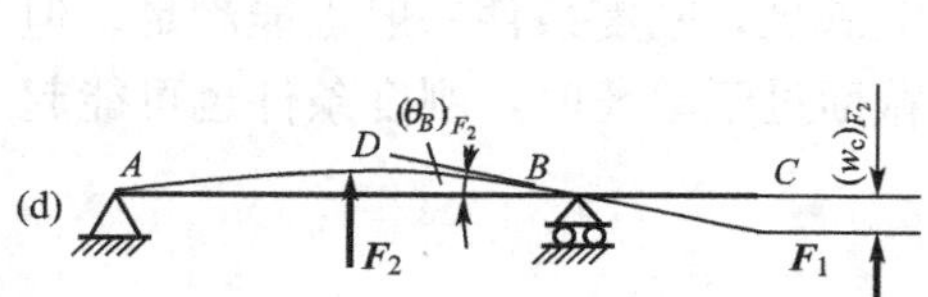

图 9.14

解：车床主轴的惯性矩为

$$I=\frac{\pi}{64}(D^4-d^4)=\frac{\pi}{64}(80^4-40^4)\times10^{-12}$$

$$=188\times10^{-8}\text{m}^4$$

主轴的力学简化模型如图 9.14(b)所示。主轴的弯曲变形可看成是图 9.14(c)和图 9.14(d)两种情况的叠加。

F_1 单独作用时［图 9.14(c)］，查表 9-4⑫有

$$(\theta_B)_{F_1}=\frac{F_1al}{3EI_z}=\frac{2\times10^3\times100\times10^{-3}\times400\times10^{-3}}{3\times210\times10^9\times188\times10^{-8}}$$

$$=0.676\times10^{-4}\text{rad}$$

$$(w_C)_{F_1}=\frac{F_1a^2}{3EI_z}(l+a)=\frac{2\times10^3\times(100\times10^{-3})^2}{3\times210\times10^9\times188\times10^{-8}}(400\times10^{-3}+100\times10^{-3})$$

$$=8.44\times10^{-6}\text{m}$$

F_2 单独作用时［图 9.14(d)］，查表 9-4⑨，有

$$(\theta_B)_{F_2}=-\frac{F_2l^2}{16EI_z}=-\frac{1\times10^3\times(400\times10^{-3})^2}{16\times210\times10^9\times188\times10^{-8}}=-0.253\times10^{-4}\text{rad}$$

F_2单独作用时，外伸部分BC上无荷载，仍为直线，而且$(\theta_B)_{F_2}$又是一个非常小的角度，所以C点的挠度为

$$(w_C)_{F_2}=(\theta_B)_{F_2}\times a=-0.253\times10^{-4}\times100\times10^{-3}=-2.53\times10^{-6}\,\mathrm{m}$$

采用叠加法，F_1、F_2共同作用时，主轴B截面的转角和C截面的挠度为

$$\theta_B=(\theta_B)_{F_1}+(\theta_B)_{F_2}=0.676\times10^{-4}-0.253\times10^{-4}=0.423\times10^{-4}\,\mathrm{rad}$$

$$|w_C|=|(w_C)_{F_1}+(w_C)_{F_2}|=|8.44\times10^{-6}-2.53\times10^{-6}|=5.91\times10^{-6}\,\mathrm{m}$$

由已知条件知：$\theta_B<[\theta]_B$，$|w_C|<[w_C]$主轴满足刚度条件。

9.3.5 梁的刚度条件

为使梁安全正常工作，应使梁具有足够的刚度，根据具体的工作要求，限制梁的最大挠度与跨长之比值和最大转角(或特定截面的挠度和转角)，不超过某一规定的数值。所以，梁弯曲的刚度条件为

$$\frac{w_{\max}}{l}\leqslant\left[\frac{w}{l}\right],\quad \theta_{\max}\leqslant[\theta] \tag{9.15}$$

式(9.15)中，$\left[\frac{w}{l}\right]$是梁的许用挠度与跨长之比值，$[\theta]$是梁的许用转角。

许用挠度与跨长之比值$\left[\frac{w}{l}\right]$和许用转角$[\theta]$的值，是根据具体工作要求决定的。例如，

在土建工程中 $\left[\frac{w}{l}\right]=\frac{1}{1000}\sim\frac{1}{250}$

在机械制造工程中 $\left[\frac{w}{l}\right]=\frac{1}{10000}\sim\frac{1}{5000}$

传动轴支座处 $[\theta]=0.005\sim0.001\,\mathrm{rad}$

应当指出，一般土建工程中的构件，强度要求如能满足，刚度条件一般也能满足。但当对构件的位移限制很严，或按强度条件设计的构件截面过于单薄时，刚度条件也可能起控制作用。

9.3.6 提高弯曲刚度的措施

从挠曲线近似微分方程及积分结果可以看出，影响梁的变形的主要因素有3个：梁的跨度l，抗弯刚度EI和所受的荷载。所以，提高弯曲刚度，应从以下两个方面采取措施。

1. 增加支承约束，减小梁的跨度

在可能的条件下，尽量减小梁的跨度是提高弯曲刚度的有效措施。如我国135系列柴油机采用的盘形组合曲轴的基本特点是使盘形大直径主轴兼有曲柄臂的功能[图9.15(a)]。因而，大大缩短了气缸的中心距，其轴向尺寸l仅为曲柄式曲轴［图9.15(b)］相应部分的1/3。不仅结构紧凑，曲柄刚度也提高了40%。如果梁变形过大而又不允许减小梁的长度时，则可采用其他结构(桁架)或增加支承约束。如发动机的凸轮轴或变速箱的传动轴等均采用增加中间支承以提高弯曲刚度的办法(图9.16)。再如，在镗长孔时安装尾架(图9.17)，镗深孔时镗杆上垫木块(图9.18)，以及车长轴时加顶尖支承(图9.19)，车细

长轴时加中心架或跟刀架支承，都是增加梁的支承点。

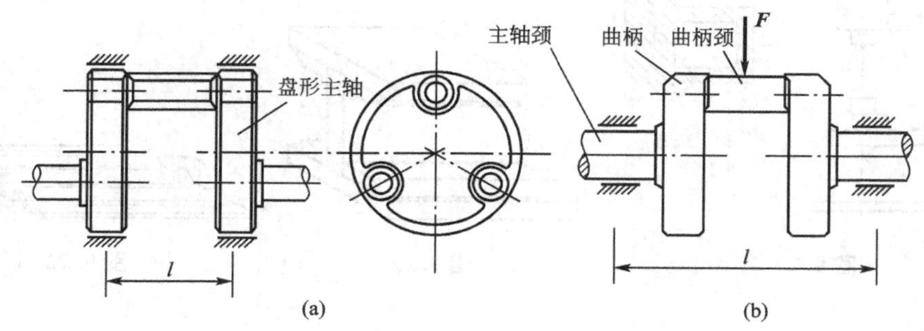

图 9.15

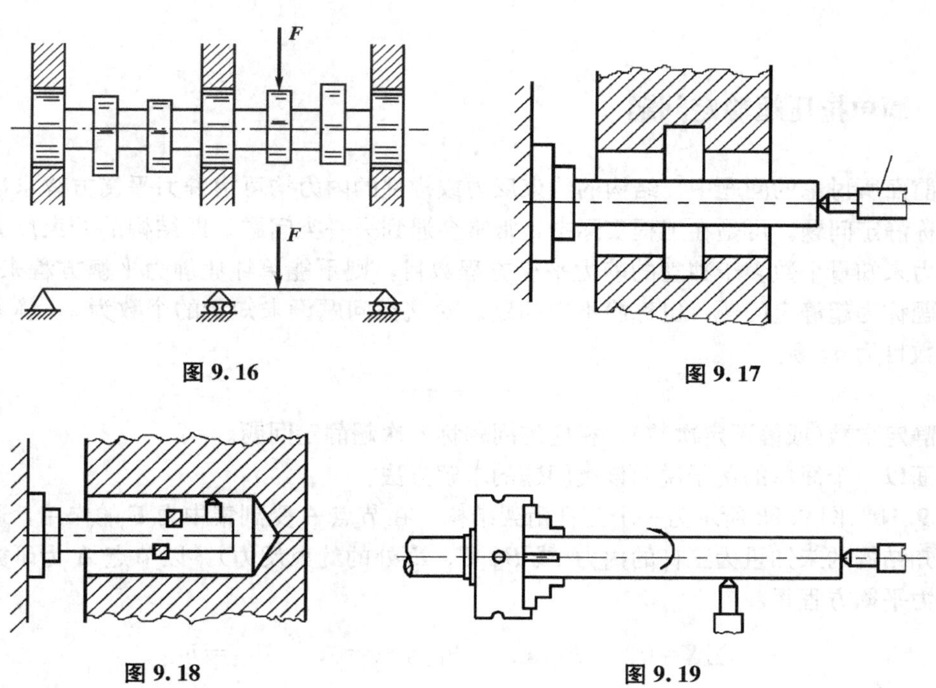

图 9.16

图 9.17

图 9.18

图 9.19

2. 选择合理截面，增大梁的抗弯刚度

梁的弯曲刚度 EI_z 与梁的变形成反比。增大梁的弯曲刚度可以减小其变形。由于各种钢材(包括各种普通碳素钢、优质合金钢)的弹性模量 E 的数值相差不多，故通过选用优质钢材来提高梁的刚度意义不大。因此，主要方法是增大截面的惯性矩 I_z。即选用合理截面，使用比较小的截面面积获得较大的惯性矩来提高梁的刚度。例如，自行车车架用圆管代替实心杆，不仅增加了车架的强度，也提高了车架的抗弯刚度。再如，各种机床的床身、立柱等多采用空心薄壁箱形件，其目的也正是为了增加截面的惯性矩，如图 9.20 所示。对一些原来刚度不足的构件，也可以通过增大惯性矩的措施，来提高其刚度。如工字钢梁在上、下翼缘处焊接钢板(图 9.21)和将薄板冲压出一些筋条，以提高其弯曲刚度(图 9.22)。

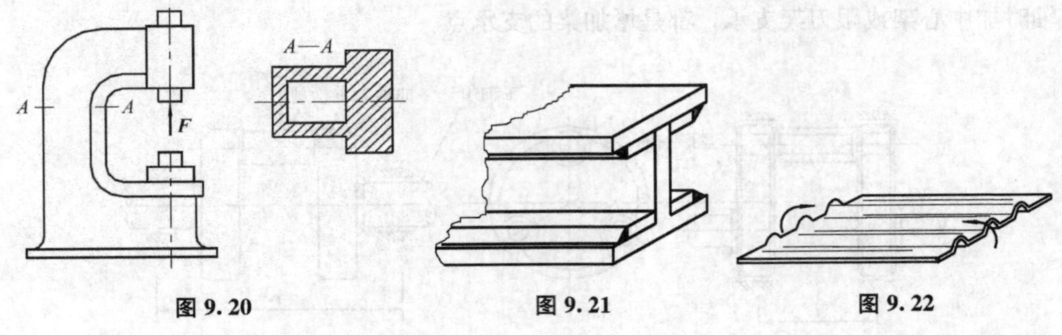

图 9.20　　图 9.21　　图 9.22

9.4 简单超静定问题

9.4.1 简单拉压超静定问题

在前面所讨论的问题中，结构的约束反力或构件的内力均可由静力平衡方程求出，这类问题称静定问题。可是在工程实际中，常常会遇到另一类问题，即结构的约束反力或构件的内力未知量个数多于独立的静力平衡方程数目，则不能单纯凭静力平衡方程来求解。这类问题称为超静定问题，也称静不定问题。对这类问题设未知量的个数为 s，静力平衡方程的数目为 n，则

$$z=s-n$$

称为超静定次数(或静不定次数)，相应的问题称 z 次超静定问题。

下面以一个简单的例子说明该类问题的求解方法。

例 9.10　图 9.23 所示为一个三杆桁架结构，在节点 A 受到集中力 $\boldsymbol{F}$ 的作用，通过受力分析知结构的未知量为三杆的内力(或 B、C、D 处的约束反力)，以节点 A 为研究对象列出静力平衡方程得：

$$\sum X=0,\quad F_{N1}\sin\alpha-F_{N2}\sin\alpha=0,\quad F_{N1}=F_{N2}$$

$$\sum Y=0,\quad F_{N3}+2F_{N1}\cos\alpha-F=0$$

显然独立的平衡方程数目只有 2 个，无法解出 3 个未知量 F_{N1}、F_{N2}、F_{N3}，此乃一次超静定问题。只依靠平衡方程只能够求出内力的合力。为了求得问题的解答，必须寻求静力平衡方程之外的补充方程。也就是要知道内力的合力在 3 根杆内的分布规律。但是力是看不见的，而变形则是具体可见的。所以如果知道了变形的分布规律，再通过胡克定律，就可以找到内力的分布规律。问题就可以得到解决了。因此，解超静定问题，一定要结合 3 个方面来求解：①平衡方程；②变形协调条件(变形的分布规律)；③物理关系。

我们来研究变形的情况。设 1，2 杆的抗拉(压)刚度相同，则桁架变形是关于 3 杆对称的，即节点 A 将竖直地移动到某点 A_1，A 点位移 AA_1 也就是杆 3 的伸长 Δl_3。为了保证 1 杆变形后仍与 3 杆在 A 点铰接，以 B 点为圆心，杆 1 的原长 $l/\cos\alpha$ 为半径作圆弧，

圆弧以外的线段即为杆 1 的伸长 Δl_1。由于变形很小，可用垂直于 A_1B 的直线 AE 代替上述弧线，且仍认为 $\angle AA_1B=\alpha$，则

$$\Delta l_1=\Delta l_3\cos\alpha$$

这是 1、2、3 杆受力变形后必须满足的变形关系，否则三杆将不再铰接一点，结构将发生破坏。由于上述关系是从变形协调角度考虑结构所需满足的条件，所以通常称上式为变形谐调条件(方程)，它是求解静不定问题至关重要的方程之一。

上面得出的静力平衡方程是各杆受力之间应满足的静力平衡关系，变形谐调方程是各杆变形之间应满足的关系，要知道各杆力之间应满足的关系，只要利用胡克定律，又称物理关系，即

$$\Delta l_1=\frac{F_{N1}l_1}{E_1A_1}=\frac{F_{N1}l}{E_1A_1\cos\alpha},\quad \Delta l_3=\frac{F_{N3}l_3}{E_3A_3}$$

式中 E_1A_1 为 1、2 杆的拉伸(压缩)刚度，E_3A_3 为 3 杆的拉伸(压缩)刚度；l_1，l_3 分别为 1、2 和 3 杆的长度。

将物理关系代入变形协调方程有

$$\frac{F_{N1}l}{E_1A_1\cos\alpha}=\frac{F_{N3}l}{E_3A_3}\cos\alpha$$

即为静力平衡方程之外的补充方程，将其与静力平衡方程联立即可解得

$$F_{N1}=F_{N2}=\frac{F\cos^2\alpha}{2\cos^3\alpha+\dfrac{E_3A_3}{E_1A_1}},\quad F_{N3}=\frac{F}{1+2\dfrac{E_1A_1}{E_3A_3}\cos^3\alpha}$$

如需进一步求解各杆应力、变形，进行强度计算等，则与静定问题的求解方法是一样的。

从以上例子可看出，超静定问题的求解是综合考虑静力平衡、变形协调以及物理等三方面的关系而求得解答的，这也是与静定问题求解的不同之处。

下面以例题详细说明超静定问题构件内力的求解方法。

例 9.11 内燃机的气阀弹簧和车辆的缓冲弹簧经常采用双层圆柱螺旋弹簧(图 9.24)。若内弹簧的刚度为 C_1，外弹簧的刚度为 C_2，压力为 $\boldsymbol{F}$，试求内、外弹簧各自分担的压力。

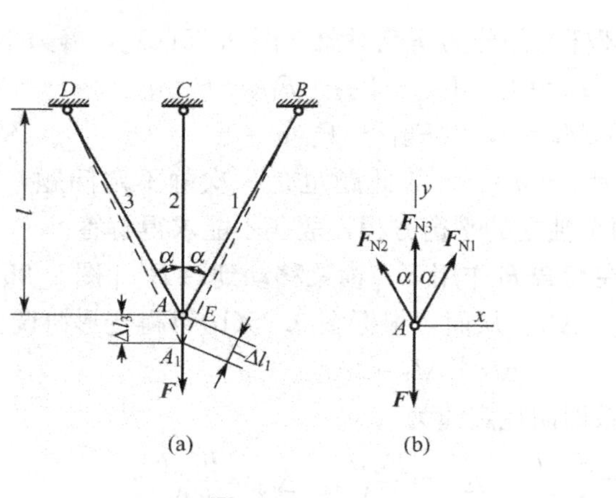

图 9.23

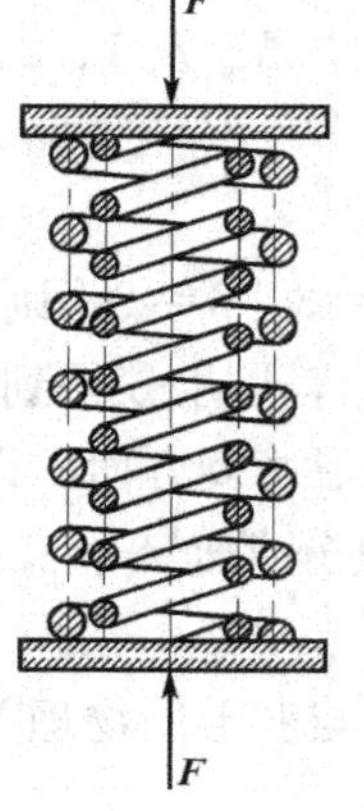

图 9.24

解：设内、外弹簧所承担的压力分别为 $\boldsymbol{F_1}$、$\boldsymbol{F_2}$，静力平衡关系显然为：

$$\sum F_y=0,\quad F_1+F_2=F$$

因为 $s=2$，$n=1$，$z=s-n=1$，所以此乃一次静不定问题。

将弹簧看作杆件，则轴力分别为 $F_{N1}=F_1$，$F_{N2}=F_2$。因弹簧采用双层内外结构，显然两部分受压变形应相等，故变形协调关系应为

$$\lambda_1=\lambda_2$$

联系受力与变形的物理关系应为

$$\lambda_1=\frac{F_{N1}}{C_1},\quad \lambda_2=\frac{F_{N2}}{C_2}$$

联立求解以上三部分方程得

$$F_{N1}=F_1=\frac{FC_1}{C_1+C_2}(压),\quad F_{N2}=F_2=\frac{FC_2}{C_1+C_2}(压)$$

可见，内、外弹簧所承担的力与各自的刚度成正比。而刚度 C_1 和 C_2 又与弹簧的尺寸和材料的机械性质等有关。

例 9.12 在图 9.25 所示结构中，假设 AB 梁为刚杆，杆 1、2、3 的横截面面积均为 A，材料相同。

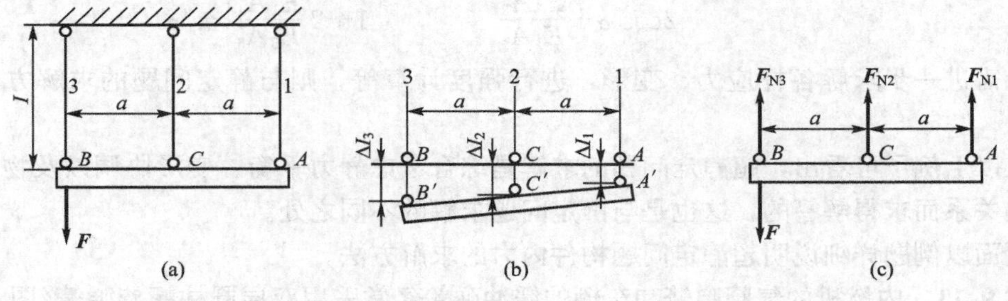

图 9.25

试求三杆的轴力。

解：取横梁 AB 及 1、2、3 杆的部分为研究对象［图 9.25(c)］，静力平衡方程为

$$\sum F_y=0,\quad F_{N1}+F_{N2}+F_{N3}-F=0$$
$$\sum M_B=0,\quad 2F_{N1}a+F_{N2}a=0$$

本题中 $s=3$，$n=2$，则 $z=s-n=1$，故此题也是一次静不定问题，有 3 个未知量 F_{N1}、F_{N2}、F_{N3}，以上仅得到两个独立的平衡方程，故还不能求得解答。

现考虑变形协调方面，设在荷载 F 作用下，横梁移动到 $A'B'$［图 9.25(b)］，则杆 1、2、3 的伸长量分别为 Δl_1、Δl_2、Δl_3。从而，根据图 9.25(b)可得变形协调关系为

$$\Delta l_1+\Delta l_3=2\Delta l_2$$

联系受力与变形的物理关系即胡克定律为

$$\Delta l_1=\frac{F_{N1}l}{EA},\quad \Delta l_2=\frac{F_{N2}l}{EA},\quad \Delta l_3=\frac{F_{N3}l}{EA}$$

联立求解以上三方面方程可得

$$F_{N1}=-\frac{F}{6},\quad F_{N2}=\frac{F}{3},\quad F_{N3}=\frac{5F}{6}$$

由以上例题可看出：各杆的轴力是拉力还是压力可事先假定，但与变形关系中所反映的杆件是伸长还是缩短应是一致的。即若假设为拉力，则变形应假设为伸长，若假设为压力，则变形应假设为缩短。一般假设杆件受拉力作用，在上题中，经计算 2、3 杆的轴力为正值，说明其受拉力，变形为伸长。而 1 杆的轴力为负值，说明 1 杆实际受压力作用，变形也是缩短，即与事先假设的相反。

上述的求解方法和步骤，对一般的超静定问题都是适用的，现总结如下。

(1) 列出静力平衡方程，确定超静定次数。

(2) 列出变形协调条件，其数目应与超静定次数相等。

(3) 列出物理方程。

(4) 联立求解以上方程，得到全部未知量。

9.4.2 简单超静定梁

前面所讨论的梁，其约束反力都可通过静力平衡方程求得，皆为静定梁。在工程实际中，为提高梁的强度和刚度，或因构造上的需要，往往在静定梁上增加 1 个或几个约束。这时，未知反力的数目将多于平衡方程的数目，仅由静力平衡方程不能求解。这种梁称为超静定梁或静不定梁。

例如安装在车床卡盘上的工件［图 9.26(a)］如果比较长，切削时会产生过大的挠度［图 9.26(b)］，影响加工精度。为减小工件的挠度，常在工件的自由端用尾架上的顶尖顶紧［图 9.27(a)］。在不考虑水平方向的支座反力时，这相当于增加了 1 个可动铰支座［图 9.27(b)］。这时工件的约束反力有 4 个：F_{Ax}、F_{Ay}、M_A 和 F_{RB}，而有效的平衡方程只有 3 个。未知反力数目比平衡方程数目多出 1 个，这是一次超静定梁。

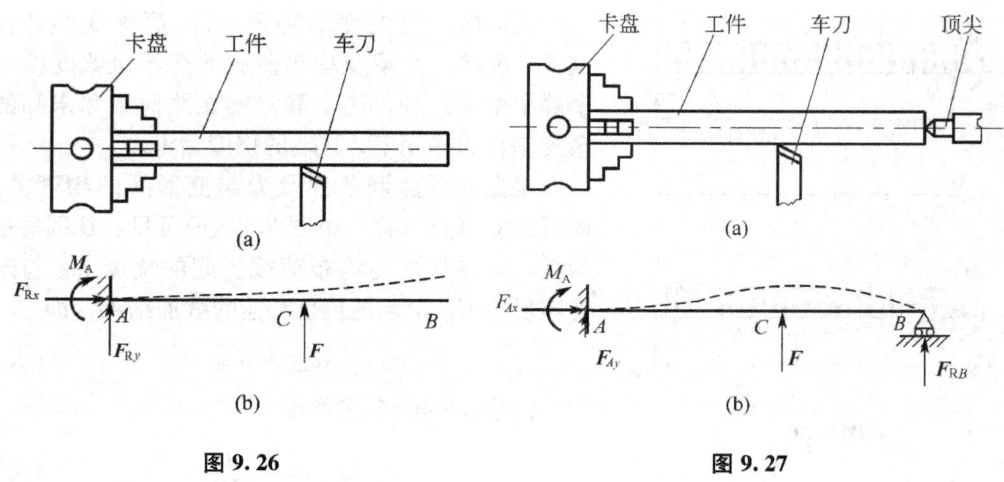

图 9.26　　图 9.27

又如一些机器中的齿轮轴，采用 3 个轴承运支承(图 9.28)；厂矿中铺设的管道一般则需用 3 个以上的支座支承(图 9.29)，这些属于静不定梁。

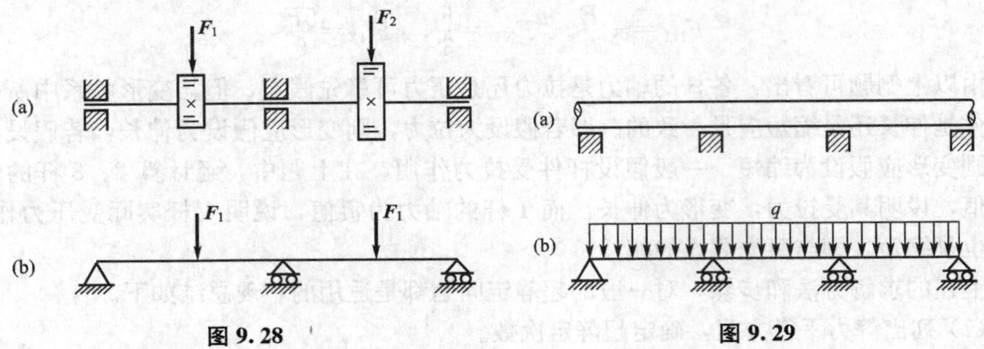

图 9.28　　　　图 9.29

用变形比较法求解静不定梁。

解超静定梁的方法与解拉压超静定问题类似，也需根据梁的变形协调条件和力与变形间的物理关系，建立补充方程，然后与静力平衡方程联立求解。如何建立补充方程，是解超静定梁的关键。

在超静定梁中，那些超过维持梁平衡所必需的约束，习惯上称为多余约束；与其相应的支座反力称为多余约束反力或多余支座反力。可以设想，如果撤除超静定梁上的多余约束，则此超静定梁又将变为一个静定梁，这个静定梁称为原超静定梁的基本静定梁。例如图 9.30(a)所示的超静定梁，如果以 B 端的可动铰支座为多余约束，将其撤除后而形成的悬臂梁［图 9.30(b)］即为原超静定梁的基本静定梁。

为使基本静定梁的受力及变形情况与原超静定梁完全一致，作用于基本定梁上的外力除原来的荷载外，还应加上多余支座反力，同时，还要求基本静定梁满足一定的变形协调条件。例如，上述的基本静定梁的受力情况如图 9.30(c)所示，由于原静不定梁在 B 端有可动铰支座的约束，因此，还要求基本静定梁在 B 端的挠度为零，即

$$w_B = 0 \tag{9.16}$$

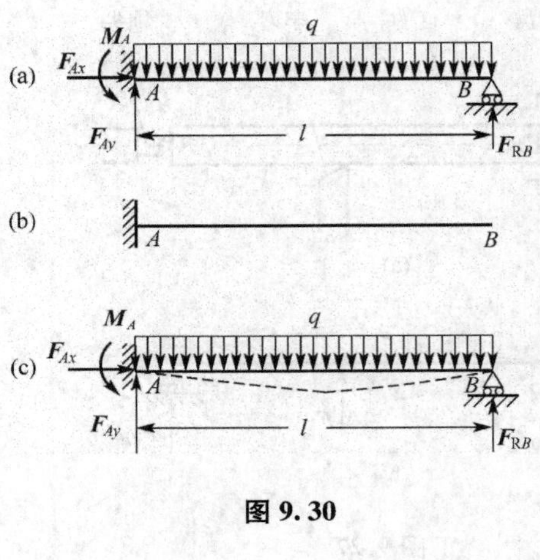

图 9.30

此即应满足的变形协调条件(简称变形条件)。这样，就将一个承受均布荷载的静不定梁变换为一个静定梁来处理，这个静定梁在原荷载和未知的多余支座反力作用下，B 端的挠度为零。

根据变形协调条件及力与变形间的物理关系，即可建立补充方程。由图 9.30(c)可见，B 端的挠度为零，可将其视为均布荷载引起的挠度 w_{Bq} 与未知支座反力 $\boldsymbol{F}_{RB}$ 引起的挠度 w_{BR} 的叠加结果，即

$$w_B = w_{Bq} + w_{BR} = 0 \tag{9.17}$$

由表 9-4⑤和③查得

$$w_{Bq} = -\frac{ql^4}{8EI_z} \tag{9.18}$$

$$w_{BR} = \frac{F_{RB}l^3}{3EI_z} \tag{9.19}$$

式(9.18)和式(9.19)即为力与变形间的物理关系，将其代入式(9.17)，得

$$-\frac{ql^4}{8EI_z}+\frac{F_{RB}l^3}{3EI_z}=0 \tag{9.20}$$

这就是所需的补充方程。由此可解出多余支座反力为

$$F_{RB}=\frac{3}{8}ql$$

多余支座反力求得后，再利用平衡方程，其他支座反力即可迎刃而解。由图 9.15(c)，梁的平衡方程为

$$\sum F_x=0,\quad F_{Ax}=0$$
$$\sum F_y=0,\quad F_{Ay}-ql+F_{RB}=0$$
$$\sum M_A=0,\quad M_A+F_{RB}l-\frac{ql^2}{2}=0$$

以 F_{RB} 之值代入上列各式，解得

$$F_{Ax}=0,\quad F_{Ay}=\frac{5}{8}ql,\quad M_A=\frac{1}{8}ql^2$$

这样，就解出了静不定梁的全部支座反力。所得结果均为正值，说明各支座反力的方向和反力偶的转向与所假设的一致。支座反力求得后，即可进行强度和刚度计算。

由以上的分析可见，解超静定梁的方法是：选取适当的基本静定梁；利用相应的变形协调条件和物理关系建立补充方程；然后与平衡方程联立解出所有的支座反力。这种解超静定梁的方法，称为变形比较法。求解超静定问题的方法还有多种，以力为未知量的方法称为力法，变形比较法属于力法中的一种。

解超静定梁时，选择哪个约束为多余约束并不是固定的，可根据解题时的方便而定。选取的多余约束不同，相应的基本静定梁的形式和变形条件也随之而异。例如上述的超静定梁[图 9.31(a)] 也可选择阻止 A 端转动的约束为多余约束，相应的多余支座反力则为力偶矩 M_A。解除这一多余约束后，固定端 A 将变为固定铰支座；相应的基本静定梁则为一简支梁，其上的荷载如图 9.31(b)所示。这时要求此梁满足的变形协调条件则是 A 端的转角为零，即

$$\theta_A=\theta_{Aq}+\theta_{AM}=0$$

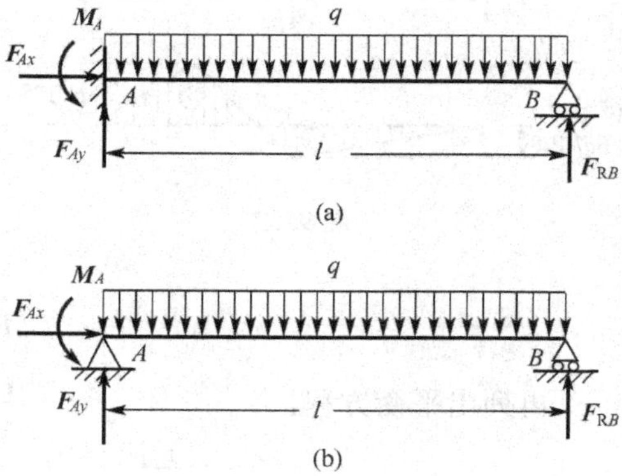

图 9.31

由表 9-4⑪和⑥查得，因 q 和 M_A 而引起的截面 A 的转角分别为

$$\theta_{Aq}=-\frac{ql^3}{24EI_z}\quad \theta_{AM}=\frac{M_Al}{3EI_z}$$

将其代入变形谐调条件后，所得的补充方程为

$$-\frac{ql^3}{24EI_z}+\frac{M_Al}{3EI_z}=0$$

由此解得

$$M_A=\frac{ql^2}{8}$$

最后利用平衡方程解出其他支座反力，结果同前。

例 9.13 图 9.32(a)所示为三支点单潜吊车。梁长 $l=8\text{m}$，由 40a 号工字钢制成，许用应力为$[\sigma]=140\text{MPa}$，吊车起重量为 $F=100\text{kN}$，梁的自重不计。试按电葫芦行至 CB 段中点时的情况，校核梁的强度。

解： 吊车梁的计算简图如图 9.32(b)所示，其上有 4 个支座反力，但只能列出 3 个平衡方程，故该梁为一次超静定问题，需要 1 个补充方程。

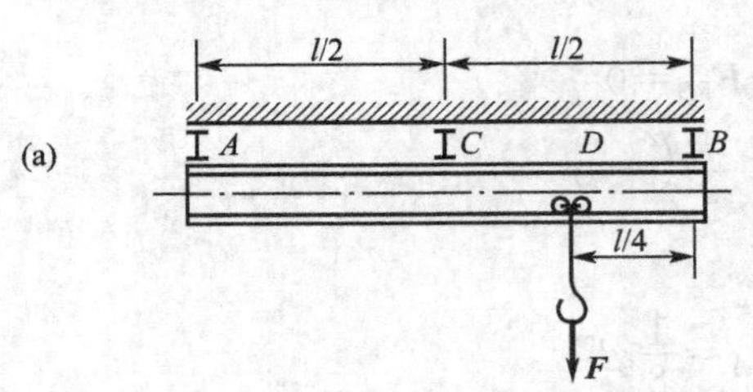

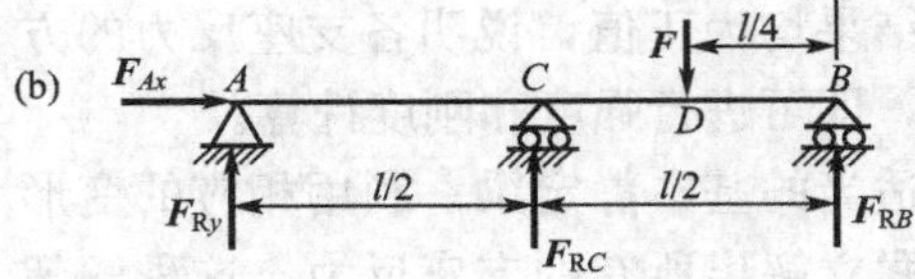

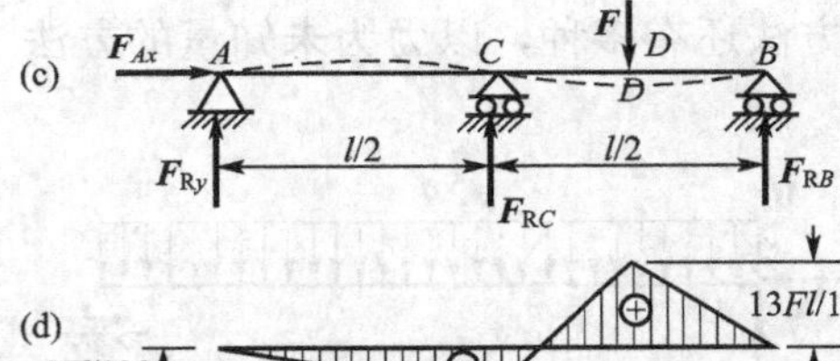

图 9.32

(1) 取基本静定梁，列变形协调条件。选取 C 点的支座为多余约束，F_{RC} 为多余支座反力，则相应的基本静定梁为一简支梁。其上受荷载 F 和多余支座反力 F_{RC} 的作用［图 9.32(c)］。相应的变形条件为

$$w_C=w_{CF}+w_{CR}=0$$

式中 w_{CF} 和 w_{CR} 分别为因 F 和 F_{RC} 在 C 点引起的挠度。

(2) 建立补充方程。自表 9-4⑩和⑨查得

$$w_{CF}=\frac{-F\cdot\frac{l}{4}}{48EI_z}\left[3l^2-4\left(\frac{l}{4}\right)^2\right]=-\frac{11Fl^3}{768EI_z},$$

$$w_{CR}=\frac{F_{RC}l^3}{48EI_z}$$

将 w_{CF} 和 w_{CR} 代入变形协调条件，得补充方程

$$-\frac{11Fl^3}{768EI_z}+\frac{F_{RC}l^3}{48EI_z}=0$$

(3) 解出支座反力，由补充方程解得

$$F_{RC}=\frac{11}{16}F$$

再列出平衡方程：

$$\sum F_x=0,\quad F_{Ax}=0$$

$$\sum M_A=0,\quad F_{RB}l-F\cdot\frac{3l}{4}+F_{RC}\cdot\frac{l}{2}=0$$

$$\sum F_y=0,\quad F_{Ay}+F_{RC}-F+F_{RB}=0$$

以 F_{RC} 之值代入解得

$$F_{RB}=\frac{13}{32}F,\quad F_{Ay}=-\frac{3}{32}F$$

其中 F_{Ay} 为负值，与原假设方向相反。

(4) 校核强度，作梁的弯矩图如图 9.17(d)所示，最大弯矩在 D 处，其值为

$$M_{\max}=\frac{13}{128}Fl=\frac{13}{128}\times100\times10^3\times8=\frac{13}{16}\times10^5\text{N}\cdot\text{m}$$

由型钢表查得40a号工字钢的抗弯截面系数为

$$W_z = 1090 \times 10^{-6}\mathrm{m}^3$$

则梁的最大弯曲正应力为

$$\sigma_{\max} = \frac{M_{\max}}{W_z} = \frac{1}{1090 \times 10^{-6}} \times \frac{13}{16} \times 10^5 = 74.5 \times 10^6\mathrm{Pa}$$

$$=74.5\mathrm{MPa} < [\sigma] = 140\mathrm{MPa}$$

故知梁满足强度条件。

若吊车梁在 C 处没有中间支座，为一简支梁，当电葫芦行至梁中点 C 时，梁在 C 处横截面上的弯矩最大，其值为

$$M_{\max} = \frac{Fl}{4} = \frac{100 \times 10^3 \times 8}{4} = 200 \times 10^4\mathrm{N \cdot m}$$

则梁的最大应力

$$\sigma_{\max} = \frac{M_{\max}}{W_z} = \frac{200 \times 10^3}{1090 \times 10^{-6}} = 183.5 \times 10^6\mathrm{Pa}$$

$$=183.5\mathrm{MPa} > [\sigma] = 140\mathrm{MPa}$$

这就不能满足强度条件了。

由此例可见，增加梁的支座能减小梁内应力，起到提高梁强度的作用；同样，也能提高梁的刚度。但超静定梁对制造精度、装配技术等有较高的要求。例如三支点梁的各个支座就要求准确地在一条直线上，稍有误差，就会引起装配应力。由此例还可以看出，如果将超静定梁多余约束的作用取消，将原梁作为一个静定梁来进行设计计算，其结果是偏于安全的，为计算上的简化，有时也可做这样的处理。

思 考 题

9-1　何谓挠曲线？挠曲线有何特点？挠曲线与转角之间有何关系？

9-2　挠曲线近似微分方程是如何建立？应用条件是什么？关于坐标轴的选取有何规定？

9-3　何谓位移边界条件？怎样确定位移边界条件？如何根据挠度与转角的正负判断位移的方向？如何求最大挠度？

9-4　梁的变形与弯矩有什么关系？正弯矩产生正的转角，弯矩最大的截面转角最大，弯矩为零的截面转角为零，这些说法对吗？

9-5　怎样利用叠加法与逐段叠加法分析梁的位移？

9-6　如何建立梁的刚度条件？梁的合理设计应该从哪几个方面考虑？

习 题

9-1　如图9.33所示的平板拉伸试件，宽度 $b=29.8\mathrm{mm}$，厚度 $h=4.1\mathrm{mm}$。在拉伸试验时，每增加3kN拉力，测得沿轴向应变为 $\varepsilon=120\times10^{-6}$，横向应变 $\varepsilon'=38\times10^{-6}$。试求试件材料的弹性模量 E 及泊松比 ν。

9－2　一横截面面积为 $10^3 mm^2$ 的黄铜杆，受如图 9.34 所示的轴向荷载。黄铜的弹性模量 $E=90GPa$。试求杆的总伸长量。

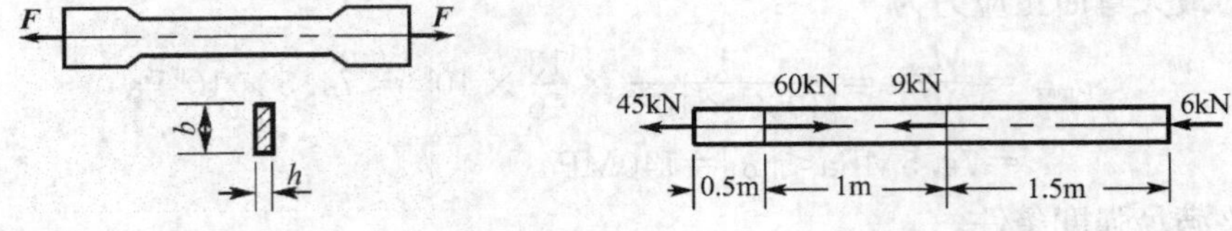

图 9.33　　　　图 9.34

9－3　长度 l，厚度为 t 的平板(图 9.35)，两端宽度分别为 b_1 和 b_2，弹性模量为 E，两端受轴向拉力 F 作用，求杆的总伸长。

9－4　长度为 l 的圆锥形杆(图 9.36)，两端的直径各为 d_1 和 d_2，弹性模量为 E，两端受拉力作用，求杆的总伸长。

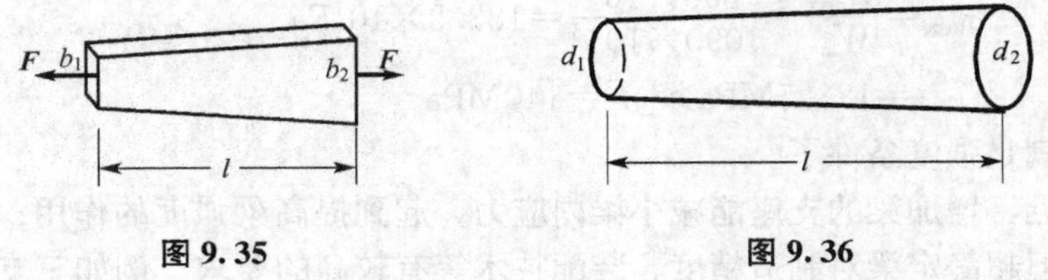

图 9.35　　　　图 9.36

9－5　有一两端固定的钢杆，其截面积为 $A=1000mm^2$，荷载如图 9.37 所示。试求各段杆内的应力。

9－6　如图 9.38 所示，有两个空心筒和一个空心圆柱套在一起，上、下端各有一刚性板与之相连，圆筒与圆柱材料的弹性模量分别为 E_1、E_3，如此两个筒与柱受轴向荷载 $\boldsymbol{F}$ 作用，两个筒和柱产生相同的变形，试求空心筒和空心柱横截面上的应力。

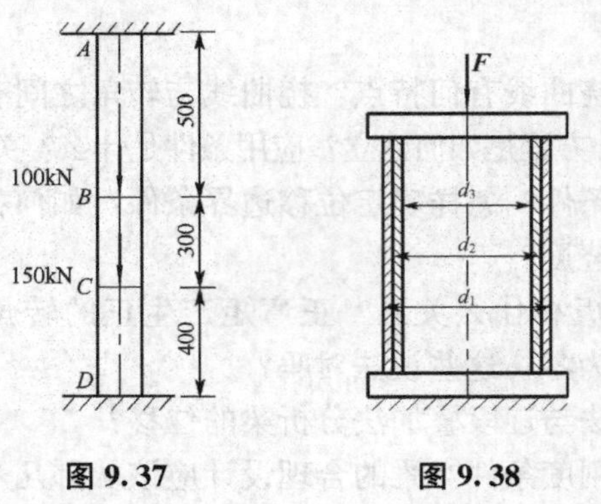

图 9.37　　　　图 9.38

9－7　设 AB 为刚性杆，在 A 处为铰接，而杆 AB 由钢杆 EB 与铜杆 CD 吊起，如图 9.39 所示。杆 CD 的长度为 1m，杆 EB 的长度为 2m。杆 CD 的横截面积为 $500mm^2$，杆 EB 的横截面积为 $250mm^2$。试求各竖杆的应力与钢杆的伸长。铜杆的 $E=120GPa$，钢杆的 $E=200GPa$。

9－8　悬臂圆轴 AB(图 9.40)，承受均布外力偶矩 $\boldsymbol{m}$ 的作用，试导出该杆 B 端扭转角 φ 的计算公式。

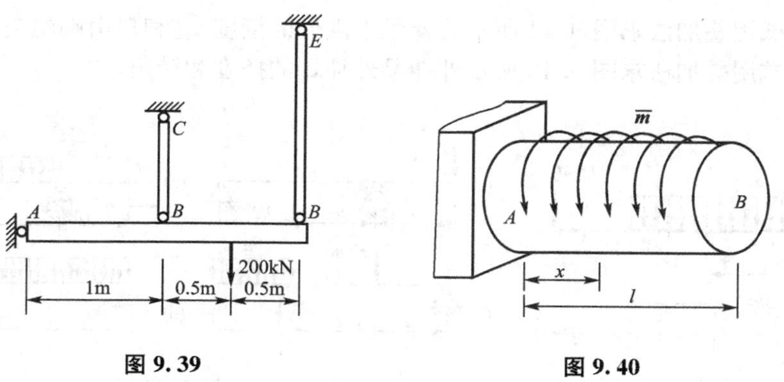

图 9.39　　图 9.40

9-9　如图 9.41 所示圆锥形轴，锥度很小，两端直径分别为 d_1、d_2，长度为 l，试求在图示外力偶矩 $\boldsymbol{m}$ 的作用下，轴的总扭转角。

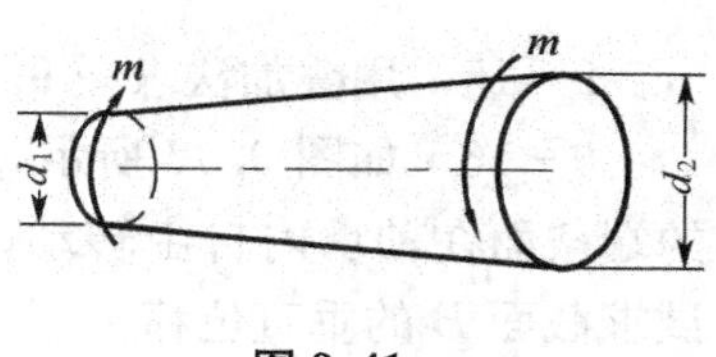

图 9.41

9-10　根据荷载及支承情况，画出图 9.42 所示各梁挠曲线的大致形状。

9-11　用积分法求如图 9.42 所示各梁(EI 为常量)的转角方程和挠曲线方程，并求 A 截面的转角和 C 截面的挠度。

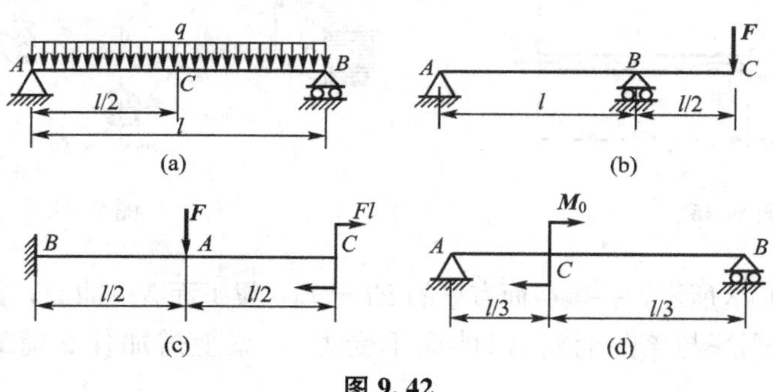

图 9.42

9-12　用积分法求图 9.43 所示各梁的挠曲线方程时，要分几段积分？根据什么条件确定积分常数？图 9.44(b)中梁右端支承于弹簧上，其弹簧常数为 c。

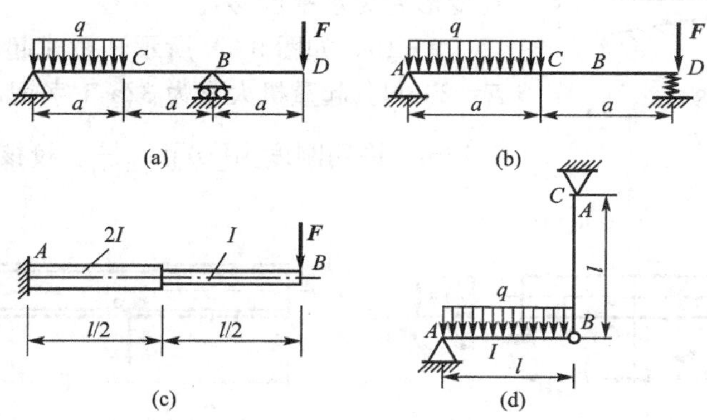

图 9.43

9-13　试用叠加法求图9.44所示悬臂梁中点处的挠度w_C和自由端的挠度w_B。

9-14　试用叠加法求图9.45所示外伸梁外伸端的挠度和转角。

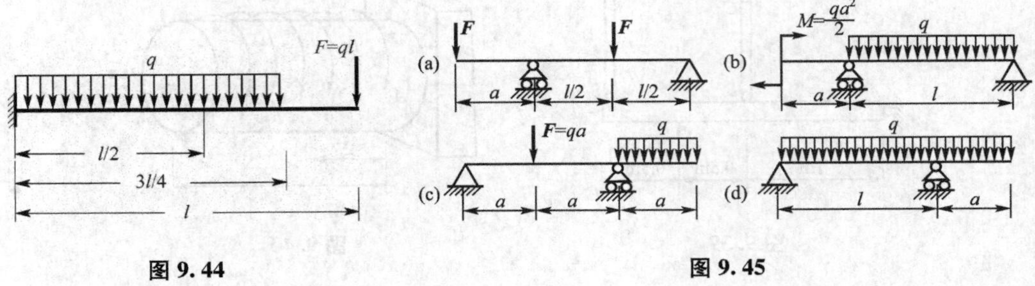

图9.44　　　　图9.45

9-15　用叠加法求图9.46所示阶梯悬臂梁自由端的挠度w_B。

9-16　如图9.47所示，直角拐AB与AC轴刚性连接，A处为一轴承，允许AC轴的端截面在轴承内自由转动，但不能上下移动。已知$F=60\text{N}$，$E=210\text{GPa}$，$G=0.4E$。试求截面B的垂直位移。

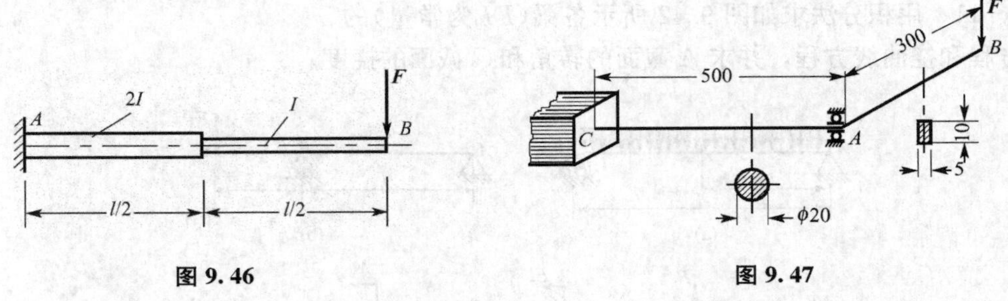

图9.46　　　　图9.47

9-17　如图9.48所示，一等截面直梁的EI已知，梁下面有一曲面，方程为$y=-Ax^3$。欲使梁变形后刚好与该曲面密合(曲面不受力)，梁上需加什么荷载？大小、方向如何？作用在何处？

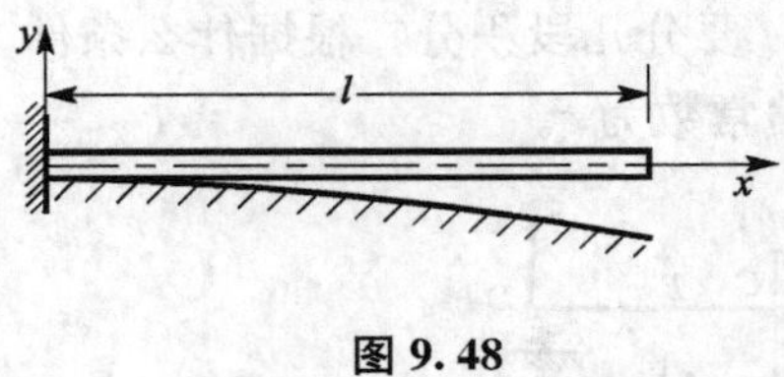

图9.48

9-18　简支梁如图9.49所示，若E为已知，试求A点的水平位移(提示：可认为轴线上各点，如B点，在变形后无水平位移)。

9-19　如图9.50所示，桥式起重机的最大荷载为$F=20\text{kN}$。起重机大梁为32a工字钢，$E=210\text{GPa}$，$l=8.76\text{m}$，许用刚度为$[w]=\dfrac{l}{500}$。校核大梁的刚度。

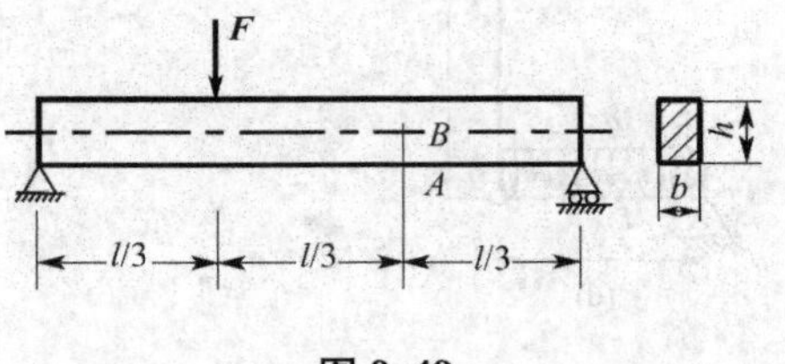

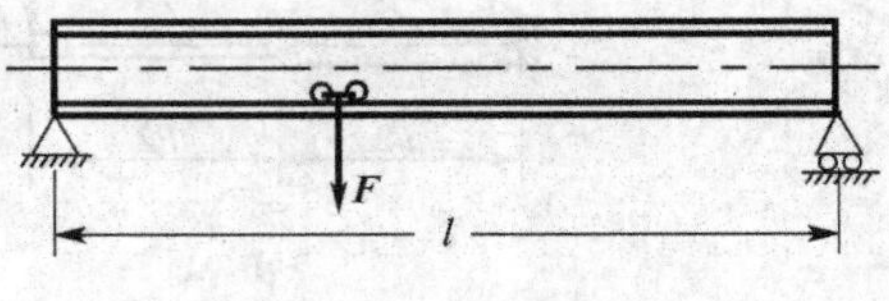

图9.49　　　　图9.50

9-20 弹簧扳手的主要尺寸及其受力简图如图 9.51 所示，材料 $E=210\text{GPa}$。当扳手产生 200N·m 的力矩时，试求 C 点(刻度所在处)的挠度。

9-21 磨床砂轮主轴的示意图如图 9.52 所示，轴的外伸端长度为 $a=100\text{mm}$，轴承间的距离 $l=350\text{mm}$，$E=210\text{GPa}$，$F_y=600\text{N}$，$F_x=200\text{N}$。试求主轴外伸端的总挠度。

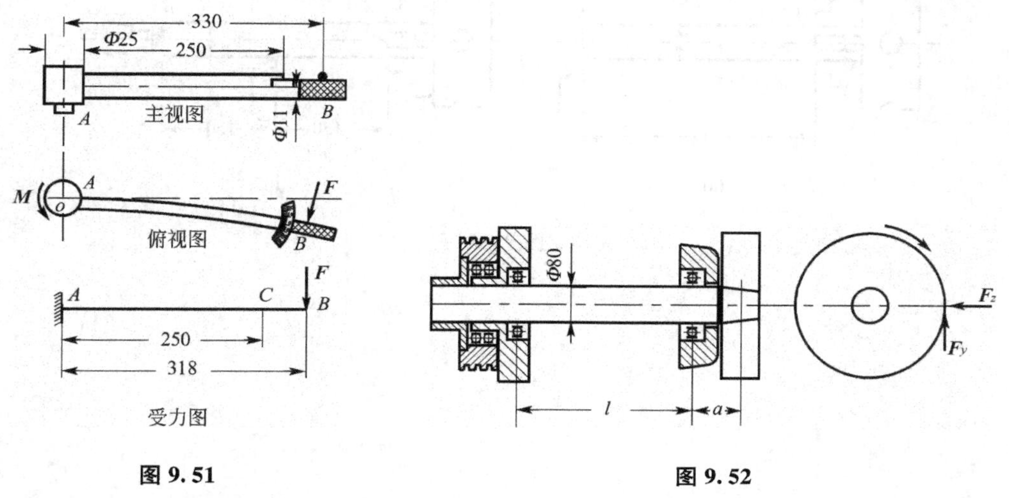

图 9.51　　图 9.52

9-22 如图 9.53 所示，滚轮在吊车梁上滚动。若要使滚轮在梁上恰好成一水平路径，问需要把梁先弯成什么形状 [用 $w=f(x)$的方程式表达]，才能达到此要求？

9-23 试求如图 9.54 所示各梁的支座反力，并作弯矩图。各梁的 EI 均为常数。

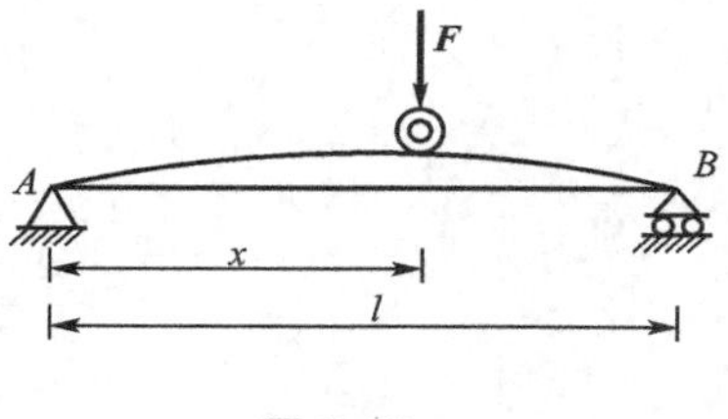

图 9.53

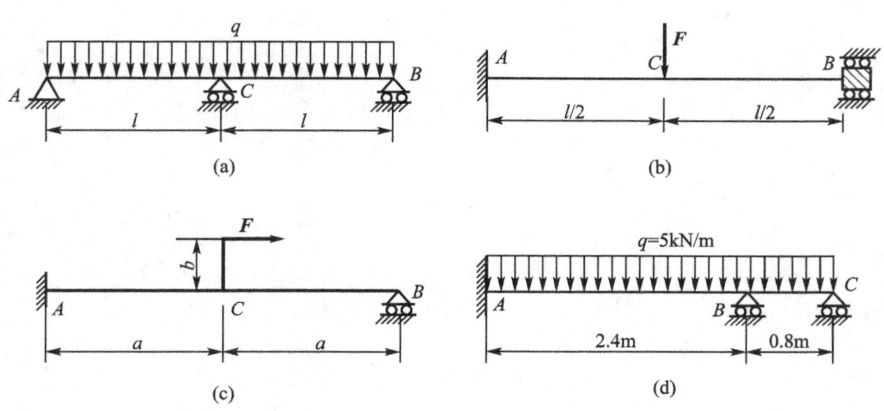

图 9.54

9-24 在车床上加工工件，已知工件的弹性模量 $E=200\text{GPa}$，车刀作用于工件上的径向力 $F=360\text{N}$；工件的尺寸如图 9.55 所示。问：

(1) 按图 9.55(a)方式加工时，因工件变形而引起的直径误差为多少？

(2) 如在工件自由端加上顶尖后，按车刀行至工件中点时考虑［图 9.55(b)］，这时因工件变形而引起的直径误差又为多少？

(3) 两者误差的百分比为何？

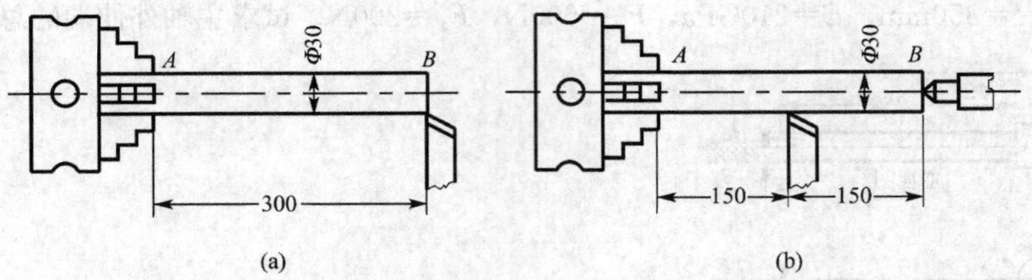

图 9.55

第10章 应力状态与强度理论

教学目标

本章首先介绍应力状态的概念和分析方法，接着讨论广义胡克定律和应变能密度，最后介绍工程中常用的强度理论，并应用强度理论建立复杂应力状态下的强度条件。通过本章的学习，应达到以下目标。

(1) 理解一点应力状态、主应力和主平面、单元体等基本概念，熟练掌握单元体的截取方法及其各微面上应力分量的计算方法。

(2) 掌握用解析法和图解法计算平面应力状态下任意斜截面的应力、主应力和主平面的方位。

(3) 掌握广义胡克定律及其应用，了解材料常见的两种破坏方式，以及理解四种常见的强度理论。

教学要求

知识要点	能力要求	相关知识
一点应力状态	(1) 理解单元体和应力状态的概念 (2) 掌握单元体的截取方法及其各微面上应力分量的计算方法	(1) 应力状态的概念及其研究方法 (2) 基本变形情况下截面上的应力分布及计算公式
平面应力状态分析的解析法和图解法	(1) 理解主平面和主应力的概念 (2) 掌握计算平面应力状态下任意斜截面的应力、主应力和主平面的方位的解析法和图解法	(1) 应力主平面、主应力的概念，主应力的大小、方向的确定 (2) 平面应力状态下斜截面上的应力计算 (3) 平面应力状态和特殊空间应力状态下的主应力、主方向的计算
强度理论	(1) 掌握广义胡克定律及其应用 (2) 理解材料常见的两种破坏方式 (3) 掌握运用强度理论进行强度计算的方法	(1) 广义胡克定律以及复杂应力状态比能的一些主要结论和公式 (2) 各个强度理论的基本观点，相应的强度条件及其应用范围

基本概念

应力状态、单元体、主应力、主平面、应力圆、脆性断裂、塑性屈服、变形比能、形状改变比能、体积改变比能、强度理论、相当应力

10.1 概　　述

10.1.1　一点处的应力状态

前面，在研究轴向拉伸(或压缩)、扭转、弯曲等基本变形构件的强度问题时，主要分析了杆件横截面上的应力情况，因为横截面是一个特殊的截面，考虑杆件的尺寸是以横截面尺寸来衡量。另外，像铸铁的拉伸、低碳钢的扭转都是在横截面发生破坏的。因此，分析横截面上的应力对解决强度问题是必要的。然而在某些情况下，材料的破坏并不是沿横截面。例如，在拉伸试验中，低碳钢屈服时在与轴线成约45°方向出现滑移线；铸铁圆杆扭转时，沿约45°螺旋面断裂。上述现象表明，杆件的破坏还与斜截面上的应力有关。为了全面地分析强度问题，仅仅分析横截面上的应力还不够，还必须对各个不同方向的斜截面上的应力进行分析。

在基本变形情况下，杆件横截面的危险点处只有一种应力(正应力或切应力)，它与斜截面上的应力具有唯一的定量关系。因此，即使破坏不沿横截面，按横截面计算的工作应力及测得的破坏极限应力所建立的强度条件仍然成立。然而，在一般情况下，受力构件内截面上的一点处既有正应力，又有切应力(如对称弯曲中，构件横截面上距中性轴为某一距离的任一点处)。若需对这类点的应力进行强度计算，则不能分别按正应力和切应力来建立强度条件，而需综合考虑正应力和切应力的影响。这时，除全面研究该点不同方位截面上的应力外(例如求出最大正应力与最大剪应力)，还应研究材料在复杂应力作用下的破坏规律。

受力构件内一点处不同方位截面上应力的集合(也即通过一点所有不同方位截面上应力的全部情况)，就称为该点的应力状态。本章研究有关应力状态的理论，以及材料在复杂应力作用下的破坏规律即所谓的强度理论。

10.1.2　单元体的概念

为了描述一点的应力状态，通常是围绕该点作一个微六面体，当六面体在三个方向的尺度趋于无穷小时，六面体便趋于所考察的点。这时的六面体称为微单元体，简称为单元体。由于单元体的各边长是微小的，所以，每个面上的应力都可以认为是均匀分布的，而且认为在相互平行的两个面上的应力等值而反向。当单元体各面上的应力已知时，就可以应用截面法求得过该点的任意方位面上的应力。进而，还可以确定这些应力中的最大值和最小值以及它们的作用面。因此，一点的应力状态可用围绕该点的单元体及其各面上的应

力描述。

在截取单元体时，应尽量使各面上的应力容易确定。例如，对于轴向拉伸杆内的点A，如图10.1(a)，可围绕点A分别用三对无限靠近的横截面、水平和铅垂纵向截面截取一单元体。已知左、右两横截面上的正应力为$\sigma=\dfrac{F}{A}$，其他两对截面上没有应力，故点A处的应力状态如图10.1(b)所示。又如圆轴扭转时，若在圆轴表面A点处截取单元体，如图10.2(a)所示，则在垂直于轴线的平面上有切应力τ，再根据切应力互等定理，在通过直径的平面上也有大小相等正负号相反的切应力，故其应力状态如图10.2(b)所示。

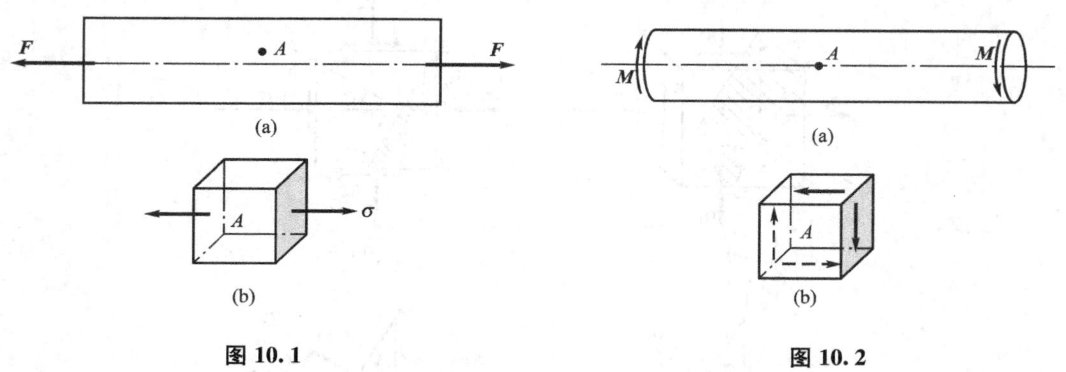

图10.1　　图10.2

10.1.3　主平面和主应力的概念

对于受力构件内的同一点，按不同方位所截取的单元体，其各面上的应力是不同的。若单元体某一面上的剪应力等于零，则称该面为主平面。主平面上的正应力称为主应力。根据剪应力互等定理，当单元体某个面的剪应力为零时，与之垂直的另两个面的剪应力也同时为零，即三个主平面是相互垂直的，因而对应的三个主应力也是相互垂直的。主应力通常用σ_1、σ_2、σ_3表示，且按代数值的大小排列，即$\sigma_3\leqslant\sigma_2\leqslant\sigma_1$。

10.1.4　应力状态的分类

根据一点的应力状态主应力不为零的数目，可将应力状态分为三类：三个主应力中只有一个不等于零，称为单向应力状态；若有两个主应力不等于零，称为二向或平面应力状态；若三个主应力皆不等于零，称为三向或空间应力状态。二向和三向应力状态统称为复杂应力状态。

10.2　平面应力状态的应力分析

工程上许多受力构件的危险点都是处于平面应力状态。平面应力状态下的应力分析，就是由单元体各面上的已知应力分量来确定其任一斜截面上的未知应力分量，从而进一步确定过该点的主平面和主应力。

10.2.1 任意斜截面上的应力

设一平面应力状态如图10.3(a)所示，已知与x轴垂直的两平面上的正应力为σ_x，切应力为τ_x；与y轴垂直的两平面上的正应力为σ_y，切应力为τ_y；与z轴垂直的两平面上无应力作用。现求此单元体任意平行于z轴的斜截面上的应力。

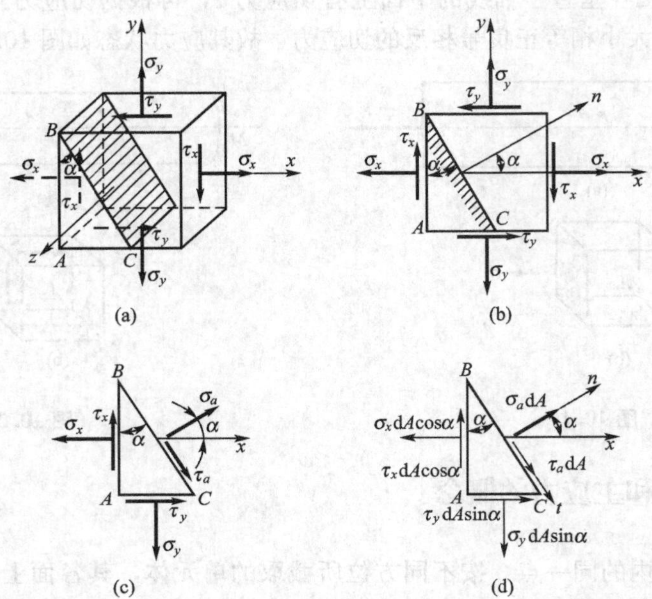

图10.3

为简便起见，此种应力状态常以图10.3(b)所示的方式表示。如将单元体沿斜截面BC假想地截开，并设斜截面BC的外法线n与x轴间的夹角为α［图10.3(b)］，简称为α截面，并规定从x轴到外法线n逆时针转向的方位角α为正。α截面上的应力可分解为垂直于该截面的正应力和作用线位于该截面的切应力，并分别以σ_α和τ_α表示［图10.3(c)］。对应力正负号的规定仍与以前相同，即正应力σ_α以拉应力为正，压应力为负；切应力τ_α以其对单元体内任一点的矩为顺时针转向者为正，反之为负。按照上述符号规定，在图10.3(a)中σ_x、σ_y和τ_x皆为正，而τ_y为负。

现取楔形体ABC为研究对象，通过平衡关系来求斜截面上的应力。设斜截面BC的面积为$\mathrm{d}A$，则侧面AB和底面AC的面积分别为$\mathrm{d}A\cos\alpha$和$\mathrm{d}A\sin\alpha$。将各平面上的应力乘以其作用面的面积后，可得作用于楔形体ABC上的各力如图10.3(d)所示。考虑楔形体ABC的平衡，以斜截面的法线n和切线t为参考轴，由平衡方程，得

$$\sum F_{\mathrm{n}}=0,\quad \sigma_\alpha \mathrm{d}A+(\tau_x \mathrm{d}A\cos\alpha)\sin\alpha-(\sigma_x \mathrm{d}A\cos\alpha)\cos\alpha+(\tau_y \mathrm{d}A\sin\alpha)\cos\alpha-(\sigma_y \mathrm{d}A\sin\alpha)\sin\alpha=0$$

$$\sum F_{\mathrm{t}}=0,\quad \tau_\alpha \mathrm{d}A-(\tau_x \mathrm{d}A\cos\alpha)\cos\alpha-(\sigma_x \mathrm{d}A\cos\alpha)\sin\alpha+(\tau_y \mathrm{d}A\sin\alpha)\sin\alpha+(\sigma_y \mathrm{d}A\sin\alpha)\cos\alpha=0$$

依切应力互等定理，τ_x与τ_y在数值上相等［其指向如图10.3(c)所示］。据此，即可得

平面应力状态下任一斜截面(α 截面)上的应力分量为：

$$\sigma_\alpha = \frac{\sigma_x + \sigma_y}{2} + \frac{\sigma_x - \sigma_y}{2}\cos 2\alpha - \tau_x \sin 2\alpha \tag{10.1}$$

$$\tau_\alpha = \frac{\sigma_x - \sigma_y}{2}\sin 2\alpha + \tau_x \cos 2\alpha \tag{10.2}$$

这样，在平面应力状态下，只要知道一对互相垂直面上的应力 σ_x、σ_y 和 τ_x，就可以依式(10.1)和式(10.2)求出 α 为任意值时的斜截面上的应力 σ_α 和 τ_α。

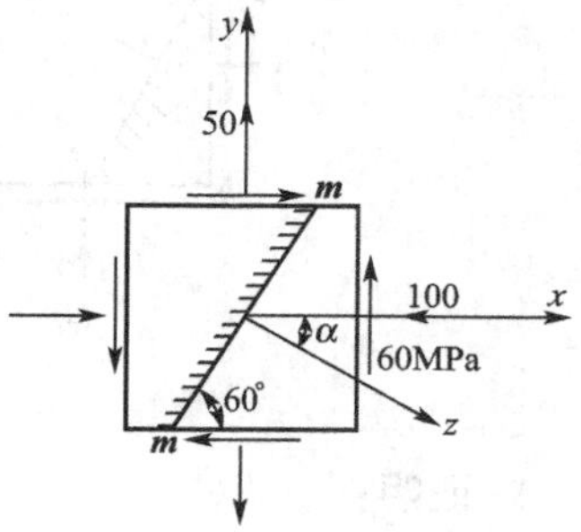

例 10.1 已知应力状态如图 10.4 所示，试计算截面 m—m 上的正应力 σ_m 与剪应力 τ_m。

图 10.4

解：由图可知，x、y 截面的应力分别为

$$\sigma_x = -100\text{MPa},\ \sigma_y = 50\text{MPa},\ \tau_x = -60\text{MPa}$$

而截面 m—m 的方位角则为

$$\alpha = -30^\circ$$

将上述数据代入式(10.1)与式(10.2)，得

$$\sigma_m = \frac{-100+50}{2} + \frac{-100-50}{2}\cos(-60^\circ) + 60\sin(-60^\circ) = -114.5\text{MPa}$$

$$\tau_m = \frac{-100-50}{2}\sin(-60^\circ) - 60\cos(-60^\circ) = 35.0\text{MPa}$$

10.2.2 应力圆

由式(10.1)和式(10.2)可以看出，对一个确定点而言，σ_α 和 τ_α 均是 α 的函数，也即 σ_α 和 τ_α 均以 2α 为参变量，因而 σ_α 与 τ_α 间一定有某种确定的函数关系。从式(10.1)和式(10.2)消去参变量 2α，即得

$$\left(\sigma_\alpha - \frac{\sigma_x + \sigma_y}{2}\right)^2 + \tau_\alpha^2 = \left(\frac{\sigma_x - \sigma_y}{2}\right)^2 + \tau_x^2$$

由上式可见，当斜截面随方位角 α 变化时，其上的应力 σ_α、τ_α 在 σ—τ 直角坐标系内的轨迹是一个圆，其圆心位于横坐标轴(σ 轴)上，其横坐标为 $\frac{\sigma_x + \sigma_y}{2}$，半径为 $\sqrt{\left(\frac{\sigma_x - \sigma_y}{2}\right)^2 + \tau_x^2}$，如图 10.5 所示。该圆习惯上称为应力圆，或称为莫尔(O. Mohr)应力圆。

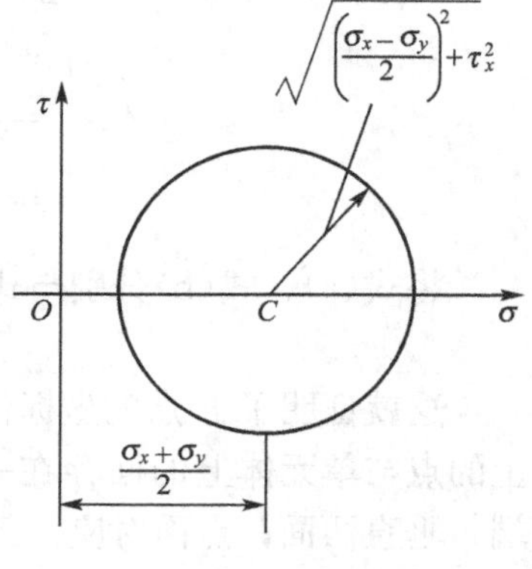

图 10.5

下面讨论若已知一个单元体上的应力分量 σ_x、τ_x 和 σ_y、τ_y [图 10.6(a)]，如何绘制其应力圆。在直角坐标系 σ—τ 内，按取定比例尺，在横轴 σ 上量取 $\overline{OB_1} = \sigma_x$、$\overline{OB_2} = \sigma_y$，在 B_1、B_2 处分别做 σ 轴的垂线，并量取 $\overline{B_1D_1} = \tau_x$，$\overline{B_2D_2} = \tau_y$。应该注意的是，$\sigma_x$、$\tau_x$、$\sigma_y$、$\tau_y$ 均为代数量，例如此处 σ_x、σ_y、τ_x 均为正值，应沿 σ 轴的右侧或 τ 轴的上方量取；而 τ_y 为负值，应沿 τ 轴的下方量取。连接 D_1、D_2 两点与 σ 轴交于 C 点。以 C 为圆心，$\overline{CD_1}$（或 $\overline{CD_2}$）为半径作圆

[图 10.6(b)]。下面证明如上所作的圆便是图 10.6(a)所示单元体的应力圆。

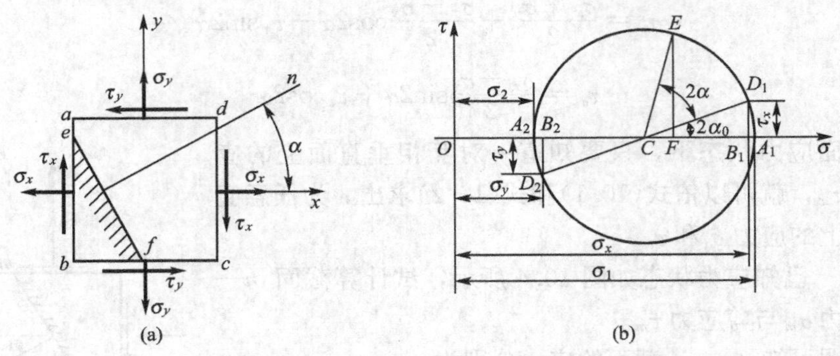

图 10.6

证明:

因为 $\overline{OC}=\overline{OB_2}+\overline{B_2C}$, $\overline{CB_1}=\overline{B_2C}=\dfrac{\overline{OB_1}-\overline{OB_2}}{2}$

所以 $\overline{OC}=\sigma_y+\dfrac{\sigma_x-\sigma_y}{2}=\dfrac{\sigma_x+\sigma_y}{2}$

可见,所作圆的圆心 C 点的坐标为$\left(\dfrac{\sigma_x+\sigma_y}{2}, 0\right)$。

所作圆的圆半径为

$$\overline{CD_1}=\overline{CD_2}=\sqrt{\overline{CB_1}^2+\overline{D_1B_1}^2}=\sqrt{\left(\frac{\sigma_x-\sigma_y}{2}\right)^2+\tau_x^2}$$

由上可知,所作圆的圆心坐标与半径正是应力圆的圆心坐标与半径,因而该圆便是应力圆。

应力圆确定后,如欲求 α 截面的应力,则只需将半径 CD_1 沿方位角 α 的转向旋转 2α,即转至 CE 处,所得 E 点的横、纵坐标 σ_E、τ_E 即分别代表该截面的正应力 σ_α 和剪应力 τ_α,现证明如下。

$$\begin{aligned}\sigma_E &= \overline{OC}+\overline{CE}\cos(2\alpha_0+2\alpha)=\overline{OC}+\overline{CD_1}\cos(2\alpha_0+2\alpha)\\ &= \overline{OC}+\overline{CD_1}\cos2\alpha_0\cos2\alpha-\overline{CD_1}\sin2\alpha_0\sin2\alpha \qquad \text{(a)}\\ &= \frac{\sigma_x+\sigma_y}{2}+\frac{\sigma_x-\sigma_y}{2}\cos2\alpha-\tau_x\sin2\alpha\end{aligned}$$

$$\begin{aligned}\tau_E &= \overline{CE}\sin(2\alpha_0+2\alpha)=\overline{CD_1}\sin(2\alpha_0+2\alpha)\\ &= \overline{CD_1}\sin2\alpha_0\cos2\alpha+\overline{CD_1}\cos2\alpha_0\sin2\alpha \qquad \text{(b)}\\ &= \tau_x\cos2\alpha+\frac{\sigma_x-\sigma_y}{2}\sin2\alpha\end{aligned}$$

将式(a)、式(b)分别与式(10.1)、式(10.2)比较,可见

$$\sigma_E=\sigma_\alpha,\quad \tau_E=\tau_\alpha$$

这就证明了 E 点的坐标代表法线与 x 轴夹角为 α 的斜面上的应力。由此可见,应力圆上的点与单元体上的面存在一一对应关系,其对应原则为圆上一点,体上一面;直径两端,垂直两面;点面对应,基准一致,转向相同,转角两倍。

例 10.2 图 10.7(a)所示单元体,$\sigma_x=100\text{MPa}$,$\tau_x=-20\text{MPa}$,$\sigma_y=30\text{MPa}$,$\tau_y=$

20MPa，试求 $\alpha=40°$ 斜截面上的正应力与剪应力。

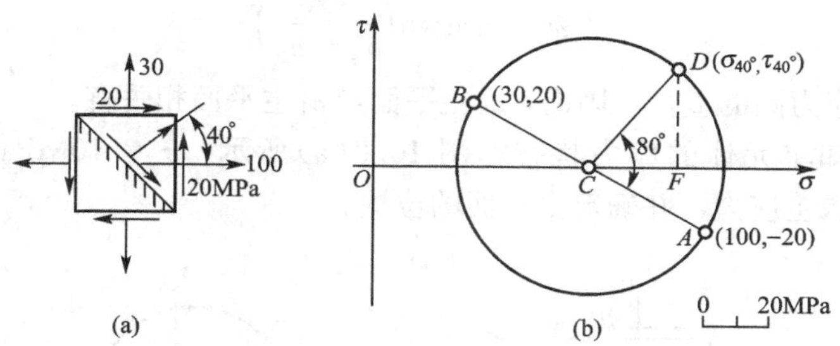

图 10.7

解：在 $\sigma—\tau$ 平面内，按选定的比例尺，由坐标(100，－20)与(30，20)分别确定 A、B 点，然后，以 AB 为直径画圆，即得相应的应力圆，如图 10.7(b)所示。

为了确定 α 截面上的应力，将半径 CA 沿逆时针方向旋转 $2\alpha=80°$ 至 CD 处，所得 D 点即为 α 截面的对应点。

按选定的比例尺，量得 $\overline{OF}=91\text{MPa}$，$\overline{FD}=31\text{MPa}$，由此得 α 截面的正应力与剪应力分别为

$$\sigma_{40°}=91\text{MPa},\quad \tau_{40°}=31\text{MPa}$$

10.2.3 主应力与主平面的确定

如图 10.6(b)所示，应力圆上 A_1、A_2 两点在横轴 σ 上，即 A_1、A_2 两点所对应的面上的剪应力为零。因此，这两点所对应的面为主平面，而其横坐标分别为主应力 σ_1 和 σ_2。由图可见，A_1、A_2 两点的横坐标分别为

$$\overline{OA_1}=\overline{OC}+\overline{CA_1},\quad \overline{OA_2}=\overline{OC}-\overline{CA_1}$$

式中，$\overline{OC}$ 为应力圆圆心的横坐标，$\overline{CA_1}$ 为应力圆半径。于是，可得两主应力值为

$$\sigma_1=\frac{1}{2}(\sigma_x+\sigma_y)+\frac{1}{2}\sqrt{(\sigma_x-\sigma_y)^2+4\tau_x^2} \tag{10.3}$$

$$\sigma_2=\frac{1}{2}(\sigma_x+\sigma_y)-\frac{1}{2}\sqrt{(\sigma_x-\sigma_y)^2+4\tau_x^2} \tag{10.4}$$

值得注意的是，式(10.3)和式(10.4)将两个主应力标为 σ_1、σ_2 是就图 10.6(b)的情况来说的。在每一具体情况下应根据它们以及数值为零的那个主应力按代数值来标示。例如若 $\sigma_x=40\text{MPa}$，$\sigma_y=-20\text{MPa}$，$\tau_x=-20\text{MPa}$，则由式(10.3)与式(10.4)求得的两个主应力应是 $\sigma_1=46\text{MPa}$，$\sigma_3=-26\text{MPa}$。另一主应力为 $\sigma_2=0$。

现在来确定主平面的位置。从图 10.6(b)可见，从应力圆上代表 x 截面上应力的点 D_1 到代表主应力 σ_1 的点 A_1 所夹的圆心角 $\angle D_1CA_1=2\alpha_0$，且为负值，故有

$$\tan(-2\alpha_0)=\frac{\overline{D_1B_1}}{\overline{CB_1}}=\frac{\tau_x}{\frac{1}{2}(\sigma_x-\sigma_y)} \tag{10.5}$$

从而解得表示主应力 σ_1 所在主平面位置的方位角为

$$2\alpha_0 = \arctan\left(\frac{-2\tau_x}{\sigma_x - \sigma_y}\right)$$

由于$\overline{A_1A_2}$为应力圆的直径，因而，σ_2 主平面与 σ_1 主平面相垂直。

例 10.3 已知单元体的应力状态如图 10.8(a)所示。$\sigma_x = 40\text{MPa}$，$\sigma_y = -60\text{MPa}$，$\tau_{xy} = -50\text{MPa}$ 试求主应力，并确定主平面的位置。

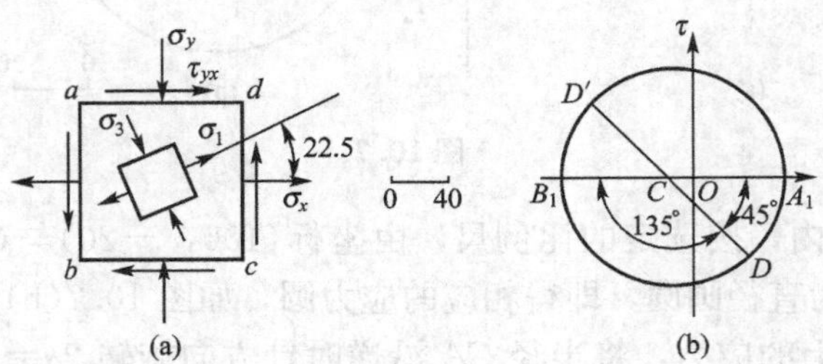

图 10.8

解：(1) 作应力圆。按选定的比例尺，以 $\sigma_x = 40\text{MPa}$，$\tau_{xy} = -50\text{MPa}$ 为坐标，确定 D 点。以 $\sigma_y = -60\text{MPa}$，$\tau_{yx} = 50\text{MPa}$ 为坐标，确定 D' 点。连接 D 和 D' 点，与横坐标轴交于 C 点。以 C 为圆心，以 CD 为半径作应力圆，如图 10.8 (b)所示。

(2) 求主应力及主平面的位置。在图 10.8 (b)所示的应力圆上，A_1 和 B_1 点的横坐标即为主应力值，按所用比例尺量出

$$\sigma_1 = \overline{OA_1} = 60.7\text{MPa}, \quad \sigma_3 = \overline{OB_1} = -80.7\text{MPa}$$

这里另一个主应力 $\sigma_2 = 0$。

在应力圆上，由 B 点至 A_1 点为逆时针方向，且 $\angle DCA_1 = 2\alpha_0 = 45°$，所以，在单元体中，从 x 轴以逆时针方向量取 $\alpha_0 = 22.5°$，确定了 σ_1 所在主平面的法线。而 D 至 B_1 点为顺时针方向，$\angle DCB_1 = 135°$，所以，在单元体中从 x 轴以顺时针方向量取 $\alpha_0 = 67.5°$，从而确定了 σ_3 所在主平面的法线方向。

例 10.4 利用应力圆定性讨论图 10.9(a)所示 1、2、3 点的应力状态。

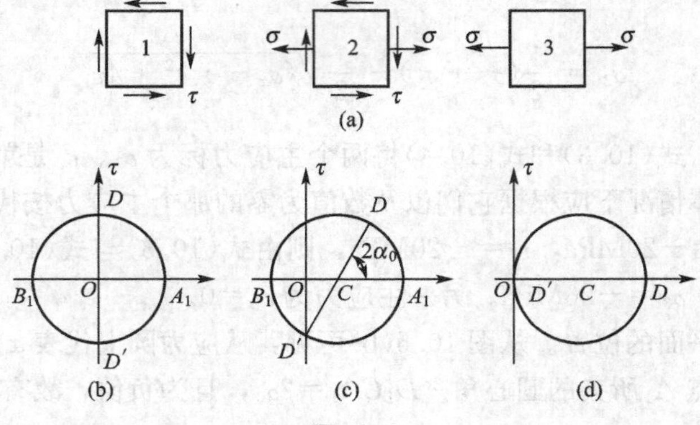

图 10.9

解：1 点的应力状态是纯剪切应力状态。根据单元体以 x 为法线的截面上的应力情况

$\sigma_x=0$，$\tau_x=\tau$ 在坐标系中确定的 D 点在 τ 轴上，而根据以 y 轴为法线的截面上应力 $\sigma_y=0$，$\tau_y=-\tau$ 确定的 D'点也在 τ 轴上，但它为负值。D 与 D' 的连线与 σ 轴交于原点 O，以 O 为圆心，以$\overline{OD}$(或$\overline{OD'}$)为半径，作出应力圆如图 10.9(b)所示。由此可见，该应力圆的特点是应力圆圆心与坐标系原点重合。从图 10.9(b)看出：

$$\sigma_1=\tau,\quad \sigma_2=0,\quad \sigma_3=-\tau,\quad \tau_{\max}=\tau$$

对于 2 点的应力状态，同样根据 $\sigma_x=\sigma$，$\tau_x=\tau$，在坐标系中确定 D 点，而根据 $\sigma_y=0$，$\tau_x=-\tau$ 确定的 D'点在 τ 轴上，连接 DD'交 σ 轴于 C 点，以 C 为圆心，以$\overline{CD}$为半径，作出应力圆如图 10.9(c)所示。可见，该应力圆的特点是应力圆总是与 τ 轴相割，故必然有 $\sigma_1>0$，$\sigma_2=0$，$\sigma_3<0$。根据式(10.3)和式(10.4)，求得三个主应力分别为：

$$\left.\begin{matrix}\sigma_1\\\sigma_3\end{matrix}\right\}=\frac{\sigma}{2}\pm\sqrt{\left(\frac{\sigma}{2}\right)^2+\tau^2},\quad \sigma_2=0$$

3 点的应力状态是单向应力状态，$\sigma_x=\sigma$，$\sigma_y=0$，$\tau_x=\tau_y=0$，作出应力圆如图 10.9(d)所示。其特点是该应力圆与 τ 轴相切。

例 10.5 分析如图 10.10 所示圆轴在扭转时的最大剪应力作用面，说明铸铁圆试件扭转破坏的主要原因。

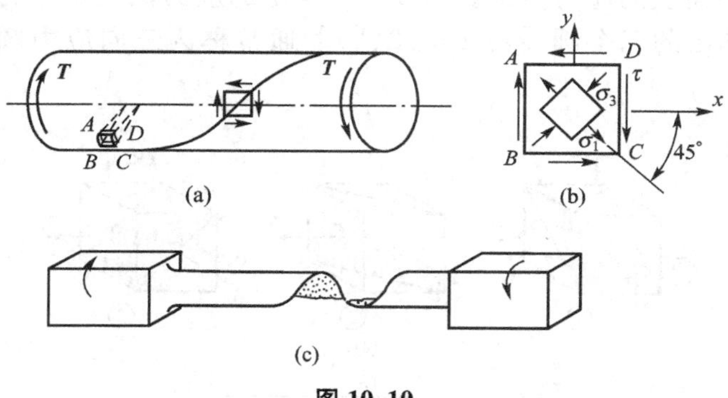

图 10.10

解： 圆轴扭转时，其上任意点的应力状态为纯剪切状态，在圆轴表面各点的剪应力最大，其值为

$$\tau=\frac{T}{W_{\mathrm{p}}}$$

围绕圆轴表面的点 A 取单元体，单元体上各面的应力如图 10.10(b)所示。令 $\sigma_x=0$，$\sigma_y=0$，$\tau_x=\tau$，可由式(10.1)和式(10.2)得单元体任意斜截面上的应力：

$$\sigma_\alpha=-\tau\sin2\alpha,\ \tau_\alpha=\tau\cos2\alpha$$

当 $\alpha_0=45°$，压应力最大，其值为 $-\tau$，剪应力为零；

当 $\alpha_0=-45°$，拉应力最大，其值为 τ，剪应力为零。

以上结果表明，在与圆轴轴向成 45°方向面上，主应力的绝对值相等，都等于剪应力 τ，但一为拉应力，一为压应力。试验结果表明铸铁圆试件扭转时，是沿着最大拉应力作用面(最大主应力所在的主平面连成倾角为 45°的螺旋面)断开的。因此，可以认为这种破坏是由最大拉应力引起的。

10.3 空间应力状态简介

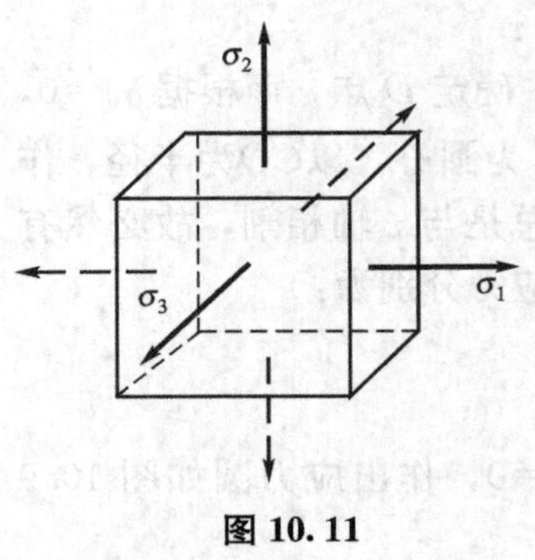

图 10.11

受力物体内某点处的应力状态，如果三个主应力均不为零，即为空间应力状态。对构件内危险点处进行强度分析，常常需要确定其最大正应力和最大切应力。如果某点处的三个主应力σ_1、σ_2、σ_3均为已知，如图10.11所示，为分析该点处的最大正应力和最大切应力，仍可利用应力圆。这实际上是平面应力圆的推广。

如图10.12(a)第①图所示。设斜截面与σ_1平行，考虑截出部分三棱柱体的平衡，显然，沿σ_1方向自然满足平衡条件，故平行于σ_1诸斜面上的应力不受σ_1的影响，只与σ_2、σ_3有关。由σ_2、σ_3确定的应力圆周上的任意一点的纵横坐标表示平行于σ_1的某个斜面上的正应力和切应力。同理，由σ_1、σ_3确定的应力圆表示平行于σ_2诸平面上的应力情况。由σ_1、σ_2确定的应力圆表示平行于σ_3诸平面上的应力情况。这样作出的三个圆［图10.12(b)］通常称为三向应力圆或空间应力状态的应力圆。

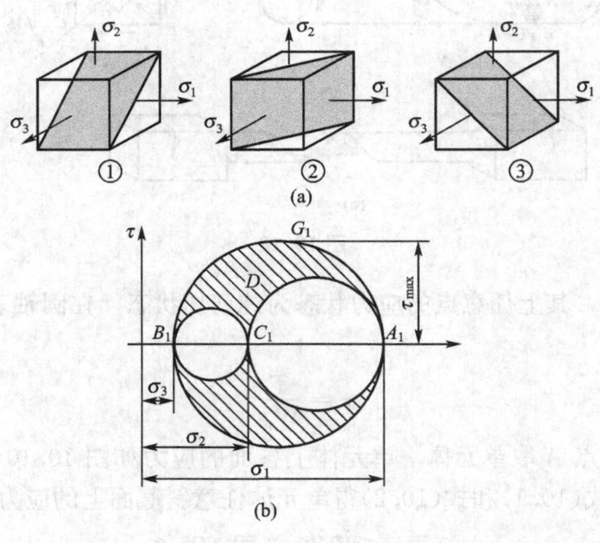

图 10.12

进一步分析可以证明，除上述三组平面外，在与三个主应力都不平行的任意斜截面上的应力，在σ—τ坐标平面上所对应的坐标必位于三个应力圆围成的区域内，即图10.12(b)中阴影线部分。由此可见，空间应力状态下的最大和最小正应力为

$$\sigma_{max}=\sigma_1，\sigma_{min}=\sigma_3 \tag{10.6}$$

图10.12(b)中画阴影线的部分内，G_1点为纵坐标的极值，所以最大切应力为由σ_1、σ_3所确定的应力圆半径，即

$$\tau_{\max}=\frac{\sigma_1-\sigma_3}{2} \tag{10.7}$$

由于G_1点在由σ_1和σ_3所确定的圆周上，此圆周上各点的纵横坐标就是与σ_2轴平行的一组斜截面上的应力，所以单元体的最大切应力所在的平面与σ_2轴平行，且外法线与σ_1轴及σ_3轴的夹角为45°。

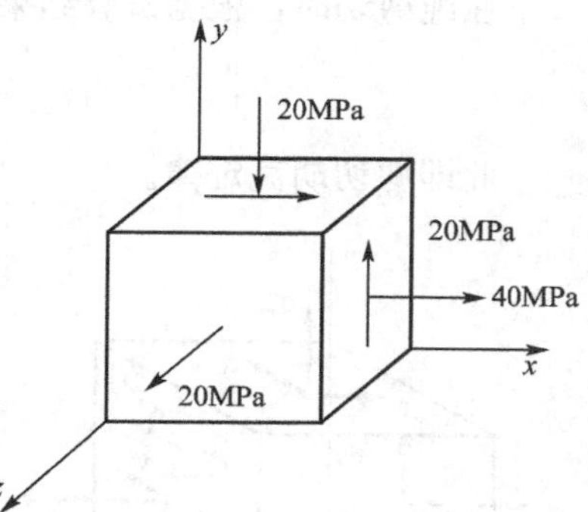

图 10.13

例 10.6 单元体各面上的应力如图 10.13 所示，试求主应力和最大切应力值。

解： 由于z面只有正应力$\sigma_z=20\text{MPa}$，切应力为零，故z面为主平面，σ_z为主应力。因为与z面正交的各斜截面上的应力与σ_z无关，于是，另外两个主应力可按式(10.3)和式(10.4)计算，即

$$\left.\begin{matrix}\sigma_i\\ \sigma_j\end{matrix}\right\}=\frac{1}{2}(\sigma_x+\sigma_y)\pm\sqrt{\left(\frac{\sigma_x-\sigma_y}{2}\right)^2+\tau_x^2}$$

$$=\frac{1}{2}(40-20)\pm\sqrt{\left[\frac{40-(-20)}{2}\right]^2+(-20)^2}=\begin{cases}46\text{MPa}\\ -26\text{MPa}\end{cases}$$

将三个主应力按其代数值的大小顺序排列为

$$\sigma_1=46\text{MPa},\quad \sigma_2=20\text{MPa},\quad \sigma_3=-26\text{MPa}$$

主应力σ_1和σ_3的作用平面与z面相垂直，其法线方向可按式(10.5)计算

$$\tan 2\alpha_0=-\frac{2\tau_x}{\sigma_x-\sigma_y}=-\frac{2\times(-20)}{40+20}=\frac{2}{3},\quad \alpha_0=16.9^\circ$$

最大切应力由式(10.7)求得

$$\tau_{\max}=\frac{\sigma_1-\sigma_3}{2}=\frac{46-(-26)}{2}=36\text{MPa}$$

10.4 复杂应力状态下应力与应变间的关系

10.4.1 广义胡克定律

在讨论轴向拉伸或压缩时，根据试验结果，曾得到当$\sigma\leqslant\sigma_p$时，应力与应变成正比关系，即

$$\sigma=E\varepsilon \quad 或 \quad \varepsilon=\frac{1}{E}\sigma$$

此即单向应力状态的胡克定律。

此外，由于轴向变形还将引起横向变形，根据试验的结果，横向应变ε'可表示为

$$\varepsilon' = -\nu\varepsilon = -\nu\frac{\sigma}{E}$$

在纯剪切时，根据试验结果，当$\tau \leqslant \tau_p$，切应力与切应变成正比，即

$$\tau = G\gamma \quad 或 \quad \gamma = \frac{1}{G}\tau$$

此即剪切胡克定律。

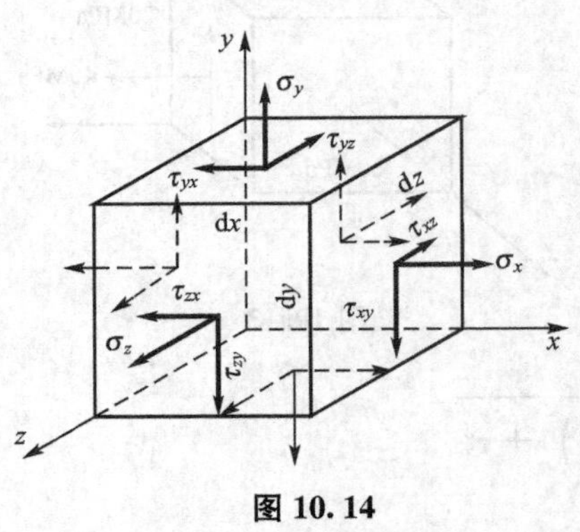

图 10.14

一般情况下，描述一点处的应力状态需要9个应力分量(图10.14)。根据切应力互等定理，τ_{xy}和τ_{yx}，τ_{yz}和τ_{zy}，τ_{zx}和τ_{xz}分别在数值上相等。所以9个应力分量中，只有6个是独立的。对于这样一般情况，可以看做是三组单向应力状态和三组纯剪切状态的组合。可以证明，对于各向同性材料，在小变形及线弹性范围内，线应变只与正应力有关，而与切应力无关；切应变只与切应力有关，而与正应力无关，满足应用叠加原理的条件。所以，我们利用单向应力状态和纯剪切应力状态的胡克定律，分别求出各应力分量相对应的应变，然后，再进行叠加。正应力分量分别在x、y和z方向对应的应变见表10-1。

表10-1　正应力分量在不同方向对应的应变

应变＼应力	σ_x	σ_y	σ_z
ε_x	$\frac{1}{E}\sigma_x$	$-\frac{v}{E}\sigma_y$	$-\frac{v}{E}\sigma_z$
ε_y	$-\frac{v}{E}\sigma_x$	$\frac{1}{E}\sigma_y$	$\frac{1}{E}\sigma_z$
ε_z	$-\frac{v}{E}\sigma_x$	$-\frac{v}{E}\sigma_y$	$\frac{1}{E}\sigma_z$

根据此表，得出x、y和z方向的线应变表达式为

$$\left.\begin{aligned}\varepsilon_x &= \frac{1}{E}[\sigma_x - \nu(\sigma_y + \sigma_z)]\\ \varepsilon_y &= \frac{1}{E}[\sigma_y - \nu(\sigma_z + \sigma_x)]\\ \varepsilon_z &= \frac{1}{E}[\sigma_z - \nu(\sigma_x + \sigma_y)]\end{aligned}\right\} \tag{10.8}$$

根据剪切胡克定律，在xy，yz，zx三个面内的切应变分别是

$$\left.\begin{aligned}\gamma_{xy} &= \frac{1}{G}\tau_{xy}\\ \gamma_{yz} &= \frac{1}{G}\tau_{yz}\\ \gamma_{zx} &= \frac{1}{G}\tau_{zx}\end{aligned}\right\} \tag{10.9}$$

式(10.8)和式(10.9)即为一般空间应力状态下，在线弹性范围内，小变形条件下各向同性材料的广义胡克定律。

当单元体为主单元体时，且使 x、y 和 z 的方向分别与 σ_1、σ_2 和 σ_3 的方向一致。这时

$$\sigma_x=\sigma_1,\ \sigma_y=\sigma_2,\ \sigma_z=\sigma_3,\ \tau_{xy}=0,\ \tau_{yz}=0,\ \tau_{zx}=0$$

代入式(10.8)和式(10.9)，广义胡克定律化为

$$\left.\begin{aligned}\varepsilon_1&=\frac{1}{E}[\sigma_1-\nu(\sigma_2+\sigma_3)]\\ \varepsilon_2&=\frac{1}{E}[\sigma_2-\nu(\sigma_3+\sigma_1)]\\ \varepsilon_3&=\frac{1}{E}[\sigma_3-\nu(\sigma_1+\sigma_2)]\end{aligned}\right\}\tag{10.10}$$

$$\gamma_{xy}=0,\quad \gamma_{yz}=0,\quad \gamma_{zx}=0$$

式(10.10)表明，在3个坐标平面内的切应变皆等于零。根据主应变的定义，ε_1、ε_2 和 ε_3 就是主应变，即主应力的方向与主应变的方向重合。因为广义胡克定律建立在材料为各向同性、小变形且在线弹性范围内的基础上，所以，以上关于主应力的方向与主应变的方向重合这一结论，同样也建立在此基础上。在我们的讨论中，对各向同性线弹性材料已定义了3个弹性常数——弹性模量 E、泊松比 v、剪切弹性模量 G。但弹性理论可以证明，E、v、G 3个弹性常数不独立，并存在如下关系，即

$$G=\frac{E}{2(1+v)}\tag{10.11}$$

10.4.2 体积应变

构件在受力变形后，通常将引起体积变化。每单位体积的体积变化称为体积应变，简称体应变，用 θ 表示。现研究各向同性材料在空间应力状态下(图10.15)的体应变。

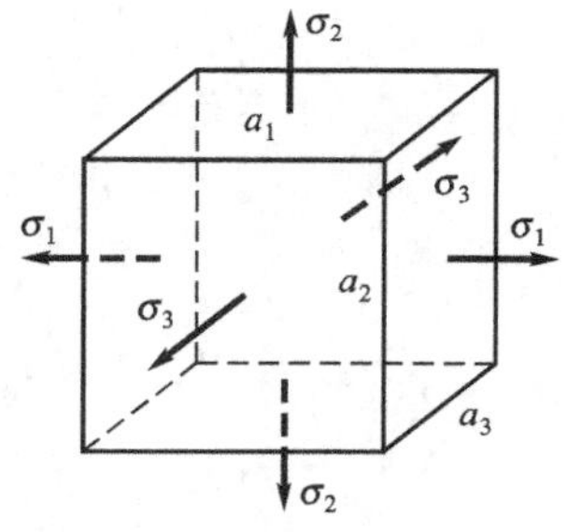

图 10.15

设单元体的三对平面为主平面，其三个边长分别为 a_1、a_2、a_3，则变形后的边长分别为 $a_1(1+\varepsilon_1)$、$a_2(1+\varepsilon_2)$、$a_3(1+\varepsilon_3)$，因此，变形后单元体的体积为

$$V'=a_1(1+\varepsilon_1)\times a_2(1+\varepsilon_2)\times a_3(1+\varepsilon_3)$$

由体应变的定义，并在小变形条件下略去线应变乘积项的高阶微量，可得

$$\theta=\frac{V'-V}{V}=\frac{a_1(1+\varepsilon_1)\times a_2(1+\varepsilon_2)\times a_3(1+\varepsilon_3)-a_1a_2a_3}{a_1a_2a_3}$$

$$\approx\frac{a_1a_2a_3(1+\varepsilon_1+\varepsilon_2+\varepsilon_3)-a_1a_2a_3}{a_1a_2a_3}=\varepsilon_1+\varepsilon_2+\varepsilon_3$$

将广义胡克定律式(10.10)代入上式，即得到以应力表示的体积应变

$$\theta=\varepsilon_1+\varepsilon_2+\varepsilon_3=\frac{1-2\nu}{E}(\sigma_1+\sigma_2+\sigma_3)\tag{10.12}$$

即任一点处的体应变与该点处的三个主应力之和成正比。

对于平面纯剪切应力状态，由于 $\sigma_1=-\sigma_3=\tau$，$\sigma_2=0$，则由式(10.12)可知，其体积应变 $\theta=0$，其实这一结论可以推广到一般的空间应力状态，即剪应力分量 τ_{xy}、τ_{yz}、τ_{zx} 的存在不会引起体积改变，即体积应变 θ 仅与3个正应力 σ_x、σ_y、σ_z 有关。这一事实在弹性力学中有严格证明，其数学表达为

$$\theta=\frac{1-2\nu}{E}(\sigma_x+\sigma_y+\sigma_z) \tag{10.13}$$

比较式(10.12)和式(10.13)，可有

$$\sigma_1+\sigma_2+\sigma_3=\sigma_x+\sigma_y+\sigma_z$$

由此，还可得到另一个有意义的结论。因为对于一个确定点而言，3个主应力是唯一的，因而它们的和为一常数，由上式可知，一点处3个正应力之和为一不变量。

例10.7 在一体积较大的钢块上开一个贯穿的槽，其宽度和深度都是10mm×10mm。在槽内紧密无隙地嵌入一铝质立方块，尺寸是10mm×10mm×10mm。假设钢块不变形，铝的弹性模量 $E=70\text{GPa}$，$\nu=0.33$。当铝块受到压力 $F=6\text{kN}$ 时［图10.16(a)］，试求铝块的3个主应力及相应的应变。

解：(1) 铝块的受力分析。为分析方便，建立坐标系如图10.16所示，在 F 力作用下，铝块内水平面上的应力为

$$\sigma_y=-\frac{F}{A}=-\frac{6\times10^3}{10\times10\times10^{-6}}=-60\times10^6\,\text{Pa}=-60\text{MPa}$$

由于钢块不变形，它阻止了铝块在 x 方向的膨胀，所以，$\varepsilon_x=0$。铝块外法线为 z 的平面是自由表面，所以 $\sigma_z=0$。若不考虑钢槽与铝块之间的摩擦，从铝块中沿平行于三个坐标平面截取的单元体，各面上没有切应力。所以，这样截取的单元体是主单元体［图10.16(b)］。

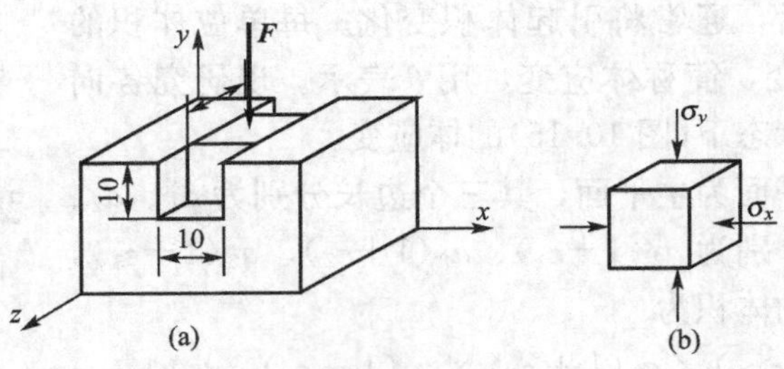

图10.16

(2) 求主应力及主应变。根据上述分析，图10.16 (b)所示单元体的已知条件为

$$\sigma_y=-60\text{MPa},\ \sigma_z=0,\ \varepsilon_x=0$$

将上述结果及 $E=70\text{GPa}$，$\nu=0.33$ 代入式(10.8)中，得

$$0=\frac{1}{E}[\sigma_x-\nu(-60+0)]$$

$$\varepsilon_y=\frac{1}{E}[-60-\nu(\sigma_x+0)]$$

$$\varepsilon_z=\frac{1}{E}[0-\nu(\sigma_x-60)]$$

联解上述 3 个方程得

$$\sigma_x=-19.8\text{MPa},\ \varepsilon_y=-17.65\times10^{-4},\ \varepsilon_z=3.76\times10^{-4}$$

即

$$\sigma_1=\sigma_z=0,\ \sigma_2=\sigma_x=-19.8\text{MPa},\ \sigma_3=\sigma_y=-60\text{MPa}$$

$$\varepsilon_1=\varepsilon_z=3.76\times10^{-4},\ \varepsilon_2=\varepsilon_x=0,\ \varepsilon_3=\varepsilon_y=-7.65\times10^{-3}$$

10.5 复杂应力状态下的应变能密度

在轴向拉伸或压缩的单向应力状态下，当应力 σ 与应变 ε 满足线性关系时，曾根据外力功和应变能在数值上相等的关系，导出应变能密度的计算公式为

$$v_\varepsilon=\frac{1}{2}\sigma\varepsilon=\frac{\sigma^2}{2E}$$

本节将讨论在复杂应力状态下已知主应力 σ_1、σ_2 和 σ_3 的应变能密度。在此情况下，弹性体储存的应变能在数值上仍与外力所做的功相等。但在计算应变能时，需要注意以下两点。

(1) 应变能的大小只决定于外力和变形的最终数值，而与加力次序无关。这是因为若应变能与加力次序有关，那么，按一个储存能量较多的次序加力，而按另一个储存能量较小的次序卸载，完成一个循环后，弹性体内将增加能量，显然，这与能量守恒原理相矛盾。

(2) 应变能的计算不能采用叠加原理。这是因为应变能与荷载不是线性关系，而是荷载的二次函数。从而不满足叠加原理的应用条件。

鉴于以上两点，对复杂应力状态的应变能密度计算，我们选择一个便于计算应变能密度的加力次序。为此，假定应力按 $\sigma_1:\sigma_2:\sigma_3$ 的比例同时从零增加到最终值，在线弹性情况下，每一主应力与相应的主应变之间仍保持线性关系，因而与每一主应力相应的应变能密度仍可按 $v_\varepsilon=\sigma\varepsilon/2$ 计算，于是，复杂应力状态下的应变能密度是

$$v_\varepsilon=\frac{1}{2}\sigma_1\varepsilon_1+\frac{1}{2}\sigma_2\varepsilon_2+\frac{1}{2}\sigma_3\varepsilon_3 \tag{10.14}$$

在式(10.14)中，ε_1(或 ε_2、ε_3)是在主应力 σ_1、σ_2 和 σ_3 共同作用下产生的应变。将广义胡克定律式(10.10)代入式(10.14)，经过整理后得出

$$v_\varepsilon=\frac{1}{2E}[\sigma_1^2+\sigma_2^2+\sigma_3^2-2\nu(\sigma_1\sigma_2+\sigma_2\sigma_3+\sigma_3\sigma_1)] \tag{10.15}$$

由于在一般的空间应力状态下，单元体将同时产生体积改变和形状改变。若将主应力单元体［图 10.17(a)］分解为图 10.17(b)和图 10.17(c)所示的两种单元体应力的叠加。其中，σ_m称为平均应力，即

$$\sigma_m=\frac{1}{3}(\sigma_1+\sigma_2+\sigma_3)$$

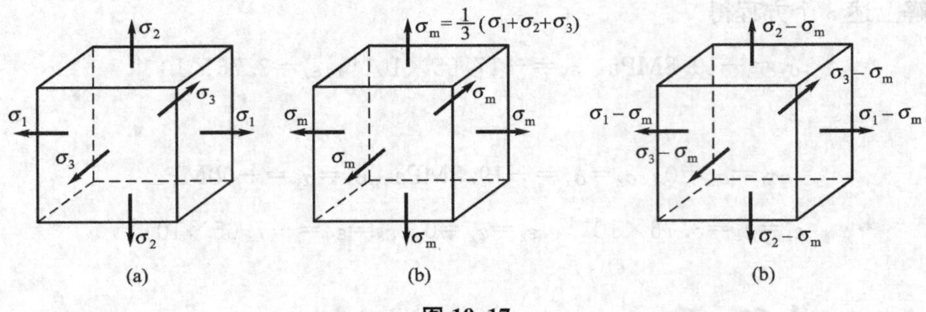

图 10.17

在平均应力作用下［图 10.17(b)］，单元体的形状不变，仅发生体积改变，且其三个主应力之和与图 10.17(a)所示单元体的三个主应力之和相等，故其应变能密度就等于图 10.17(a)所示单元体的体积改变能密度，即

$$v_V=\frac{1}{2E}[\sigma_m^2+\sigma_m^2+\sigma_m^2-2v(\sigma_m^2+\sigma_m^2+\sigma_m^2)]$$

$$=\frac{3(1-2v)}{2E}\sigma_m^2=\frac{1-2v}{6E}(\sigma_1+\sigma_2+\sigma_3)^2 \tag{10.16}$$

图 10.17(c)所示单元体的三个主应力之和为零，故无体积改变，只有形状改变。因此，其应变能密度就是原主应力单元体的畸变能密度。所以，单元体的畸变能密度 v_d 等于总的应变能密度 v_ε 式(10.15)与体积改变能密度 v_V 式(10.16)之差。经简化后，得

$$v_d=v_\varepsilon-v_V=\frac{1+v}{6E}[(\sigma_1-\sigma_2)^2+(\sigma_2-\sigma_3)^2+(\sigma_3-\sigma_1)^2] \tag{10.17}$$

例 10.8 导出各向同性材料在线弹性范围内时的弹性常数 E、G、ν 之间的关系。

解： 对于纯剪切应力状态，我们已经导出以切应力表示的应变能密度为

$$v_{\varepsilon1}=\frac{1}{2}\tau\gamma=\frac{\tau^2}{2G}$$

另一方面，对于纯剪切应力状态，单元体的三个主应力分别为 $\sigma_1=\tau$，$\sigma_2=0$，$\sigma_3=-\tau$。把主应力代入式(10.15)，可算出应变能密度为

$$v_{\varepsilon2}=\frac{1}{2E}[\tau^2+0+\tau^2-2v(0+0-\tau^2)]=\frac{1+v}{E}\tau^2$$

按两种方式算出的应变能密度同为纯剪切应力状态的应变能密度。所以，$v_{\varepsilon1}=v_{\varepsilon2}$，即

$$G=\frac{E}{2(1+\nu)}$$

10.6 常用的强度理论

强度理论是研究材料在复杂应力条件下强度失效的原因和失效条件的理论。

对于构件的基本变形，已经建立了强度条件。如受轴向拉压时，$\sigma_{max}=\frac{F_{Nmax}}{A}\leqslant[\sigma]$；圆轴扭转时，$\tau_{max}=\frac{T_{max}}{W_t}\leqslant[\tau]$。许用应力$[\sigma]$和$[\tau]$分别是通过拉压与扭转试验测得的极限应

力除以安全系数获得的。因此，基本变形的强度条件是以试验结果直接建立的。

但是在工程实际中，许多构件的危险点处于复杂(二向或三向)应力状态。根据材料试验来测出失效时的极限应力是比较困难的。这是因为在复杂应力状态下，材料的失效不仅取决于主应力 σ_1、σ_2 及 σ_3 的大小，还取决于它们之间的比值。但由于这种比值不胜枚举，要测定每种主应力比值下的极限应力实际很难做到。因此，必须建立复杂应力状态的强度条件，即建立一系列的强度理论。

大量的工程实践和科学实验表明，材料在外力作用下发生破坏，虽然破坏的表现形式纷繁复杂，千差万别，但材料破坏的基本形式按其物理本质却只有两种类型。一类是在没有明显的塑性变形情况下发生突然断裂，称为脆性断裂。例如，铸铁试件拉伸时沿横截面断裂，而铸铁圆试件扭转时沿与轴约成 45°的斜截面断裂。另一类是材料产生显著的塑性变形而使构件丧失正常的工作能力，称为塑性屈服。例如，低碳钢试件拉伸时，当荷载增大到一定程度，与轴线约成 45°角方向会出现滑移线；而扭转时则沿纵横两方向出现滑移线，即发生屈服现象。长期以来，通过生产实践和科学研究，针对这两类破坏形式，曾提出过不少关于材料破坏因素的假设，下面主要介绍经过试验和实践检验，在工程中常用的四个强度理论。

1) 最大拉应力理论(第一强度理论)

这个理论认为，引起材料发生脆性断裂的主要因素是最大拉应力，无论材料处于什么应力状态，只要构件危险点处的最大拉应力 $\sigma_{max}=\sigma_1$ 达到材料的极限应力值 σ_u 时，就会引起材料的脆性断裂。根据这一强度理论，破坏条件为

$$\sigma_1=\sigma_u \tag{10.18}$$

式中的 σ_u 为材料在各种应力状态下所共有的极限应力，当然也适用于单向应力状态。因此可由简单拉伸试验来测定，其值即为试件断裂时的抗拉强度 σ_b。将 σ_b 除以安全因数后，即得到材料的许用拉应力 $[\sigma]$。于是，按此理论所建立的强度条件为

$$\sigma_1\leqslant[\sigma] \tag{10.19}$$

利用第一强度理论可以很好地解释铸铁等脆性材料在轴向拉伸和扭转时的破坏情况。铸铁在单向拉伸下，沿最大拉应力所在的横截面发生断裂，在扭转时，沿最大拉应力所在的斜截面发生断裂。这些都与最大拉应力理论相一致。但是，这一理论没有考虑其他两个主应力的影响，且对于没有拉应力的应力状态(如单向压缩、三向压缩等)也无法解释。

2) 最大拉应变理论(第二强度理论)

这一理论是在 17 世纪后期由科学家马里奥特首先提出的。这个理论认为，不论材料处在什么应力状态，引起发生脆性断裂的原因是由于最大拉应变($\varepsilon_{max}=\varepsilon_1>0$)达到了某个极限值($\varepsilon^u$)。

根据这一理论，便可利用单向拉伸时的试验结果来建立复杂应力状态下的强度计算准则。在单向拉伸时，最大拉应变的方向为轴线方向。材料发生脆性断裂时，失效应力为 σ_b，则在断裂时轴线方向的线应变(最大拉应变)为 $\varepsilon^u=\sigma_b/E$。那么，根据这一强度理论可以预测：在复杂应力状态下，当单元体的最大拉应变($\varepsilon_{max}=\varepsilon_1$)也增大到 ε^u 时，材料就会发生脆性断裂。于是，这一理论的断裂准则为

$$\varepsilon_1=\varepsilon^u=\frac{\sigma_b}{E}$$

对于复杂应力状态，可由广义胡克定律式(10.10)求得

$$\varepsilon_1=\frac{1}{E}[\sigma_1-\nu(\sigma_2+\sigma_3)]$$

于是，考虑安全因素后，这一理论的强度条件为

$$\sigma_1-\upsilon(\sigma_2+\sigma_3)\leqslant[\sigma] \tag{10.20}$$

对于脆性材料，这个理论与试验结果在某些情况下大致相符。例如，铸铁在拉压二向应力作用，且压应力较大的情况下，试验结果与这个理论吻合得较好。可是，按照这个理论，材料在二向或三向受拉时要比单向受拉安全，但试验结果并不能证实这一点。对于塑性材料，这个理论则不能很好地被试验所验证。

3) 最大切应力理论(第三强度理论)

这一理论认为，使材料发生塑性屈服的主要因素是最大切应力 τ_{max}，不论材料处在什么应力状态，只要构件中的最大切应力达到某一个极限切应力值 τ_u时，就会引起材料的塑性屈服。按此理论，材料的破坏条件(或称屈服条件)为

$$\tau_{max}=\tau_u$$

在复杂应力状态下一点处的最大切应力为

$$\tau_{max}=\frac{\sigma_1-\sigma_3}{2}$$

而式中的极限切应力 τ_u则可通过简单的拉伸试验来测定，其值为屈服时试件横截面上的正应力 σ_s的一半，即

$$\tau_u=\frac{\sigma_s}{2}$$

因此，破坏条件又可表示为

$$\frac{\sigma_1-\sigma_3}{2}=\frac{\sigma_s}{2}$$

或

$$\sigma_1-\sigma_3=\sigma_s \tag{10.21}$$

考虑安全因数后，可得按此理论而建立的强度条件为

$$\sigma_1-\sigma_3\leqslant[\sigma] \tag{10.22}$$

试验表明，对于塑性材料，这一理论与试验结果较为符合，且又具有形式简单，概念明确，在机械工程中得到了广泛的应用。但是，这一理论忽略了中间主应力 σ_2的影响，且计算的结果与试验相比，偏于保守。

4) 畸变能密度理论(第四强度理论)

这是从能量的观点提出的强度理论。历史上曾提出过“应变能密度理论”，认为材料的屈服失效原因是应变能密度达到材料的某一极限值。但这一理论与试验结果并不相符。试验表明，材料在很高的三向等压(静水压力)作用时仍保持弹性，而不是屈服。为了与试验结果更加符合，波兰学者 M. T. Huber 于 1904 年将其修正为畸变能密度理论，后来进一步由德国 R. von Mises(1913)和美国 H. Hencky(1925)所发展和解释。该理论认为：无论材料处于什么应力状态，材料发生屈服的原因是由于畸变能密度(v_d)达到了某一极限值(v_d^u)。

对于像低碳钢一类的塑性材料，因为在拉伸试验时当正应力达到σ_s时就出现明显的屈服现象，故可通过拉伸试验来确定材料的v_d^u值。为此，可利用式(10.17)

$$v_d=\frac{1+v}{6E}[(\sigma_1-\sigma_2)^2+(\sigma_2-\sigma_3)^2+(\sigma_3-\sigma_1)^2]$$

将$\sigma_1=\sigma_s$，$\sigma_2=\sigma_3=0$代入上式，从而求得材料的极限值v_d^u

$$v_d^u=\frac{1+v}{6E}\times 2\sigma_s^2$$

所以，按照这一强度理论的观点，屈服判据$v_d=v_d^u$可改写为

$$\frac{1+v}{6E}[(\sigma_1-\sigma_2)^2+(\sigma_2-\sigma_3)^2+(\sigma_3-\sigma_1)^2]=\frac{1+v}{6E}\times 2\sigma_s^2$$

化简后有

$$\sqrt{\frac{1}{2}[(\sigma_1-\sigma_2)^2+(\sigma_2-\sigma_3)^2+(\sigma_3-\sigma_1)^2]}=\sigma_s \tag{10.23}$$

式(10.23)也称为米塞斯屈服判据。考虑安全因数后，按第四强度理论建立的强度条件为

$$\sqrt{\frac{1}{2}[(\sigma_1-\sigma_2)^2+(\sigma_2-\sigma_3)^2+(\sigma_3-\sigma_1)^2]}\leqslant[\sigma] \tag{10.24}$$

根据几种塑性材料(钢、铜、铝)的薄管试验资料，第四强度理论比第三强度理论更符合试验结果。在纯剪切下，按第三强度理论和第四强度理论的计算结果差别最大，这时，由第三强度理论的屈服条件得出的结果比第四强度理论的计算结果大15%。其他大量的试验结果还表明，米塞斯屈服判据能很好地描述铜、镍、铝等许多工程韧性材料的屈服状态。

前述四个强度理论的强度条件分别为式(10.19)、式(10.20)、式(10.22)和式(10.24)，可以写成以下统一的形式

$$\sigma_r\leqslant[\sigma] \tag{10.25}$$

式中，σ_r——相当应力。按照从第一强度理论到第四强度理论的顺序，相当应力分别为

$$\left.\begin{aligned}\sigma_{r1}&=\sigma_1\\ \sigma_{r2}&=\sigma_1-v(\sigma_2+\sigma_3)\\ \sigma_{r3}&=\sigma_1-\sigma_3\\ \sigma_{r4}&=\sqrt{\frac{1}{2}[(\sigma_1-\sigma_2)^2+(\sigma_2-\sigma_3)^2+(\sigma_3-\sigma_1)^2]}\end{aligned}\right\} \tag{10.26}$$

相当应力是危险点的3个主应力按一定形式的组合，并非是真实的应力。

一般情况下，铸铁、石料、混凝土、玻璃等脆性材料，通常以脆性断裂的形式失效，宜采用第一和第二强度理论。碳钢、铜、铝等塑性材料，通常以塑性屈服的形式失效，宜采用第三和第四强度理论。

根据不同的材料选择强度理论，在多数情况下是合适的。但是，材料的脆性和塑性不是绝对的。不同的应力状态，例如三向拉伸或三向压缩应力状态，将影响材料产生不同的破坏形式。因此，也要注意到在少数特殊情况下，必须按照可能发生的破坏形式，来选择适宜的强度理论，对构件进行强度计算。

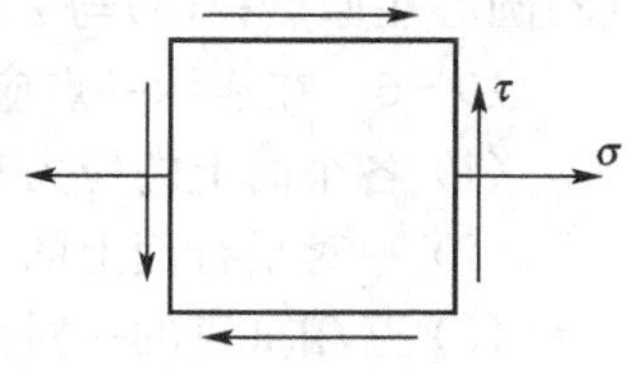

图 10.18

例 10.9 如图10.18所示的平面应力状态，试分别按第三和第四强度理论建立强度条件。

解：(1) 求主应力。按式(10.3)和式(10.4) 求得两个不等于零的主应力

$$\left.\begin{matrix}\sigma_i\\ \sigma_j\end{matrix}\right\}=\frac{\sigma}{2}\pm\sqrt{\left(\frac{\sigma}{2}\right)^2+\tau^2}$$

另一个主应力等于零。因为$\sigma_i>0$，$\sigma_j<0$，故三个主应力为

$$\begin{cases}\sigma_1=\dfrac{\sigma}{2}+\dfrac{1}{2}\sqrt{\sigma^2+4\tau^2}\\ \sigma_2=0\\ \sigma_1=\dfrac{\sigma}{2}-\dfrac{1}{2}\sqrt{\sigma^2+4\tau^2}\end{cases}$$

(2) 求相当应力σ_r。将以上主应力分别代入式(10.26)中的第三和第四式

$$\sigma_{r3}=\sigma_1-\sigma_3=\sqrt{\sigma^2+4\tau^2}$$

$$\sigma_{r4}=\sqrt{\frac{1}{2}[(\sigma_1-\sigma_2)^2+(\sigma_2-\sigma_3)^2+(\sigma_3-\sigma_1)^2]}=\sqrt{\sigma^2+3\tau^2}$$

(3) 强度条件。这种应力状态的第三和第四强度理论的强度条件为

$$\sigma_{r3}=\sqrt{\sigma^2+4\tau^2}\leqslant[\sigma]$$

$$\sigma_{r4}=\sqrt{\sigma^2+3\tau^2}\leqslant[\sigma]$$

在横力弯曲、弯扭组合变形及拉(压)扭组合变形中，危险点就是此种应力状态，会经常要用本例的结果。

思　考　题

10-1　什么是一点处的应力状态？为什么要研究一点处的应力状态？如何研究一点处的应力状态？

10-2　什么叫主平面和主应力？主应力和正应力有什么区别？如何确定平面应力状态的3个主应力及其作用面？

10-3　在最大正应力作用面上有无剪应力？在最大剪应力作用面上有无正应力？

10-4　试问在何种情况下，平面应力状态下的应力圆符合以下特征：(1)一个点圆；(2)圆心在原点；(3)与τ轴相切？

10-5　在表示一点应力状态的单元体上，可否认为：

(1) 各个面上的应力都是均匀的。

(2) 一对平行面上的应力相等。

(3) 互相垂直的一对面上的正应力相等。

(4) 互相垂直的一对面上的剪应力相等。

10－6 根据广义胡克定律，判断下列说法是否正确。

(1) 有正应力作用的方向必有线应变。

(2) 无正应力作用的方向线应变必为零。

(3) 无线应变的方向正应力为零。

(4) 线应变最大的方向正应变也为最大。

10－7 判断下列说法是否正确。

(1) 强度理论只适用于复杂应力状态。

(2) 断裂判据只适用于脆性材料。

(3) 屈服条件只适用于塑性材料。

(4) 屈服条件只适用于塑性流动破坏。

习　　题

10－1 如图 10.19 所示构件，若说 B 点处的正应力为 $\sigma=P/A$，对否？

10－2 如图 10.19 所示构件中，沿与杆轴线成 $\pm45^\circ$ 斜截面截取单元体 C，此单元体的应力状态如图 10.20 所示。此单元体是否是平面应力状态？

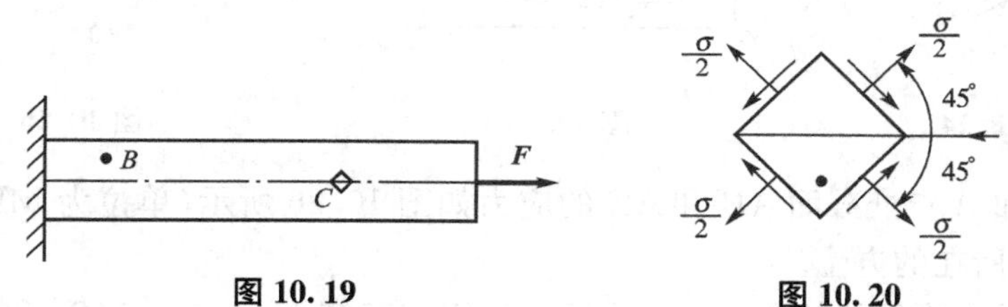

图 10.19　　图 10.20

10－3 已知应力状态如图 10.21 所示。试用解析法及图解法求：(1)主应力的大小，主平面的位置；(2)在单元体上绘出主平面位置及主应力方向；(3)最大切应力。图中应力单位皆为 MPa。

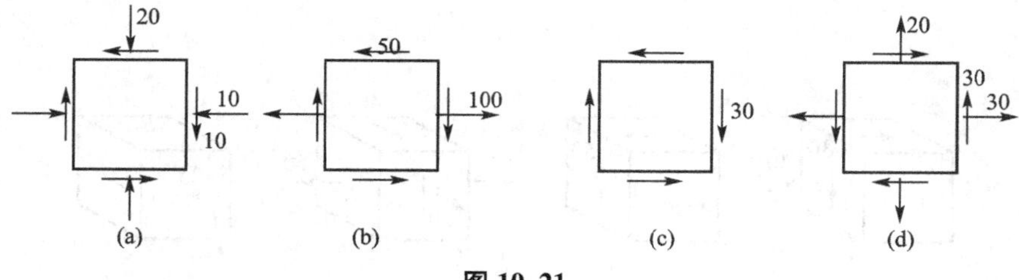

图 10.21

10－4 矩形截面梁的尺寸如图 10.22 所示，已知荷载 $F=256\text{kN}$。试求：(1)若以纵横截面截取单元体，求各指定点(1～5 点)的单元体各面上的应力；(2)用图解法求解点 2 处的主应力。

10－5 如图 10.23 所示简支梁为 32a 工字钢，$F=140\text{kN}$，$l=4\text{m}$。A 点所在截面在集中力 F 的左侧，且无限接近 F 力作用的截面。试求：(1)A 点在指定斜截面上的应力；(2)A 点的主应力及主平面的位置(用单元体表示)。

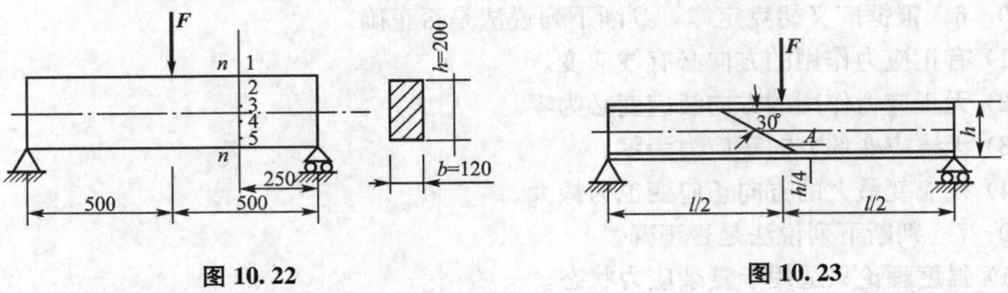

图 10.22　　图 10.23

10-6　如图 10.24 所示的单元体为二向应力状态，应力单位为 MPa。试求主应力及主单元体，并作应力圆。

10-7　处于二向应力状态的物体(图 10.25)，其边界 bc 上的 B 点处的最大切应力为 35MPa。试求 B 点的主应力。若在 B 点周围以垂直于 x 轴和 y 轴的平面截取单元体，试求单元体各面上的应力分量。

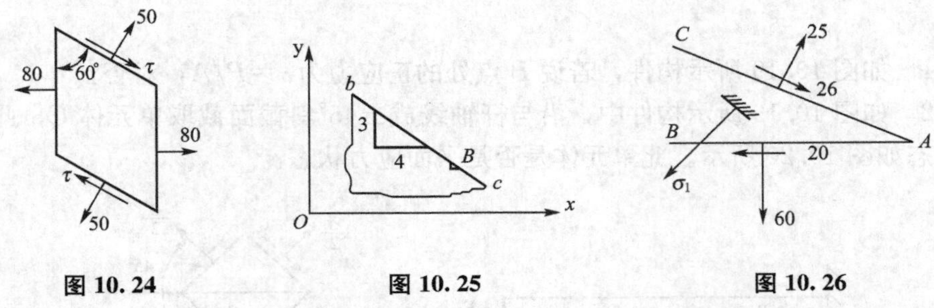

图 10.24　　图 10.25　　图 10.26

10-8　已知 A 点处截面 AB 和 AC 的应力如图 10.26 所示(单位为 MPa)。试求该点处的主应力及其所在的方位。

10-9　过受力构件的某点处，铅垂面上作用着正应力 $\sigma_x=130\text{MPa}$ 和切应力 τ_{xy}，已知该点处的主应力 $\sigma_1=150\text{MPa}$，最大切应力 $\tau_{max}=100\text{MPa}$，试确定水平截面和铅垂截面的未知应力分量为 τ_{xy}、σ_y、τ_{yx}。

10-10　试求如图 10.27 所示各单元体的主应力及最大切应力。图中应力单位均为 MPa。

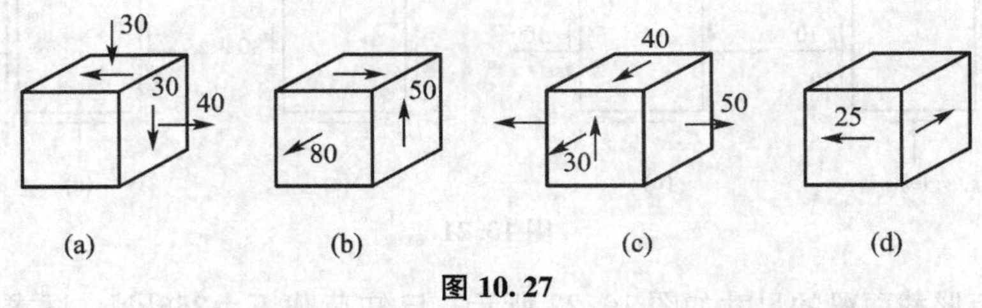

图 10.27

10-11　在一厚钢板上挖了一个尺寸 1cm^3 为的立方孔穴，如图 10.28 所示，在这孔内恰好放一钢立方块而无间隙，这立方块受有 $F=7\text{kN}$ 的压力。试求这立方块内的 3 个主应力。假设厚钢板为刚体，钢立方块的泊松比为 $\nu=0.3$。

10-12　从钢构件内某点取出一单元体如图 10.29 所示。已知 $\sigma=30\text{MPa}$，$\tau=15\text{MPa}$，材料弹性模量 $E=200\text{GPa}$，泊松比 $\nu=0.3$。试求对角线 AC 的长度改变 Δl_{AC}。

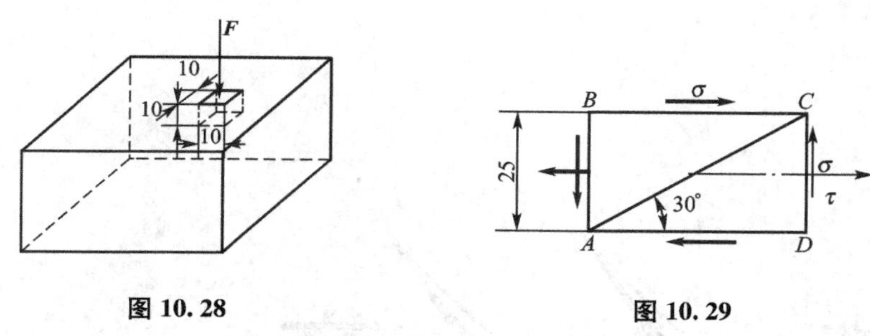

图 10.28　　图 10.29

10-13　直径 d=20mm 的钢制圆轴，两端承受外力偶矩 $\boldsymbol{m}_0$，如图 10.30 所示。现用应变仪测得圆轴表面上与轴线成 45°方向的线应变 $\varepsilon=5.2\times10^{-4}$，若钢的弹性模量 $E=$ 2000GPa，$\nu=0.3$，试求圆轴承受的外力偶矩 $\boldsymbol{m}_0$ 的值。

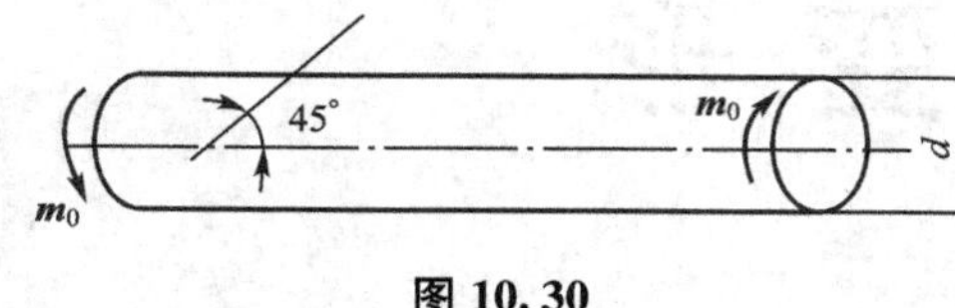

图 10.30

10-14　在第 10-10 题中的各应力状态下，求单位体积的体积改变 θ，应变能密度 v_ε 和形状改变应变能密度 v_d。设 $E=200$GPa，$\nu=0.3$。

10-15　已知两危险点的应力状态如图 10.31 所示，设 $|\sigma|>|\tau|$，试写出第三和第四强度理论的相当应力。

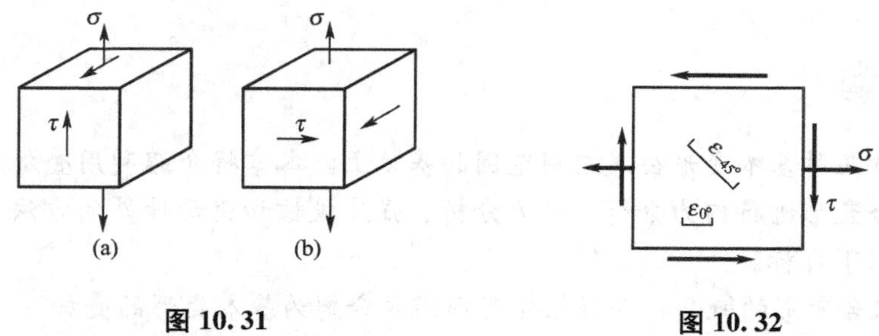

图 10.31　　图 10.32

10-16　已知危险点的应力状态如图 10.32 所示，测得该点处的应变 $\varepsilon_{0°}=\varepsilon_x=25\times10^{-6}$，$\varepsilon_{-45°}=140\times10^{-6}$，材料的弹性模量 $E=210$GPa，$\nu=0.28$，$[\sigma]=70$MPa。试用第三强度理论校核强度。

第11章 组合变形

教学目标

在掌握杆件几种基本变形公式应用范围的基础上，本章将介绍利用叠加原理对工程中常见的几种组合变形进行内力分析、应力分析、强度校核和变形计算的方法。通过本章的学习，应达到以下目标。

(1) 了解组合变形的概念，会将组合变形问题分解为基本变形的叠加。

(2) 掌握斜弯曲、弯扭、拉(压)弯、偏心拉伸(压缩)等组合变形杆件的内力、应力和强度计算。

(3) 了解截面核心的概念及其在工程中的意义。

教学要求

知识要点	能力要求	相关知识
组合变形	(1) 掌握基本变形的应用范围 (2) 掌握叠加原理及其应用条件	(1) 组合变形的概念 (2) 叠加原理的应用条件
各种组合变形杆件的特点及强度条件	(1) 掌握斜弯曲、拉弯组合和弯扭组合变形杆的受力特点 (2) 掌握斜弯曲、拉弯组合和弯扭组合变形杆的变形特点和应力分布特点 (3) 掌握斜弯曲、拉弯组合和弯扭组合变形杆的强度计算	(1) 斜弯曲时杆件的内力、应力分析与强度计算 (2) 拉弯组合时杆件的内力、应力分析与强度计算 (3) 弯扭组合时杆件的内力、应力分析与强度计算

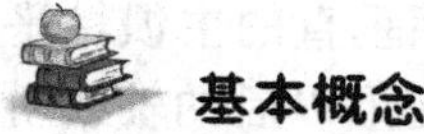

基本概念

组合变形、叠加原理、斜弯曲、偏心拉伸、偏心压缩、危险截面、危险点、截面核心

11.1 概　　述

前面几章分别讨论了杆件的各种基本变形，但在工程实际中，很多杆件因受力情况较为复杂，其变形也不是某一种单纯的基本变形，而是同时产生两种或两种以上的基本变形的组合，这种变形称为组合变形。例如，图 11.1(a)的烟囱，在自重和风荷载的共同作用下产生的是轴向压缩和弯曲的组合变形；图 11.1(b)所示的齿轮传动轴在外力的作用下，将同时产生扭转变形及在水平平面和垂直平面内的弯曲变形；图 11.1(c)中的排架柱在偏心荷载的作用下将产生轴向压缩和弯曲的组合变形。

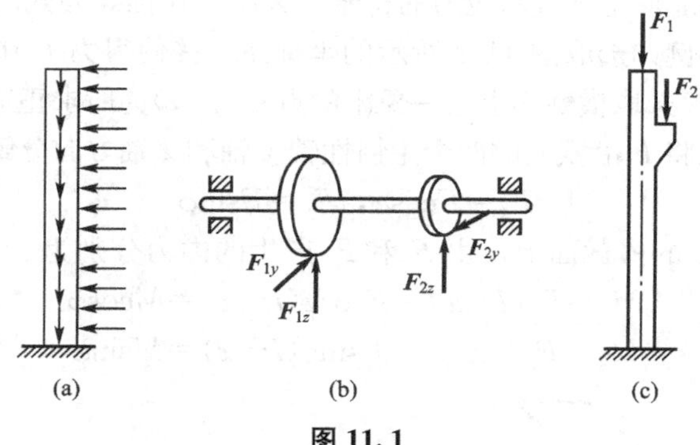

图 11.1

对组合变形构件的内力和应力分析的基本方法是叠加法。在小变形和材料服从胡克定律的前提下，当构件受多个外力共同作用时，各外力所引起的内力、应力及变形均互不相关，可以利用叠加原理进行计算，即先将外力分解或简化为与各基本变形对应的荷载，分别计算构件在每一种基本变形下的内力、应力或变形。然后，利用叠加原理，综合考虑各基本变形的组合情况，以确定构件的危险截面、危险点的位置及危险点的应力状态，并据此进行强度计算。本章所涉及的内容，叠加原理均适用。

在采用叠加原理对组合变形构件进行内力和应力分析时，无须引入新的概念和新的方法。关键问题在于，如何将组合受力与变形分解为基本受力与变形，以及怎样将基本受力与变形下的计算结果进行叠加，这是学习本章内容时必须注意的重点。

11.2 斜　弯　曲

对于横截面具有对称轴的梁，当横向外力或外力偶作用在梁的纵向对称面内时，梁发生对称弯曲。这时，梁变形后的轴线是一条位于外力所在平面内的平面曲线。这就是平面弯曲。在工程实际中，常常会遇到梁上的横向力并不在梁的对称面内，而是与其纵向对称面有一夹角的情况，如图 11.2 所示。在这种情况下，杆件将在两个互相垂直的主惯性平面内同时产生弯曲变形，与平面弯曲的情况不同，外力所在的平面与梁变形以后的轴线所在的平面不重合，这种变形称为斜弯曲。

11.2.1 斜弯曲的内力与应力

现以图 11.2 所示的矩形截面梁为例，说明斜弯曲时的内力与应力的分析方法。作用在杆端截面上的横向力 F 通过截面形心(此时形心与剪心重合)并与 z 轴夹角为 φ。因为外力虽然通过剪心，但不作用于主惯性平面内。不能够直接应用平面弯曲时的梁正应力公式。所以，首先将 F 沿截面的两个主惯性轴 y 轴和 z 轴方向分解为两个分力。并将每一个力及其相应的约束反力，看作为一组力。在每一组力作用下，梁将在相应的主惯性平面内发生平面弯曲，并可以应用平面弯曲时的梁的正应力公式求出任意横截面上的正应力。然后由叠加原理，就可以求得斜弯曲时任意横截面上的正应力了。至于切应力，通常都很小，可以不予考虑。为了使推得的公式能够正确表示应力的符号和大小。在推导公式时适当选取右手坐标系使得所有的量均为正。例如选取图 11.2 所示的坐标系，并使得力 F 在第一象限，从而两个分力 F_z 和 F_y 都是正的；选取横截面上第一象限的点 $C(y, z)$ 为所求正应力的点，因而，其坐标 y 和 z 均为正。现在将 F 沿截面的两个主惯性轴 y 轴和 z 轴方向分解为：

$$F_z = F\cos\varphi, \quad F_y = F\sin\varphi$$

在距离固定端为 x 的横截面上，由 F_z 和 F_y 产生的内力分别为

$$M_y = F_z(l - x) = F\cos\varphi(l - x) = M\cos\varphi \tag{a}$$

$$M_z = F_y(l - x) = F\sin\varphi(l - x) = M\sin\varphi \tag{b}$$

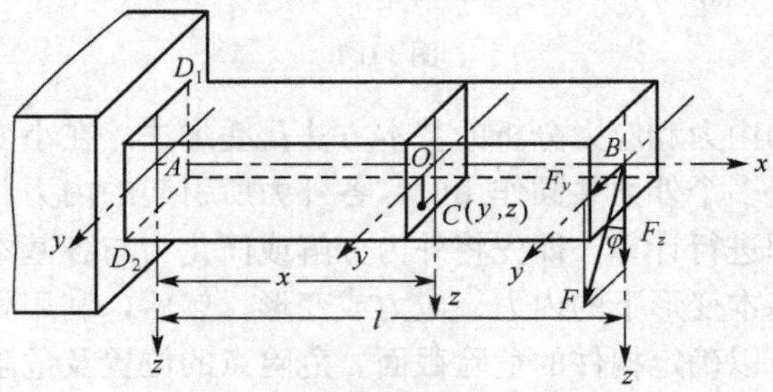

图 11.2

在距离固定端为 x 的横截面上任一点 $C(y, z)$ 处的正应力可以按叠加原理求出。单独由于在铅垂纵向对称面内(xOz 面内)和水平纵向对称面内(xOy 面内)发生平面弯曲时该点处的正应力分别以 σ' 和 σ'' 表示

$$\sigma' = -\frac{M_y z}{I_y} = -\frac{M\cos\varphi \cdot z}{I_y}, \quad \sigma'' = -\frac{M_z y}{I_z} = -\frac{M\sin\varphi \cdot y}{I_z}$$

由叠加原理可知，在距离固定端为 x 的横截面上任一点 $C(y, z)$ 处的正应力为

$$\sigma = \sigma' + \sigma'' = -M\left(\frac{\cos\varphi}{I_y}z + \frac{\sin\varphi \cdot y}{I_z}\right) \tag{11.1}$$

对于横截面为圆形的杆件，只要外力过形心且垂直于轴线，不管作用在哪个方向的纵向平面内都属于平面弯曲，可以直接按平面弯曲时的梁正应力公式计算应力。所以，斜弯曲的

概念，并不是指力倾斜了。而是指外力所作用的平面，与梁变形后轴线所在平面是否重合。

11.2.2 斜弯曲时的强度条件

进行强度计算时，首先要确定危险截面和危险点的位置。对于图 11.2 所示的悬臂梁而言，当 $x=0$ 时，M_y 和 M_z 同时为最大值，因此固定端截面为危险截面，其相应的弯矩分别为

$$M_{y\max}=Fl\cos\varphi,\ M_{z\max}=Fl\sin\varphi$$

危险截面上的最大应力点就是梁的危险点。由于危险点发生在距中性轴最远处，因此通常需先确定中性轴的位置。但对于具有两个对称轴且有凸角的矩形截面梁，可直接根据梁的变形来判断危险点的位置，而无需先确定中性轴的位置。如图 11.2 所示，D_1 和 D_2 两点分别为全梁的最大拉应力点和最大压应力点，最大拉应力 $\sigma_{t\max}$ 和最大压应力 $\sigma_{c\max}$ 计算公式为

$$\sigma_{t\max}=\frac{M_{y\max}z_{\max}}{I_y}+\frac{M_{z\max}y_{\max}}{I_z}$$

$$\sigma_{c\max}=-\left(\frac{M_{y\max}z_{\max}}{I_y}+\frac{M_{z\max}y_{\max}}{I_z}\right) \tag{11.2}$$

或

$$\sigma_{t\max}=\frac{M_{y\max}}{W_y}+\frac{M_{z\max}}{W_z}$$

$$\sigma_{c\max}=-\left(\frac{M_{y\max}}{W_y}+\frac{M_{z\max}}{W_z}\right) \tag{11.3}$$

由于危险点处只有正应力，因此仍是单向应力状态，故斜弯曲时梁的强度条件为

$$\sigma_{\max}\leqslant[\sigma] \tag{11.4}$$

对于抗拉和抗压强度不同的材料，应分别校核，即

$$\sigma_{t\max}\leqslant[\sigma_t]$$

$$\sigma_{c\max}\leqslant[\sigma_c] \tag{11.5}$$

11.2.3 斜弯曲时的变形

仍以图 11.2 所示的矩形截面梁为例说明斜弯曲变形的特点。悬臂梁自由端因 F 引起的挠度 w_y 和 F 引起的挠度 w_z 分别为

$$w_y=\frac{F_yl^3}{3EI_z}=\frac{F\sin\varphi l^3}{3EI_z}$$

$$w_z=\frac{F_zl^3}{3EI_y}=\frac{F\cos\varphi l^3}{3EI_y}$$

根据叠加原理，自由端因力 F 引起的总挠度就是 w_y 和 w_z 的矢量和，其大小为

$$w=\sqrt{w_y^2+w_z^2} \tag{11.6}$$

斜弯曲时梁的刚度条件为

$$w_{\max}\leqslant[w] \tag{11.7}$$

例 11.1 矩形截面木檩条，尺寸及受载情况如图 11.3 所示。已知木材许用拉应力

$[\sigma]=10\text{MPa}$，许用挠度$[w]=l/200$，弹性模量$E=10\text{GPa}$。校核其强度和刚度。

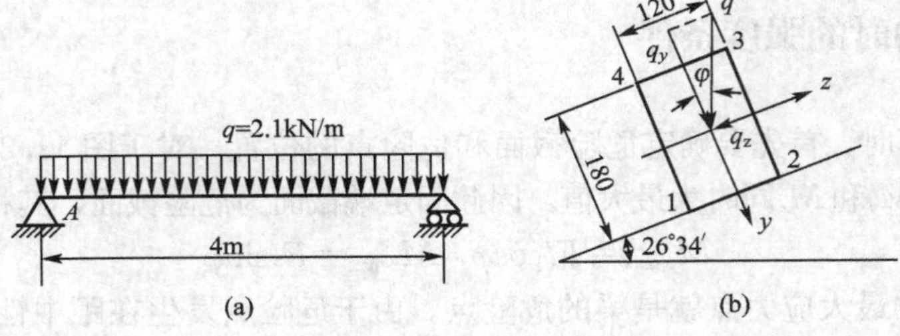

图 11.3

解：(1) 内力分析。根据梁所受外力的特点可知梁产生双向弯曲。因此将q沿两对称轴分解为

$$q_y=q\cos\varphi,\quad q_z=q\sin\varphi$$

则$M_{z\,\max}$和$M_{y\,\max}$分别为

$$M_{z\,\max}=\frac{1}{8}q_y l^2=\frac{1}{8}\times 2.1\times\cos 26°34'\times 4^2=3.76\text{kN}\cdot\text{m}$$

$$M_{y\,\max}=\frac{1}{8}q_z l^2=\frac{1}{8}\times 2.1\times\sin 26°34'\times 4^2=1.88\text{kN}\cdot\text{m}$$

它们均发生在梁的跨中截面。

(2) 确定危险点位置，计算危险点的正应力。在$M_{z\,\max}$和$M_{y\,\max}$的共同作用下，跨中截面上的点1和点3分别为梁的最大拉应力点和最大压应力点，且两危险点应力的数值相等，其值为

$$\sigma_{t\,\max}=|\sigma_{c\,\max}|=\frac{M_{y\,\max}}{W_y}+\frac{M_{z\,\max}}{W_z}$$

$$=\frac{1.88\times 10^3\times 6}{0.18\times 0.12^2}+\frac{3.76\times 10^3\times 6}{0.12\times 0.18^2}=10.15\text{MPa}$$

(3) 强度校核。危险点处正应力

$$\sigma_{t\,\max}=|\sigma_{c\,\max}|=10.15\text{MPa}>[\sigma]=10\text{MPa}$$

但

$$\frac{\sigma_{\max}-[\sigma]}{[\sigma]}=\frac{10.15-10}{10}=1.5\%<5\%$$

因此满足强度要求。

(4) 计算最大挠度，进行刚度校核。

$$w_{y\,\max}=\frac{5q_y l^4}{384EI_Z}=\frac{5ql^4\cos\varphi}{384EI_Z}$$

$$=\frac{5\times 2.1\times 10^3\times 4^4\times 0.894\times 12}{384\times 10\times 10^9\times 0.12\times 0.18^3}=0.0107\text{m}=10.7\text{mm}$$

$$w_{z\,\max}=\frac{5q_z l^4}{384EI_y}=\frac{5ql^4\sin\varphi}{384EI_y}$$

$$=\frac{5\times 2.1\times 10^3\times 4^4\times 0.447\times 12}{384\times 10\times 10^9\times 0.12^3\times 0.18}=0.0121\text{m}=12.1\text{mm}$$

则跨中横截面的总挠度为

$$w=\sqrt{w_{y\max}^2+w_{z\max}^2}=\sqrt{10.7^2+12.1^2}=16.2\text{mm}$$

梁的许用挠度

$$[w]=l/200=4\times10^3/200=20\text{mm}$$

由于 $w_{\max}<[w]$，故该梁满足刚度要求。

11.3 拉伸(压缩)与弯曲

11.3.1 轴向力与横向力共同作用

等直杆受横向力和轴向力共同作用时，杆将发生弯曲与拉伸（压缩)组合变形。对于弯曲刚度 EI 较大的杆，由于横向力引起的挠度与横截面的尺寸相比很小，因此，由轴向力在相应挠度上引起的弯矩可以略去不计。于是，可分别计算由横向力和轴向力引起的杆横截面上的正应力，按叠加原理求其代数和，即得在拉伸(压缩)和弯曲组合变形下，杆横截面上的正应力。

现以矩形截面悬臂梁为例，说明拉伸(压缩)与弯曲组合变形杆件的强度计算方法。如图 11.4(a)所示，在悬臂梁的自由端 B 有一集中力 F 作用，力 F 位于梁的纵向对称平面内，且与梁轴线的夹角为 α。

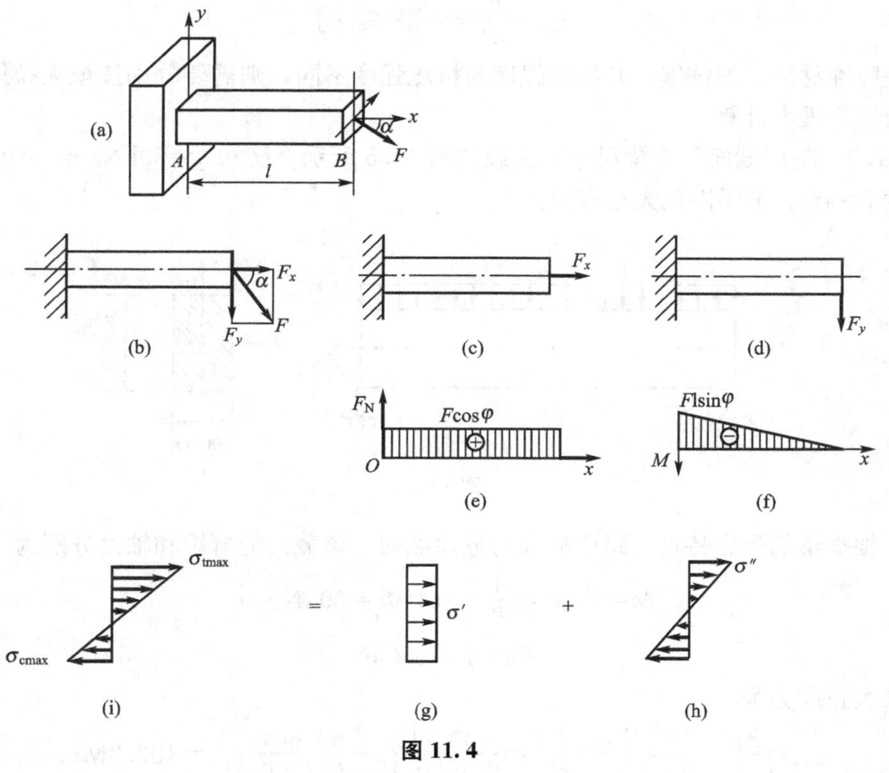

图 11.4

将力 F 沿轴线和垂直于轴线方向分解得 F_x 和 F_y，如图 11.4(b)所示，

$$F_x = F\cos\alpha, \quad F_y = F\sin\alpha$$

可见，F_x 使梁产生拉伸变形，F_y 使梁产生弯曲变形，如图 11.4(c)、(d)所示，故梁在力 F 作用下发生拉伸与弯曲的组合变形。分别画出在 F_x 和 F_y 单独作用下的轴力图与弯矩图，如图 11.4(e)、(f)所示。由图可知，各横截面的轴力均相同，固定端横截面 A 上的弯矩最大，可见固定端 A 截面为危险截面，其上的轴力和弯矩分别为

$$F_{\mathrm{N}} = F\cos\alpha \quad M_{\max} = -Fl\sin\alpha$$

在危险截面上，与轴力对应的正应力均匀分布，如图 11.4(g)所示，其正应力为

$$\sigma' = \frac{F_{\mathrm{N}}}{A}$$

与弯矩 $M_{\max}$ 对应的正应力沿截面呈线形分布，如图 11.4(h)所示，其正应力为

$$\sigma'' = \frac{M_{\max}}{I_z}y$$

根据叠加原理，危险截面上任一点的正应力为

$$\sigma = \sigma' + \sigma'' = \frac{F_{\mathrm{N}}}{A} \pm \frac{M_{\max}}{I_z}y \tag{11.8}$$

可见，正应力沿截面高度也是呈直线分布的，如图 11.4(i)所示。显然，最大正应力发生在危险截面的上边缘各点处，即危险截面的上边缘各点为危险点。

因为危险点处于单向应力状态，对于拉、压强度相同的塑性材料，只需按危险截面的最大正应力进行强度计算，其强度条件为

$$\sigma_{\max} = \frac{F_{\mathrm{N}}}{A} + \frac{M_{\max}}{W_z} \leqslant [\sigma]$$

若是脆性材料，如铸铁，其抗拉强度与抗压强度不同，则需要分别按最大拉应力和最大压应力进行强度计算。

例 11.2 矩形截面简支梁尺寸及受载如图 11.5 所示。已知 $q=30\text{kN/m}$，$F=500\text{kN}$，梁的跨度 $l=4\text{m}$。求梁内最大正应力。

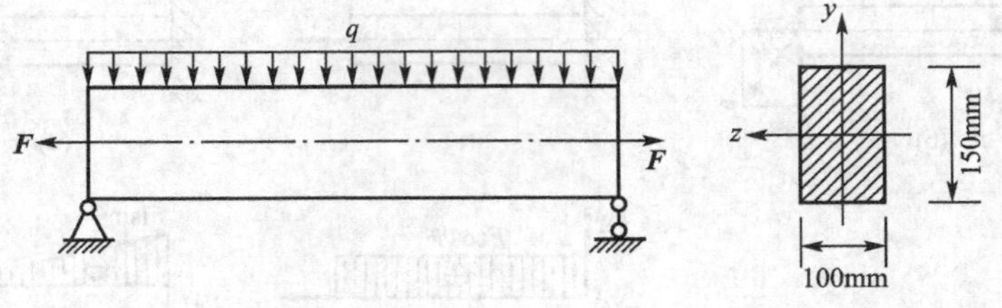

图 11.5

解：根据梁的受力特点，跨中截面为危险截面。该截面的弯矩和轴力分别为

$$M = \frac{1}{8}ql^2 = \frac{1}{8} \times 30 \times 4^2 = 60\text{kN} \cdot \text{m}$$

$$F_{\mathrm{N}} = F = 500\text{kN}$$

故最大正应力为

$$\sigma_{\max} = \frac{F_{\mathrm{N}}}{A} + \frac{M}{W_z} = \frac{F_{\mathrm{N}}}{A} + \frac{6M}{bh^2} = \frac{500 \times 10^3}{0.1 \times 0.15} + \frac{6 \times 60 \times 10^3}{0.1 \times 0.15^2} = 193.3\text{MPa}$$

值得注意的是，梁受力变形后，横向力已经改变了轴向力的作用，轴向力不仅对横截面产生轴力，也产生了附加的弯矩。横向力和轴向力已经不是独立作用，因而这类纵横弯曲的问题，一般不能够应用叠加原理。在本题中，因为轴向力为拉力，它使横向力引起的弯矩减小。所以这里的计算是偏于安全的。如果将拉力改为压力，就不能够应用叠加原理了。

11.3.2 偏心拉伸(压缩)

作用线平行于杆轴线但不相重合的纵向力称为偏心力。图 11.6(a)中偏心纵向力 F 作用在杆横截面上任一点处，该点距横截面两条对称轴的距离分别为 y_F、z_F。为了将偏心力分解为基本受力形式，可将力 F 向横截面形心简化。简化后得到 3 个荷载：轴向压力 F、作用于 Oxz 平面内的力偶 m_y 和作用于 Oxy 平面内的力偶 m_z，如图 11.6(b)所示。在这些荷载的共同作用下杆件的变形是轴向压缩与斜弯曲的组合。横截面上的内力有：轴力 F_N、弯矩 M_y 和弯矩 M_y。由于在杆的所有横截面上，轴力和弯矩都保持不变，因此任一横截面都可视为危险截面，内力图也可不画。

下面进一步分析杆件横截面上的应力。轴向力 F_N 在横截面上引起均匀分布的正应力 σ'，如图 11.6(c)所示。

$$\sigma'=\frac{F_N}{A}=-\frac{F}{A} \tag{11.9a}$$

弯矩 M_y 在横截面上引起的正应力 σ'' 沿 z 轴成直线分布，如图 11.6(d)所示。

$$\sigma''=\pm\frac{M_y z}{I_y}=\pm\frac{F z_F z}{I_y} \tag{11.9b}$$

弯矩 M_z 在横截面上引起的正应力 σ''' 沿 y 轴成直线分布，如图 11.6(e)所示。

$$\sigma'''=\pm\frac{M_z y}{I_z}=\pm\frac{F y_F y}{I_z} \tag{11.9c}$$

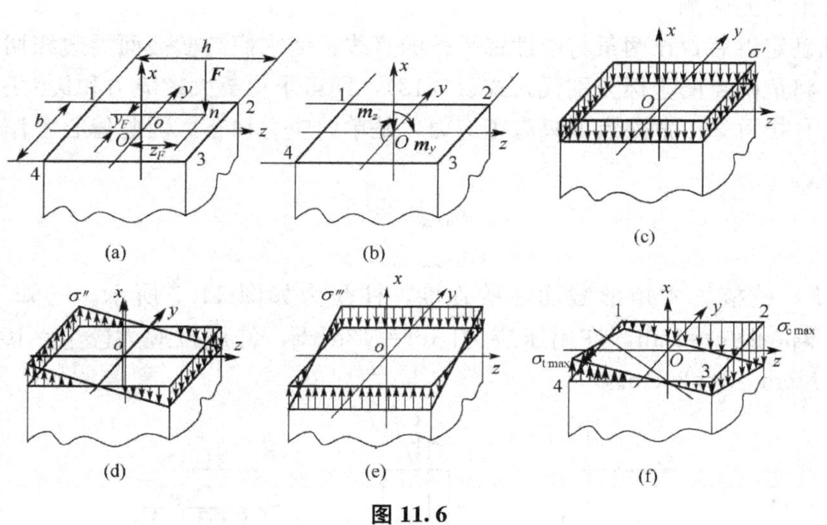

图 11.6

按叠加原理，横截面上某一点处的正应力为

$$\sigma=\sigma'+\sigma''+\sigma'''$$

$$=-\frac{F_N}{A}\pm\frac{M_y z}{I_y}\pm\frac{M_z y}{I_z}$$
$$=-\frac{F_N}{A}\pm\frac{F z_F z}{I_y}\pm\frac{F y_F y}{I_z} \tag{11.10}$$

由于偏心力作用下各杆横截面上的内力、应力均相同，故任一横截面上的最大正应力点即是杆的危险点。而确定危险点的位置首先要确定中性轴的位置。对于具有两个对称轴且有凸角的横截面，如矩形截面，其最大正应力发生在横截面的凸角点处，如图 11.6(f) 所示。最大拉应力发生在点 4 处，最大压应力发生在点 2 处，对应的计算式为

$$\sigma_{t\max}=-\frac{F_N}{A}+\frac{M_y}{W_y}+\frac{M_z}{W_z} \tag{11.11}$$

$$\sigma_{c\max}=-\frac{F_N}{A}-\frac{M_y}{W_y}-\frac{M_z}{W_z} \tag{11.12}$$

对于横截面具有两条对称轴的其他等直杆，由中性轴的定义可知中性轴上各点的正应力等于零，即

$$\sigma=-\left(\frac{F}{A}+\frac{F z_F z}{I_y}+\frac{F y_F y}{I_z}\right)=0 \tag{11.13}$$

将 $I_y=Ai_y^2$，$I_z=Ai_z^2$代入式(11.13)并两边同除 F/A 得

$$1+\frac{z_F z}{i_y^2}+\frac{y_F y}{i_z^2}=0 \tag{11.14}$$

可见中性轴是一条不通过截面形心的直线。将 $z=0$ 和 $y=0$ 分别代入式(11.14)，可得中性轴在 y、z 轴上的截距 a_y、a_z分别为

$$a_y=-\frac{i_z^2}{y_F},\ a_z=-\frac{i_y^2}{z_F} \tag{11.15}$$

式(11.15)表明，a_y与 y_F 符号相反，a_z与 z_F 符号相反。因此，中性轴与外力作用点分别处于截面形心的两侧。

中性轴确定以后，作两条与中性轴平行的直线，使它们与横截面周边相切，则切点就是危险点。将危险点的坐标分别代入式(11.13)，即可求得最大拉应力和最大压应力的值。

由以上分析可知，危险点处只有正应力，是单向应力状态。因此偏心力作用下杆件的强度条件为

$$\sigma_{t\max}\leqslant[\sigma_t]$$
$$\sigma_{c\max}\leqslant[\sigma_c] \tag{11.16}$$

例 11.3 校核松木矩形截面柱的强度，柱受力如图 11.7 所示。已知 $F_1=50\text{kN}$，$F_2=5\text{kN}$，偏心距 $e=2\text{cm}$，许用压应力$[\sigma_c]=12\text{MPa}$，许用拉应力$[\sigma_t]=10\text{MPa}$，$H=1.2\text{m}$，$b=12\text{cm}$，$h=20\text{cm}$。

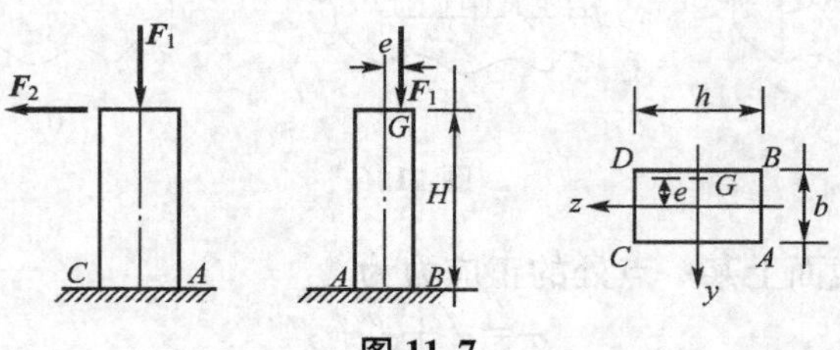

图 11.7

解：由图 11.7 可知，固定端截面为危险截面。其上内力有

$$F_N=-F_1,\ M_y=F_2H,\ M_z=F_1e$$

根据柱的变形特点可知，最大压应力发生在 D 点，大小为

$$|\sigma_{c\max}|=|\sigma_D|=\left|-\left(\frac{F_1}{A}+\frac{F_1e}{W_Z}+\frac{F_2H}{W_y}\right)\right|$$

$$=\frac{50\times10^3}{0.12\times0.20}+\frac{50\times10^3\times0.02\times6}{0.2\times0.12^2}+\frac{50\times10^3\times1.2\times6}{0.2^2\times0.12}$$

$$=11.66\ \text{MPa}<[\sigma_c]=12\ \text{MPa}$$

最大拉应力发生 A 点，大小为

$$\sigma_{\max}^{+}=\sigma_A=-\frac{F_1}{A}+\frac{F_1e}{W_z}+\frac{F_2H}{W_y}$$

$$=-\frac{50\times10^3}{0.12\times0.20}+\frac{50\times10^3\times0.02\times6}{0.2\times0.12^2}+\frac{50\times10^3\times1.2\times6}{0.2^2\times0.12}$$

$$=-2.083+2.083+7.5=7.5\text{MPa}<[\sigma_t]=10\ \text{MPa}$$

故该松木的强度满足要求。

11.3.3 截面核心

由式(11.15)可知，当横截面的形状、尺寸一定时，偏心力 F 的偏心距越小，中性轴在坐标轴上的截距就越大。当偏心力的作用点距截面形心近到一定程度时，中性轴将移至截面以外，此时横截面上就只有拉应力或只有压应力。因此当偏心力的作用点位于截面形心附近某一区域内时，杆的横截面上只产生一种符号的正应力，这一区域称为截面核心。

当外力作用在截面核心的边界上时，与此对应的中性轴就正好与截面的周边相切。利用这一关系可确定截面核心的边界公式如下：

$$y_F=-\frac{i_z^2}{a_y} \tag{11.17a}$$

$$z_F=-\frac{i_y^2}{a_z} \tag{11.17b}$$

现以图 11.8 所示矩形截面为例说明截面核心的确定方法。所示边长为 b 和 h 的矩形截面，两对称轴分别为 y、z。先将与 AB 边相切的直线①视为中性轴，其在 y、z 轴上的截距分别为

$$a_{y1}=\frac{h}{2},\ a_{z1}=\infty \tag{11.17c}$$

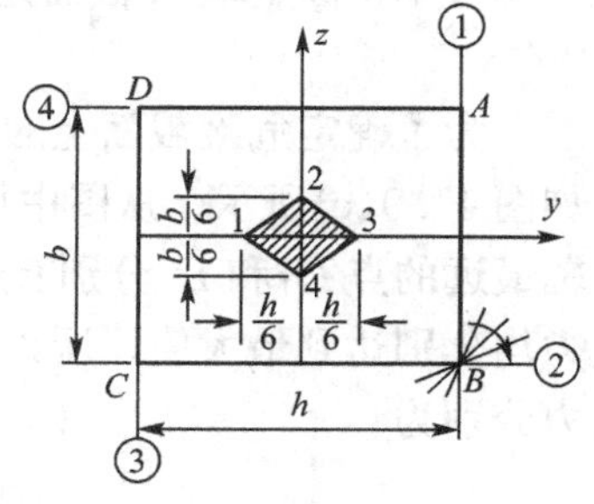

图 11.8

将矩形截面的惯性半径 $i_y^2=\frac{b^2}{12}$，$i_z^2=\frac{h^2}{12}$ 和式(11.17c)代入式(11.16)，就可得到与中性轴对应的截面核心边界上的点 1 的坐标

$$y_{F1}=-\frac{i_z^2}{a_{y1}}=-\frac{\frac{h^2}{12}}{\frac{h}{2}}=-\frac{h}{6},\ z_{F1}=-\frac{i_y^2}{a_{z1}}=0 \tag{11.7d}$$

同理，分别将与 BC、CD、DA 边相切的直线②、③、④视为中性轴，可求得对应的截面核心边上点 2、3、4 的坐标依次为

$$y_{F2}=0,\ z_{F2}=\frac{b}{6};\ y_{F3}=\frac{h}{6},\ z_{F3}=0;\ y_{F4}=0,\ z_{F4}=-\frac{b}{6}$$

从而得到截面核心上的 4 个点。为确定此四点中相邻两点间的核心边界，则应研究当中性轴从截面的一个侧边绕截面的顶点旋转到相邻边时，相应的外力作用点移动的轨迹。例如当中性轴绕顶点 B 从直线①旋转到直线②时，将得到一系列通过 B 点但斜率不同的中性轴，而 B 点的坐标是这一系列中性轴所共有的。将其代入方程 (11.14)，改写后为

$$1+\frac{z_B}{i_y^2}z_F+\frac{y_B}{i_z^2}y_F=0$$

式中，i_y^2、i_z^2、y_B、z_B 均为常数，因此它可看做是表示外力作用点坐标 y_F 和 z_F 之间关系的直线方程。即当中性轴绕 B 点转动时，相应的外力作用点移动的轨迹是一条连接点 1、2 的直线。同理，2、3 点之间，3、4 点之间，4、1 点之间均为直线。于是得到矩形截面的截面核心，它是一个位于截面中央的菱形，其对角线长度分别为 $h/3$ 和 $b/3$。

11.4 弯曲与扭转

机械中的传动轴、曲柄轴等，通常发生扭转与弯曲组合变形。由于传动轴大都是圆截面的，故下面以圆截面杆为主，讨论杆件发生扭转与弯曲组合变形时的强度计算。

设一直径为 d 的等直圆杆 AB，A 端固定，B 端具有与 AB 成直角的刚臂，并承受铅垂力 F 作用，如图 11.9 所示。试讨论杆件 AB 发生弯曲与扭转组合变形时的强度计算问题。首先将作用力 F 向 B 截面的截面形心 B 简化，得到一个作用于杆端截面的竖直向下的力 F 和一作用于 B 端截面的力偶矩 $M_e=Fa$［图 11.9(b)］。可见，垂直向下的力 F 使圆轴发生弯曲变形，力偶 M_e 使圆轴发生扭转变形。分别作杆 AB 的弯矩图和扭矩图［图 11.9(c)、(d)］。

可见，固定端 A 截面是危险截面，其扭矩和最大弯矩值分别为：

$$T=Fa,\ M_{max}=Fl \tag{11.18}$$

为了确定危险截面上的危险点，可先画出 A 截面上的正应力分布图和切应力分布图，如图 11.9(e)所示。从图中可以看出，在圆截面的边缘点有最大扭转切应力，离中性轴 z 轴最远的点 D_1 和 D_2 分别有最大拉应力和最大压应力，可见 D_1、D_2 两点的正应力和切应力均分别达到最大值，所以，D_1、D_2 两点是截面上的危险点，其弯曲正应力和扭转切应力分别为

$$\sigma=\pm\frac{M_{max}}{W_z} \tag{11.19}$$

$$\tau=\frac{T}{W_p} \tag{11.20}$$

因为 D_1、D_2 两点的危险程度是相同的，只需取一点来分析。从 D_1 点处取出单元体，如图 11.9(f)所示，因危险点是平面应力状态，需按强度理论建立强度条件，因转轴一般

采用塑性材料，故采用第三强度理论和第四强度理论进行强度计算，列出扭转与弯曲组合变形的强度条件分别为

$$\sigma_{r3}=\sqrt{\sigma^2+4\tau^2}\leqslant[\sigma] \tag{11.21}$$

$$\sigma_{r4}=\sqrt{\sigma^2+3\tau^2}\leqslant[\sigma] \tag{11.22}$$

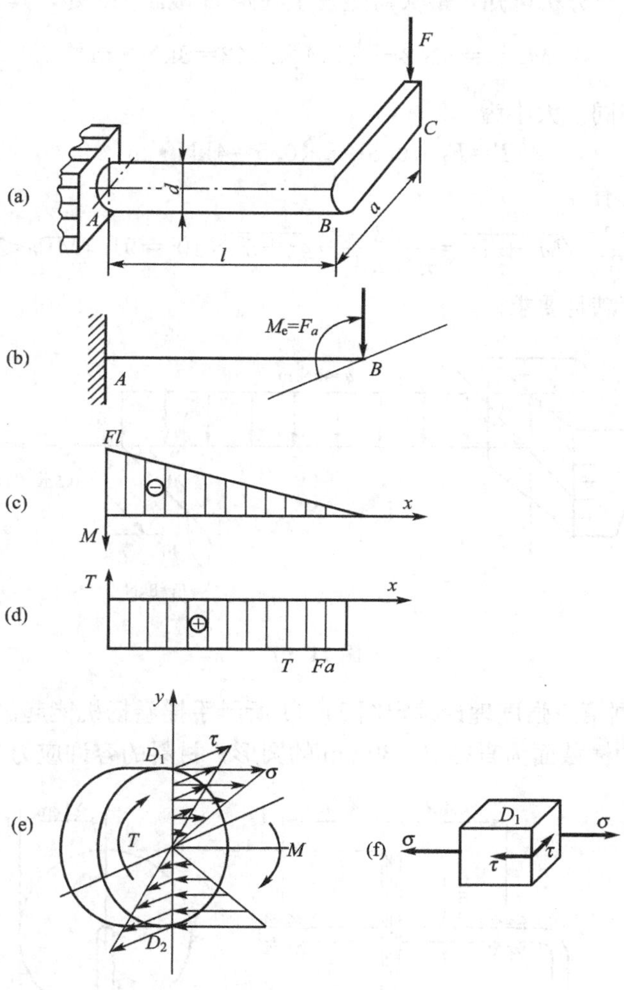

图 11.9

将式(11.19)、式(11.20)代入式(11.21)、式(11.22)，又因为圆截面的 $W_p=2W_z$，所以有

$$\sigma_{r3}=\frac{\sqrt{M^2+T^2}}{W_z}\leqslant[\sigma] \tag{11.23}$$

$$\sigma_{r4}=\frac{\sqrt{M^2+0.75T^2}}{W_z}\leqslant[\sigma] \tag{11.24}$$

求得相当应力后，就可根据材料的许用应力 $[\sigma]$ 来建立强度条件，进行强度计算。

例 11.4 图 11.10 所示钢制圆截面折杆 ABC，其直径 $d=100$mm，AB 杆长 2m，材

料的许用应力 $[\sigma]=135\text{MPa}$。不计杆横截面上的剪力影响，试按第三强度理论校核 AB 轴的强度。

解：将力 F 向 B 点平移后可知，AB 杆 B 端的等效荷载有两个：竖向力 F 和外力偶 $F \cdot BC$。因此 AB 段产生弯扭组合变形。

对 AB 杆进行内力分析可知，最大弯矩发生在距 B 截面 2m 处，其大小为

$$M_{z\max}=8\times2-\frac{1}{2}\times4\times2\times2=8\text{kN}\cdot\text{m}$$

整段杆扭矩都相同，大小为

$$T=F_1\times0.5=8\times0.5=4\text{kN}\cdot\text{m}$$

由第三强度理论有

$$\sigma_{r3}=\frac{1}{W_z}\sqrt{M^2+T^2}=\frac{32}{\pi\times0.1^3}\sqrt{4^2+8^2}\times10^3=91.1\text{MPa}<[\sigma]$$

故 AB 轴的强度满足要求。

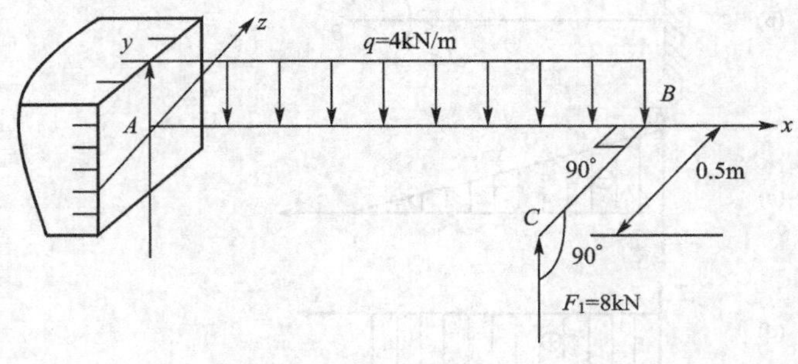

图 11.10

例 11.5 试根据第三强度理论确定图 11.11 所示手摇卷扬机能起吊的最大容许荷载 F 的数值。已知机轴的横截面为直径 $d=30\text{mm}$ 的圆形，材料的容许应力 $[\sigma]=160\text{MPa}$。

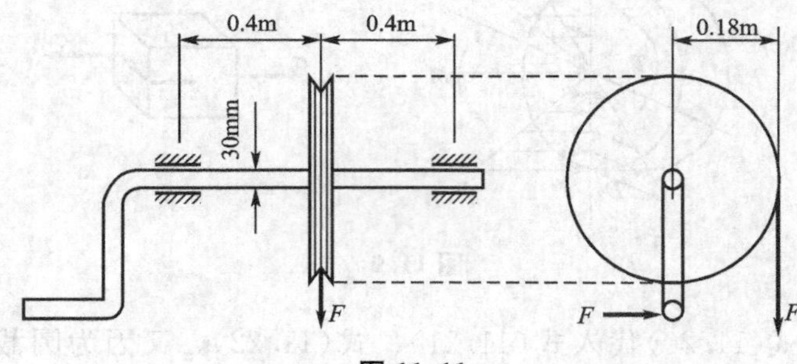

图 11.11

解：在力 F 作用下，机轴将同时发生扭转变形和弯曲变形。

(1) 跨中截面的内力。

$$T=F\times0.18=0.18F\text{N}\cdot\text{m}$$

$$M=\frac{F\times0.8}{4}=0.2F\text{N}\cdot\text{m}$$

$$F_S=\frac{F}{2}=0.5F$$

(2) 截面几何性质。

$$W=\frac{\pi d^3}{32}=\frac{\pi\times 30^3}{32}=2650\text{mm}^3$$

$$W_p=2W=5300\text{mm}^3$$

$$A=\frac{\pi d^2}{4}=\frac{\pi\times 30^2}{4}=707\text{mm}^2$$

(3) 应力的计算。

$$\tau_n=\frac{T}{W_p}=\frac{0.18F}{5300\times 10^{-9}}=0.034F\text{MPa}$$

$$\tau_{F_S}=\frac{4F_S}{3A}=\frac{4\times 0.5F}{3\times 707\times 10^{-6}}=0.001F\text{MPa}$$

$$\sigma=\frac{M}{W}=\frac{0.2F}{2650\times 10^{-9}}=0.076F\text{MPa}$$

由此可见，剪力引起的切应力很小，可以忽略不计。

(4) 根据第三强度理论确定容许荷载，有

$$\sigma_{r3}=\sqrt{\sigma^2+4\tau_n^2}=\sqrt{(0.076F)^2+4\times(0.034F)^2}=0.102F\leqslant[\sigma]$$

即

$$F\leqslant\frac{160}{0.102}=1570\text{N}=1.57\text{kN}$$

思 考 题

11-1　什么是组合变形？解决组合变形问题的基本步骤是什么？

11-2　分析组合变形的基本方法是叠加法，它的应用条件是什么？为什么？

11-3　拉伸(压缩)与弯曲组合变形的危险截面和危险点怎样确定？

11-4　什么是偏心拉伸(压缩)？它与轴向拉伸(压缩)有何区别？

11-5　试判断图 11.12 中杆 AB、BC、CD 各产生哪些基本变形？

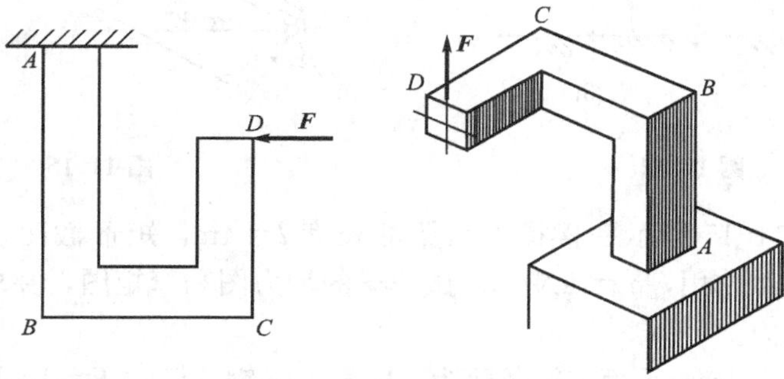

图 11.12

11-6　如图11.13所示，杆件上对称地作用着两个力 F，杆件将发生什么变形？若去掉其中的一个力后，杆件又将发生什么变形？

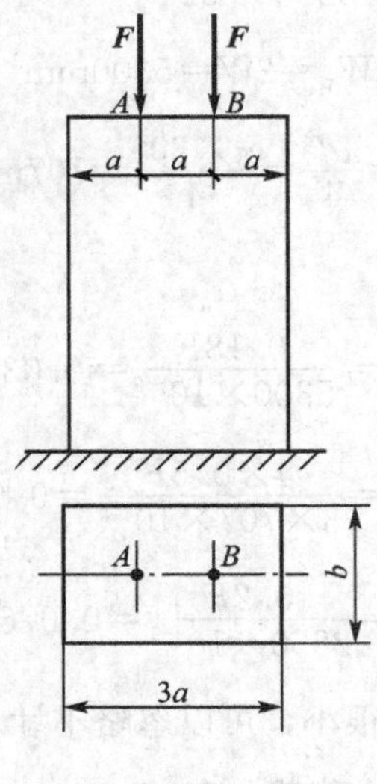

图11.13

11-7　什么是截面核心？截面核心与荷载大小有关吗？

习　题

11-1　若在正方形截面柱的中间处开一个槽(图11.14)，使横截面面积减少原来截面面积的一半。试求最大正应力比不开槽时增大了几倍。

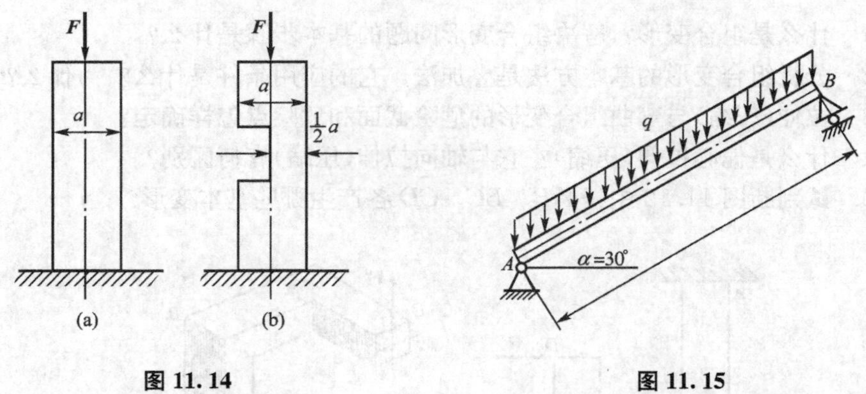

图11.14　　图11.15

11-2　如图11.15所示一楼梯木斜梁的长度 $l=4\text{m}$，矩形截面，$b=100\text{mm}$，$h=200\text{mm}$，受均布荷载作用，$q=2\text{kN/m}$。试作梁的轴力图和弯矩图，并求横截面上的最大拉应力和最大压应力。

11-3　如图11.16所示简支梁截面为22a号工字钢。已知 $F=100\text{kN}$，$l=1.2\text{m}$，材料的许用应力 $[\sigma]=160\text{MPa}$。试校核梁的强度。

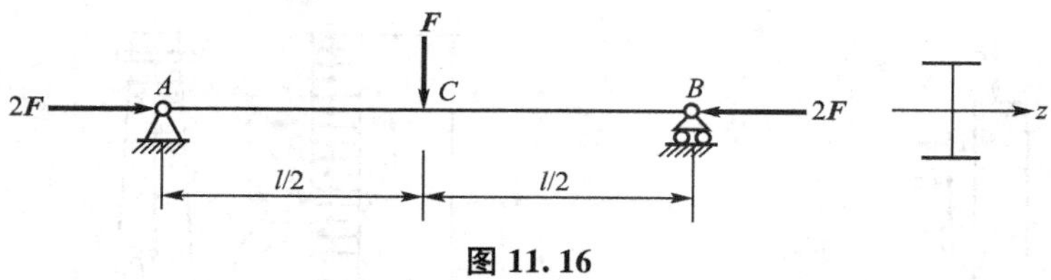

图 11.16

11-4　如图 11.17 所示传动轴传递的功率 $P=2\text{kW}$，转速 $n=100\text{r/min}$，带轮直径 $D=250\text{mm}$，带张力 $F_T=2F_t$，轴材料的许用应力 $[\sigma]=80\text{MPa}$，轴的直径 $d=45\text{mm}$。试按第三强度理论校核轴的强度。

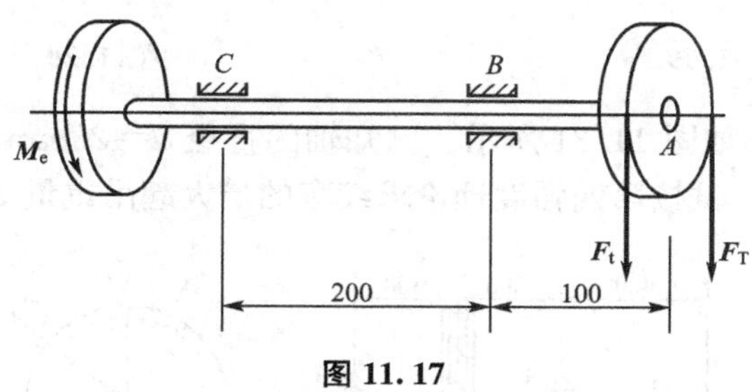

图 11.17

11-5　如图 11.18 所示传动轴传递的功率 $P=8\text{kW}$，转速 $n=50\text{r/min}$，轮 A 带的张力沿水平方向，轮 B 带的张力沿竖直方向，两轮直径均为 $D=1\text{m}$，重力 $W=5\text{kN}$，松边拉力 $F_t=2\text{kN}$，轴的直径 $d=70\text{mm}$，材料的许用应力 $[\sigma]=90\text{MPa}$。试按第四强度理论校核轴的强度。

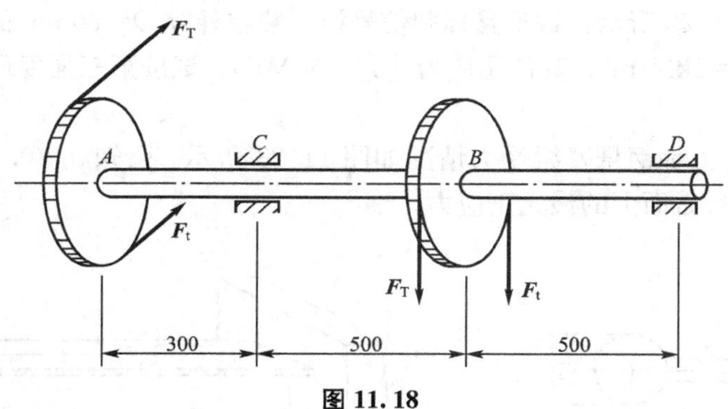

图 11.18

11-6　如图 11.19 所示，一矩形截面柱子受压力 $F_1=100\text{kN}$ 和 $F_2=45\text{kN}$ 作用，F_2 与柱轴线有一偏心距 $e_z=20\text{cm}$，截面尺寸 $b=180\text{mm}$，$h=300\text{mm}$。试求该柱的最大拉应力和最大压应力值。如不允许出现拉应力，截面高度应为多少？此时最大压应力为多少？

11-7　如图 11.20 所示，砖砌烟囱高 $b=30\text{m}$，底截面 $m—m$ 的外径 $d_1=130\text{mm}$，内径 $d_2=130\text{mm}$，自重 $P_1=2000\text{kN}$，受 $q=1\text{kN/m}$ 的风力作用。试求：

(1) 烟囱底截面上的最大压应力。

(2) 若烟囱的基础埋深 $h_0=4\text{m}$，基础及填土自重按 $P_2=1000\text{kN}$ 计算，土壤的许用应力 $[\sigma]=0.3\text{MPa}$，圆形基础的直径 D 应为多大？(计算风力时，可把烟囱看成等截面)

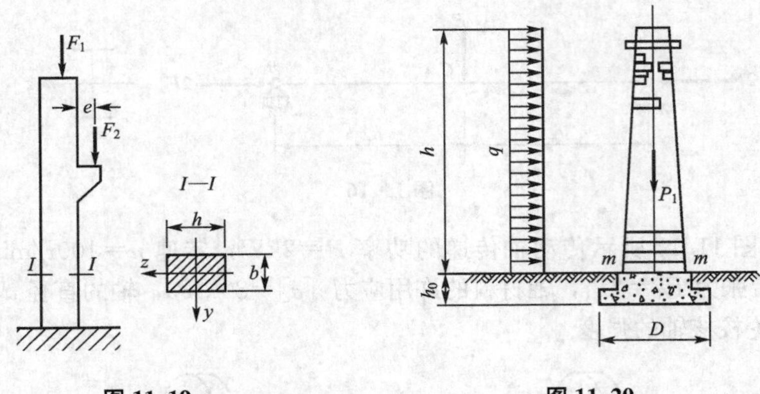

图 11.19　　　　图 11.20

11-8　一手摇绞车如图 11.21 所示。已知轴的直径 $d=25\text{mm}$，材料为 Q235 钢，其许用应力 $[\sigma]=80\text{MPa}$。试按第四强度理论求绞车的最大起吊重量 F。

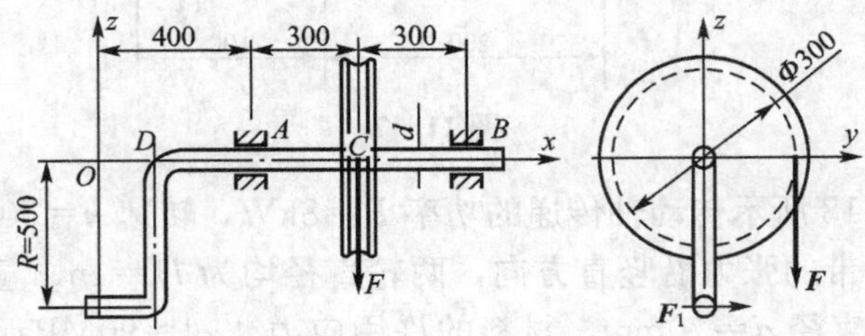

图 11.21

11-9　如图 11.22 所示，铁道路标圆信号板，装在外径 $D=60\text{mm}$ 的空心圆柱上，所受的最大风荷载 $q=2\text{kN/m}^2$，其许用应力 $[\sigma]=60\text{MPa}$。试按第三强度理论选定空心圆柱厚度。

11-10　14 号工字钢悬臂梁受力情况如图 11.23 所示。已知 $a=0.8\text{m}$，$F_1=2.5\text{kN}$，$F_2=1\text{kN}$，试求危险截面上的最大正应力。

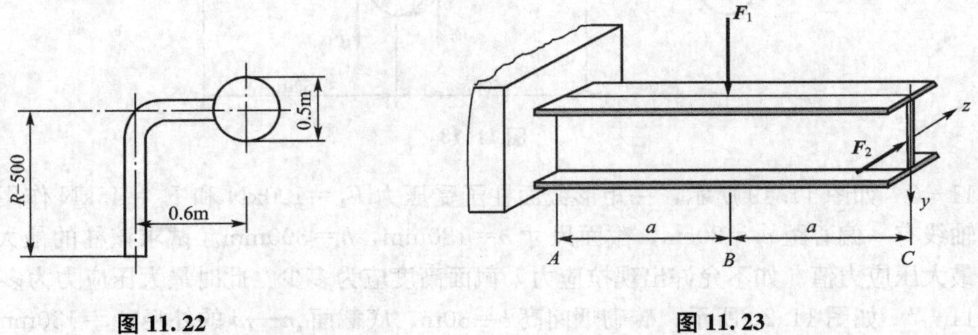

图 11.22　　　　图 11.23

第12章 压杆稳定

教学目标

本章主要介绍压杆的稳定性概念，压杆的临界压力、临界应力、欧拉公式的适用范围、临界应力经验公式和压杆的稳定计算问题，最后讨论提高压杆稳定性的措施。通过本章的学习，应达到以下目标。

(1) 理解压杆的稳定性、临界压力、临界应力、欧拉公式、长度系数、惯性半径、柔度、经验公式和稳定安全因数等基本概念。

(2) 掌握压杆的临界压力和临界应力计算，掌握压杆的稳定计算。

(3) 熟悉提高压杆稳定性的措施。

教学要求

知识要点	能力要求	相关知识
细长压杆临界压力的计算	(1) 理解压杆稳定性和临界压力等基本概念 (2) 掌握应用欧拉公式计算细长压杆的临界压力	(1) 压杆的稳定性、临界压力、欧拉公式和长度系数等概念 (2) 用欧拉公式计算各种支承形式下细长压杆的临界压力
欧拉公式的适用范围和临界应力经验公式	(1) 理解临界应力等基本概念 (2) 熟悉欧拉公式的适用范围 (3) 掌握应用经验公式计算压杆的临界应力	(1) 临界应力、长度系数、惯性半径、柔度和经验公式等概念 (2) 三类压杆的划分及临界应力的计算，临界应力总图
压杆的稳定计算	(1) 理解稳定安全因数等基本概念 (2) 掌握应用比较稳定安全因数法计算压杆的稳定性 (3) 熟悉压杆稳定性提高的一些措施。	(1) 稳定计算、稳定安全因数等概念 (2) 各种类型压杆的稳定计算 (3) 提高压杆稳定性的措施

基本概念

压杆、稳定性、欧拉公式、临界压力、长度系数、相当长度、临界应力、惯性半径、柔度、经验公式、临界应力总图、稳定计算、稳定安全因数

12.1 压杆稳定性的概念

前面对受压杆件的研究，是从强度的观点出发的。即认为只要满足压缩强度条件，就认为可以保证压杆的正常工作。这样考虑对粗短的压杆来说是正确的，但对于细长的压杆就不适应了。例如，取一根平直的钢锯条，长度为310mm，横截面尺寸为$11.5\times0.6\text{mm}^2$，材料的许用应力$[\sigma]=230\text{MPa}$，根据强度条件可以计算出钢锯条能够承受的轴向压力$F=11.5\times0.6\times10^{-6}\times230\times10^{6}\approx1600\text{N}$。而实际上，这根钢锯条在不到5N的压力下就会朝厚度薄的方向弯曲，并且越来越弯，丧失承载能力。由此可见，钢锯条的承载能力并不是取决于其轴线方向的压缩强度，而是与它受压时能否保持原有的直线平衡状态，即稳定性有关。

工程实际中，有许多受压的构件是需要考虑稳定性的。例如，千斤顶的螺杆[图12.1]，托架中的压杆[图12.2]，内燃机配气机构中的挺杆，磨床液压装置的活塞杆、空气压缩机和蒸汽机的连杆以及建筑物中的柱等。

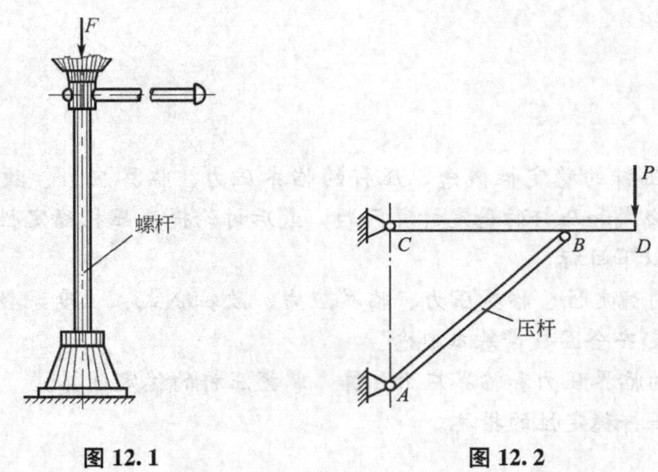

图12.1　　图12.2

现对压杆的稳定性概念做进一步的解释。取图12.3(a)所示一端固定，一端自由的细长压杆。在上端施加沿轴线方向压力F，再对压杆施加一横向干扰力而使其发生微小弯曲，然后将干扰力解除。若压力小于某一极限值(即临界压力F_{cr})，则干扰力解除后，它将恢复原有直线形状下的平衡[图12.3(b)]。表明压杆在原有直线形状下的平衡是稳定的。

若压力等于临界压力F_{cr}，杆件处于临界平衡状态。在小变形情况下，干扰到那里，压杆将在那里保持曲线形状的平衡[图12.3(c)]。利用压杆在临界压力作用下，可以在曲线形式下保持平衡的这一特点，可以求出临界压力F_{cr}。

若压力$F>F_{cr}$，杆件的直线平衡将失去。干扰力解除后，杆件将继续弯曲，并且越来越弯，丧失承载能力。表明压杆在原有直线形状下的平衡是不稳平衡［图 12.3(d)］。压杆丧失其原有直线平衡状态的现象，称为丧失稳定，简称为失稳，也称为屈曲。

杆件失稳后，可以导致整个机器或结构的损坏。压杆失稳时，应力并不一定很高，有时甚至低于材料的比例极限。可见这种形式的失效，并非强度不足，而是稳定性不够。

稳定性问题并不只限于压杆，受压缩、弯曲和扭转变形的薄壁构件都可能发生失稳。在本教材中，只介绍压杆的稳定性。

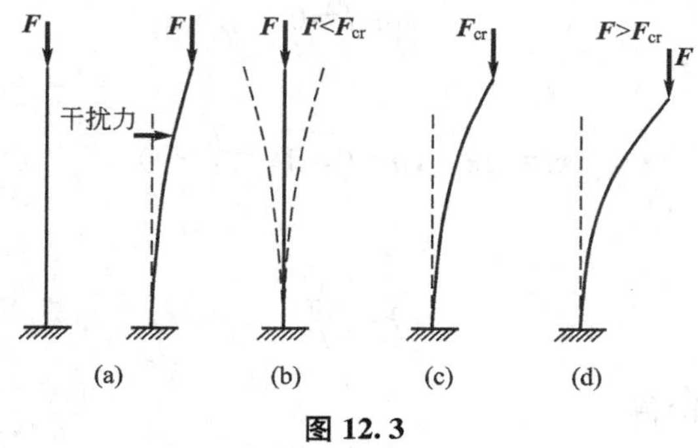

图 12.3

12.2 细长压杆临界压力

12.2.1 两端铰支细长压杆的临界压力

现以两端为球铰支座，中心受压的等截面细长直杆为例(图 12.4)，利用压杆在临界压力作用下，去掉横向干扰力后可以在微小弯曲情况下保持平衡的性质，推导其临界压力的计算公式。

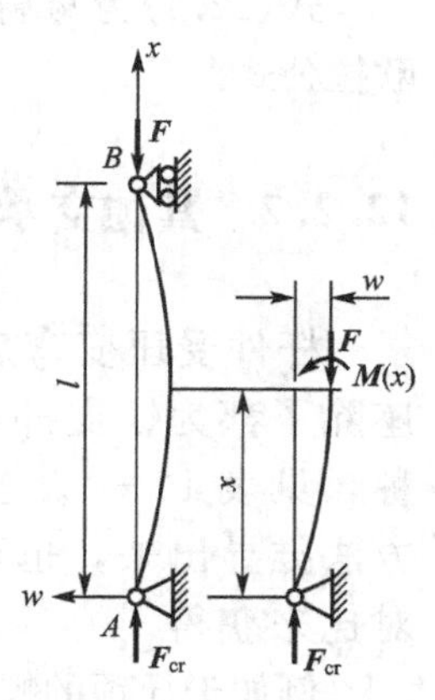

图 12.4

取弯曲平面内的坐标如图 12.4所示，在压力 $\boldsymbol{F}$ 作用下，去掉横向干扰后，在距离 A 端 x 处的任意截面上，弯矩 $M=-Fw$。对微小弯曲变形，由挠曲线近似微分方程有

$$EI\frac{\mathrm{d}^2w}{\mathrm{d}x^2}=-Fw \tag{a}$$

令

$$k^2=\frac{F}{EI} \tag{b}$$

可得二阶微分方程

$$\frac{\mathrm{d}^2w}{\mathrm{d}x^2}+k^2w=0 \tag{c}$$

此方程的通解为

$$w=c_1\sin kx+c_2\cos kx \tag{d}$$

式中，c_1，c_2——积分常数，由边界条件确定。

在 $x=0$ 时，$w=0$，代入式(d)可得 $c_2=0$，则有

$$w=c_1\sin kx \tag{e}$$

在 $x=l$ 时，$w=0$，由式(e)可得

$$c_1\sin kl=0 \tag{f}$$

上式要求 $c_1=0$ 或 $\sin kl=0$，$c_1=0$ 时，$w=0$，这与有微小弯曲的前提不相符合，因此

$$\sin kl=0 \tag{g}$$

即

$$kl=n\pi \quad (n=0, 1, 2, \cdots)$$

由此可得

$$k=\frac{n\pi}{l} \tag{h}$$

将式(h)代回到式(b)得

$$F=\frac{n^2\pi^2 EI}{l^2}$$

式中，n——任意整数，但 $n=0$ 时，不符合要求。在 $n=1$ 时，压力为保持微小弯曲的最小压力，即为压杆的临界压力，表示为

$$F_{cr}=\frac{\pi^2 EI}{l^2} \tag{12.1}$$

式中，EI——弯曲刚度；

l——压杆的长度。

式(12.1)为两端铰支细长压杆临界压力的计算公式，也称为两端铰支压杆临界压力的欧拉公式。

12.2.2 其他支承形式下细长压杆的临界压力

杆件受压变弯后的挠曲线形状与杆件两端的支承形式密切相关。压杆两端的支座除了都为铰支外，还可能有其他情况，工程上最常见的杆端支承形式主要有四种，见表12-1。各种支承情况下压杆的临界压力公式，可以仿照两端铰支形式的方法推导出来，也可以把各种支承形式的弹性曲线与两端铰支形式下的弹性曲线相对比来获得。

例如千斤顶的螺杆(图12.1)，下端可简化为固定端，上端因可与顶起的重物共同做侧向位移，故简化为自由端。一端固定另一端自由，长度为 l 的压杆的挠曲线，相当于两端铰支长为 $2l$ 的压杆挠曲线的上半部分。所以，一端固定另一端自由，长度为 l 的压杆的临界压力，等于两端铰支长为 $2l$ 的压杆的临界压力，即

$$F_{cr}=\frac{\pi^2 EI}{(2l)^2} \tag{12.2}$$

表 12-1 压杆长度系数

支承情况	两端铰支	一端固定 一端自由	一端固定 一端铰支	两端固定
挠曲线形状	F_{cr} l	F_{cr} l $2l$	F_{cr} l $0.7l$	F_{cr} l $0.5l$
μ	1	2	0.7	0.5

对于一端固定、一端铰支的压杆，在其挠曲线上距下端 $0.3l$ 处有一个拐点，即弯矩等于零的点，在力学上相当于铰链。这样两个铰链之间的距离为 $0.7l$。在这种支承形式下，压杆的临界压力只要在两端铰支的临界压力公式中，以 $0.7l$ 替代长度 l 即可。

对于两端固定的压杆，其挠曲线上有两个距端部 $l/4$ 的拐点。在这种支承形式下，压杆的临界压力只要在两端铰支的临界力公式中，以 $0.5l$ 替代长度 l 即可。

从上述比较可见，各种支承形式下的临界压力欧拉公式可以统一表示为

$$F_{cr}=\frac{\pi^2 EI}{(\mu l)^2} \tag{12.3}$$

式中，μ——长度系数，μl 称为相当长度。长度系数代表压杆不同支承情况对临界压力的影响，几种支承情况的 μ 值列于表 12-1 中。

例 12.1 如图 12.5 所示细长压杆，一端固定，另一端自由。已知弹性模量 $E=10\text{GPa}$，长度 $l=2\text{m}$，$h=160\text{mm}$，$b=90\text{mm}$。试求：压杆的临界压力。若压杆的横截面面积不变，将横截面形状改为边长为 $a=120\text{mm}$的正方形，试计算这时压杆的临界压力。

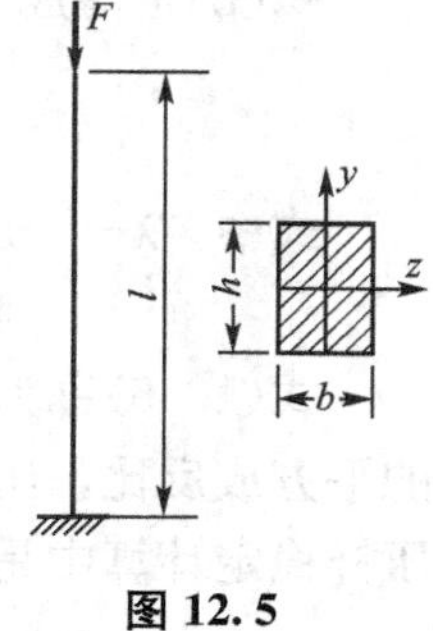

图 12.5

解：(1) 计算矩形截面压杆的临界压力。

截面对 y 轴和 z 轴的惯性矩分别为

$$I_y=\frac{hb^3}{12}=\frac{160\times 90^3}{12}=972\times 10^4\text{mm}^4$$

$$I_z=\frac{bh^3}{12}=\frac{90\times 160^3}{12}=3072\times 10^4\text{mm}^4$$

由于 $I_y<I_z$，所以压杆必然绕 y 轴弯曲失稳，应将 I_y代入式(12.3)计算临界压力，根据杆端约束 $\mu=2$，于是

$$F_{cr}=\frac{\pi^2 EI}{(\mu l)^2}=\frac{\pi^2\times 10\times 10^9\times 972\times 10^4\times 10^{-12}}{(2\times 2)^2}=60\text{kN}$$

(2) 计算正方形截面压杆的临界压力，截面对 y 轴和 z 轴的惯性矩相等，均为

$$I_y=I_z=\frac{a^4}{12}=\frac{120^4}{12}=1728\times 10^4\text{mm}^4$$

临界压力为

$$F_{cr}=\frac{\pi^2 EI}{(\mu l)^2}=\frac{\pi^2\times 10\times 10^9\times 1728\times 10^4\times 10^{-12}}{(2\times 2)^2}=106.5\text{kN}$$

由计算结果来看，两种压杆的质量和体积等都相同，但正方形截面压杆的临界压力是矩形截面压杆的1.78倍。

12.3 欧拉公式的适用范围及临界应力经验公式

12.3.1 临界应力

将压杆的临界压力 F_{cr}除以横截面积 A，得到压杆横截面上的应力，称为压杆的临界应力，用 σ_{cr}表示，即

$$\sigma_{cr}=\frac{F_{cr}}{A}=\frac{\pi^2 E}{(\mu l)^2}\frac{I}{A} \tag{a}$$

若令 $i=\sqrt{\dfrac{I}{A}}$，i 称为压杆横截面的惯性半径，式(a)可写成

$$\sigma_{cr}=\frac{\pi^2 E}{\left(\dfrac{\mu l}{i}\right)^2} \tag{b}$$

令

$$\lambda=\frac{\mu l}{i} \tag{12.4}$$

式(b)可写成

$$\sigma_{cr}=\frac{\pi^2 E}{\lambda^2} \tag{12.5}$$

式中，λ——压杆的柔度或长细比，它反映了压杆的长度、支承情况以及横截面形状和尺寸等因素对临界应力的综合影响。

式(12.5)称为细长压杆临界应力的欧拉公式。由公式看出，压杆的临界应力与其柔度的平方成反比，压杆的柔度值越大，其临界应力越小，压杆越容易失稳。可见，柔度 λ 在压杆稳定计算中是一个非常重要的参数。

12.3.2 欧拉公式的适用范围

由于推导临界压力的欧拉公式时，用到了挠曲线近似微分方程，因此由欧拉公式计算的临界应力不得超过材料的比例极限，即

$$\sigma_{cr}=\frac{\pi^2 E}{\lambda^2}\leqslant\sigma_p \quad 或 \quad \lambda\geqslant\sqrt{\frac{\pi^2 E}{\sigma_p}} \tag{12.6}$$

令

$$\lambda_p=\sqrt{\frac{\pi^2 E}{\sigma_p}} \tag{12.7}$$

λ_p是对应于材料比例极限的柔度值，称为压杆的极限柔度，也就是适用欧拉公式的最小柔度值。因此，只有压杆的柔度$\lambda \geqslant \lambda_p$时，欧拉公式才适用，这类压杆称为大柔度杆或细长杆。λ_p值取决于材料的力学性能，以低碳钢 Q235 为例，$\sigma_p=200\text{MPa}$，$E=206\text{GPa}$，代入式(12.7)得

$$\lambda_p=\sqrt{\frac{\pi^2\times 206\times 10^9}{200\times 10^6}}\approx 100$$

这表明用低碳钢 Q235 制成的压杆，仅在柔度$\lambda \geqslant 100$时，才能应用欧拉公式计算其临界应力或临界压力。

12.3.3 临界应力的经验公式

工程中有许多压杆的柔度值比λ_p小，它们在应力超过比例极限σ_p的情况下失稳，它们的临界应力不能用欧拉公式计算，而应采用建立在实验基础上的经验公式来计算。常见的经验公式有直线公式和抛物线公式，其中直线公式比较简单，应用方便，其形式为

$$\sigma_{cr}=a-b\lambda \tag{12.8}$$

式中，a，b——与材料有关的常数，表 12-2 中给出了几种材料的 a 和 b 值。

表 12-2 几种常见材料的直线公式系数 a 和 b 及柔度λ_s和λ_p

材料	a/MPa	b/MPa	λ_p	λ_s
Q235 钢	304	1.12	100	61.6
优质碳钢 $\sigma_s=306\text{MPa}$	460	2.57	100	60
硅钢 $\sigma_s=353\text{MPa}$	577	3.74	100	60
铬钼钢	980	5.30	55	40
硬铝	372	2.14	50	
铸铁	332	1.45	80	
木材	39	0.20	50	

应用经验公式计算压杆的临界应力，不能超过压杆材料的压缩屈服极限应力，即要求

$$\sigma_{cr}=a-b\lambda<\sigma_s \quad 或 \quad \lambda>\frac{a-\sigma_s}{b} \tag{12.9}$$

令

$$\lambda_s=\frac{a-\sigma_s}{b} \tag{12.10}$$

λ_s是对应于材料屈服极限时的柔度值。因此，当压杆的实际柔度$\lambda>\lambda_s$且$\lambda<\lambda_p$时，才能用经验公式计算其临界应力。可见，经验公式的适用范围为$\lambda_s<\lambda<\lambda_p$，柔度在$\lambda_s$和$\lambda_p$之间的压杆为中等柔度杆或中长杆。

柔度值小于λ_s的压杆，称为小柔度杆或粗短杆。试验表明，对于塑性材料制成的粗短杆，当其临界应力达到屈服极限σ_s时，压杆发生屈服失效，这说明小柔度杆的失效是因为强度不足所致。因此，粗短杆的临界应力$\sigma_{cr}=\sigma_s$。

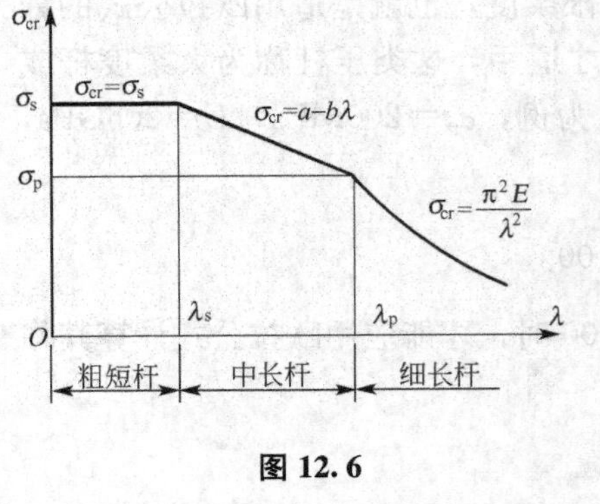

图 12.6

根据杆件柔度的大小，可以将压杆分为三类，并按不同方式确定其临界应力。细长杆，即$\lambda \geqslant \lambda_p$时，用欧拉公式计算临界应力；中长杆，即$\lambda_s < \lambda < \lambda_p$时，用经验公式计算临界应力；粗短杆，即$\lambda \leqslant \lambda_s$时，这类压杆一般不会失稳，只可能发生屈服或断裂，按强度问题处理。

塑性材料压杆的临界应力随其柔度变化的情况如图12.6所示，此图称为临界应力总图。从图中可以看出，粗短杆的临界应力与λ值无关；中长杆的临界应力大于比例极限，随λ值的增加而减小；细长杆的临界应力小于或等于比例极限σ_p。

12.4 压杆的稳定计算

为了保证压杆的稳定性，必须使它所承受的轴向压力小于临界压力。此外，还要考虑必要的稳定性安全储备，使压杆具有足够的稳定性。因此，压杆的稳定条件为

$$F \leqslant \frac{F_{cr}}{[n]_{st}} \tag{12.11}$$

或

$$n=\frac{F_{cr}}{F} \geqslant [n]_{st} \tag{12.12}$$

式中，$[n]_{st}$——规定的稳定安全因数；

n——临界压力F_{cr}与工作压力的比值，称为压杆的工作稳定安全因数。

考虑到压杆的初曲率、荷载偏心、材料不均匀等因素对压杆临界压力的影响，所以规定的稳定安全因数$[n]_{st}$的值应取得大些。在静荷载下，对于钢材$[n]_{st}=1.8 \sim 3.0$；对于铸铁$[n]_{st}=4.5 \sim 5.5$；木材$[n]_{st}=2.5 \sim 3.5$。在实际工作中，应按照有关设计规范查取$[n]_{st}$值。

例 12.2 空气压缩机的活塞杆由45号钢制成，$\sigma_s=350\text{MPa}$，$\sigma_p=280\text{MPa}$，$E=210\text{GPa}$。长度$l=703\text{mm}$，直径$d=45\text{mm}$，最大工作压力$F=41.6\text{kN}$。规定稳定安全因数$[n]_{st}=8 \sim 10$。试校核其稳定性。

解： 由式(12.7)，求出

$$\lambda_p=\sqrt{\frac{\pi^2 E}{\sigma_p}}=\sqrt{\frac{\pi^2 \times 210 \times 10^9}{280 \times 10^6}}=86$$

活塞杆两端可简化为铰支座，所以$\mu=1$。活塞杆横截面为圆形，则

$$i=\sqrt{\frac{I}{A}}=\frac{d}{4}=11.25\text{mm},\ \lambda=\frac{\mu l}{i}=\frac{1 \times 703 \times 10^{-3}}{11.25 \times 10^{-3}}=62.5$$

由于$\lambda < \lambda_p$，所以不能用欧拉公式计算。由表12-2查得优质碳钢的$a=460\text{MPa}$，$b=$

2.57MPa，代入式(12.10)

$$\lambda_s=\frac{a-\sigma_s}{b}=\frac{460-350}{2.57}=42.8$$

可见活塞杆的柔度 $\lambda_s<\lambda<\lambda_p$，是中等柔度杆，利用直线经验公式(12.8)得

$$\sigma_{cr}=a-b\lambda=460-2.57\times62.5=299.4\text{MPa}$$

$$F_{cr}=\sigma_{cr}A=299.4\times10^6\times\frac{\pi}{4}\times(45\times10^{-3})^2=4.76\times10^5\text{N}=476\text{kN}$$

活塞杆的工作稳定安全因数为

$$n=\frac{F_{cr}}{F}=\frac{476}{41.6}=11.4\geqslant[n]_{st}$$

所以满足稳定性要求。

例 12.3 图 12.7 所示托架，$\alpha=30°$，承受荷载 $P=12\text{kN}$。已知 AB 杆的外径 $D=50\text{mm}$，内径 $d=40\text{mm}$，材料为 Q235 钢，弹性模量 $E=200\text{GPa}$，规定稳定安全因数 $[n]_{st}=3$。试问 AB 杆是否稳定。

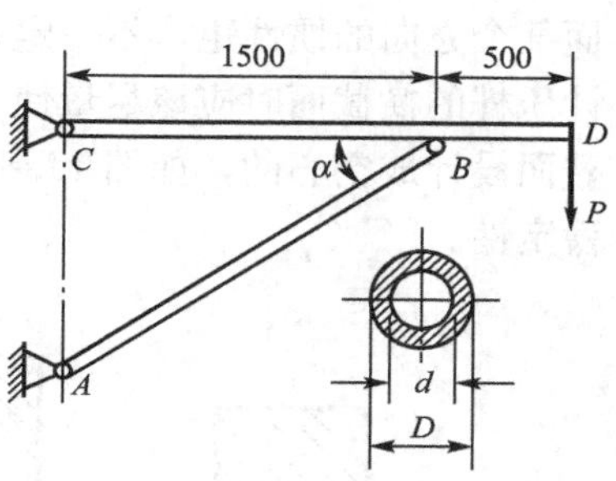

图 12.7

解： 先取 CD 杆来分析，CD 杆在 B 点受到沿 AB 杆向上方向的力 F_{AB} 作用，D 点受到 P 力作用，还有 C 点受力。列出 CD 杆关于 C 点的力矩平衡方程

$$\sum M_C=0,\ F_{AB}\times1500\sin\alpha-P\times2000=0$$

解得

$$F_{AB}=32\text{kN}$$

再考虑 AB 杆

$$I=\frac{\pi}{64}(D^4-d^4)$$

$$A=\frac{\pi}{4}(D^2-d^2)=\frac{\pi}{4}(50^2-40^2)=707\text{mm}^2$$

$$i=\sqrt{\frac{I}{A}}=\frac{1}{4}\sqrt{D^2+d^2}=16\text{mm}$$

AB 杆的长度为

$$l=\frac{CB}{\cos30°}=1732\text{mm}$$

AB 杆的柔度为

$$\lambda=\frac{\mu l}{i}=\frac{1\times1732}{16}=108$$

由于柔度大于 λ_p，是细长杆，临界压力为

$$F_{cr}=\sigma_{cr}\cdot A=\frac{\pi^2E}{\lambda^2}\cdot A=\frac{\pi^2\times200\times10^9}{108^2}\times707\times10^{-6}\text{N}=118\text{kN}$$

AB 杆的稳定安全因数为

$$n=\frac{F_{cr}}{F}=\frac{118}{32}=3.69\geqslant[n]_{st}$$

所以 AB 杆是稳定的。

12.5 提高压杆稳定性的措施

由式(12.5)和式(12.8)可以看出，压杆的临界应力与压杆的柔度 λ 以及材料属性有关，而柔度取决于压杆的长度、约束情况和横截面的形状和尺寸等。因此，增大压杆的临界压力或临界应力，提高压杆的稳定性，可以采取以下措施。

1. 选择合理的截面形状

增大横截面的惯性矩可以增大截面的惯性半径，减小压杆的柔度 λ，以增大临界应力，从而提高压杆的稳定性。由于压杆一般在比较容易发生弯曲的平面内失稳，如果只增大截面某个方向的惯性矩，不一定能提高压杆的承载能力。如果各方向约束情况相同的话，设计压杆的横截面时应该尽量使 $I_y=I_z$，这样可以提高整个压杆的稳定性。另外，还可以把截面设计成空心的，如图 12.8 所示，可以增大横截面各个方向的惯性矩，以提高压杆的稳定性。

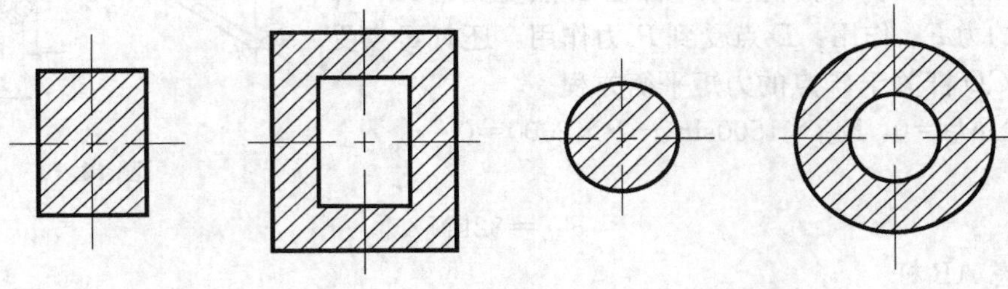

图 12.8

2. 改善压杆约束条件

杆端约束的刚性越好，压杆的值 μ 就越小，压杆的柔度 λ 值越小，整个压杆越稳定。例如一些工程结构中的支柱，除两端要求焊牢固之外，还需要设置肘板以加固端部约束。

在条件允许的情况下，尽量减小压杆的实际长度，可以减小柔度 λ 值，从而提高压杆稳定性。否则可以采取增加中间支承的方法来减小压杆的支承长度。例如，为了提高穿孔机顶杆的稳定性，可在顶杆中点增加一个抱辊(图 12.9)，以达到既不减小顶杆的实际长度又提高了其稳定性的目的。

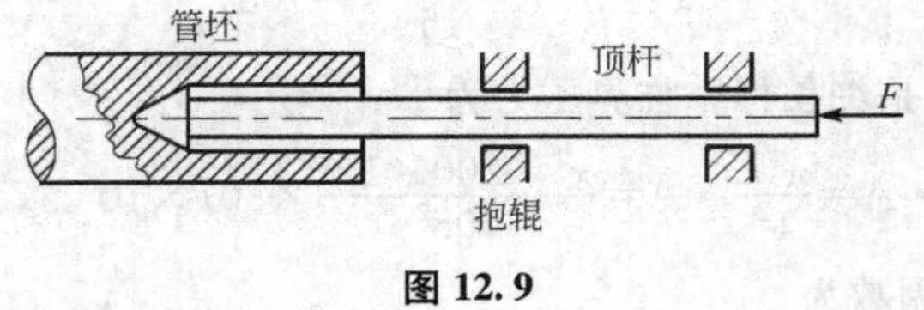

图 12.9

3. 合理选择材料

对于细长压杆，选用优质钢材以提高压杆的稳定性效果并不明显。从式(12.3)和式(12.5)可以看出，临界压力和临界应力与材料的弹性模量E成正比，但是优质钢和普通钢材的弹性模量E值相差并不大。对于中长杆，选用优质钢材以提高压杆的稳定性效果比较明显。从式(12.8)可以看出，临界应力与材料的常数a和b值有关，优质钢和普通钢材的a和b值相差比较大。对于粗短压杆，应按强度问题来处理，优质钢材的许用应力明显高于普通钢材，所以，选用优质钢材以提高粗短压杆的安全性效果明显。

思考题

12-1 其他条件不变，圆截面细长压杆的长度增加一倍时，临界压力有什么变化？若其他条件都不变，杆的直径增大一倍时，临界压力有什么变化？

12-2 什么叫柔度？它取决于哪些因素？它与压杆的承载能力有什么关系？

12-3 对于两端铰支，由Q235钢制成的圆截面压杆，问杆长l应是直径d的多少倍时，才能应用欧拉公式计算临界压力？

12-4 如图12.10所示矩形截面细长压杆，$b/h=1/2$。如果将b改为h后变成的正方形截面杆仍为细长杆，其临界压力将变成原来的多少倍？

12-5 计算临界压力时，如对中等柔度压杆误用欧拉公式，或对大柔度压杆误用经验公式，将使计算结果比实际偏大还是偏小？

12-6 图12.11所示托架各杆均以圆柱形铰链联接和支承，$\alpha=30°$，BC杆直径$d=40$mm，材料为Q235钢。试判定压杆BC的类型和该杆临界应力的计算公式。

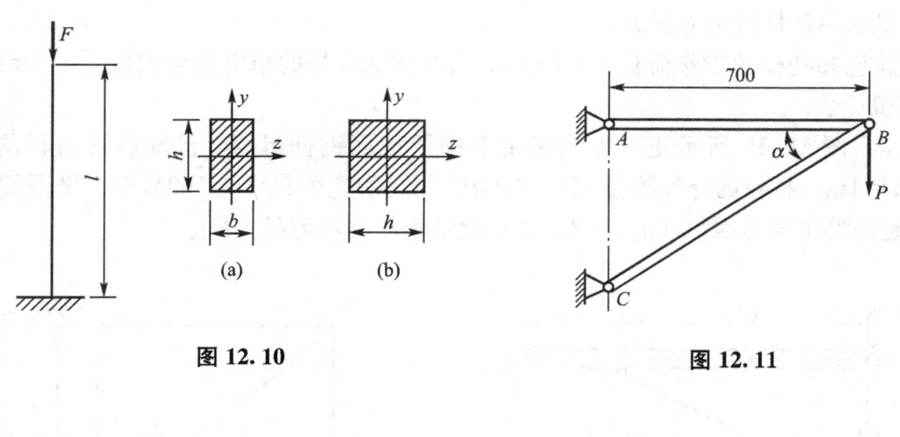

图 12.10

图 12.11

习 题

12-1 如图12.12所示材料相同，直径相等的3根细长压杆，试判断哪根杆的临界压力最大？哪根杆的临界压力最小？若材料的弹性模量$E=200$GPa，直径$d=160$mm，试求各杆的临界压力。

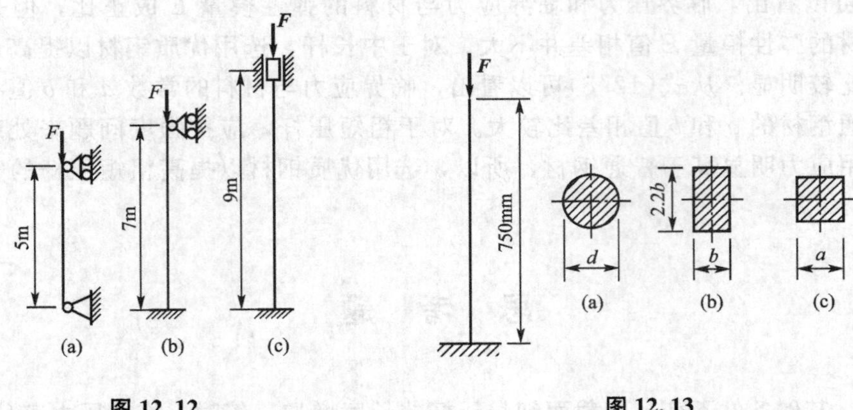

图 12.12　　图 12.13

12-2　如图 12.13 示压杆分别有圆形、矩形和正方形三种形状横截面，它们的材料等都相同，横截面面积均为 $A=3600\text{mm}^2$。试计算出这三种情况的柔度，并比较其稳定性。

12-3　由 Q235 钢制成的 25a 工字钢压杆，两端为固定端约束，杆长 $l=7\text{m}$，弹性模量 $E=206\text{GPa}$，规定的稳定安全因数 $[n]_{st}=2$。试求压杆所能承受的最大轴向压力。

12-4　柴油机的挺杆可简化为两端铰支杆，由 Q275 钢制成，长度为 $l=25.7\text{cm}$，直径 $d=8\text{mm}$，弹性模量 $E=210\text{GPa}$，$\sigma_p=240\text{MPa}$，挺杆承受的最大工作压力 $F=1.76\text{kN}$，规定的稳定安全因数 $[n]_{st}=3$。试校核该挺杆的稳定性。

12-5　图 12.14 所示托架中 CD 为刚杆，且强度足够。AB 杆的长度 $l=800\text{mm}$，直径 $d=40\text{mm}$，材料为 Q235 钢，两端铰支。

(1) 试求 AB 杆的临界压力 F_{cr}。

(2) 若已知托架的工作荷载 $F=70\text{kN}$，并规定 AB 杆的稳定安全因数 $[n]_{st}=2$，试问托架是否安全?

12-6　图 12.15 所示正方形桁架由 5 根圆截面钢杆组成。已知各杆直径均为 $d=30\text{mm}$，$a=1\text{m}$，材料的弹性模量 $E=200\text{GPa}$，许用应力 $[\sigma]=160\text{MPa}$，极限柔度 $\lambda_p=100$，规定的稳定安全因数 $[n]_{st}=3$。试求此结构的许可荷载 $[F]$。

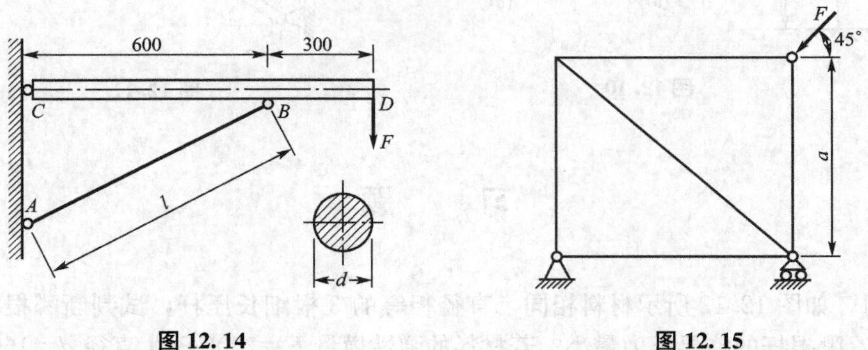

图 12.14　　图 12.15

12-7　千斤顶螺杆的内径 $d=52\text{mm}$，长度为 $l=500\text{mm}$，材料为 Q235 钢。可认为螺杆下端固定，上端自由。若千斤顶最大工作压力 $F=150\text{kN}$，试求螺杆的工作稳定安全因数。

12-8 矩形截面压杆如图12.16所示，两端用柱形铰连接(在 xy 平面内弯曲时，两端为铰支；在 xz 平面内弯曲时，可视为两端固定)。压杆的材料为Q235钢，弹性模量 $E=200\text{GPa}$，横截面尺寸为 $b\times h=40\text{mm}\times60\text{mm}$。试求压杆的临界压力。

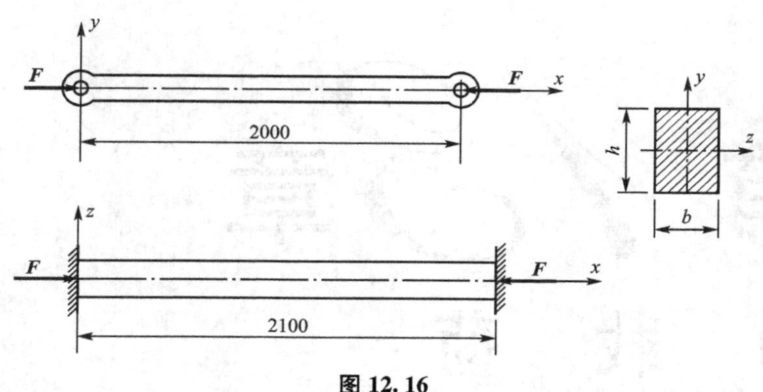

图12.16

12-9 图12.17所示结构中，AC 为刚杆，且强度足够。CD 杆的材料为Q235钢，C、D 两处均为球铰。已知 $d=20\text{mm}$，材料的弹性模量 $E=200\text{GPa}$，$\sigma_p=200\text{MPa}$，规定的稳定安全因数 $[n]_{st}=3$。试确定该结构的许可荷载 $[F]$。

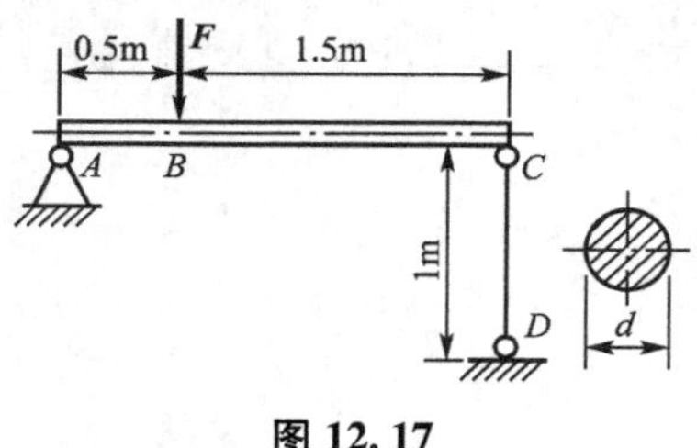

图12.17

第13章 动载荷

教学目标

本章主要介绍等加速直线运动时构件的惯性力和应力计算，等角速转动时构件的应力计算和冲击荷载作用下的应力计算三类动荷载问题。最后讨论提高杆件抗冲击荷载能力的措施。通过本章的学习，应达到以下目标。

(1) 理解动荷载、动应力、动荷因数和冲击荷载等基本概念。

(2) 掌握等加速直线运动、等角速转动和冲击荷载作用时构件的应力计算。

(3) 熟悉提高杆件抗冲击荷载能力的措施。

教学要求

知识要点	能力要求	相关知识
用动静法求解构件的动应力	(1) 理解动荷载和动荷因数等基本概念 (2) 掌握应用动静法求解构件的动应力问题	(1) 动荷载、动应力、动荷因数等概念 (2) 等加速直线运动时构件的应力计算 (3) 等角速转动时构件的应力计算
冲击荷载	(1) 理解冲击荷载和抗冲击能力等概念 (2) 熟练应用动荷因数求解冲击荷载问题 (3) 熟悉杆件抵抗冲击荷载能力提高的一些措施	(1) 杆件受轴向冲击时的动应力和动变形计算 (2) 杆件受横向冲击时的动应力和动变形计算 (3) 提高杆件抗冲击荷载能力的措施

基本概念

静荷载、静应力、静变形、动荷载、动应力、动变形、动荷因数、动静法、惯性力、冲击荷载、抗冲击能力

13.1 动荷载和动应力的概念

前几章讨论了杆件在静荷载作用下的强度和刚度问题。静荷载是指从零缓慢地增加到某一定值后保持不变且杆内各质点不产生加速度，或加速度很小可以忽略不计的荷载。杆件在静荷载作用下产生的应力和变形分别称为静应力和静变形。

若荷载使杆件内各质点产生的加速度较大，或者荷载随时间发生明显地变化，则这样的荷载称为动荷载。例如，高速旋转的飞轮，由于向心加速度使其内部各质点产生很大的离心力，从而可能导致飞轮的破裂；涡轮机的长叶片，由于旋转时的惯性力所引起的拉应力可以达到相当大的数值，可能使叶片被拉断而引发严重事故。当具有一定速度的物体冲击静止的杆件时，该物体的速度在很短的时间内发生急剧的变化，产生很大的负值加速度，物体对静止的杆件施加很大的作用力。例如，气锤在锻造坯件时，由于锤头和锻坯这两个物体在碰撞瞬间所产生的冲击荷载，能使锤杆内的应力较之静荷应力有几倍甚至几十倍的增长。这种在动荷载作用下，杆件产生的应力和变形分别称为动应力和动变形。

试验证明，在动荷载作用下，若杆件的动应力不超过材料的比例极限，胡克定律仍然适应，而且材料的弹性常数也与静荷载作用下的数值相同。本章着重讨论构件有加速度时的应力计算和冲击荷载等问题。

13.2 动静法的应用

13.2.1 等加速直线运动时构件的应力计算

当构件各点的加速度为已知或可以求出时，可以采用动静法求解构件的动应力问题。先计算出运动构件的惯性力，然后构件可以视为在主动力、约束力和惯性力作用下处于平衡。再利用静力学的方法就可以计算出构件的内力、应力及变形等，进而对构件的强度和刚度进行计算。

例如，设升降机启动时，以等加速度 a 起吊一自重为 P 的重物如图 13.1(a)所示。已知钢索横截面面积为 A，材料的密度为 ρ，求距离钢索下端为 x 的截面上的内力。

静止时，用截面法在距离钢索下端为 x 的截面 m—n 处截开［图 13.1(b)］，截取部分受到轴向静内力 F_{Nst}、钢索的重力 $W(W=A\rho gx)$以及重物的重力 P 作用而处于平衡。此时

$$F_{\mathrm{Nst}}=P+A\rho gx$$

启动加速向上时，仍用截面法在距离钢索下端为 x 的截面 m—n 处截开［图 13.1(c)］，

截取部分受到轴向动内力 F_{Nd}、钢索的重力 W、重物的重力 P 以及与加速度方向相反的钢索连同重物的惯性力 F_I。其中，惯性力 $F_I=\dfrac{P+A\rho gx}{g}a$。应用达朗贝尔原理，可以由静力学平衡方程来计算 m—n 截面上的动内力，为

$$F_{Nd}=P+W+F_I=P+A\rho gx+\frac{P+A\rho gx}{g}a=(P+A\rho gx)\left(1+\frac{a}{g}\right)$$

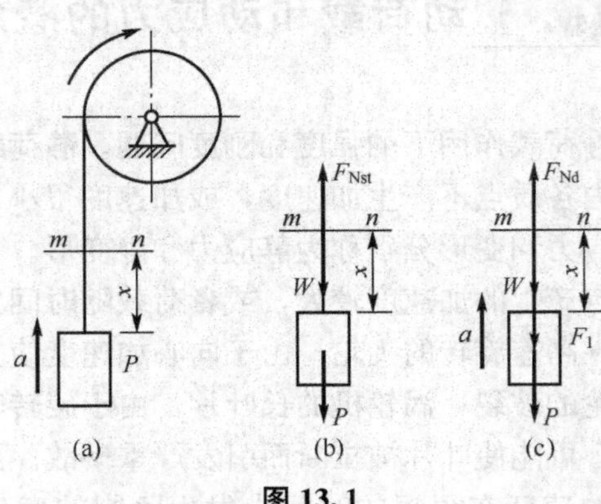

图 13.1

因为，$P+A\rho gx$ 为 m—n 截面上的静内力。所以

$$F_{Nd}=F_{Nst}\left(1+\frac{a}{g}\right)=K_d F_{Nst}$$

式中，K_d——动荷因数。

例 13.1 梁由钢索起吊，以等加速度 a 上升如图 13.2(a)所示。已知梁的横截面面积为 A，弯曲截面系数为 W_z，材料的密度为 ρ。求梁中点处横截面上的最大动应力。

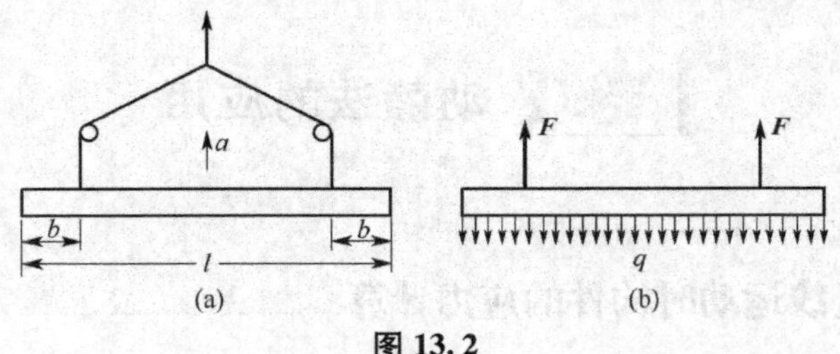

图 13.2

解：(1) 受力分析。

吊车以等加速度 a 起吊时，梁除了受自重(荷载集度为 $q_{st}=A\rho g$)和钢索的拉力外，还需要附加惯性力，惯性力的集度为 $q_I=\dfrac{q_{st}a}{g}=A\rho a$。在这些力的共同作用下，梁处于假想的平衡状态。

于是，图 13.2(b)所示梁的荷载集度为

$$q=q_{st}+q_I=q_{st}\left(1+\frac{a}{g}\right)=A\rho g\left(1+\frac{a}{g}\right)$$

钢索起吊的拉力为

$$F=\frac{1}{2}ql=\frac{1}{2}q_{st}\left(1+\frac{a}{g}\right)l=\frac{1}{2}A\rho g\left(1+\frac{a}{g}\right)l$$

(2) 计算内力。

梁中点处横截面上的弯矩为

$$M=F\left(\frac{l}{2}-b\right)-\frac{1}{2}q\left(\frac{l}{2}\right)^2=\frac{1}{2}A\rho g\left(1+\frac{a}{g}\right)\left(\frac{l}{4}-b\right)l \tag{a}$$

(3) 计算梁中点处横截面上的最大动应力。

梁中点处横截面上的最大动应力为

$$\sigma_{\mathrm{d}}=\frac{M}{W_z}=\frac{A\rho g}{2W_z}\left(1+\frac{a}{g}\right)\left(\frac{l}{4}-b\right)l \tag{b}$$

当加速度等于零时，由上式求得杆件在静载下的应力为

$$\sigma_{\mathrm{st}}=\frac{A\rho g}{2W_z}\left(\frac{l}{4}-b\right)l \tag{c}$$

故梁中点处横截面上的最大动应力 σ_{d} 可以表示为

$$\sigma_{\mathrm{d}}=\sigma_{\mathrm{st}}\left(1+\frac{a}{g}\right) \tag{d}$$

式中，括号里的即为动荷因数，记为

$$K_{\mathrm{d}}=1+\frac{a}{g} \tag{e}$$

于是式(d)写成

$$\sigma_{\mathrm{d}}=K_{\mathrm{d}}\sigma_{\mathrm{st}} \tag{f}$$

这表明动应力等于静应力乘以动荷因数。强度条件可以表示为

$$\sigma_{\mathrm{d}}=K_{\mathrm{d}}\sigma_{\mathrm{st}}\leqslant[\sigma] \tag{g}$$

式中，$[\sigma]$ ——静载时的许用应力。

13.2.2 等角速度转动时构件的应力计算

工程中除了作等加速直线运动的构件外，还有许多构件作等角速度转动，例如装在蒸汽机和内燃机上的飞轮。飞轮设计时，要求用料少而惯性大，因而飞轮的式样，常做成轮缘厚、中间薄，甚至中间只有几条轮辐的形状，如图 13.3(a)所示。现分析飞轮以等角速度转动时，轮缘横截面上的应力。

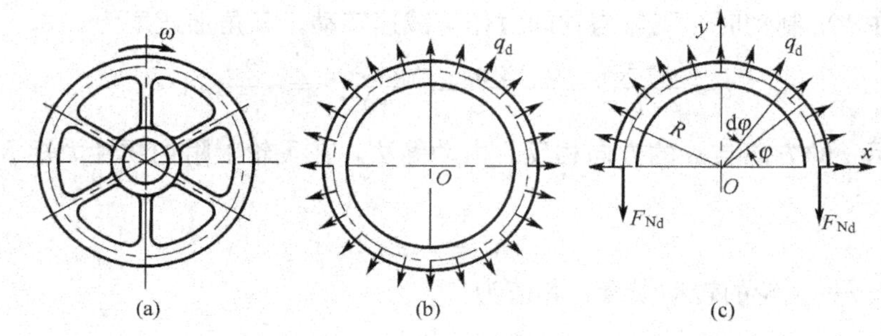

图 13.3

设飞轮的平均半径为 R，轮缘的横截面面积为 A，材料的密度为 ρ，飞轮转动的角速度为 ω。

若不计轮辐对于轮缘的影响，可将飞轮简化为一个绕中心转动的圆环如图 13.3(b)所示。由于此圆环作等角速度转动，因而圆环内各点只有向心加速度。又因飞轮的轮缘厚度远比飞轮的平均半径小，所以可以认为圆环上各点的向心加速度与圆环轴线上各点的向心加速度相等，即 $a_n=\omega^2R$。根据动静法，将集度为 $q_d=A\rho a_n=A\rho\omega^2R$ 的离心惯性力加在圆环轴线上，就可根据平衡条件进行计算。

用截面法把轮缘对称截开，保留上半部分［图 13.3(c)］，并用 σ_d 表示截面上的拉应力，由静力学平衡条件 $\sum F_y=0$，得

$$\int_0^{\pi} q_d R\sin\varphi \mathrm{d}\varphi - 2A\sigma_d = 0$$

经过积分并简化得

$$q_d \cdot R = A\sigma_d$$

将 q_d 值代入上式得

$$\sigma_d=\rho\omega^2R^2=\rho v^2$$

式中，v——飞轮在半径 R 处的切向线速度。根据强度条件，为了保证飞轮安全，必须使

$$\sigma_d=\rho v^2\leqslant[\sigma]$$

所以

$$v\leqslant\sqrt{\frac{[\sigma]}{\rho}}$$

由此可见，飞轮的转速应该有一定的限制。允许飞轮的最大切向线速度 v，取决于材料的许用应力和材料的密度为 ρ，而与飞轮的直径以及轮缘的截面尺寸无关。

例 13.2 如图 13.4 所示为一装有飞轮的轴，已知飞轮的半径 $R=250$mm，重力 $P=450$N，轴的直径 $d=50$mm，轴的转速 $n=2$r/s，试求：当轴在 10s 内制动时，轴内由于惯性而产生的最大切应力。

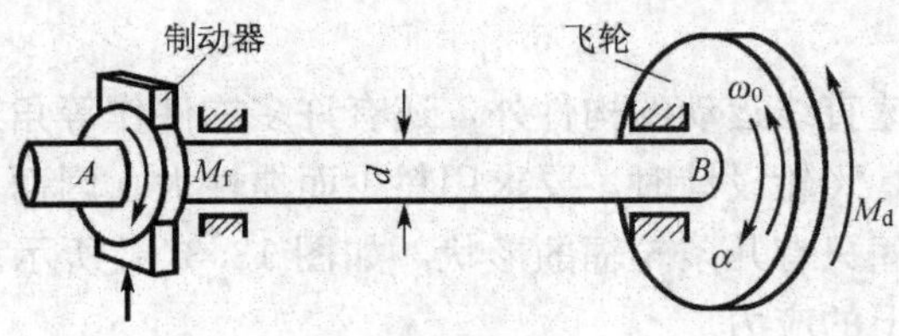

图 13.4

解： 轴在 10s 制动时，飞轮与轴同时作匀减速转动，其角加速度为

$$\alpha=\frac{\omega_1-\omega_0}{t}=\frac{0-2\pi n}{t}=\frac{-2\pi\times2}{10}=-\frac{2\pi}{5}\text{rad/s}$$

负号表示 α 的方向与 ω 的方向相反。由动静法，在飞轮上附加惯性力矩 M_d(其方向与 α 相反)为

$$M_d=-J\alpha$$

式中，J——飞轮的转动惯量，其值为

$$J=\frac{P}{g}R^2=\frac{450}{9.8}\times0.25^2$$

制动器所产生的摩擦力偶矩与惯性力矩 M_d 平衡，从而使轴发生扭转变形。所以轴内

最大扭转切应力为

$$\tau_{max}=\frac{M_d}{W_p}=\frac{J\alpha}{\frac{\pi d^3}{16}}=\frac{\frac{450}{9.8}\times 0.25^2\times\frac{2\pi}{5}}{\frac{\pi(0.05)^3}{16}}=147\times 10^3\,\text{Pa}$$

13.3 冲击载荷

工程实际中，经常遇到冲击荷载，如气锤锻造、金属的冲压加工以及传动轴的突然制动等。气锤、高速转动的飞轮等为冲击物，而锻件和固接飞轮的轴则是承受冲击的构件。由于冲击物对被冲构件冲击的持续时间很短，冲击时间不易准确测定，而且接触区域内的应力状态很复杂，所以不能采用动静法来计算冲击时的应力。但是，可以用能量法来近似地计算冲击时的变形，然后根据变形求出应力。

采用能量法计算动应力时，假定：①不计冲击物的变形(视为刚体)，且冲击物与被冲击物接触后不回弹；②被冲击物是弹性变形体，材料服从胡克定律，被冲击物的质量与冲击物相比很小可略去不计；③冲击过程中，冲击物的机械能将全部转化为被冲击物的应变能，不考虑其他能量(如热能、声能和光能等)的损耗。

以杆件的轴向冲击为例。如图 13.5 所示，设有一弹性杆 AB 长为 l，横截面面积为 A，弹性模量为 E，受到一个重力为 P 的冲击物从高为 h 的地方自由下落时的冲击作用。杆件受到冲击后变形值为 δ_d，它所受的冲击荷载最终值为 F_d。

在冲击过程中，重力所做的功为

$$W=P(h+\delta_d)$$

杆件材料服从胡克定律时，$\delta_d=\frac{F_d l}{EA}$，杆件的应变能为

$$V_{\varepsilon d}=\frac{1}{2}F_d\delta_d=\frac{EA}{2l}\delta_d^2$$

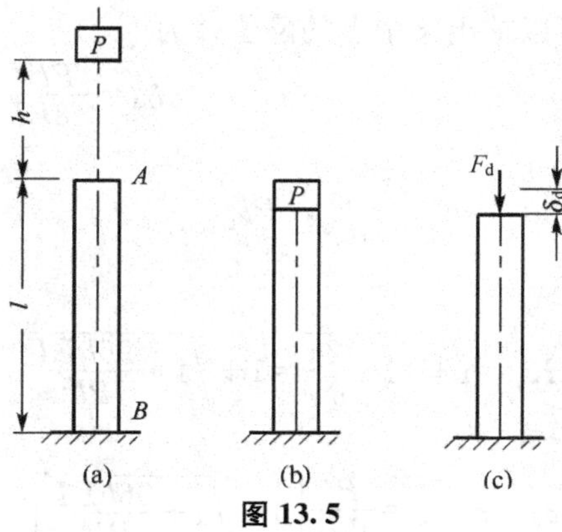

图 13.5

因不计其他能量损失，故重力所做的功全部转化为杆件的应变能，即 $W=V_{\varepsilon d}$，得

$$P(h+\delta_d)=\frac{EA}{2l}\delta_d^2$$

经移项整理后得到

$$\delta_d^2-2\frac{Pl}{EA}\delta_d-2h\frac{Pl}{EA}=0$$

或

$$\delta_d^2-2\delta_{st}\delta_d-2h\delta_{st}=0$$

式中，δ_{st}——杆件在静荷载 P 作用下的静变形 $\delta_{st}=\frac{Pl}{EA}$。

从上式解得

$$\delta_d=\delta_{st}\left[1\pm\sqrt{1+\frac{2h}{\delta_{st}}}\right]$$

因 δ_d 应大于 δ_{st}，故式中根号前应取正号，即

$$\delta_d=\delta_{st}\left[1+\sqrt{1+\frac{2h}{\delta_{st}}}\right]$$

令 $K_d=1+\sqrt{1+\frac{2h}{\delta_{st}}}$，$K_d$ 即为自由落体冲击时的动荷因数。

杆件的冲击应力为

$$\sigma_d=K_d\sigma_{st}$$

当自由落体的高度 $h=0$ 时，即为突加荷载时，动荷因数

$$K_d=1+\sqrt{1+0}=2$$

当自由落体的高度很大，即 $\frac{2h}{\delta_{st}}$ 远大于 1 时，动荷因数可以近似地写成

$$K_d=\sqrt{\frac{2h}{\delta_{st}}}$$

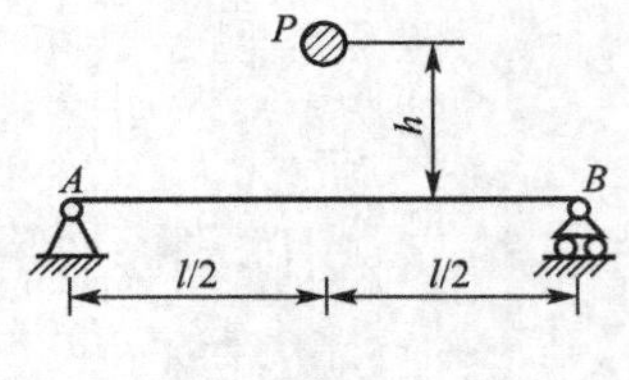

图 13.6

例 13.3 重力为 P 的重物在高 h 处自由落下，冲击于梁的中点。设梁的弹性模量 E、惯性矩 I 和弯曲截面系数 W_z 均为已知，试求梁内的最大正应力和梁中点的挠度。

解：重物以静载方式作用在梁上时，根据梁的弯曲变形，可以求出梁中点的静位移为

$$\delta_{st}=\frac{Pl^3}{48EI}$$

梁内最大静应力为

$$\sigma_{st}=\frac{Pl}{4W_z}$$

动荷因数为

$$K_d=1+\sqrt{1+\frac{2h}{\delta_{st}}}=1+\sqrt{1+\frac{96hEI}{Pl^3}}$$

最大冲击应力为

$$\sigma_d=K_d\sigma_{st}=\frac{Pl}{4W_z}\left[1+\sqrt{1+\frac{96hEI}{Pl^3}}\right]$$

最大挠度为

$$\delta_d=K_d\delta_{st}=\frac{Pl^3}{48EI}\left[1+\sqrt{1+\frac{96hEI}{Pl^3}}\right]$$

13.4 提高杆件抗冲击荷载能力的措施

工程中，在打桩、锻造和凿岩等的时候人们需要利用冲击产生大的动荷载。但是在更多的情况下，并不希望在机器设备运转时出现较大的冲击荷载，因此需要尽量地避免或减小。

从公式 $K_d=1+\sqrt{1+\frac{2h}{\delta_{st}}}$ 可以看出，静变形 δ_{st} 越大，动荷因数越小，因此可以采用降低杆件刚度或者增大杆长的方法来减缓冲击作用。例如图 13.7(a)所示，气缸盖受到冲击时，常常使气缸盖上的短螺栓损坏。但若采用长螺栓［图 13.7(b)］，即可增大螺栓的静变形，从而减小动荷因数，提高结构承受冲击荷载的能力。

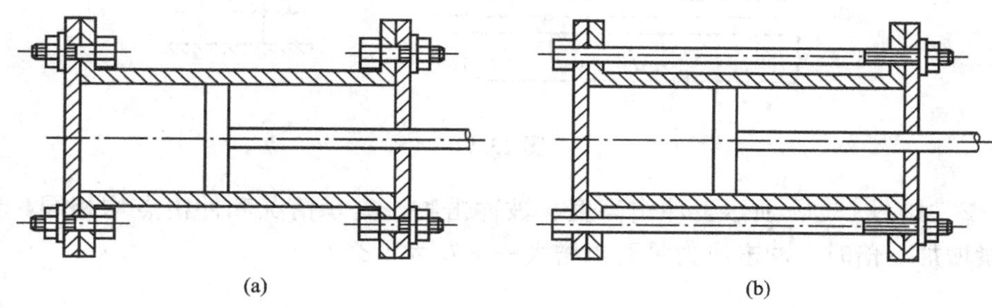

(a) (b)

图 13.7

另一种增大杆件静变形的有效方法是安装缓冲装置，如各种各样的弹簧，或在冲击点处垫上弹性模量值较小的材料，如橡胶、软塑料等。钢板弹簧的刚度较小，安装在汽车大梁和底盘下可以缓和汽车受到的冲击，起到减振作用。

此外，对于承受轴向冲击的杆件，应尽可能做成等截面，以利于提高抗冲击能力。例如抗冲击的螺钉，若使光杆部分的直径大于螺纹内径［图 13.8(a)］，就不如使光杆部分的直径与螺纹的内径接近相等［图 13.8(b)或(c)］。这样，螺钉接近于等截面杆，静变形 δ_{st} 增大，而静应力没变，于是降低了动应力。而且，图 13.8(a)中从光杆到螺纹的截面突变处，存在的应力集中对冲击作用非常敏感。

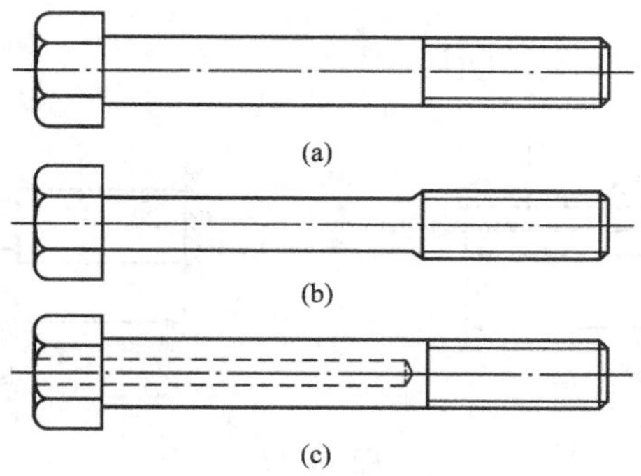

(a)

(b)

(c)

图 13.8

思 考 题

13-1　如图13.9所示，用同一材料制成长度相等的等截面与变截面杆，两者最小截面相同。试问二杆承受冲击的能力是否相同？为什么？

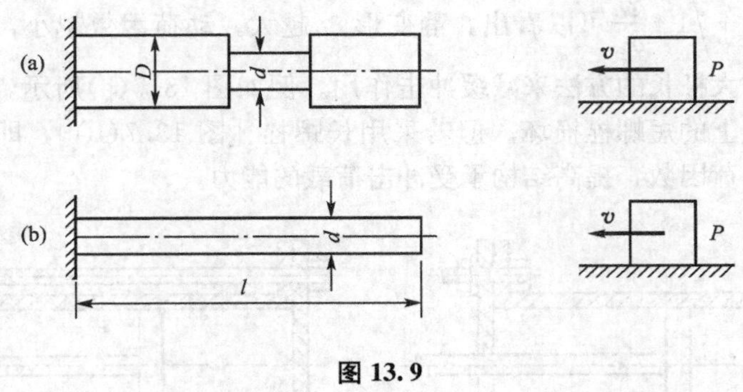

图13.9

13-2　如图13.10所示，冲击高度、被冲击物、支承情况和冲击点均相同，试问冲击物质量增加一倍时，冲击应力是否也增大一倍？为什么？

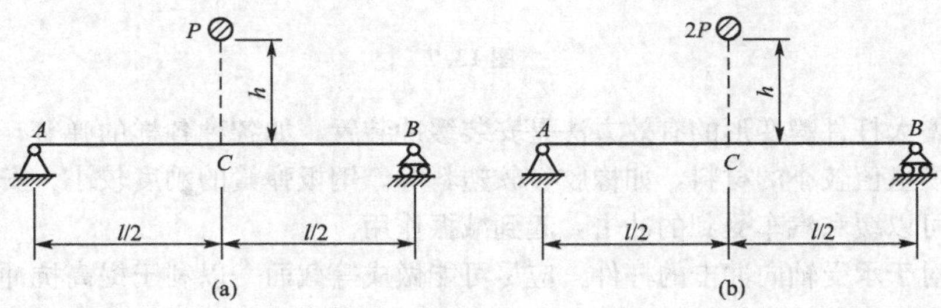

图13.10

13-3　图13.11所示两梁的材料相同，最小截面面积相同，在相同的冲击荷载作用下，试问哪一种情况下，梁中的最大弯曲正应力较大？

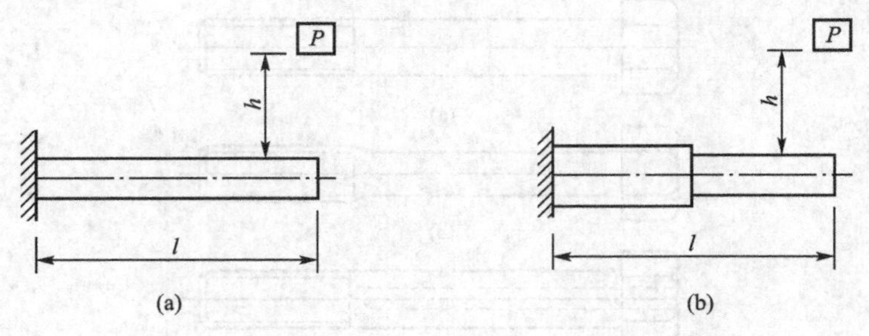

图13.11

习 题

13-1 如图13.12所示，一钢索吊起重量$P=50\text{kN}$的M物体，跨过定滑轮以等加速度$a=3\text{m/s}^2$向上提升。不计钢索的质量，试计算钢索的拉力。

13-2 如图13.13所示，钢索AB以向上的匀加速度$a=8\text{m/s}^2$吊起一根No.22a工字钢。钢索的横截面面积$A=60\text{mm}^2$，若不计钢索自重，只考虑工字钢的重力。试求工字钢和钢索的最大动应力。

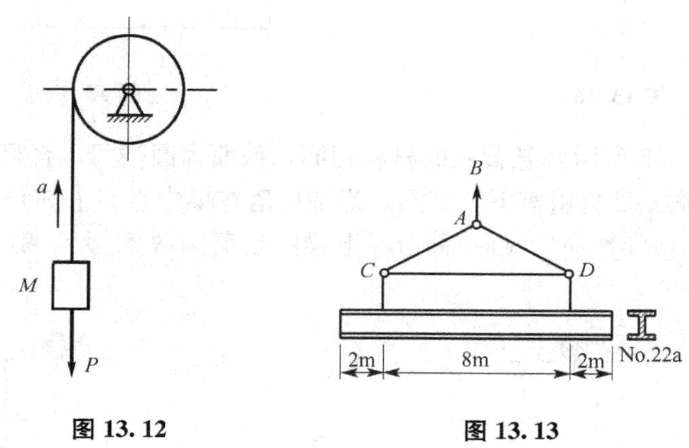

图13.12　　图13.13

13-3 图13.14所示飞轮材料的许用应力$[\sigma]=78\text{MPa}$，密度$\rho=7800\text{kg/m}^3$。若不计轮辐的影响，试计算飞轮的许可线速度。

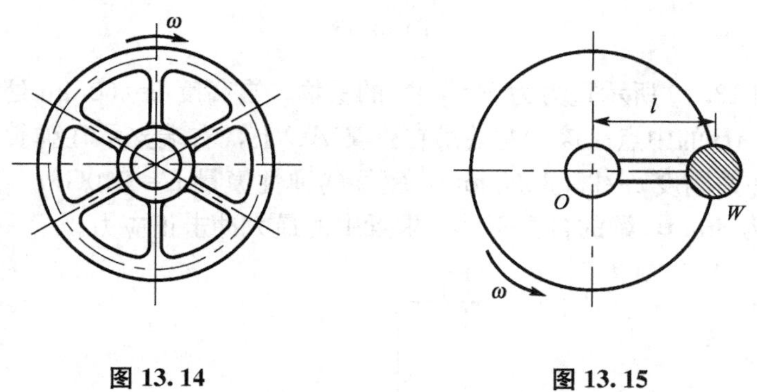

图13.14　　图13.15

13-4 一杆端连接一重力为P的小球，以角速度ω绕铅垂轴在水平面内转动如图13.15所示。杆的长度为l，横截面面积为A，重力为P_1。试求杆的伸长量。

13-5 砂轮外径$D=300\text{mm}$，材料的密度$\rho=3000\text{kg/m}^3$，许用应力$[\sigma]=5\text{MPa}$。求砂轮允许的最大转速。

13-6 桥式起重机以匀加速提升一重物如图13.16所示。开始起吊时重物在1秒钟内等加速上升了$h=1.5\text{m}$，已知起重机梁为20a工字钢(其自重的荷载集度$q=273\text{N/m}$，

弯曲截面系数 $W_z=237\text{cm}^3$)，梁的跨度 $l=5\text{m}$，重物重 $P=12\text{kN}$，钢丝绳重忽略不计，梁材料的许用应力为 $[\sigma]=120\text{MPa}$，试校核梁的强度。

13-7　轴 AB 以匀角速度 ω 作定轴转动，在轴的纵向对称面内，由于轴线两侧装有两个重力为 P 的圆球。试绘制图 13.17 所示位置时轴的弯矩图。

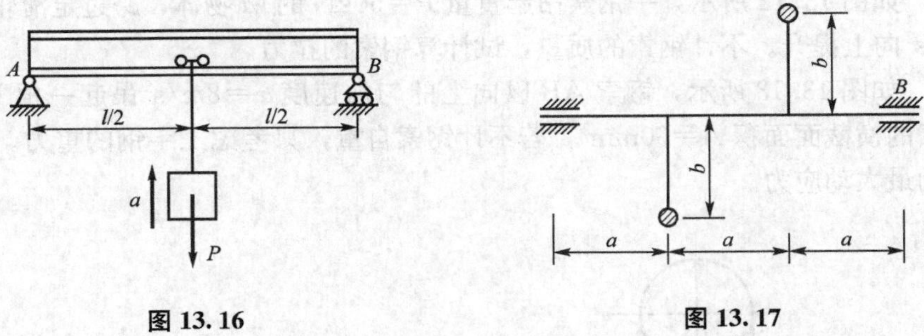

图 13.16　　　　图 13.17

13-8　如图 13.18 所示两悬臂梁的材料相同，截面为圆截面，直径都为 d，有一重力为 P 的圆球，自高度 h 处自由落下。试问：当圆球落在梁中点 C［图 13.18(a)］和落在梁的自由端 B［图 13.18(b)］时，哪一种情况下梁的动荷因数 K_d 大？哪一种情况下梁的动变形大？

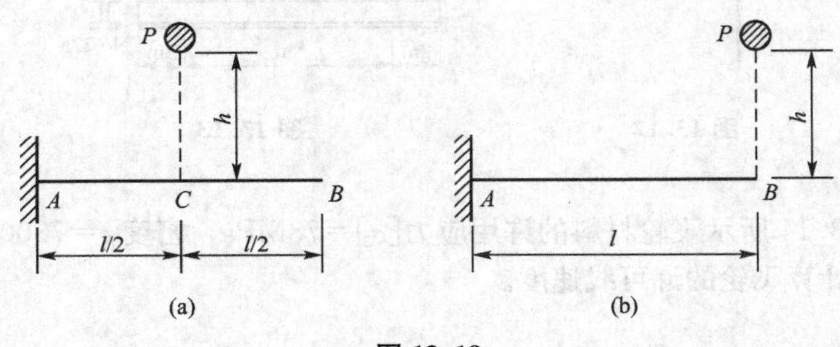

图 13.18

13-9　如图 13.19 所示重力为 $P=40\text{N}$ 的重物，自高度 $h=60\text{mm}$ 处自由下落，冲击到矩形截面钢梁 AB 的中点。该梁左端吊在弹簧 AC 上，右端支承在弹簧 BD 上。冲击前 AB 处于水平。弹簧刚度 $c=25.32\text{N/mm}$，钢梁的弹性模量 $E=210\text{GPa}$，梁横截面的宽度为 40mm，高度为 8mm，梁的自重不计。求梁中的最大冲击正应力。

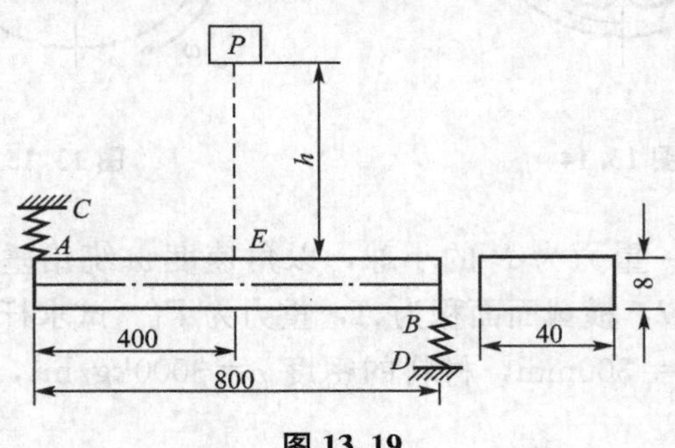

图 13.19

第14章 交变应力*

教学目标

本章介绍交变应力与疲劳失效的概念，交变应力的循环特征、应力幅和平均应力，持久极限的概念；讲授对称循环和非对称循环下构件的疲劳强度计算，弯扭组合交变应力的强度计算等；介绍和讨论提高构件疲劳强度的措施。通过本章的学习，应达到以下目标。

(1) 掌握交变应力和疲劳失效的概念，重点掌握交变应力的循环特征、应力幅和平均应力的概念及计算。

(2) 了解各种交变应力作用下疲劳强度计算。

(3) 理解影响持久极限的因素和提高构件疲劳强度的措施。

教学要求

知识要点	能力要求	相关知识
交变应力和疲劳失效的基本概念、计算理论	(1) 理解交变应力、疲劳失效、交变应力的循环特征、应力幅值和平均应力等基本概念 (2) 掌握持久曲线和变幅交变应力 (3) 熟悉非对称循环下构件的疲劳强度和弯扭组合交变应力强度的计算	(1) 交变应力、疲劳失效、应力幅、平均应力、交变应力循环、持久极限曲线等概念 (2) 非对称循环下构件的疲劳强度和弯扭组合交变应力强度的计算
持久极限的影响因素和提高构件疲劳强度措施	(1) 影响持久极限的几个基本因素 (2) 工程中提高构件抗疲劳强度的基本措施	(1) 构件的外形、尺寸和表面质量对持久极限的影响 (2) 通过减缓应力集中、降低表面粗糙度和增加表面强度可提高构件的抗疲劳强度

基本概念

交变应力、疲劳失效、应力幅值、平均应力、交变应力循环特征、持久极限、疲劳强度、变幅交变应力

14.1 交变应力与疲劳失效的概念

某些零件工作时，承受随时间作周期性变化的应力。例如，在图 14.1(a)中 F 表示齿轮啮合时作用于齿轮上的力。齿轮每旋转一周，齿轮啮合一次。啮合时 F 由零迅速增加到最大值，然后又减小到零。因而，齿根 A 点的弯曲正应力 σ 也由零增加到某一最大值，再减小到零。齿轮不停地旋转，σ 也就不停地重复上述过程。σ 随时间 t 变化的曲线如图 14.1(b)所示。又如，火车轮轴上的力 F［图 14.2(a)］表示来自车厢的力，大小和方向基本不变，即弯矩基本不变。但轴以角速度 ω 转动时，横截面上 A 点到中性轴的距离 $y=r\sin\omega t$，却是随时间 t 变化的。A 点的弯曲正应力为

$$\sigma=\frac{My}{I}=\frac{Mr}{I}\sin\omega t$$

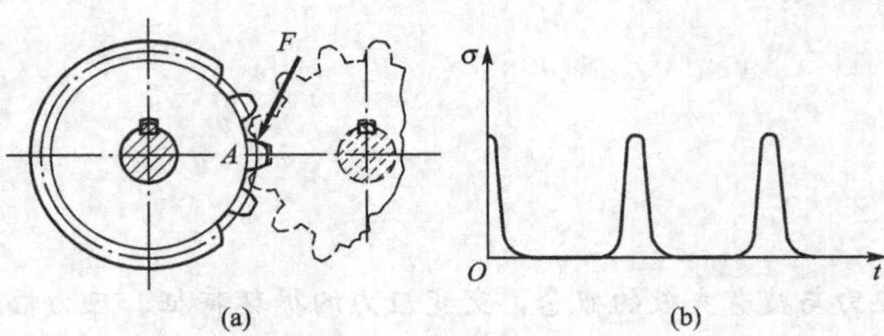

图 14.1

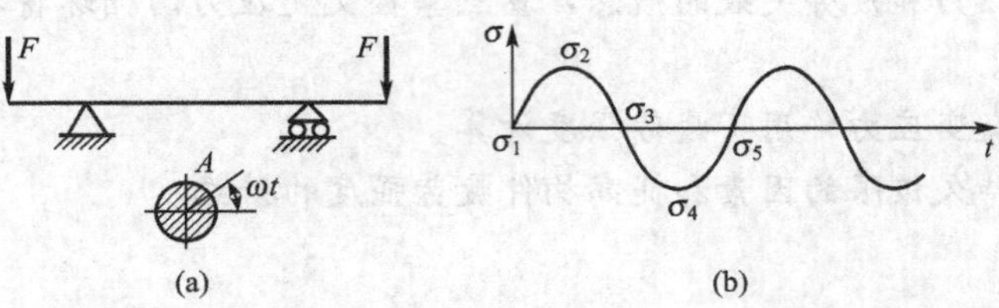

图 14.2

可见，σ 是随时间 t 按正弦曲线变化的［图 14.2(b)］。再如，因电动机转子偏心惯性力引起强迫振动的梁［图 14.3(a)］，其危险点应力随时间变化的曲线如图 14.3(b)所示。σ_{st} 表示电动机重力 Q 按静载方式作用于梁上引起的静应力，最大应力 σ_{max} 和最小应力 σ_{min} 分别表示梁在最大和最小位移时的应力。

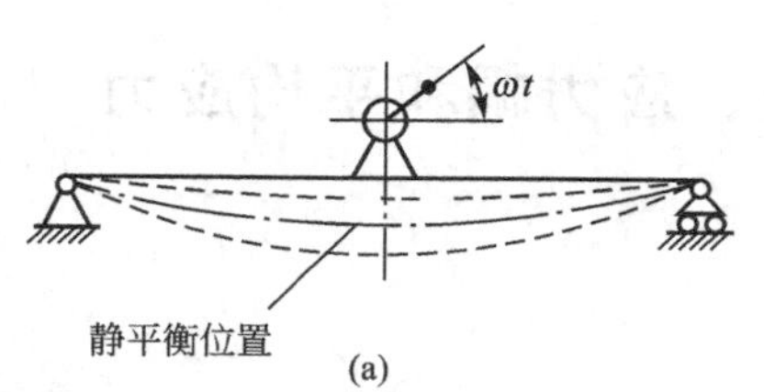

(a)

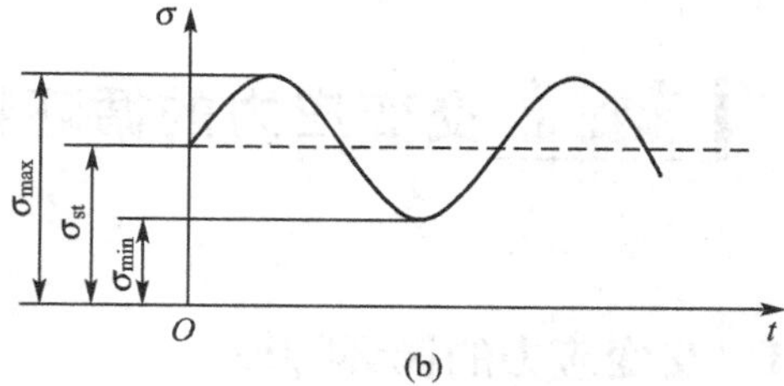

(b)

图 14.3

在上述一些实例中，随时间作周期性变化的应力称为交变应力。实践表明，交变应力引起的失效与静应力作用下全然不同。在交变应力作用下，虽然应力低于屈服极限，但长期反复之后，构件也会突然断裂。即使是塑性较好的材料，断裂前却无明显的塑性变形。这种现象称为疲劳失效。最初，人们认为上述失效现象的出现，是因为在交变应力长期作用下，“纤维状结构”的塑性材料变成“颗粒状结构”的脆性材料，因而导致脆性断裂，并称之为“金属疲劳”。近代金相显微镜观察的结果表明，金属结构并不因交变应力而发生变化，上述解释并不正确。但“疲劳”这个词却一直沿用至今，用以表述交变应力下金属的失效现象。

对金属疲劳的解释一般认为，在足够大的交变应力下，金属中位置最不利或较弱的晶体，沿最大切应力作用面形成滑移带，滑移带开裂成为微观裂纹。在构件外形突变(如圆角、切口、沟槽等)或表面刻痕或材料内部缺陷等部位，都可能因较大的应力集中引起微观裂纹。分散的微观裂纹经过集结沟通，将形成宏观裂纹。以上是裂纹的萌生过程。已形成的宏观裂纹在交变应力下逐渐扩展。扩展是缓慢的而且并不连续，因应力水平的高低时而持续时而停滞。这就是裂纹的扩展过程。随着裂纹的扩展，构件截面逐步削弱，削弱到一定极限时，构件便突然断裂。

图 14.4(a)是构件疲劳断口的照片。观察断口，可以发现断口分成两个区域，一个光滑，一个粗糙，粗糙区呈颗粒状［图 14.4(b)］。这是因为在裂纹扩展过程中，裂纹的两个侧面在交变荷载下，时而压紧，时而分开，多次反复，这就形成断口的光滑区。断口的颗粒状粗糙区则是最后突然断裂形成的。

(a)

(b)

图 14.4

疲劳失效是构件在名义应力低于强度极限，甚至低于屈服极限的情况下，突然发生断裂。飞机、车辆和机器发生的事故中，有很大比例是零部件疲劳失效造成的。这类事故带来的损失和伤亡都是我们熟知的。所以，金属疲劳问题引起多方关注。

14.2 交变应力的循环特征、应力幅和平均应力

14.2.1 交变应力的循环特征

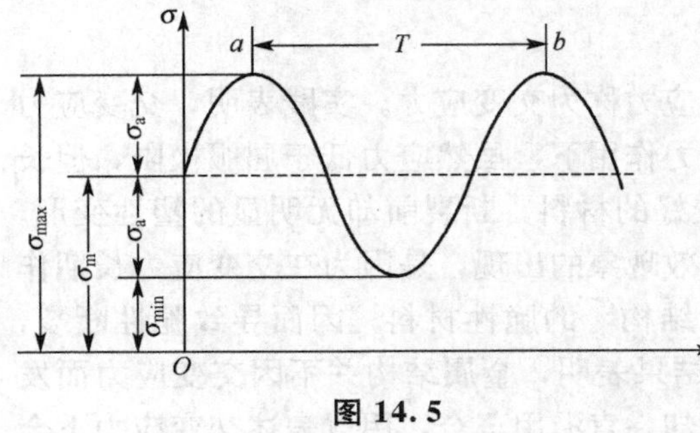

图 14.5

图 14.5 表示按正弦曲线变化的应力 σ 与时间 t 的关系。由 a 到 b 应力经历了变化的全过程又回到原来的数值，称为一个应力循环。完成一个应力循环所需要的时间(如图 14.5 中的 T)，称为一个周期。以 σ_{max} 和 σ_{min} 分别表示循环中的最大和最小应力，比值

$$r=\frac{\sigma_{min}}{\sigma_{max}} \tag{14.1}$$

式中，r——交变应力的循环特征或应力比。

14.2.2 交变应力的应力幅和平均应力

σ_{max} 和 σ_{min} 代数和的二分之一称为平均应力，即

$$\sigma_m=\frac{1}{2}(\sigma_{max}+\sigma_{min}) \tag{14.2}$$

σ_{max} 和 σ_{min} 代数差的二分之一称为应力幅，即

$$\sigma_a=\frac{1}{2}(\sigma_{max}-\sigma_{min}) \tag{14.3}$$

若交变应力的 σ_{max} 和 σ_{min} 大小相等，符号相反，例如图 14.2 中的火车轴就是如此，这种情况称为对称循环。

这时由式(14.1)、式(14.2)和式(14.3)得

$$r=-1,\quad \sigma_m=0,\quad \sigma_a=\sigma_{max} \tag{a}$$

各种应力循环中，除对称循环外，其余情况统称为不对称循环。由式(14.2)和式(14.3)知

$$\sigma_{max}=\sigma_m+\sigma_a,\quad \sigma_{min}=\sigma_m-\sigma_a \tag{14.4}$$

可见，任一不对称循环都可看成是在平均应力 σ_m 上叠加一个幅度为 σ_a 的对称循环。这一点已由图 14.5 表明。

若应力循环中的 $\sigma_{min}=0$(或 $\sigma_{max}=0$)，表示交变应力变动于某一应力与零之间。图 14.1 中齿根 A 点就是这样的。这种情况称为脉动循环。这时

$$r=0,\quad \sigma_m=\sigma_a=\frac{1}{2}\sigma_{max} \tag{b}$$

或

$$r=-\infty,\quad -\sigma_a=\sigma_m=\frac{1}{2}\sigma_{min} \tag{c}$$

静应力也可看做是交变应力的特例，这时应力并无变化，故

$$r=1,\quad \sigma_{max}=\sigma_{min}=\sigma_m \tag{d}$$

14.3 持久极限及其影响因素

交变应力下，应力低于屈服极限时金属就可能发生疲劳，因此，静载下测定的屈服极限或强度极限已不能作为强度指标。金属疲劳的强度指标应重新测定。

在对称循环下测定疲劳强度指标，技术上比较简单，最为常见。测定时将金属加工成 $d=7\sim10\text{mm}$，表面光滑的试样(光滑小试样)，每组试样约为 10 根左右。把试样装于疲劳实验机上(图 14.6)，使它承受纯弯曲。在最小直径截面上，最大弯曲应力为

$$\sigma=\frac{M}{W_z}=\frac{Fa}{W_z}$$

保持荷载 F 的大小和方向不变，以电动机带动试样旋转。每旋转一周，截面上的点便经历一次对称应力循环。这与图 14.2 中的火车轴的受力情况是相似的。

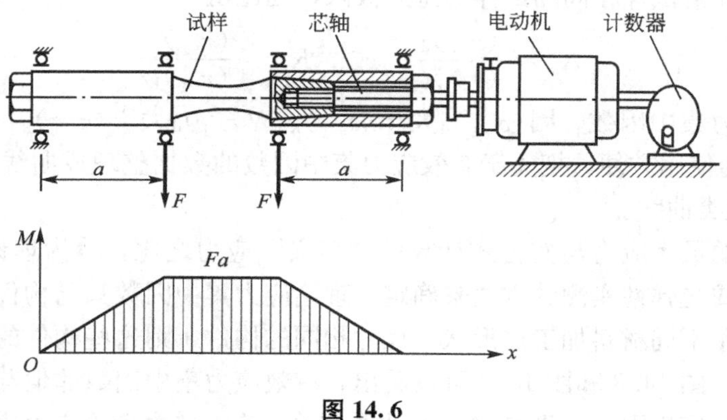

图 14.6

试验时，使第一根试样的最大应力 $\sigma_{max,1}$ 较高，约为强度极限 σ_b 的 70%。经历 N_1 次循环后，试样疲劳。N_1 称为应力为 $\sigma_{max,1}$ 时的疲劳寿命(简称寿命)。然后，使第二根试样的应力 $\sigma_{max,2}$ 略低于第一根试样，疲劳时的循环数为 N_2。一般说，随着应力水平的降低，循环次数(寿命)迅速增加。逐步降低应力水平，得出各试样疲劳时的相应寿命。以应力为纵坐标，寿命 N 为横坐标，由试验结果描成的曲线，称为应力-寿命曲线或 $S-N$ 曲线(图 14.7)。钢试样的疲劳实验表明，当应力降到某一极限值时，$S-N$ 曲线趋近于一水平线。这表明只要应力不超过这一极限值，N 可无限增长，即试样可以经历无限次循环而不发生疲劳。交变应力的这一值称为疲劳极

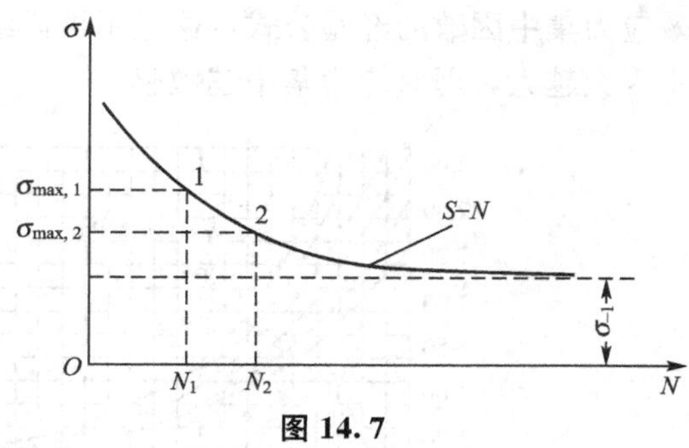

图 14.7

限或持久极限。对称循环的持久极限记为 σ_{-1}，下标“-1”表示对称循环的循环特征为 $r=-1$。

常温下的实验结果表明，若钢制试样经历 10^7 次循环仍未疲劳，则再增加循环次数，也不会疲劳。所以，就把在 10^7 次循环下仍未疲劳的最大应力，规定为钢材的持久极限，而把 $N_0=10^7$ 称为循环基数。有色金属的 $S-N$ 曲线无明显趋于水平的直线部分。通常规定一个循环基数，例如 $N_0=10^8$，把它对应的最大应力作为这类材料的“条件”持久极限。

对称循环的持久极限 σ_{-1}，一般是常温下用光滑小试样测定的。但实际构件的外形、尺寸、表面质量、工作环境等，都将影响持久极限的数值。下面就介绍影响持久极限的几种主要因素。

14.3.1 构件外形的影响

构件外形的突然变化，例如构件上有槽、孔、缺口、轴肩等，将引起应力集中。在应力集中的局部区域更易形成疲劳裂纹，使构件的持久极限显著降低。在对称循环下，若以 $(\sigma_{-1})_d$ 或 $(\tau_{-1})_d$ 表示无应力集中的光滑试样的持久极限；$(\sigma_{-1})_k$ 或 $(\tau_{-1})_k$ 表示有应力集中因素，且尺寸与光滑试样相同的试样的持久极限，则比值

$$K_\sigma=\frac{(\sigma_{-1})_d}{(\sigma_{-1})_k} \quad 或 \quad K_\tau=\frac{(\tau_{-1})_d}{(\tau_{-1})_k} \tag{14.5}$$

称为有效应力集中因数。因 $(\sigma_{-1})_d$ 大于 $(\sigma_{-1})_k$，$(\tau_{-1})_d$ 大于 $(\tau_{-1})_k$，所以 K_σ 和 K_τ 都大于 1。工程中为使用方便，把关于有效应力集中因数的数据整理成曲线或表格。图 14.8 和图 14.9 就是这类曲线。

应力集中处的最大应力与按公式计算的“名义”应力之比，称为理论应力集中因数。它可用弹性力学或光弹性实测的方法来确定。理论应力集中因数只与构件外形有关，没有考虑材料性质。用不同材料加工成形状、尺寸相同的构件，则这些构件的理论应力集中因数也相同。但是由图 14.8 和图 14.9 可以看出，有效应力集中因数非但与构件的形状、尺寸有关，而且与强度极限 σ_b，即与材料的性质有关。有一些由理论应力集中因数估算出有效应力集中因数的经验公式，这里不再详细介绍。一般说静载抗拉强度越高，有效应力集中因数越大，即对应力集中越敏感。

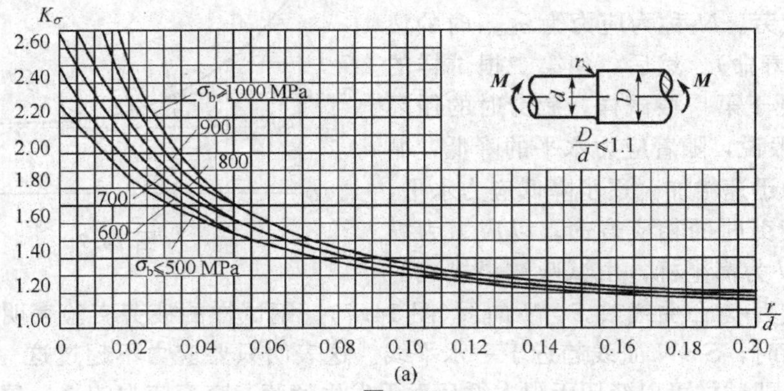

(a)

图 14.8

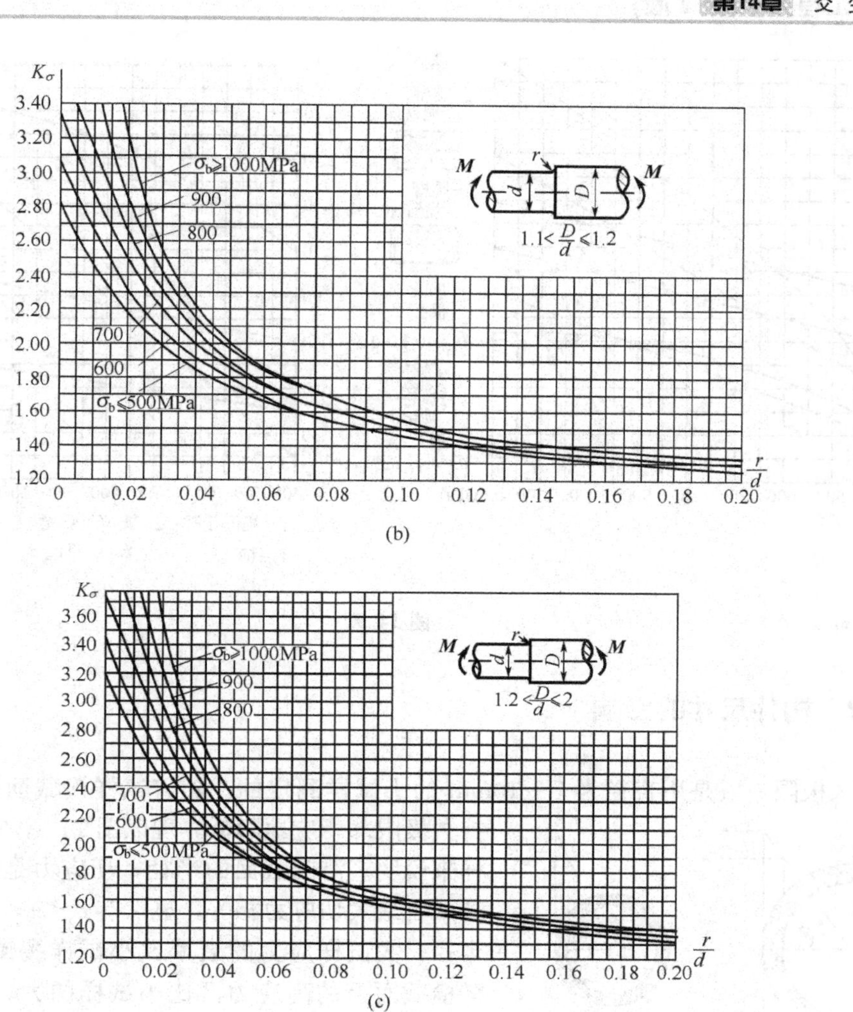
K_σ
σb≥1000MPa
900
800
700
600
σb≤500MPa
M
r
d
D
M
1.1<D/d≤1.2
r/d
(b)
K_σ
σb≥1000MPa
900
800
700
600
σb≤500MPa
M
r
d
D
M
1.2<D/d≤2
r/d
(c)

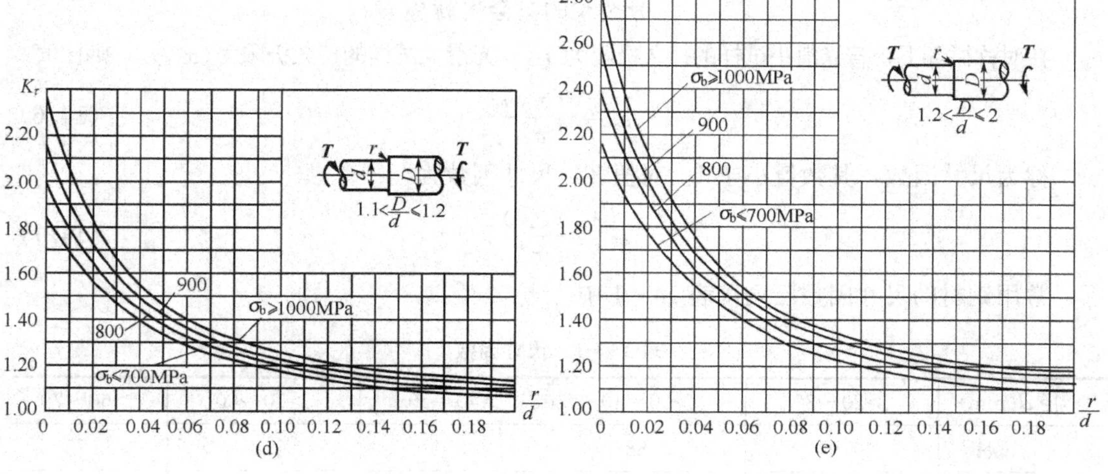
K_τ
T
r
d
D
T
1.1<D/d≤1.2
900
800
σb≥1000MPa
σb≤700MPa
r/d
(d)
K_τ
σb≥1000MPa
900
800
σb≤700MPa
T
r
d
D
T
1.2<D/d≤2
r/d
(e)

图 14.8(续)

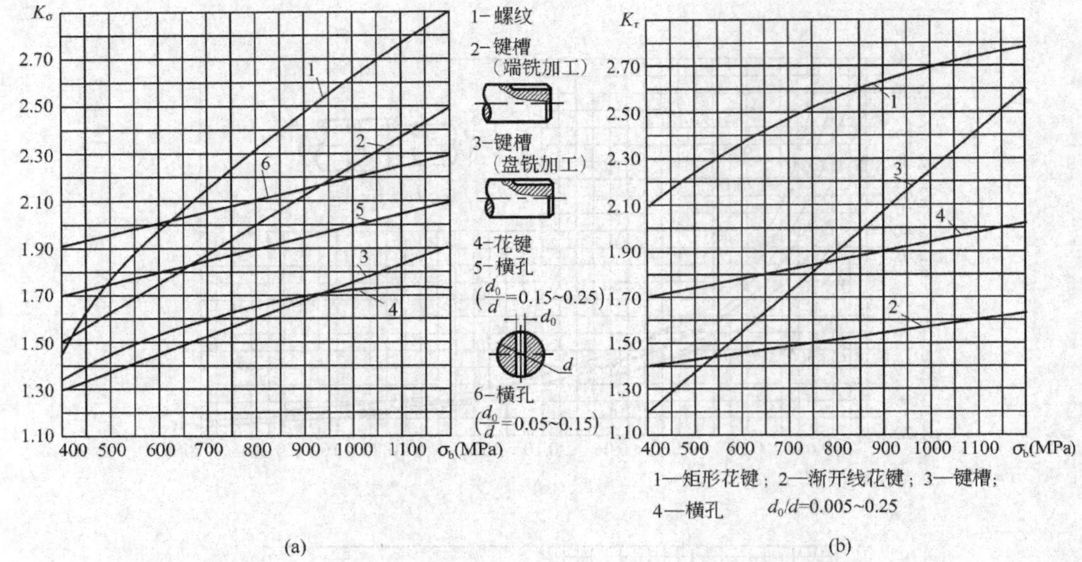

(a) (b)

图 14.9

14.3.2 构件尺寸的影响

持久极限一般是用直径为 7～10mm 的小试样测定的。随着试样横截面尺寸的增大，持久极限却相应地降低。现以图 14.10 中两个受扭试样来说明。沿圆截面的半径，切应力是线性分布的，若两者最大切应力相等，显然有 $\alpha_1 < \alpha_2$，即沿圆截面半径，大试样应力的衰减比小试样缓慢，因而大试样横截面上的高应力区比小试样的大。即大试样中处于高应力状态的晶粒比小试样的多，所以形成疲劳裂纹的机会也就更多。

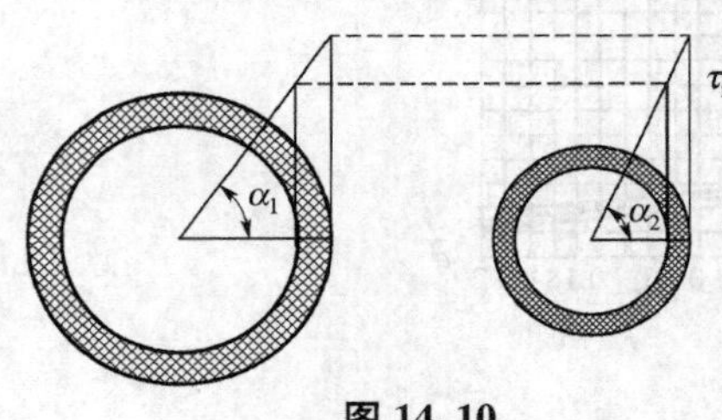

图 14.10

在对称循环下，若光滑小试样的持久极限为 σ_{-1}，光滑大试样的持久极限为 $(\sigma_{-1})_d$，则比值

$$\varepsilon_\sigma = \frac{(\sigma_{-1})_d}{\sigma_{-1}} \tag{14.6}$$

称为尺寸因数，其数值小于1。对扭转，尺寸因数为

$$\varepsilon_\tau = \frac{(\tau_{-1})_d}{\tau_{-1}} \tag{14.7}$$

常用钢材的尺寸因数已列入表 14-1 中。

表 14-1 尺寸因数

直径 d(mm)		>20～30	>30～40	>40～50	>50～60	>60～70
ε_σ	碳钢	0.91	0.88	0.84	0.81	0.78
	合金钢	0.83	0.77	0.73	0.70	0.68
各种钢 ε_τ		0.89	0.81	0.78	0.76	0.74

（续）

直径 d(mm)		>70～80	>80～100	>100～120	>120～150	>150～500
ε_σ	碳钢	0.75	0.73	0.70	0.68	0.60
	合金钢	0.66	0.64	0.62	0.60	0.54
各种钢 ε_τ		0.73	0.72	0.70	0.68	0.60

14.3.3 构件表面质量的影响

一般情况下，构件的最大应力发生于表层，疲劳裂纹也多于表层生成。表面加工的刀痕、擦伤等将引起应力集中，降低持久极限。所以表面加工质量对持久极限有明显的影响。若表面磨光的试样的持久极限为$(\sigma_{-1})_{\mathrm{d}}$，而表面为其他加工情况时构件的持久极限为$(\sigma_{-1})_{\beta}$，则比值

$$\beta=\frac{(\sigma_{-1})_{\beta}}{(\sigma_{-1})_{\mathrm{d}}} \tag{14.8}$$

称为表面质量因数。不同表面粗糙度的β列入表14-2中。可以看出，表面质量低于磨光试样时，$\beta<1$。还可看出，高强度钢材随表面质量的降低，β的下降比较明显。这说明优质钢材更需要高质量的表面加工，才能充分发挥高强度的性能。

表14-2 不同表面粗糙度的表面质量系数 β

加工方法	轴表面粗糙度 Ra(μm)	σ_{b}(MPa)		
		400	800	1200
磨削	0.4～0.2	1	1	1
车削	3.2～0.8	0.95	0.90	0.80
粗车	25～6.3	0.85	0.80	0.65
未加工的表面	∞	0.75	0.65	0.45

另一方面，如构件经淬火、渗碳、氮化等热处理或化学处理，使表层得到强化；或者经滚压、喷丸等机械处理，使表层形成预压应力，减弱容易引起裂纹的工作拉应力，这些都会明显提高构件的持久极限，得到大于1的β。各种强化方法的表面质量因数列于表14-3中。

综合上述三种因素，在对称循环下，构件的持久极限应为

$$\sigma_{-1}^{0}=\frac{\varepsilon_\sigma\beta}{K_\sigma}\sigma_{-1} \tag{14.9}$$

式中，σ_{-1}——光滑小试样的持久极限。公式是对正应力写出的，若为扭转可写成

$$\tau_{-1}^{0}=\frac{\varepsilon_\tau\beta}{K_\tau}\tau_{-1} \tag{14.10}$$

除上述3种因素外，构件的工作环境，如温度、介质等也会影响持久极限的数值。仿

照前面的方法，这类因素的影响也可用修正系数来表示，这里不再赘述。

表 14-3 各种强化方法的表面质量因数 β

强化方法	心部强度 σ_b/MPa	β		
		光　轴	低应力集中的轴 $K_\sigma \leqslant 1.5$	高应力集中的轴 $K_\sigma \geqslant 1.8 \sim 2$
高频淬火	600～800	1.5～1.7	1.6～1.7	2.4～2.8
	800～1000	1.3～1.5		
氮　化	900～1200	1.1～1.25	1.5～1.7	1.7～2.1
渗　碳	400～600	1.8～2.0	3	
	700～800	1.4～1.5		
	1000～1200	1.2～1.3	2	
喷丸硬化	600～1500	1.1～1.25	1.5～1.6	1.7～2.1
滚子滚压	600～1500	1.1～1.3	1.3～1.5	1.6～2.0

注：(1) 高频淬火系根据直径为10～20mm，淬硬层厚度为(0.05～0.20)d的试样试验求得的数据，对大尺寸的试样强化系数的值会有某些降低。

(2) 氮化层厚度为0.01d时用小值；在(0.03～0.04)d时用大值。

(3) 喷丸硬化系根据8～40mm试样求得的数据。喷丸速度低时用小值，速度高时用大值。

(4) 滚子滚压是根据17～140mm的试样求得的数据。

14.4 对称循环下构件的疲劳强度计算

对称循环下，构件的持久极限σ_{-1}^0由式(14.9)来计算。将σ_{-1}^0除以安全因数n得许用应力为

$$[\sigma_{-1}] = \frac{\sigma_{-1}^0}{n} \tag{a}$$

构件的强度条件应为

$$\sigma_{max} \leqslant [\sigma_{-1}] \quad 或 \quad \sigma_{max} \leqslant \frac{\sigma_{-1}^0}{n} \tag{b}$$

式中，σ_{max}是构件危险点的最大工作应力。

也可把强度条件写成由安全因数表达的形式。由(b)式知

$$\frac{\sigma_{-1}^0}{\sigma_{max}} \geqslant n \tag{c}$$

上式左侧是构件持久极限σ_{-1}^0与最大工作应力σ_{max}之比，代表构件工作时的安全储备，称为构件的工作安全因数，用n_σ来表示，即

$$n_{\sigma}=\frac{\sigma_{-1}^{0}}{\sigma_{\max}} \tag{d}$$

于是强度条件(c)可以写成

$$n_{\sigma}\geqslant n \tag{14.11}$$

将式(14.9)代入式(d)，便可把工作安全因数 n_{σ} 和强度条件表为

$$n_{\sigma}=\frac{\sigma_{-1}}{\frac{K_{\sigma}}{\varepsilon_{\sigma}\beta}\sigma_{\max}}\geqslant n \tag{14.12}$$

若为扭转交变应力，式(14.12)应写成

$$n_{\tau}=\frac{\tau_{-1}}{\frac{K_{\tau}}{\varepsilon_{\tau}\beta}\tau_{\max}}\geqslant n \tag{14.13}$$

例 14.1 某减速器第一轴如图 14.11 所示。键槽为端铣加工，A—A 截面上的弯矩 $M=860\text{N}\cdot\text{m}$，轴的材料为 A5 钢，$\sigma_{\text{b}}=520\text{MPa}$，$\sigma_{-1}=220\text{MPa}$。若规定安全因数 $n=1.4$，试校核截面 A—A 的强度。

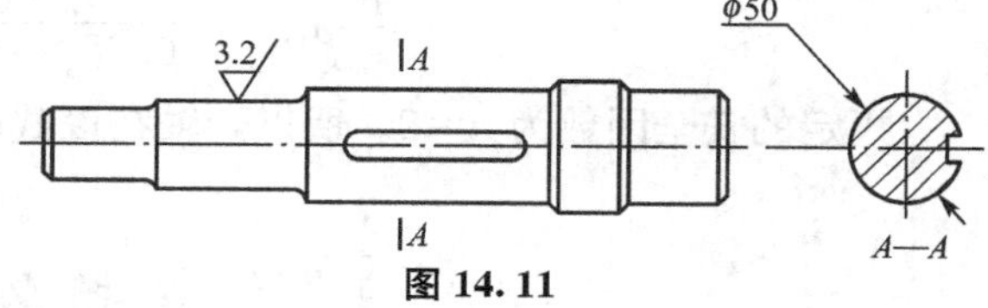

图 14.11

解： 计算轴在 A—A 截面上的最大工作应力。若不计键槽对弯曲截面系数的影响，则 A—A 截面的弯曲截面系数为

$$W_z=\frac{\pi}{32}d^3=\frac{\pi}{32}\times 5^3=12.3\text{cm}^3=12.3\times 10^{-6}\text{m}^3$$

轴在不变的弯矩 M 作用下旋转，故为弯曲变形下的对称循环。

$$\sigma_{\max}=\frac{M}{W_z}=\frac{860}{12.3\times 10^{-6}}=70\times 10^{6}\text{Pa}=70\text{MPa}$$

$$\sigma_{\min}=-70\text{MPa}$$

$$r=-1$$

现在确定轴在 A—A 截面上的系数 K_{σ}、ε_{σ}、β。由图 14.9(a)中的曲线 2 查得端铣加工的键槽，当 $\sigma_{\text{b}}=520\text{MPa}$ 时，$K_{\sigma}=1.65$。由表 14 - 1 查得 $\varepsilon_{\sigma}=0.84$。由表 14 - 2，使用插入法，求得 $\beta=0.936$。

把以上求得的 $\sigma_{\max}$、K_{σ}、ε_{σ}、β 等代入式(14.12)，求出 A—A 处的工作安全因数为

$$n_{\sigma}=\frac{\sigma_{-1}}{\frac{K_{\sigma}}{\varepsilon_{\sigma}\beta}\sigma_{\max}}=\frac{220}{\frac{1.65}{0.84\times 0.936}\times 70}=1.5$$

规定的安全因数为 $n=1.4$。所以，轴在截面 A—A 处满足强度条件式(14.11)。

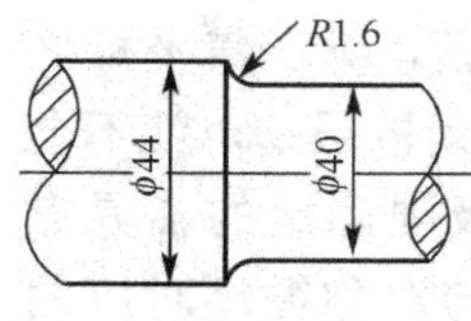

图 14.12

例 14.2 图 14.12 为电机轴的一段。此轴表面经车削加工，轴的材料为碳钢，$\sigma_{\text{b}}=600\text{MPa}$，$\sigma_{-1}=250\text{MPa}$，根据受力情况求得轴截面变化处的弯矩 $M=300\text{N}\cdot\text{m}$。规定安全因数为 $n=2$，试校核该截面强度。

解： 计算最大工作应力

$$\sigma_{\max}=\frac{M}{W_z}=\frac{300}{0.1\times 40^3\times 10^{-9}}=46.9\times 10^6\text{Pa}=46.9\text{MPa}$$

$$\sigma_{\min}=-46.9\text{MPa}$$

$$r=-1$$

现在确定轴在该截面上的系数 K_σ、ε_σ、β。

$$\frac{D}{d}=\frac{44}{40}=1.1,\quad \frac{R}{d}=\frac{1.6}{40}=0.04$$

由图 14.8(a)中的曲线 2 查得，当 $\sigma_b=600\text{MPa}$ 时，$K_\sigma=1.66$，由表 14-1 查得 $\varepsilon_\sigma=0.88$。由于轴表面经切削加工，由表 14-2，使用插入法，求得 $\beta=0.925$。

把以上求得的 $\sigma_{\max}$、K_σ、ε_σ、β 等代入式(14.12)，求出轴截面变化处的工作安全因数为

$$n_\sigma=\frac{\sigma_{-1}}{\dfrac{K_\sigma}{\varepsilon_\sigma\beta}\sigma_{\max}}=\frac{250}{\dfrac{1.66}{0.88\times 0.925}\times 46.9}=2.6$$

规定的安全因数为 $n=2$。所以，轴在该截面处满足强度条件式(14.11)。

14.5 持久极限曲线

在非对称循环的情况下，用 σ_r 表示持久极限。σ_r 的脚标 r 代表循环特征。例如脉动循环 $r=0$，其持久极限记为 σ_0。与测定对称循环持久极限 σ_{-1} 的方法相似，在给定的循环特征 r 下进行疲劳试验，求得相应的 $S-N$ 曲线。图 14.13 即为这种曲线的示意图。利用 $S-N$ 曲线便可确定不同 r 值的持久极限 σ_r。

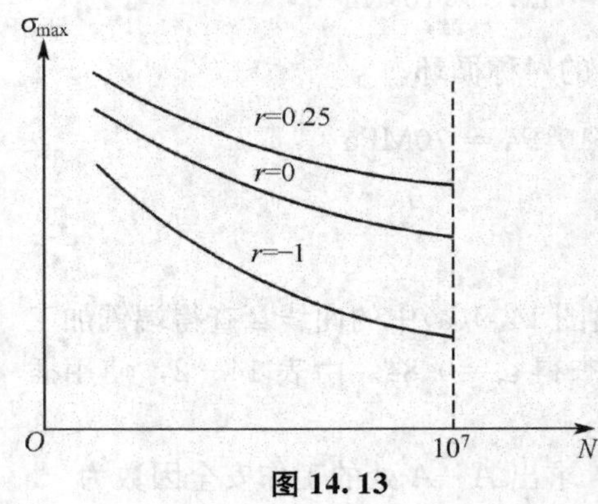

图 14.13

选取以平均应力 σ_m 为横轴，应力幅 σ_a 为纵轴的坐标系如图 14.14 所示。对任一个应力循环，由它的 σ_m 和 σ_a 便可在坐标系中确定一个对应的 P 点。由式(14.4)知，若把一点的纵、横坐标相加，就是该点所代表的应力循环的最大应力，即

$$\sigma_a+\sigma_m=\sigma_{\max} \tag{a}$$

由原点到 P 点作射线 OP，其斜率为

$$\tan\alpha=\frac{\sigma_a}{\sigma_m}=\frac{\sigma_{\max}-\sigma_{\min}}{\sigma_{\max}+\sigma_{\min}}=\frac{1-r}{1+r} \tag{b}$$

可见循环特征 r 相同的所有应力循环都在同一射线上。离原点越远，纵、横坐标之和越大，应力循环的 $\sigma_{\max}$ 也越大。显然，只要 $\sigma_{\max}$ 不超过同一 r 下的持久极限 σ_r，就不会出现疲劳失效。故在每一条由原点出发的射线上，都有一个由持久极限确定的临界点(如 OP 线上的 P')。对于对称循环，$r=-1$，$\sigma_m=0$，$\sigma_a=\sigma_{\max}$，表明与对称循环对应的点都在纵轴上。由 σ_b 在横轴上确定静载的临界点 B。脉动循环 $r=0$，由式(b)知 $\tan\alpha=1$，故与脉动循环对应的点都在 $\alpha=45°$ 的射线上，与其持久极限 σ_b 相应的临界点为 C。

总之，对任一循环特征 r，都可确定与其持久极限相应的临界点。将这些点连成曲线即为持久极限曲线，如图 14.14 中的曲线 $AP'CB$。

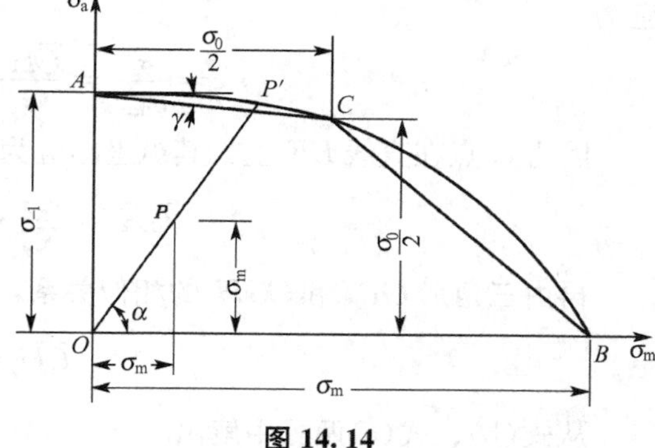

图 14.14

在 $\sigma_m-\sigma_a$ 坐标平面内，持久极限曲线与坐标轴围成一个区域。在这个区域内的点，例如 P 点，它所代表的应力循环的最大应力(等于 P 点纵、横坐标之和)，必然小于同一 r 下的持久极限(等于 P' 点纵、横坐标之和)，所以不会引起疲劳。

由于需要较多的试验资料才能得到持久极限曲线，所以通常采用简化的持久极限曲线，最常用的简化方法是由对称循环、脉动循环和静荷载，确定 A、C、B 三点，用折线 ACB 代替原来的曲线。折线的 AC 部分的倾角为 γ，斜率为

$$\psi_\sigma=\tan\gamma=\frac{\sigma_{-1}-\sigma_0/2}{\sigma_0/2} \tag{14.14}$$

直线 AC 上的点都与持久极限 σ_r 相对应，将这些点的坐标记为 σ_{rm} 和 σ_{ra}，于是 AC 的方程式可以写成

$$\sigma_{ra}=\sigma_{-1}-\psi_\sigma\sigma_{rm} \tag{14.15}$$

系数 ψ_σ 与材料有关。对拉压或弯曲，碳钢 $\psi_\sigma=0.1\sim0.2$，合金钢的 $\psi_\sigma=0.2\sim0.3$。对扭转，碳钢的 $\psi_\tau=0.05\sim0.1$，合金钢的 $\psi_\tau=0.1\sim0.15$。

上述简化折线只考虑了 $\sigma_m>0$ 的情况。对塑性材料，一般认为在 σ_m 为压应力时仍与 σ_m 为拉应力时相同。

14.6 非对称循环下构件的疲劳强度计算

前节讨论的持久极限曲线或其简化折线，都是以光滑小试样的试验结果为依据的。对实际构件，则应考虑应力集中、构件尺寸和表面质量的影响。试验的结果表明，上述诸因素只影响应力幅，而对平均应力并无影响。即图 14.15 中直线 AC 的横坐标不变，而纵坐标则应乘以 $\frac{\varepsilon_\sigma\beta}{K_\sigma}$，这样就得到图 14.15 中的折线 EFB。由式(14.15)知，代表构件持久极限的直线 EF 的纵坐标应为 $\frac{\varepsilon_\sigma\beta}{K_\sigma}(\sigma_{-1}-\psi_\sigma\sigma_{rm})$。

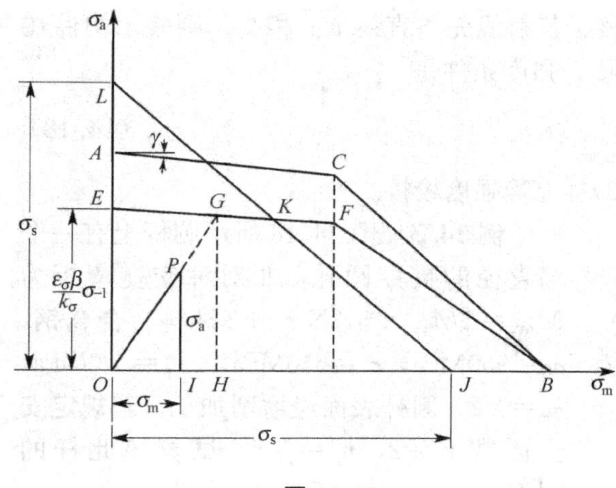

图 14.15

构件工作时，若危险点的应力循环由 P 点表示，则 $PI=\sigma_a$，$OI=\sigma_m$。保持 r 不变，延长射线 OP 与 EF 相交于

G 点，G 点纵、横坐标之和就是持久极限 σ_r，即 $\overline{OH}+\overline{GH}=\sigma_r$。构件的工作安全因数应为

$$n_\sigma=\frac{\sigma_r}{\sigma_{max}}=\frac{\overline{OH}+\overline{GH}}{\sigma_m+\sigma_a}=\frac{\sigma_m+\overline{GH}}{\sigma_m+\sigma_a} \tag{a}$$

因为 G 点在直线 EF 上，其纵坐标应为

$$\overline{GH}=\frac{\varepsilon_\sigma\beta}{K_\sigma}\cdot(\sigma_{-1}-\psi_\sigma\sigma_m) \tag{b}$$

再由三角形 OPI 和 OGH 的相似关系，得

$$\overline{GH}=\frac{\sigma_a}{\sigma_m}\sigma_m \tag{c}$$

从式(b)、式(c)两式中解出

$$\sigma_m=\frac{\sigma_{-1}}{\frac{K_\sigma}{\varepsilon_\sigma\beta}\sigma_a+\psi_\sigma\sigma_m}\sigma_m,\quad \overline{GH}=\frac{\sigma_{-1}}{\frac{K_\sigma}{\varepsilon_\sigma\beta}\sigma_a+\psi_\sigma\sigma_m}\sigma_a$$

代入式(a)，即可求得

$$n_\sigma=\frac{\sigma_{-1}}{\frac{K_\sigma}{\varepsilon_\sigma\beta}\sigma_a+\psi_\sigma\sigma_m} \tag{14.16}$$

构件的工作安全因数 n_σ 应大于或等于规定的安全因数 n，即强度条件仍为

$$n_\sigma\geqslant n \tag{d}$$

n_σ 是对正应力写出的。若为扭转，工作安全因数应写成

$$n_\tau=\frac{\tau_{-1}}{\frac{K_\tau}{\varepsilon_\tau\beta}\tau_a+\psi_\tau\tau_m} \tag{14.17}$$

除满足疲劳强度条件外，构件危险点的 σ_{max} 还应低于屈服极限 σ_s。在 $\sigma_m-\sigma_a$ 坐标系中，

$$\sigma_{max}=\sigma_a+\sigma_m=\sigma_s$$

这是斜直线 LJ。显然，代表构件最大应力的点应落在直线 LJ 的下方。所以，保证构件不发生疲劳也不发生塑性变形的区域是折线 EKJ 与坐标轴围成的区域。

强度计算时，由构件工作应力的循环特征 r 确定射线 OP。若射线先与直线 EF 相交，则应由式(14.16)计算 n_σ，进行疲劳强度校核。若射线先与直线 KJ 相交，则表示构件在疲劳失效之前已发生塑性变形，应按强度校核，强度条件是

$$n_\sigma=\frac{\sigma_s}{\sigma_{max}}\geqslant n_s \tag{14.18}$$

一般说，对 $r>0$ 的情况，应按式(14.18)补充静强度校核。

例 14.3 图 14.16 所示圆杆上有一个沿直径的贯穿圆孔，非对称交变弯矩为 $M_{max}=5M_{min}=512\text{N}\cdot\text{m}$。材料为合金钢，$\sigma_b=950\text{MPa}$，$\sigma_s=540\text{MPa}$，$\sigma_{-1}=430\text{MPa}$，$\psi_\sigma=0.2$。圆杆表面经磨削加工。若规定安全因数 $n=2$，$n_s=1.5$，试校核此杆的强度。

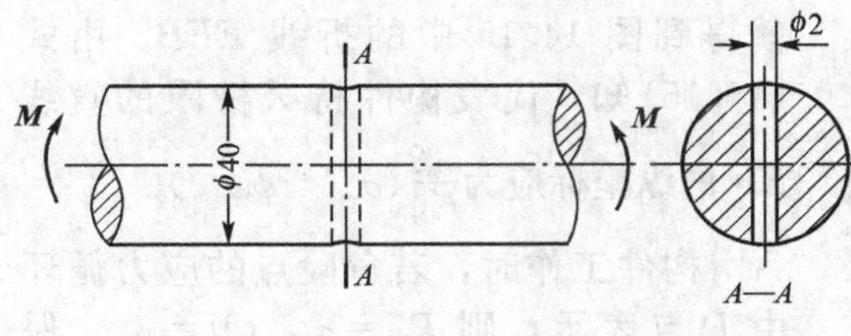

图 14.16

解：(1) 计算圆杆的工作应力。

$$W_z = \frac{\pi}{32}d^3 = \frac{\pi}{32} \times 4^3 = 6.28\text{cm}^3$$

$$\sigma_{\max} = \frac{M_{\max}}{W_z} = \frac{512}{6.28 \times 10^{-6}} = 81.5 \times 10^6\text{Pa} = 81.5\text{MPa}$$

$$\sigma_{\min} = \frac{1}{5}\sigma_{\max} = 16.3\text{MPa}$$

$$r = \frac{\sigma_{\min}}{\sigma_{\max}} = \frac{1}{5} = 0.2$$

$$\sigma_{\mathrm{m}} = \frac{\sigma_{\max} + \sigma_{\min}}{2} = \frac{81.5 + 16.3}{2} = 48.9\text{MPa}$$

$$\sigma_{\mathrm{a}} = \frac{\sigma_{\max} - \sigma_{\min}}{2} = 32.6\text{MPa}$$

(2) 确定系数 K_σ、ε_σ、β。按照圆杆的尺寸，$\frac{d_0}{d}=\frac{2}{40}=0.05$。由图 14.9(a)中的曲线 6 查得，当 $\sigma_{\mathrm{b}}=950\text{MPa}$ 时，$K_\sigma=2.18$。由表 14-1 查出：$\varepsilon_\sigma=0.77$。由表 14-2 查出：表面经磨削加工的杆件，$\beta=1$。

(3) 疲劳强度校核。由式(14.16)计算工作安全因数

$$n_\sigma = \frac{\sigma_{-1}}{\frac{K_\sigma}{\varepsilon_\sigma \beta}\sigma_{\mathrm{a}} + \psi_\sigma \sigma_{\mathrm{m}}} = \frac{430}{\frac{2.18}{0.77 \times 1} \times 32.6 + 0.2 \times 48.9} = 4.21$$

规定的安全因数为 $n=2$。$n_\sigma > n$，所以疲劳强度是足够的。

(4) 静强度校核。因为 $r=0.2>0$，所以需要校核静强度。由式(14.18)算出最大应力对屈服极限的工作安全因数为

$$n_\sigma = \frac{\sigma_{\mathrm{s}}}{\sigma_{\max}} = \frac{540}{81.5} = 6.62 > n_{\mathrm{s}}$$

所以静强度条件也是满足的。

14.7 弯扭组合交变应力的强度计算

弯曲和扭转组合下的交变应力在工程中最为常见。在同步的弯扭组合对称循环交变应力下，钢材光滑小试样的实验资料表明，持久极限中的弯曲正应力 σ_{rb} 和扭转切应力 τ_{rt} 满足下列椭圆关系

$$\left(\frac{\sigma_{\mathrm{rb}}}{\sigma_{-1}}\right)^2 + \left(\frac{\tau_{\mathrm{rt}}}{\tau_{-1}}\right)^2 = 1 \tag{a}$$

式中，σ_{-1}——单一的弯曲对称循环持久极限；

τ_{-1}——单一的扭转对称循环持久极限。

为把应力集中、构件尺寸和表面质量等因素考虑在内，以 $\frac{\varepsilon_\sigma \beta}{K_\sigma}$ 乘第一项的分子、分母，以 $\frac{\varepsilon_\tau \beta}{K_\tau}$ 乘第二项的分子、分母，并将 $\frac{\varepsilon_\sigma \beta}{K_\sigma}\sigma_{\mathrm{rb}}$ 记为 $(\sigma_{\mathrm{b}})_{\mathrm{d}}$，$\frac{\varepsilon_\tau \beta}{K_\tau}\tau_{\mathrm{rt}}$ 记为 $(\tau_{\mathrm{t}})_{\mathrm{d}}$，它们分别代表构件

持久极限中的弯曲正应力和扭转切应力。于是式(a)化为

$$\left[\frac{(\sigma_b)_d}{\frac{\varepsilon_\sigma\beta}{K_\sigma}\sigma_{-1}}\right]^2+\left[\frac{(\tau_t)_d}{\frac{\varepsilon_\tau\beta}{K_\tau}\tau_{-1}}\right]^2=1 \tag{b}$$

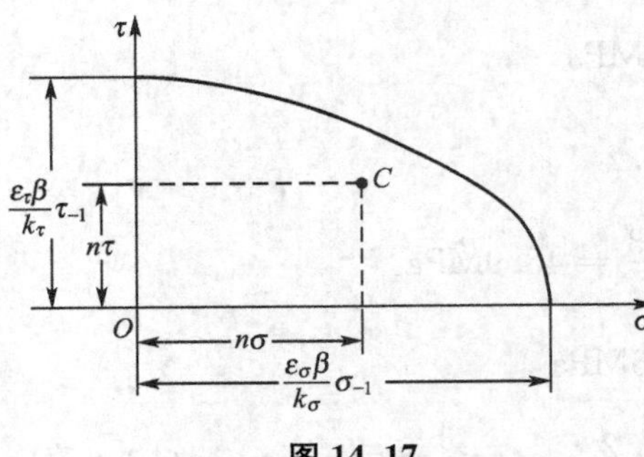

图 14.17

在图14.17中画出了式(b)所表示的椭圆的四分之一。显然，椭圆所围成的区域是不引起疲劳失效的范围。

在弯扭交变应力下，设构件的工作弯曲正应力为σ，扭转切应力为τ。若设想把两部分应力扩大n倍（n为规定的安全因数），则由$n\sigma$和$n\tau$确定的点C应该落在椭圆的内部，或者最多落在椭圆上，即

$$\left[\frac{n\sigma}{\frac{\varepsilon_\sigma\beta}{K_\sigma}\sigma_{-1}}\right]^2+\left[\frac{n\tau}{\frac{\varepsilon_\tau\beta}{K_\tau}\tau_{-1}}\right]^2\leqslant 1 \tag{c}$$

由式(14.12)和式(14.13)可知

$$\frac{\sigma}{\frac{\varepsilon_\sigma\beta}{K_\sigma}\sigma_{-1}}=\frac{1}{\frac{\sigma_{-1}}{\frac{K_\sigma}{\varepsilon_\sigma\beta}\sigma}}=\frac{1}{n_\sigma} \tag{d}$$

$$\frac{\tau}{\frac{\varepsilon_\tau\beta}{K_\tau}\tau_{-1}}=\frac{1}{\frac{\tau_{-1}}{\frac{K_\tau}{\varepsilon_\tau\beta}\tau}}=\frac{1}{n_\tau} \tag{e}$$

这里n_σ是单一弯曲对称循环的工作安全因数，n_τ是单一扭转对称循环的工作安全因数。把式(d)、式(e)两式代入式(c)，略做整理即可得出

$$\frac{n_\sigma n_\tau}{\sqrt{n_\sigma^2+n_\tau^2}}\geqslant n \tag{f}$$

这就是弯扭组合对称循环下的强度条件。把式(f)的左端记为$n_{\sigma\tau}$，作为构件在弯扭组合交变应力下的安全因数，强度条件便可写成

$$n_{\sigma\tau}=\frac{n_\sigma n_\tau}{\sqrt{n_\sigma^2+n_\tau^2}}\geqslant n \tag{14.19}$$

当弯扭组合为非对称循环时，仍按式(14.19)计算，但这时n_σ和n_τ应由非对称循环的式(14.16)和式(14.17)求出。

例 14.4 阶梯轴的尺寸如图14.18所示。材料为合金钢，$\sigma_b=900\text{MPa}$，$\sigma_{-1}=410\text{MPa}$，$\tau_{-1}=240\text{MPa}$。作用于轴上的弯矩变化于$-100\sim+1000\text{N}\cdot\text{m}$之间，扭矩变化于$0\sim1500\text{N}\cdot\text{m}$之间。若规定安全因数$n=2$，试校核轴的疲劳强度。

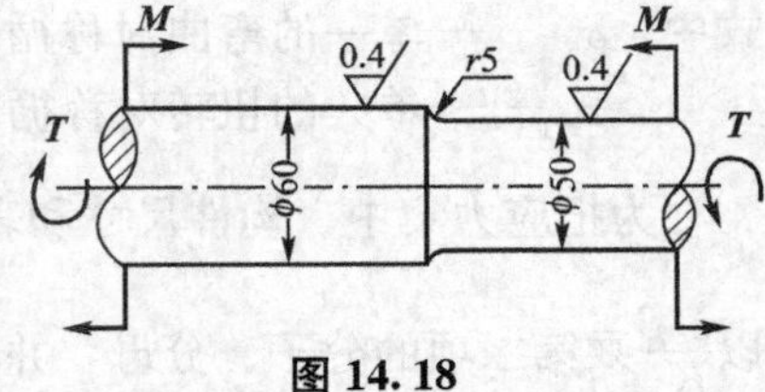

图 14.18

解：(1) 计算圆杆的工作应力。首先计算交变弯曲正应力及其循环特征

$$W_z=\frac{\pi}{32}d^3=\frac{\pi}{32}\times 5^3=12.3\text{cm}^3$$

$$\sigma_{\max}=\frac{M_{\max}}{W_z}=\frac{1000}{12.3\times 10^{-6}}=81.3\text{MPa}$$

$$\sigma_{\min}=\frac{M_{\min}}{W_z}=-\frac{1000}{12.3\times 10^{-6}}=-81.3\text{MPa}$$

$$r=\frac{\sigma_{\min}}{\sigma_{\max}}=-1$$

其次计算交变扭转切应力及其循环特征

$$W_p=\frac{\pi}{16}d^3=\frac{\pi}{16}\times 5^3=24.6\text{cm}^3$$

$$\tau_{\max}=\frac{T_{\max}}{W_p}=\frac{1500}{24.6\times 10^{-6}}=61\text{MPa},\quad \tau_{\min}=0$$

$$r=\frac{\sigma_{\min}}{\sigma_{\max}}=0,\quad \tau_a=\frac{\tau_{\max}}{2}=30.5\text{MPa},\quad \tau_m=\frac{\tau_{\max}}{2}=30.5\text{MPa}$$

(2) 确定各种系数。根据$\frac{D}{d}=\frac{60}{50}=1.2$，$\frac{r}{d}=\frac{5}{50}=0.1$。由图 14.8(b)查得 $K_\sigma=1.55$，由图 14.8(d)查得 $K_\tau=1.24$。

由于名义应力 $\tau_{\max}$是按轴直径等于 50mm 计算的，所以尺寸因数也应按轴直径等于 50mm 来确定。由表 14-1 查得 $\varepsilon_\sigma=0.73$，$\varepsilon_\tau=0.78$。

由表 14-2，查得 $\beta=1$。

对合金钢取 $\psi_\tau=0.1$。

(3) 计算弯曲工作安全因数 n_σ和扭转工作安全因数 n_τ。因为弯曲正应力是对称循环，$r=-1$，故按式(14.12)计算其工作安全因数 n_σ，即

$$n_\sigma=\frac{\sigma_{-1}}{\dfrac{K_\sigma}{\varepsilon_\sigma\beta}\sigma_{\max}}=\frac{410}{\dfrac{1.55}{0.73\times 1}\times 81.3}=2.38$$

扭转切应力是脉动循环，$r=0$，应按非对称循环计算工作安全因数的公式(14.17)计算 n_τ

$$n_\tau=\frac{\tau_{-1}}{\dfrac{K_\tau}{\varepsilon_\tau\beta}\tau_a+\psi_\tau\tau_m}=\frac{240}{\dfrac{1.24}{0.78\times 1}\times 30.5+0.1\times 30.5}=4.66$$

(4) 计算弯扭组合交变应力下轴的工作安全因数 $n_{\sigma\tau}$。由式(14.19)

$$n_{\sigma\tau}=\frac{n_\sigma n_\tau}{\sqrt{n_\sigma^2+n_\tau^2}}=\frac{2.38\times 4.66}{\sqrt{2.38^2+4.66^2}}=2.12\geqslant n=2$$

所以满足疲劳强度条件。

14.8 变幅交变应力

以前讨论的都是应力幅和平均应力保持不变的交变应力，即常幅稳定交变应力。在某些情况下，例如行驶在崎岖路面上的汽车、受紊流影响的飞机等，其荷载就是随机的。构

件的应力幅不能保持不变，而且随时间的变化也是极不规则的。变动中的高应力还经常超过持久极限。在这种情况下，一般通过对实测记录的处理，简化成分级稳定交变应力(图 14.19)。然后利用累积损伤理论估算构件的寿命。

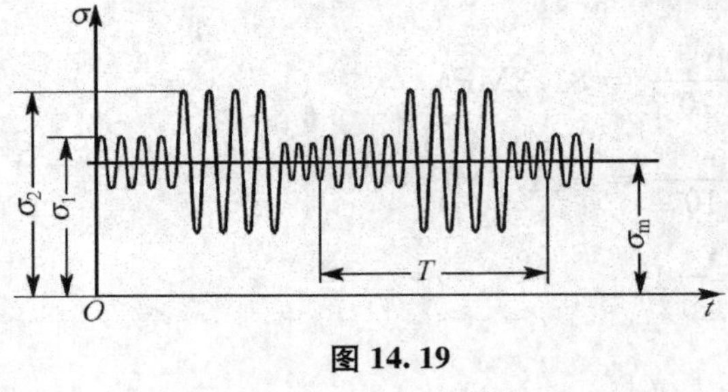

图 14.19

累积损伤的理论认为，当应力高于构件的持久极限时，每一应力循环都将使构件受到损伤，损伤累积到一定程度，便将引起疲劳失效。设变幅交变应力中，超过持久极限的应力是 σ_1、σ_2、…。如构件在稳定常幅应力 σ_1 作用下寿命为 N_1(参看图 14.7)，便可认为按 σ_1 每循环一次造成的损伤为$\dfrac{1}{N_1}$。循环 n_1 次后形成的损伤就为$\dfrac{n_1}{N_1}$。同理，若在 σ_2、σ_3、…作用下的循环次数分别是 n_2、n_3、…，则引起的损伤分别是$\dfrac{n_2}{N_2}$、$\dfrac{n_3}{N_3}$、…。损伤的总和为

$$\frac{n_1}{N_1}+\frac{n_2}{N_2}+\cdots=\sum_{i=1}^{k}\frac{n_i}{N_i}$$

显然，若应力始终维持为 σ_1，则当 $n_1=N_1$ 时，即$\dfrac{n_1}{N_1}=1$ 时，构件将疲劳失效。线性累积损伤理论认为，变幅交变应力下，各级交变应力对构件引起的损伤总和等于 1 时，便造成疲劳失效。即

$$\sum_{i=1}^{k}\frac{n_i}{N_i}=1 \tag{14.20}$$

试验数据表明，$\sum\limits_{i=1}^{k}\dfrac{n_i}{N_i}$ 的数值相当分散，并非都等于 1。况且，疲劳损伤能否像上述线性理论中设想的可以简单叠加，也值得怀疑。这是因为前面的应力循环会影响后续应力循环造成的损伤，而后续应力循环也会影响前面已经形成的损伤。当然，这些相互依赖的关系相当复杂，现在并不清楚。而线性累积损伤理论由于计算简单，概念直观，所以在工程中广泛应用于有限寿命计算。

例如，设构件承受的交变应力开始按 σ_1 循环了 n_1 次，以后按 σ_2 循环。并且由 $S-N$ 曲线，已知与 σ_1 和 σ_2 对应的寿命分别时 N_1 和 N_2。将 N_1、N_2 和 n_1 代入式(14.20)，便可求出 n_2。n_2 就是构件后来在 σ_2 作用下到达疲劳所经历的循环次数。

若能把应力与时间的关系简化成分级周期变化的应力谱(图 14.19)，并设在一个周期 T 内，按 σ_1、σ_2、…的循环次数分别为 n'_1、n'_2、…，则在 λ 个周期内，按 σ_1、σ_2、…经历的循环系数分别为

$$n_1=\lambda n'_1,\quad n_2=\lambda n'_2,\ \cdots$$

代入式(14.20)，得

$$\lambda\sum_{i=1}^{k}\frac{n'_i}{N_i}=1$$

由 $S-N$ 曲线求出 N_i，由应力谱求出 n'_i，于是可以求出周期数 λ，也就是构件的寿命。

14.9 提高构件疲劳强度的措施

疲劳裂纹的形成主要在应力集中的部位和构件表面。提高疲劳强度应从减缓应力集中、提高表面质量等方面入手。

14.9.1 减缓应力集中

为了消除或减缓应力集中，在设计构件的外形时，要避免出现方形或带有尖角的孔和槽。在截面尺寸突然改变处(如阶梯轴的轴肩)，要采用半径足够大的过渡圆角。

例如以图 14.20 中的两种情况相比，过渡圆角半径 r 较大的阶梯轴的应力集中程度就缓和得多。从图 14.8 中的曲线也可看出，随着 r 的增大，有效应力集中系数迅速减小。有时因结构上的原因，难以加大过渡圆角的半径，这时在直径较大的部分轴上开减荷槽(图 14.21)或退刀槽(图 14.22)，都可使应力集中有明显的减弱。

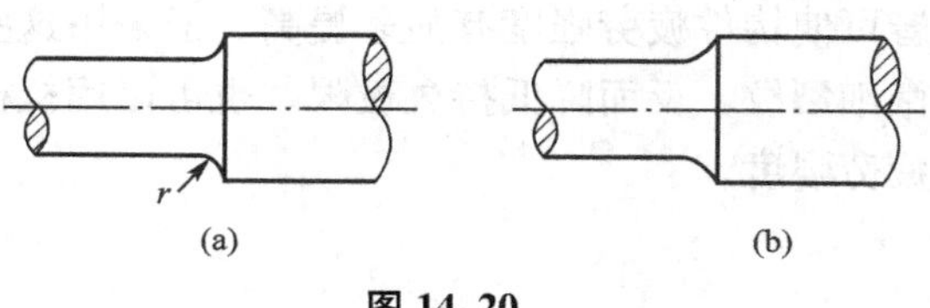

图 14.20

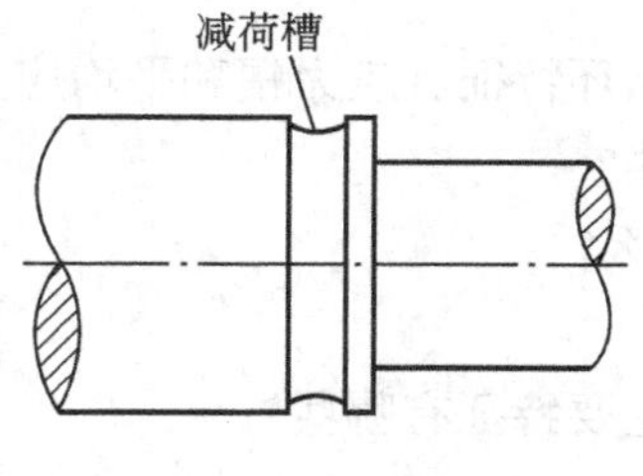

图 14.21

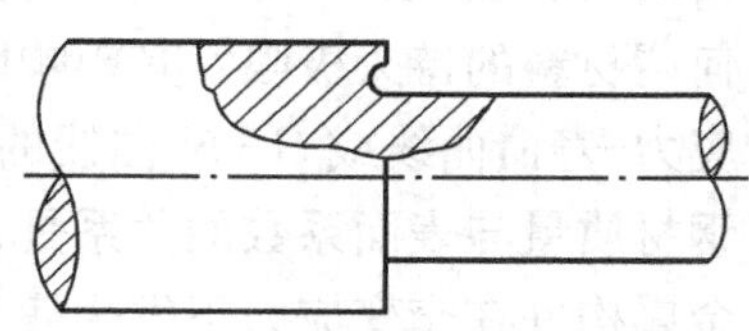
图 14.22

在紧配合的轮毂与轴配合的面边缘处，有明显的应力集中。若在轮毂上开减荷槽，并加粗轴的配合部分(图 14.23)，以减小轮毂与轴之间的刚度差距，便可以改善配合面边缘处应力集中的情况。在角焊缝处，如采用图 14.24(a)所示坡口焊接，应力集中程度要比无坡口焊接［图 14.24(b)］改善很多。

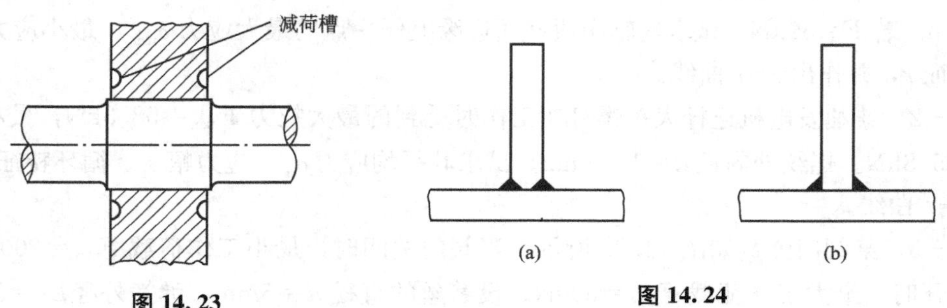

图 14.23

图 14.24

14.9.2 降低表面粗糙度值

构件表面加工质量对疲劳强度影响很大(见 14.4 节)，疲劳强度要求较高的构件，应有较低的表面粗糙度值。高强度钢对表面粗糙度更为敏感，只有经过精加工，才有利于发挥它的高强度性能。否则将会使持久极限大幅度下降，失去采用高强度钢的意义。在使用中也应尽量避免使构件表面受到机械损伤(如划伤、打印等)或化学损伤(如腐蚀、生锈等)。

14.9.3 增加表面强度

为了强化构件的表面，可采用热处理和化学处理，如表面高频淬火、渗碳、氮化等，皆可使构件疲劳强度有显著提高。但采用这些方法时，要严格控制工艺过程，否则将造成微细裂纹，反而降低持久极限。也可以用机械的方法强化表层，如滚压、喷丸等，以提高疲劳强度。

思　考　题

14－1　何谓交变应力、疲劳失效、交变应力的循环特征、应力幅和平均应力?

14－2　何谓材料的持久极限? 其影响因素有哪些?

14－3　应力-寿命曲线或 $S-N$ 曲线的定义是什么?

14－4　钢材质量与表面系数的关系是什么?

14－5　金属构件在交变应力下发生疲劳破坏的主要特征有哪些?

14－6　线性累积损伤理论的基本假设是什么?

习　题

14－1　火车轮轴受力情况如图 14.25 所示。$a=500\text{mm}$，$l=1435\text{mm}$，轮轴中段直径 $d=15\text{cm}$。若 $F=50\text{kN}$，试求轮轴中段截面边缘上任一点的最大应力 σ_{max}、最小应力 σ_{min}、循环特征 r，并作出 $\sigma-t$ 曲线。

14－2　柴油发电机连杆大头螺钉在工作时受到的最大拉力 $F_{max}=58.3\text{kN}$，最小拉力 $F_{min}=55.8\text{kN}$。螺纹处内径 $d=11.5\text{mm}$。试求其平均应力 σ_m、应力幅 σ_a、循环特征 r，并作出 $\sigma-t$ 曲线。

14－3　某阀门弹簧如图 14.26 所示。当阀门关闭时，最小工作荷载 $F_{min}=200\text{N}$；当阀门顶开时，最大工作荷载 $F_{max}=500\text{N}$。设簧丝的直径 $d=5\text{mm}$，弹簧外径 $D_1=36\text{mm}$，试求其平均应力 τ_m、应力幅 τ_a、循环特征 r，并作出 $\tau-t$ 曲线。

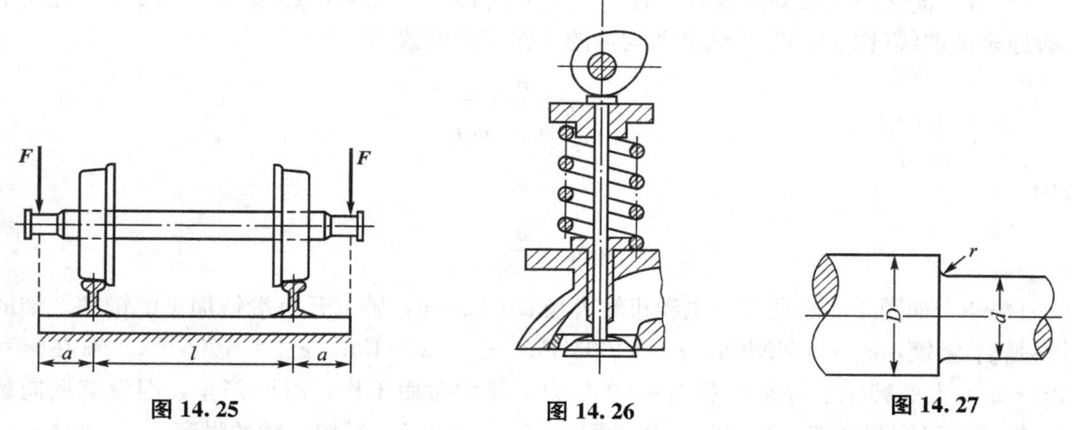

图 14.25　　图 14.26　　图 14.27

14-4　阶梯轴如图 14.27 所示。材料为铬镍合金钢，$\sigma_b=920\text{MPa}$，$\sigma_{-1}=420\text{MPa}$，$\tau_{-1}=250\text{MPa}$。轴的尺寸是：$d=40\text{mm}$，$D=50\text{mm}$，$r=5\text{mm}$，求弯曲和扭转时的有效应力集中因数和尺寸因数。

14-5　如图 14.28 所示，货车轮轴两端荷载 $F=110\text{kN}$，材料为车轴钢，$\sigma_b=500\text{MPa}$，$\sigma_{-1}=240\text{MPa}$。规定安全因数 $n=1.5$。试校核Ⅰ—Ⅰ和Ⅱ—Ⅱ截面的强度。

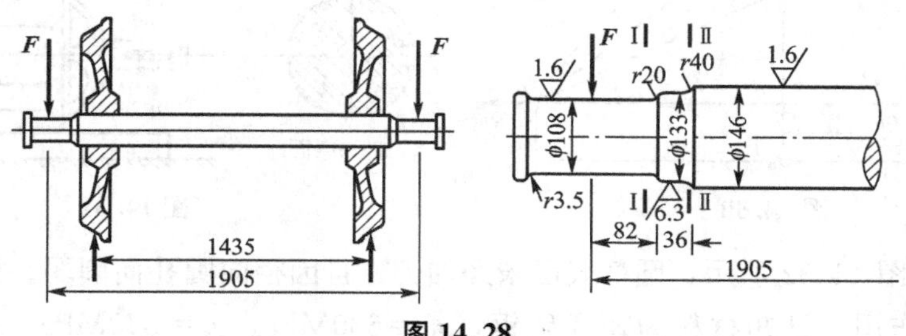

图 14.28

14-6　在 $\sigma_m-\sigma_a$ 坐标系中，标出与图 14.29 所示应力循环对应的点，并求出自原点出发并通过这些点的射线与 σ_m 轴的交角 α。

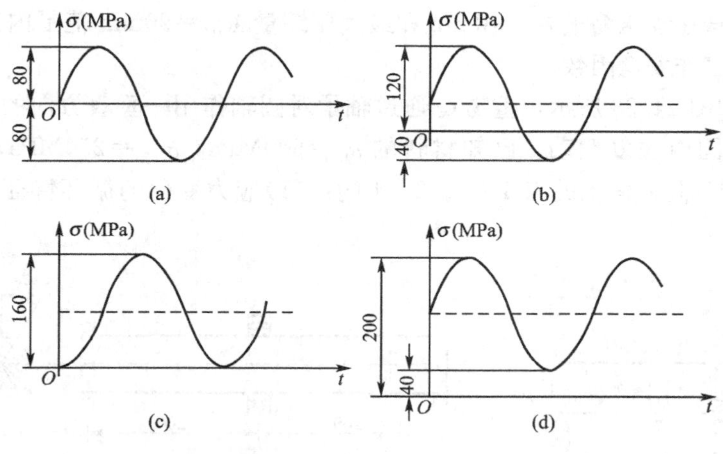

图 14.29

14-7 简化持久极限曲线时，若不采用折线 ACB，而采用连接 A、B 两点的直线来代替原来的曲线(图 14.30)，试证明构件的工作安全因数为

$$n_\sigma=\frac{\sigma_{-1}}{\frac{K_\sigma}{\varepsilon_\sigma\beta}\sigma_\sigma+\psi_\sigma\sigma_m}$$

式中

$$\psi_\sigma=\frac{\sigma_{-1}}{\sigma_b}$$

14-8 如图 14.31 所示，电动机轴直径 $d=30$mm，轴上开有端铣加工的键槽。轴的材料是合金钢，$\sigma_b=750$MPa，$\tau_b=400$MPa，$\tau_s=260$MPa，$\tau_{-1}=190$MPa。轴在 $n=750\text{r}\cdot\text{min}^{-1}$ 的转速下传递功率 $N=20$ 马力。该轴时而工作，时而停止，但没有反向旋转。轴表面经磨削加工。若规定安全因数 $n=2$，$n_s=1.5$，试校核轴的强度。

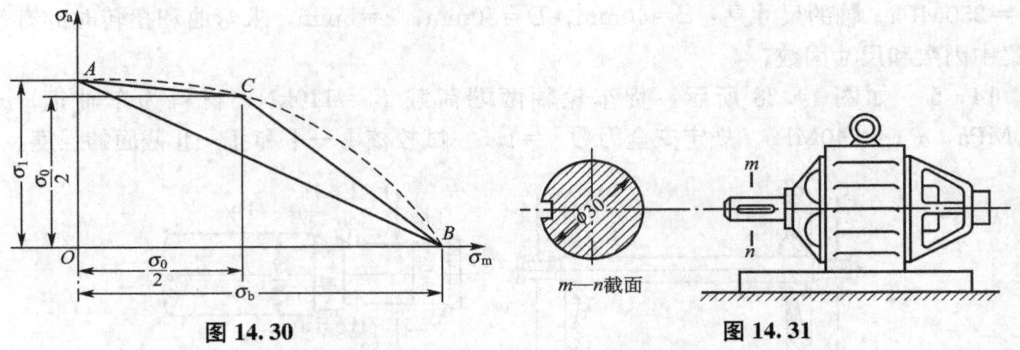

图 14.30　　图 14.31

14-9 如图 14.32 所示，圆杆表面未经加工，且因径向圆孔而削弱。杆受由 $0\sim F_{max}$ 的交变轴向力作用。已知材料为普通碳钢，$\sigma_b=600$MPa，$\sigma_s=340$MPa，$\sigma_{-1}=200$MPa。取 $\psi_\sigma=0.1$，规定安全因数 $n=1.7$，$n_s=1.5$，试求最大荷载。

14-10 某发动机排气阀的密圈螺旋弹簧，其平均直径 $D=60$mm，圈数 $n=10$，簧丝直径 $d=6$mm。弹簧材料的 $\sigma_b=1300$MPa，$\tau_b=400$MPa，$\tau_s=500$MPa，$\tau_{-1}=300$MPa，$G=80$GPa。弹簧在预压缩量 $\lambda_1=40$mm 和最大压缩量 $\lambda_{max}=90$mm 范围内工作。若取 $\beta=1$，试求弹簧的工作安全因数。

14-11 如图 14.33 所示，重物 Q 通过轴承对圆轴作用一垂直方向的力，$Q=10$kN，而轴在 $\pm30°$ 范围内往复摆动。已知材料的 $\sigma_b=600$MPa，$\sigma_{-1}=250$MPa，$\sigma_s=340$MPa，$\psi_\sigma=0.05$。试求危险截面上的点 1、2、3、4 的：(1)应力变化的循环特征；(2)工作安全因数。

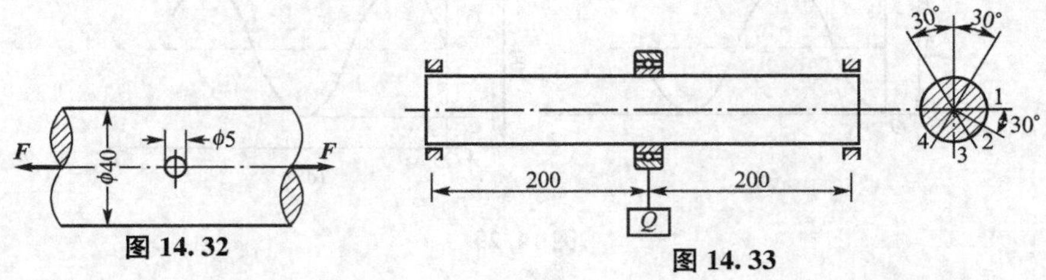

图 14.32　　图 14.33

14-12 卷扬机的阶梯轴的某段需要安装一滚珠轴承，因滚珠轴承内座圈上圆角半径很小，若装配时不用定距环［图 14.34(a)］，则轴上的圆角半径应为 $r_1=1$mm，若增加一定距环［图 14.34(b)］，则轴上圆角半径可增加为 $r_2=5$mm。已知材料为 A5 钢，$\sigma_b=520$MPa，$\sigma_{-1}=220$MPa，$\beta=1$，规定安全因数 $n=1.7$。试比较轴在(a)、(b)两种情况下，对称循环许可弯矩$[M]$。

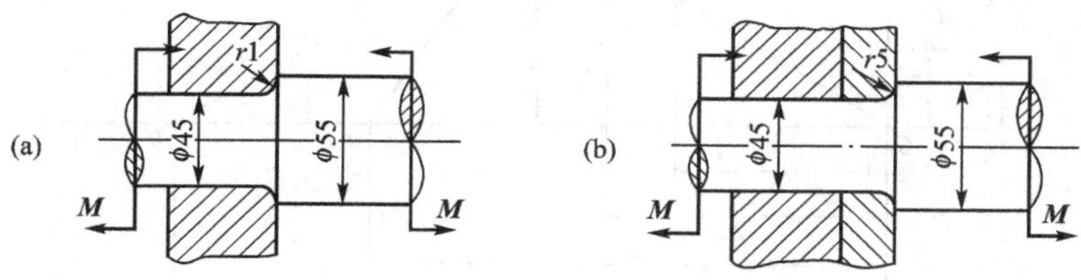

图 14.34

14-13 如图 14.35 所示，直径 $D=50$mm、$d=40$mm 的阶梯轴，受交变弯矩和扭矩的联合作用。圆角半径 $r=2$mm。正应力从 50MPa 变到 -50MPa；切应力从 40MPa 变到 20MPa。轴的材料为碳钢，$\sigma_b=550$MPa，$\sigma_{-1}=220$MPa，$\tau_{-1}=120$MPa，$\sigma_s=300$MPa，$\tau_s=180$MPa。若取 $\psi_\tau=0.1$，试求此轴的工作安全因数。设 $\beta=1$。

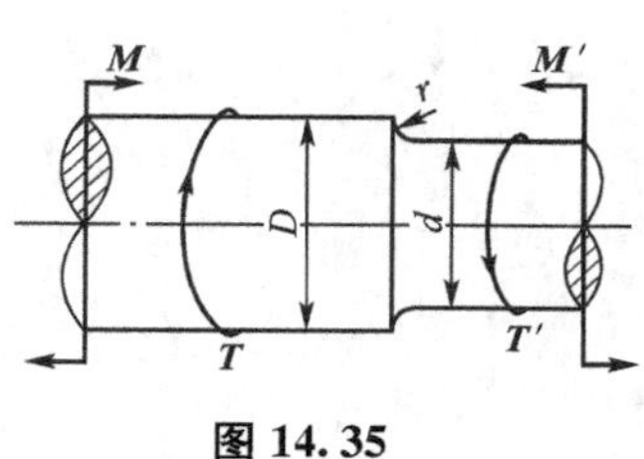

图 14.35

14-14 如图 14.36 所示，圆柱齿轮轴，左端由电动机输入功率 $N=40$ 马力，转速$n=800\mathrm{r}\cdot\mathrm{min}^{-1}$。齿轮圆周力为 F_2，径向力 $F_1=0.36F_2$。轴上两个键槽均为端铣加工。安装齿轮处轴径 $\phi40$，左边轴肩直径 $\phi45$。轴的材料为 40Cr，$\sigma_b=900$MPa，$\sigma_{-1}=410$MPa，$\tau_{-1}=240$MPa。规定安全因数 $n=1.8$，试校核轴的疲劳强度。**提示：**把扭转切应力作为脉动循环。

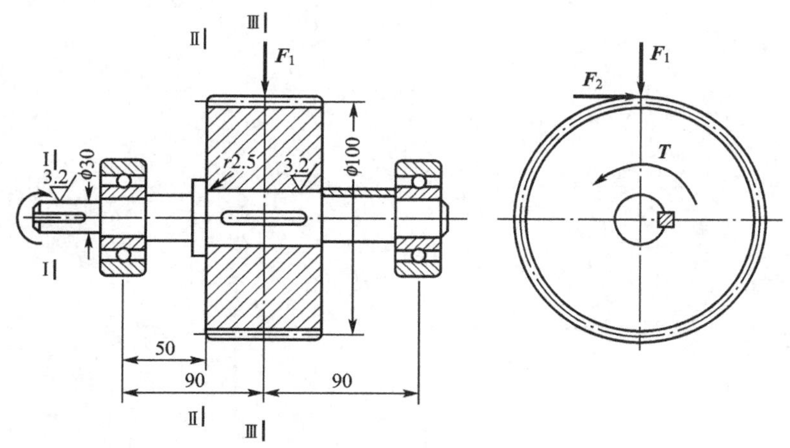

图 14.36

14-15 若材料持久极限曲线简化成如图 14.37 所示折线 $EDKJ$，G 点代表构件危险点的交变应力，OG 的延长线恰与简化折线的线段 DK 相交，试求这一应力循环的工作安全因数。

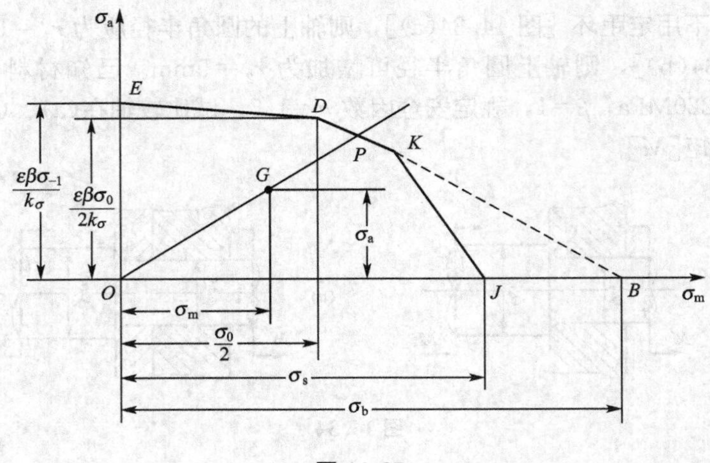

σ_a
E
D
P
K
G
$\frac{\varepsilon\beta\sigma_{-1}}{k_\sigma}$
$\frac{\varepsilon\beta\sigma_0}{2k_\sigma}$
σ_a
O
J
B
σ_m
σ_m
$\frac{\sigma_0}{2}$
σ_s
σ_b

图 14.37

附录 A　型钢规格表

附表 A-1　热轧等边角钢(GB 9787—88)

符号意义：
b——边宽度；
d——边厚度；
r——内圆弧半径；
r_1——边端内圆弧半径；
I——惯性矩；
i——惯性半径；
W——弯曲截面系数；
z_0——重心距离

角钢号数	尺寸/mm			截面面积/cm²	理论重量/(kg/m)	外表面积/(m²/m)	参考数值										
							$x-x$			x_0-x_0			y_0-y_0			x_1-x_1	
	b	d	r				I_x/cm⁴	i_x/cm	W_x/cm³	I_{x0}/cm⁴	i_{x0}/cm	W_{x0}/cm³	I_{y0}/cm⁴	i_{y0}/cm	W_{y0}/cm³	I_{x1}/cm⁴	z_0/cm
2	20	3	3.5	1.132	0.889	0.078	0.40	0.59	0.29	0.63	0.75	0.45	0.17	0.39	0.20	0.81	0.60
	20	4	3.5	1.459	1.145	0.077	0.50	0.58	0.36	0.78	0.73	0.55	0.22	0.38	0.24	1.09	0.64
2.5	25	3	3.5	1.432	1.124	0.098	0.82	0.76	0.46	1.29	0.95	0.73	0.34	0.49	0.33	1.57	0.73
	25	4	3.5	1.859	1.459	0.097	1.03	0.74	0.59	1.62	0.93	0.92	0.43	0.48	0.40	2.11	0.76

(续)

角钢号数	尺寸/mm			截面面积/cm²	理论重量/(kg/m)	外表面积/(m²/m)	参考数值										
							$x-x$			x_0-x_0			y_0-y_0			x_1-x_1	z_0/cm
	b	d	r				I_x/cm⁴	i_x/cm	W_x/cm³	I_{x0}/cm⁴	i_{x0}/cm	W_{x0}/cm³	I_{y0}/cm⁴	i_{y0}/cm	W_{y0}/cm³	I_{x1}/cm⁴	
3.0	30	3	4.5	1.749	1.373	0.117	1.46	0.91	0.68	2.31	1.15	1.09	0.61	0.59	0.51	2.71	0.85
	30	4	4.5	2.276	1.786	0.117	1.84	0.90	0.87	2.92	1.13	1.37	0.77	0.58	0.62	3.63	0.89
3.6	36	3	4.5	2.109	1.656	0.141	2.58	1.11	0.99	4.09	1.39	1.61	1.07	0.71	0.76	4.68	1.00
	36	4	4.5	2.756	2.163	0.141	3.29	1.09	1.28	5.22	1.38	2.05	1.37	0.70	0.93	6.25	1.04
	36	5	4.5	3.382	2.654	0.141	3.95	1.08	1.56	6.24	1.36	2.45	1.65	0.70	1.09	7.84	1.07
4.0	40	3	5	2.359	1.852	0.157	3.59	1.23	1.23	5.69	1.55	2.01	1.49	0.79	0.96	6.41	1.09
	40	4	5	3.086	2.422	0.157	4.60	1.22	1.60	7.29	1.54	2.58	1.91	0.79	1.19	8.56	1.13
	40	5	5	3.791	2.976	0.156	5.53	1.21	1.96	8.76	1.52	3.01	2.30	0.78	1.39	10.74	1.17
4.5	45	3	5	2.659	2.088	0.177	5.17	1.40	1.58	8.20	1.76	2.58	2.14	0.90	1.24	9.12	1.22
	45	4	5	3.486	2.736	0.177	6.65	1.38	2.05	10.56	1.74	3.32	2.75	0.89	1.54	12.18	1.26
	45	5	5	4.292	3.369	0.176	8.04	1.37	2.51	12.74	1.72	4.00	3.33	0.88	1.81	15.25	1.30
	45	6	5	5.076	3.985	0.176	9.33	1.36	2.95	14.76	1.70	4.64	3.89	0.88	2.06	18.36	1.33
5	50	3	5.5	2.971	2.332	0.197	7.18	1.55	1.96	11.37	1.96	3.22	2.98	1.00	1.57	12.50	1.34
	50	4	5.5	3.897	3.059	0.197	9.26	1.54	2.56	14.70	1.94	4.16	3.82	0.99	1.96	16.69	1.38
	50	5	5.5	4.803	3.770	0.196	11.21	1.53	3.13	17.79	1.92	5.03	4.64	0.98	2.31	20.90	1.42
	50	6	5.5	5.688	4.465	0.196	13.05	1.51	3.68	20.68	1.91	5.85	5.42	0.98	2.63	25.14	1.46

（续）

角钢号数	尺寸/mm			截面面积 /cm²	理论重量 /(kg/m)	外表面积 /(m²/m)	参考数值										
							$x-x$			x_0-x_0			y_0-y_0			x_1-x_1	z_0 /cm
	b	d	r				I_x /cm⁴	i_x /cm	W_x /cm³	I_{x0} /cm⁴	i_{x0} /cm	W_{x0} /cm³	I_{y0} /cm⁴	i_{y0} /cm	W_{y0} /cm³	I_{x1} /cm⁴	
5.6	56	3	6	3.343	2.624	0.221	10.19	1.75	2.48	16.14	2.20	4.08	4.24	1.13	2.02	17.56	1.48
	56	4	6	4.390	3.446	0.220	13.18	1.73	3.24	20.92	2.18	5.28	5.46	1.11	2.52	23.43	1.53
	56	5	6	5.415	4.251	0.220	16.02	1.72	3.97	25.42	2.17	6.42	6.61	1.10	2.98	29.33	1.57
	56	8	7	8.367	6.568	0.219	23.63	1.68	6.03	37.37	2.11	9.44	9.89	1.09	4.16	47.24	1.68
6.3	63	4	7	4.978	3.907	0.248	19.03	1.96	4.13	30.17	2.46	6.78	7.89	1.26	3.29	33.35	1.70
	63	5	7	6.143	4.822	0.248	23.17	1.94	5.08	36.77	2.45	8.25	9.57	1.25	3.90	41.73	1.74
	63	6	7	7.288	5.721	0.247	27.12	1.93	6.00	43.03	2.43	9.66	11.20	1.24	4.46	50.14	1.78
	63	8	7	9.515	7.469	0.247	34.46	1.90	7.75	54.56	2.40	12.25	14.33	1.23	5.47	67.11	1.85
	63	10	7	11.657	9.151	0.246	41.09	1.88	9.39	64.85	2.36	14.56	17.33	1.22	6.36	84.31	1.93
7	70	4	8	5.570	4.372	0.275	26.39	2.18	5.14	41.80	2.74	8.44	10.99	1.40	4.17	45.74	1.86
	70	5	8	6.875	5.397	0.275	32.21	2.16	6.32	51.08	2.73	10.32	13.34	1.39	4.95	57.21	1.91
	70	6	8	8.160	6.406	0.275	37.77	2.15	7.48	59.93	2.71	12.11	15.61	1.38	5.67	68.73	1.95
	70	7	8	9.424	7.398	0.275	43.09	2.14	8.59	68.35	2.69	13.81	17.82	1.38	6.34	80.29	1.99
	70	8	8	10.667	8.373	0.274	48.17	2.12	9.68	76.37	2.68	15.43	19.98	1.37	6.98	91.92	2.03
7.5	75	5	9	7.367	5.818	0.295	39.97	2.33	7.32	63.30	2.92	11.94	16.63	1.50	5.77	70.56	2.04
	75	6	9	8.797	6.905	0.294	46.95	2.31	8.64	74.38	2.90	14.02	19.51	1.49	6.67	84.55	2.07
	75	7	9	10.160	7.976	0.294	53.57	2.30	9.93	84.96	2.89	16.02	22.18	1.48	7.44	98.71	2.11
	75	8	9	11.503	9.030	0.294	59.96	2.28	11.20	95.07	2.88	17.93	24.86	1.47	8.19	112.97	2.15
	75	10	9	14.126	11.089	0.293	71.98	2.26	13.64	113.92	2.84	21.48	30.05	1.46	9.56	141.71	2.22

(续)

角钢号数	尺寸/mm			截面面积/cm²	理论重量/(kg/m)	外表面积/(m²/m)	参考数值										
							$x-x$			x_0-x_0			y_0-y_0			x_1-x_1	z_0 /cm
	b	d	r				I_x /cm⁴	i_x /cm	W_x /cm³	I_{x0} /cm⁴	i_{x0} /cm	W_{x0} /cm³	I_{y0} /cm⁴	i_{y0} /cm	W_{y0} /cm³	I_{x1} /cm⁴	
8	80	5	9	7.912	6.211	0.315	48.79	2.48	8.34	77.33	3.13	13.67	20.25	1.60	6.66	85.36	2.15
	80	6	9	9.397	7.376	0.314	57.35	2.47	9.87	90.98	3.11	16.08	23.72	1.59	7.65	102.50	2.19
	80	7	9	10.860	8.525	0.314	65.58	2.46	11.37	104.07	3.10	18.40	27.09	1.58	8.58	119.70	2.23
	80	8	9	12.303	9.658	0.314	73.49	2.44	12.83	116.60	3.08	20.61	30.39	1.57	9.46	136.97	2.27
	80	10	9	15.126	11.874	0.313	88.43	2.42	15.64	140.09	3.04	24.76	36.77	1.56	11.08	171.74	2.35
9	90	6	10	10.637	8.350	0.354	82.77	2.79	12.61	131.26	3.51	20.63	34.28	1.80	9.95	145.87	2.44
	90	7	10	12.301	9.656	0.354	94.83	2.78	14.54	150.47	3.50	23.64	39.18	1.78	11.19	170.30	2.48
	90	8	10	13.944	10.946	0.353	106.47	2.76	16.42	168.97	3.48	26.55	43.97	1.78	12.35	194.80	2.52
	90	10	10	17.167	13.476	0.353	128.58	2.74	20.07	203.90	3.45	32.04	53.26	1.76	14.52	244.07	2.59
	90	12	10	20.306	15.940	0.352	149.22	2.71	23.57	236.21	3.41	37.12	62.22	1.75	16.49	293.77	2.67
10	100	6	12	11.932	9.366	0.393	114.95	3.01	15.68	181.98	3.90	25.74	47.92	2.00	12.69	200.07	2.67
	100	7	12	13.796	10.830	0.393	131.86	3.09	18.10	208.97	3.89	29.55	54.74	1.99	14.26	233.54	2.71
	100	8	12	15.638	12.276	0.393	148.24	3.08	20.47	235.07	3.88	33.24	61.41	1.98	15.75	267.09	2.76
	100	10	12	19.261	15.120	0.392	179.51	3.05	25.06	284.68	3.84	40.26	74.35	1.96	18.54	334.48	2.84
	100	12	12	22.800	17.898	0.391	208.90	3.03	29.48	330.95	3.81	46.80	86.84	1.95	21.08	402.34	2.91
	100	14	12	26.256	20.611	0.391	236.53	3.00	33.73	374.06	3.77	52.90	99.00	1.94	23.44	470.75	2.99
	100	16	12	29.627	23.257	0.390	262.53	2.98	37.82	414.16	3.74	58.57	110.89	1.93	25.63	539.80	3.06

（续）

角钢号数	尺寸/mm			截面面积 /cm^2	理论重量 /(kg/m)	外表面积 /(m^2/m)	参考数值										
							$x-x$			x_0-x_0			y_0-y_0			x_1-x_1	z_0 /cm
	b	d	r				I_x /cm^4	i_x /cm	W_x /cm^3	I_{x0} /cm^4	i_{x0} /cm	W_{x0} /cm^3	I_{y0} /cm^4	i_{y0} /cm	W_{y0} /cm^3	I_{x1} /cm^4	
11	110	7	12	15. 196	11. 928	0. 433	177. 16	3. 41	22. 05	280. 94	4. 30	36. 12	73. 38	2. 20	17. 51	310. 64	2. 96
	110	8	12	17. 238	13. 532	0. 433	199. 46	3. 40	24. 95	316. 49	4. 28	40. 69	82. 42	2. 19	19. 39	355. 21	3. 01
	110	10	12	21. 261	16. 690	0. 432	242. 19	3. 38	30. 60	384. 39	4. 25	49. 42	99. 98	2. 17	22. 91	444. 65	3. 09
	110	12	12	25. 200	19. 782	0. 431	282. 55	3. 35	36. 05	448. 17	4. 22	57. 62	116. 93	2. 15	26. 15	534. 6	3. 16
	110	14	12	29. 056	22. 809	0. 431	320. 71	3. 32	41. 31	508. 10	4. 18	65. 31	133. 40	2. 14	29. 14	625. 16	3. 24
12. 5	125	8	14	19. 750	15. 504	0. 492	297. 03	3. 88	32. 52	470. 89	4. 88	53. 38	123. 16	2. 50	25. 86	521. 01	3. 37
	125	10	14	24. 373	19. 133	0. 491	361. 67	3. 85	39. 97	573. 89	4. 85	64. 93	149. 46	2. 48	30. 62	651. 93	3. 45
	125	12	14	28. 912	22. 696	0. 491	423. 16	3. 83	41. 17	671. 44	4. 82	75. 96	174. 88	2. 46	35. 03	783. 42	3. 53
	125	14	14	33. 367	26. 193	0. 490	481. 65	3. 80	54. 16	763. 73	4. 78	86. 41	199. 57	2. 45	39. 13	915. 61	3. 61
14	140	10	14	27. 373	21. 488	0. 551	514. 65	4. 34	50. 58	817. 27	5. 46	82. 56	212. 04	2. 78	39. 20	915. 11	3. 82
	140	12	14	32. 512	25. 522	0. 551	603. 68	4. 31	59. 80	958. 79	5. 43	96. 85	248. 57	2. 77	45. 02	1099. 28	3. 90
	140	14	14	37. 567	29. 490	0. 550	688. 81	4. 28	68. 75	1093. 56	5. 40	110. 47	284. 06	2. 75	50. 45	1284. 22	3. 98
	140	16	14	42. 539	33. 393	0. 549	770. 24	4. 26	77. 46	1221. 81	5. 36	123. 42	318. 67	2. 74	55. 55	1470. 07	4. 06
16	160	10	16	31. 502	24. 729	0. 630	779. 53	4. 98	66. 70	1237. 30	6. 27	109. 36	321. 76	3. 20	52. 76	1365. 33	4. 31
	160	12	16	37. 441	29. 391	0. 630	916. 58	4. 95	78. 98	1455. 68	6. 24	128. 67	377. 49	3. 18	60. 74	1639. 57	4. 39
	160	14	16	43. 296	33. 987	0. 629	1048. 36	4. 92	90. 95	1665. 02	6. 20	147. 17	431. 70	3. 16	68. 24	1914. 68	4. 47
	160	16	16	49. 067	38. 518	0. 629	1175. 08	4. 89	102. 63	1865. 57	6. 17	164. 89	484. 59	3. 14	75. 31	2190. 82	4. 55

（续）

角钢号数	尺寸/mm			截面面积 /cm^2	理论重量 /(kg/m)	外表面积 /(m^2/m)	参考数值										
							$x-x$			x_0-x_0			y_0-y_0			x_1-x_1	z_0 /cm
	b	d	r				I_x /cm^4	i_x /cm	W_x /cm^3	I_{x0} /cm^4	i_{x0} /cm	W_{x0} /cm^3	I_{y0} /cm^4	i_{y0} /cm	W_{y0} /cm^3	I_{x1} /cm^4	
18	180	12	16	42.241	33.159	0.710	1321.35	5.59	100.82	2100.10	7.05	165.00	542.61	3.58	78.41	2332.80	4.89
	180	14	16	48.896	38.388	0.709	1514.48	5.56	116.25	2407.42	7.02	189.14	625.53	3.56	88.38	2723.48	4.97
	180	16	16	55.467	43.542	0.709	1700.99	5.54	131.35	2703.37	6.98	212.40	698.60	3.55	97.83	3115.29	5.05
	180	18	16	61.955	48.634	0.708	1875.12	5.50	145.64	2988.24	6.94	234.78	762.01	3.51	105.14	3502.43	5.13
20	200	14	18	54.642	42.894	0.788	2103.55	6.20	144.70	3343.26	7.82	236.40	863.83	3.98	111.82	3734.10	5.46
	200	16	18	62.013	48.680	0.788	2366.15	6.18	163.65	3760.89	7.79	265.93	971.41	3.96	123.96	4270.39	5.54
	200	18	18	69.301	54.401	0.787	2620.64	6.15	182.22	4164.54	7.75	294.48	1076.74	3.94	135.52	4808.13	5.62
	200	20	18	76.505	60.056	0.787	2867.30	6.12	200.42	4554.55	7.72	322.06	1180.04	3.93	146.55	5347.51	5.69
	200	24	18	90.661	71.168	0.785	3338.25	6.07	236.17	5294.97	7.64	374.41	1381.43	3.90	166.55	6457.16	5.87

注：截面图中的 $r_1=d/3$ 及表中 r 值的数据用于孔型设计，不作为交货条件。

附表 A-2 热轧不等边角钢(GB 9788—88)

符号意义：
B——长边宽度；
b——短边宽度；
d——边厚度；
r——内圆弧半径；
r_1——边端内圆弧半径；
I——惯性矩；
i——惯性半径；
W——弯曲截面系数；
x_0——形心距离；
y_0——形心距离

角钢号数	尺寸/mm				截面面积/cm²	理论重量/(kg/m)	外表面积/(m²/m)	参考数值													
								$x-x$			$y-y$			x_1-x_1		y_1-y_1		$u-u$			
	B	b	d	r				I_x/cm⁴	i_x/cm	W_x/cm³	I_y/cm⁴	i_y/cm	W_y/cm³	I_{x1}/cm⁴	y_0/cm	I_{y1}/cm⁴	x_0/cm	I_u/cm⁴	i_u/cm	W_u/cm³	$\tan\alpha$
2.5/1.6	25	16	3	3.5	1.162	0.912	0.080	0.70	0.78	0.43	0.22	0.44	0.19	1.56	0.86	0.43	0.42	0.14	0.34	0.16	0.392
	25	16	4	3.5	1.499	1.176	0.079	0.88	0.77	0.55	0.27	0.43	0.24	2.09	0.90	0.59	0.46	0.17	0.34	0.20	0.381
3.2/2	32	20	3	3.5	1.492	1.171	0.102	1.53	1.01	0.72	0.46	0.55	0.30	3.27	1.08	0.82	0.49	0.28	0.43	0.25	0.382
	32	20	4	3.5	1.939	1.522	0.101	1.93	1.00	0.93	0.57	0.54	0.39	4.37	1.12	1.12	0.53	0.35	0.42	0.32	0.374
4/2.5	40	25	3	4	1.890	1.484	0.127	3.08	1.28	1.15	0.93	0.70	0.49	6.39	1.32	1.59	0.59	0.56	0.54	0.40	0.386
	40	25	4	4	2.467	1.936	0.127	3.93	1.26	1.49	1.18	0.69	0.63	8.53	1.37	2.14	0.63	0.71	0.54	0.52	0.381
4.5/2.8	45	28	3	5	2.149	1.687	0.143	4.45	1.44	1.47	1.34	0.79	0.62	9.10	1.47	2.23	0.64	0.80	0.61	0.51	0.383
	45	28	4	5	2.806	2.203	0.143	5.69	1.42	1.91	1.7	0.78	0.80	12.13	1.51	3.00	0.68	1.02	0.60	0.66	0.38

(续)

角钢号数	尺寸/mm				截面面积/cm²	理论重量/(kg/m)	外表面积/(m²/m)	参考数值													
								x—x			y—y			$x_1—x_1$		$y_1—y_1$		u—u			
	B	b	d	r				I_x /cm⁴	i_x /cm	W_x /cm³	I_y /cm⁴	i_y /cm	W_y /cm³	I_{x1} /cm⁴	y_0 /cm	I_{y1} /cm⁴	x_0 /cm	I_u /cm⁴	i_u /cm	W_u /cm³	tanα
5/3.2	50	32	3	5.5	2.431	1.908	0.161	6.24	1.6	1.84	2.02	0.91	0.82	12.49	1.60	3.31	0.73	1.20	0.70	0.68	0.404
	50	32	4	5.5	3.177	2.494	0.160	8.02	1.59	2.39	2.58	0.90	1.06	16.65	1.65	4.45	0.77	1.53	0.69	0.87	0.402
5.6/3.6	56	36	3	6	2.743	2.153	0.181	8.88	1.8	2.32	2.92	1.03	1.05	17.54	1.78	4.70	0.80	1.73	0.79	0.87	0.408
	56	36	4	6	3.590	2.818	0.180	11.25	1.79	3.03	3.76	1.02	1.37	23.39	1.82	6.33	0.85	2.23	0.79	1.13	0.408
	56	36	5	6	4.415	3.466	0.180	13.86	1.77	3.71	4.49	1.01	1.65	29.25	1.87	7.94	0.88	2.67	0.78	1.36	0.404
6.3/4	63	40	4	7	4.058	3.185	0.202	16.49	2.02	3.87	5.23	1.14	1.70	33.30	2.04	8.63	0.92	3.12	0.88	1.40	0.398
	63	40	5	7	4.993	3.920	0.202	20.02	2.00	4.74	6.31	1.12	2.71	41.63	2.08	10.86	0.95	3.76	0.87	1.71	0.396
	63	40	6	7	5.908	4.638	0.201	23.36	1.96	5.59	7.29	1.11	2.43	49.98	2.12	13.12	0.99	4.34	0.86	1.99	0.393
	63	40	7	7	6.802	5.339	0.201	26.53	1.98	6.40	8.24	1.10	2.78	58.07	2.15	15.47	1.03	4.97	0.86	2.29	0.389
7/4.5	70	45	4	7.5	4.547	3.570	0.226	23.17	2.26	4.86	7.55	1.29	2.17	45.92	2.24	12.26	1.02	4.40	0.98	1.77	0.410
	70	45	5	7.5	5.609	4.403	0.225	27.95	2.23	5.92	9.13	1.28	2.65	57.10	2.28	15.39	1.06	5.40	0.98	2.19	0.407
	70	45	6	7.5	6.647	5.218	0.225	32.54	2.21	6.95	10.62	1.26	3.12	68.35	2.32	18.58	1.09	6.35	0.98	2.59	0.404
	70	45	7	7.5	7.657	6.011	0.225	37.22	2.20	8.03	12.01	1.25	3.57	79.99	2.36	21.84	1.13	7.16	0.97	2.94	0.402
(7.5/5)	75	50	5	8	6.125	4.808	0.245	34.86	2.39	6.83	12.61	1.44	3.30	70.00	2.40	21.04	1.17	7.41	1.10	2.47	0.435
	75	50	6	8	7.260	5.699	0.245	41.12	2.38	8.12	14.70	1.42	3.88	84.30	2.44	25.37	1.21	8.54	1.08	3.19	0.435
	75	50	8	8	9.467	7.431	0.244	52.39	2.35	10.52	18.53	1.40	4.99	112.50	2.52	34.23	1.29	10.87	1.07	4.10	0.429
	75	50	10	8	11.590	9.098	0.244	62.71	2.33	12.79	21.96	1.38	6.04	140.80	2.60	43.43	1.36	13.10	1.06	4.99	0.423

(续)

角钢号数	尺寸/mm				截面面积 /cm²	理论重量 /(kg/m)	外表面积 /(m²/m)	参考数值													
								$x-x$			$y-y$			x_1-x_1		y_1-y_1		$u-u$			
	B	b	d	r				I_x /cm⁴	i_x /cm	W_x /cm³	I_y /cm⁴	i_y /cm	W_y /cm³	I_{x1} /cm⁴	y_0 /cm	I_{y1} /cm⁴	x_0 /cm	I_u /cm⁴	i_u /cm	W_u /cm³	$\tan\alpha$
8/5	80	50	5	8	6.357	5.005	0.255	41.96	2.56	7.78	12.82	1.42	3.32	85.21	2.60	21.06	1.14	7.66	1.10	2.74	0.388
	80	50	6	8	7.560	5.935	0.255	49.49	2.56	9.25	14.95	1.41	3.91	102.53	2.65	25.41	1.18	8.85	1.08	3.20	0.387
	80	50	7	8	8.724	6.848	0.255	56.16	2.54	10.58	16.96	1.39	4.48	119.33	2.69	29.82	1.21	10.18	1.08	3.70	0.384
	80	50	8	8	9.876	7.745	0.254	62.83	2.52	11.92	18.85	1.38	5.03	136.41	2.73	34.32	1.25	11.38	1.07	4.16	0.381
9/5.6	90	56	5	9	7.212	5.661	0.287	60.45	2.90	9.92	18.32	1.59	4.21	121.32	2.91	29.53	1.25	10.98	1.23	3.49	0.385
	90	56	6	9	8.557	6.717	0.286	71.03	2.88	11.74	21.42	1.58	4.96	145.59	2.95	35.58	1.29	12.90	1.23	4.18	0.384
	90	56	7	9	9.880	7.756	0.286	81.01	2.86	13.49	24.36	1.57	5.70	169.66	3.00	41.71	1.33	14.67	1.22	4.72	0.382
	90	56	8	9	11.183	8.779	0.289	91.03	2.85	15.27	27.15	1.56	6.41	194.17	3.04	47.93	1.36	16.34	1.21	5.29	0.38
10/6.3	100	63	6	10	9.617	7.550	0.320	99.06	3.21	14.64	30.94	1.79	6.35	199.71	3.24	50.50	1.43	18.42	1.38	5.25	0.394
	100	63	7	10	11.111	8.722	0.320	113.45	3.29	16.88	35.26	1.78	7.29	233.00	3.28	59.14	1.47	21.00	1.38	6.02	0.393
	100	63	8	10	12.584	9.878	0.319	127.37	3.18	19.08	39.39	1.77	8.21	266.32	3.32	67.88	1.50	23.50	1.37	6.78	0.391
	100	63	10	10	15.467	12.142	0.319	153.81	3.15	23.32	47.12	1.74	9.98	333.06	3.40	85.73	1.58	28.33	1.35	8.24	0.387
10/8	100	80	6	10	10.637	8.350	0.354	107.04	3.17	15.19	61.24	2.40	10.16	199.83	2.95	102.68	1.97	31.65	1.72	8.37	0.627
	100	80	7	10	12.301	9.656	0.354	122.73	3.16	17.52	70.08	2.39	11.71	233.20	3.00	119.98	2.01	36.17	1.72	9.60	0.626
	100	80	8	10	13.944	10.946	0.353	137.92	3.14	19.81	78.58	2.37	13.21	266.61	3.04	137.37	2.05	40.58	1.71	10.80	0.625
	100	80	10	10	17.167	13.476	0.353	166.87	3.12	24.24	94.65	2.35	16.12	333.63	3.12	172.48	2.13	49.10	1.69	13.12	0.622

(续)

角钢号数	尺寸/mm				截面面积/cm²	理论重量/(kg/m)	外表面积/(m²/m)	参考数值													
								$x-x$			$y-y$			x_1-x_1		y_1-y_1		$u-u$			
	B	b	d	r				I_x/cm⁴	i_x/cm	W_x/cm³	I_y/cm⁴	i_y/cm	W_y/cm³	I_{x1}/cm⁴	y_0/cm	I_{y1}/cm⁴	x_0/cm	I_u/cm⁴	i_u/cm	W_u/cm³	$\tan\alpha$
11/7	110	70	6	10	10.637	8.350	0.354	133.37	3.54	17.85	42.92	2.01	7.90	265.78	3.53	69.08	1.57	25.36	1.54	6.53	0.403
	110	70	7	10	12.301	9.656	0.354	153.00	3.53	20.60	49.01	2.00	9.09	310.07	3.57	80.82	1.61	28.95	1.53	7.50	0.402
	110	70	8	10	13.944	10.946	0.353	172.04	3.51	23.30	54.87	1.98	10.25	354.39	3.62	92.70	1.65	32.45	1.53	8.45	0.401
	110	70	10	10	17.167	13.467	0.353	208.39	3.48	28.54	65.88	1.96	12.48	443.13	3.70	116.83	1.72	39.2	1.51	10.29	0.397
12.5/8	125	80	7	11	14.096	11.066	0.403	227.98	4.02	26.86	74.42	2.30	12.01	454.99	4.01	120.32	1.80	43.81	1.76	9.92	0.408
	125	80	8	11	15.989	12.551	0.403	256.77	4.01	30.41	83.49	2.28	13.56	519.99	4.06	137.85	1.84	49.15	1.75	11.18	0.407
	125	80	10	11	19.712	15.474	0.402	312.04	3.98	37.33	100.67	2.26	16.56	650.09	4.14	173.40	1.92	59.45	1.74	13.64	0.404
	125	80	12	11	23.351	18.330	0.402	364.41	3.95	44.01	116.67	2.24	19.43	780.39	4.22	209.67	2.00	69.35	1.72	16.01	0.400
14/9	140	90	8	12	18.038	14.160	0.453	365.64	4.50	38.48	120.69	2.59	17.34	730.53	4.50	195.79	2.04	70.83	1.98	14.31	0.411
	140	90	10	12	22.261	17.475	0.452	445.50	4.47	47.31	146.03	2.56	21.22	913.20	4.58	245.92	2.12	85.82	1.96	17.48	0.409
	140	90	12	12	26.400	20.724	0.451	521.59	4.44	55.87	169.79	2.54	24.95	1096.09	4.66	296.89	2.19	100.21	1.95	20.54	0.406
	140	90	14	12	30.456	23.908	0.451	594.10	4.42	64.18	192.10	2.51	28.54	1279.26	4.74	348.82	2.27	114.13	1.94	23.52	0.403
16/10	160	100	10	13	25.315	19.872	0.512	668.69	5.14	62.13	205.03	2.85	26.56	1362.89	5.24	336.59	2.28	121.74	2.19	21.92	0.39
	160	100	12	13	30.054	23.592	0.511	784.91	5.11	73.49	239.06	2.82	31.28	1635.56	5.32	405.94	2.36	142.33	2.17	25.79	0.388
	160	100	14	13	34.709	27.247	0.510	896.30	5.08	84.56	271.20	2.80	35.83	1908.50	5.40	476.42	2.43	162.23	2.16	29.56	0.385
	160	100	16	13	39.281	30.835	0.510	1003.04	5.05	95.33	301.60	2.77	40.24	2181.79	5.48	548.22	2.51	181.57	2.15	33.25	0.382

（续）

角钢号数	尺寸/mm				截面面积/cm²	理论重量/(kg/m)	外表面积/(m²/m)	参考数值													
								$x-x$			$y-y$			x_1-x_1		y_1-y_1		$u-u$			
	B	b	d	r				I_x/cm⁴	i_x/cm	W_x/cm³	I_y/cm⁴	i_y/cm	W_y/cm³	I_{x1}/cm⁴	y_0/cm	I_{y1}/cm⁴	x_0/cm	I_u/cm⁴	i_u/cm	W_u/cm³	$\tan\alpha$
18/11	180	110	10	14	28.373	22.273	0.571	956.25	5.80	78.96	278.11	3.13	32.49	1940.40	5.89	447.22	2.44	166.50	2.42	26.88	0.376
	180	110	12	14	33.712	26.464	0.571	1124.72	5.78	93.53	325.03	3.10	38.32	2328.38	5.98	538.94	2.52	194.87	2.40	31.66	0.374
	180	110	14	14	38.967	30.589	0.570	1286.91	5.75	107.76	369.55	3.08	43.97	2716.60	6.06	631.95	2.59	222.30	2.39	36.32	0.372
	180	110	16	14	44.139	34.649	0.569	1443.06	5.72	121.64	411.85	3.05	49.44	3105.15	6.14	726.46	2.67	248.94	2.38	40.87	0.369
20/12.5	200	125	12	14	37.912	29.761	0.641	1570.90	6.44	116.73	483.16	3.57	49.99	3193.85	6.54	787.74	2.83	285.79	2.74	41.23	0.392
	200	125	14	14	43.867	34.436	0.640	1800.97	6.41	134.65	550.83	3.54	57.44	3726.17	6.62	922.47	2.91	326.58	2.73	47.34	0.390
	200	125	16	14	49.739	39.045	0.639	2023.35	6.38	152.18	615.44	3.52	64.69	4258.86	6.70	1058.86	2.99	366.21	2.71	53.32	0.388
	200	125	18	14	55.526	43.588	0.639	2238.30	6.35	169.33	677.19	3.49	71.74	4792.00	6.78	1197.13	3.06	404.83	2.70	59.18	0.385

注：①括号内型号不推荐使用；②截面图中的 $r_1=d/3$ 及表中 r 值的数据用于孔型设计，不作为交货条件。

附表 A-3　热轧工字钢(GB 706—88)

符号意义：
h——高度；
b——腿宽度；
d——腰厚度；
t——平均腿厚度；
r——内圆弧半径；
r_1——腿端圆弧半径；
I——惯性矩；
W——弯曲截面系数；
i——惯性半径；
S——半截面的静矩

型号	尺寸/mm						截面面积/cm²	理论重量/(kg/m)	参考数值						
									$x-x$				$y-y$		
	h	b	d	t	r	r_1			I_x/cm⁴	W_x/cm³	i_x/cm	$I_x:S_x$/cm	I_y/cm⁴	W_y/cm³	i_y/cm
10	100	68	4.5	7.6	6.5	3.3	14.3	11.2	245	49	4.14	8.59	33	9.72	1.52
12.6	126	74	5	8.4	7	3.5	18.1	14.2	488.43	77.529	5.195	10.85	46.906	12.677	1.609
14	140	80	5.5	9.1	7.5	3.8	21.5	16.9	712	102	5.76	12	64.4	16.1	1.73
16	160	88	6	9.9	8	4	26.1	20.5	1130	141	6.85	13.8	93.1	21.2	1.89
18	180	94	6.5	10.7	8.5	4.3	30.6	24.1	1660	185	7.36	15.4	122	26	2
20a	200	100	7	11.4	9	4.5	35.5	27.9	2370	237	8.15	17.2	158	31.5	2.12
20b	200	102	9	11.4	9	4.5	39.5	31.1	2500	250	7.96	16.9	169	33.1	2.06
22a	200	110	7.5	12.3	9.5	4.8	42	33	3400	309	8.99	18.9	225	40.9	2.31
22b	200	112	9.5	12.3	9.5	4.8	46.4	36.4	3570	325	8.78	18.7	239	42.7	2.27
25a	250	116	8	13	10	5	48.5	38.1	5023.54	401.88	10.18	21.58	280.46	48.283	2.403
25b	250	118	10	13	10	5	53.5	42	5283.96	422.72	9.938	21.27	309.297	52.423	2.404

(续)

型号	尺寸/mm						截面面积 /cm^2	理论重量 /(kg/m)	参考数值						
									$x—x$				$y—y$		
	h	b	d	t	r	r_1			I_x /cm^4	W_x /cm^3	i_x /cm	$I_x:S_x$ /cm	I_y /cm^4	W_y /cm^3	i_y /cm
28a	280	122	8.5	13.7	10.5	5.3	55.45	43.4	7114.14	508.15	11.32	24.62	345.051	56.565	2.495
28b	280	124	10.5	13.7	10.5	5.3	61.05	47.9	7480	534.29	11.08	24.24	379.496	61.209	2.493
a	320	130	9.5	15	11.5	5.8	67.05	52.7	11075.5	692.2	12.84	27.46	459.93	70.758	2.619
32b	320	132	11.5	15	11.5	5.8	73.45	57.7	11621.4	726.33	12.58	27.09	501.53	75.989	2.614
c	320	134	13.5	15	11.5	5.8	79.95	62.8	12167.5	760.47	12.34	26.77	543.81	81.166	2.608
a	360	136	10	15.8	12	6	76.3	59.9	15760	875	14.4	30.7	552	81.2	2.69
36b	360	138	12	15.8	12	6	83.5	65.6	16530	919	14.1	30.3	582	84.3	2.64
c	360	140	14	15.8	12	6	90.7	71.2	17310	962	13.8	29.9	612	87.4	2.6
a	400	142	10.5	16.5	12.5	6.3	86.1	67.6	21720	1090	15.9	34.1	660	93.2	2.77
40b	400	144	12.5	16.5	12.5	6.3	94.1	73.8	22780	1140	15.6	33.6	692	96.2	2.71
c	400	146	14.5	16.5	12.5	6.3	102	80.1	23850	1190	15.2	33.2	727	99.6	2.65
a	450	150	11.5	18	13.5	6.8	102	80.4	32240	1430	17.7	38.6	855	114	2.89
45b	450	152	13.5	18	13.5	6.8	111	87.4	33760	1500	17.4	38	894	118	2.84
c	450	154	15.5	18	13.5	6.8	120	94.5	35280	1570	17.1	37.6	938	122	2.79
a	500	158	12	20	14	7	119	93.6	46470	1860	19.7	42.8	1120	142	3.07
50b	500	160	14	20	14	7	129	101	48560	1940	19.4	42.4	1170	146	3.01
c	500	162	16	20	14	7	139	109	50640	2080	19	41.8	1220	151	2.96
a	560	166	12.5	21	14.5	7.3	135.25	106.2	65585.6	2342.31	22.02	47.73	1370.16	165.08	3.182
56b	560	168	14.5	21	14.5	7.3	146.45	115	68512.5	2446.69	21.63	47.17	1486.75	175.25	3.162
c	560	170	16.5	21	14.5	7.3	157.85	123.9	71439.4	2551.41	21.27	46.66	1558.39	183.34	3.158
a	630	176	13	22	15	7.5	154.9	121.6	94916.2	2981.47	24.62	54.17	1700.55	193.24	3.314
63b	630	178	15	22	15	7.5	167.5	131.5	98083.6	3163.38	24.2	53.51	1812.07	203.6	3.289
c	630	180	17	22	15	7.5	180.1	141	102251.1	3298.42	23.82	52.92	1924.91	213.88	3.268

注：截面图和表中标注的圆弧半径 r、r_1 的数据用于孔型设计，不作为交货条件。

附表 A-4 热轧槽钢(GB 707—88)

符号意义：

h——高度；

b——腿宽度；

d——腰厚度；

δ——平均腿厚度；

r——内圆弧半径；

r_1——腿端圆弧半径；

I——惯性矩；

W——弯曲截面系数；

i——惯性半径；

z_0——$y-y$ 轴与 y_1-y_1 轴间距

型号	尺寸/mm						截面面积/cm²	理论重量/(kg/m)	参考数值							
									$x-x$			$y-y$			y_1-y_1	z_0/cm
	h	b	d	δ	r	r_1			W_x/cm³	I_x/cm⁴	i_x/cm	W_y/cm³	I_y/cm⁴	i_y/cm	I_{y1}/cm⁴	
5	50	37	4.5	7	7	3.5	6.93	5.44	10.4	26	1.94	3.55	8.3	1.1	20.9	1.35
6.3	63	40	4.8	7.5	7.5	3.75	8.444	6.63	16.123	50.786	2.453	4.50	11.872	1.185	28.38	1.36
8	80	43	5	8	8	4	10.24	8.04	25.3	101.3	3.15	5.79	16.6	1.27	37.4	1.43
10	100	48	5.3	8.5	8.5	4.25	12.74	10.00	39.7	198.3	3.95	7.8	25.6	1.41	54.9	1.52
12.6	126	53	5.5	9	9	4.5	15.69	12.37	62.137	391.466	4.953	10.242	37.99	1.567	77.09	1.59
14^{b}_{a}	140	58	6	9.5	9.5	4.75	18.51	14.53	80.5	563.7	5.52	13.01	53.2	1.7	107.1	1.71
	140	60	8	9.5	9.5	4.75	21.31	16.73	87.1	609.4	5.35	14.12	61.1	1.69	120.6	1.67
16a	160	63	6.5	10	10	5	21.95	17.23	108.3	866.2	6.28	16.3	73.3	1.83	144.1	1.8
16	160	65	8.5	10	10	5	25.15	19.74	116.8	934.5	6.1	17.55	83.4	1.82	160.8	1.75

（续）

型号	尺寸/mm						截面面积/cm^2	理论重量/(kg/m)	参考数值							
									$x-x$			$y-y$			y_1-y_1	
	h	b	d	δ	r	r_1			W_x/cm^3	I_x/cm^4	i_x/cm	W_y/cm^3	I_y/cm^4	i_y/cm	I_{y1}/cm^4	z_0/cm
18a	180	68	7	10.5	10.5	5.25	25.69	20.17	141.4	1272.7	7.04	20.03	98.6	1.96	189.7	1.88
18	180	70	9	10.5	10.5	5.25	29.29	22.99	152.2	1369.9	6.84	21.52	111	1.95	210.1	1.84
20a	200	73	7	11	11	5.5	28.83	22.63	178	1780.4	7.86	24.2	128	2.11	244	2.01
20	200	75	9	11	11	5.5	32.83	25.77	191.4	1913.7	7.64	25.88	143.6	2.09	268.4	1.95
22a	220	77	7	11.5	11.5	5.75	31.84	24.99	217.6	2393.9	8.67	28.17	157.8	2.23	298.2	2.1
22	220	79	9	11.5	11.5	5.75	36.24	28.45	233.8	2571.4	8.42	30.05	176.4	2.21	326.3	2.03
a	250	78	7	12	12	6	34.91	27.47	269.597	3369.62	9.823	30.607	175.529	2.243	322.256	2.065
25b	250	80	9	12	12	6	39.91	31.39	282.402	3530.04	9.405	32.657	196.421	2.218	353.187	1.982
c	250	82	11	12	12	6	44.91	35.32	259.236	3690.45	9.065	35.926	218.415	2.206	384.133	1.921
a	280	82	7.5	12.5	12.5	6.25	40.02	31.42	340.328	4764.59	10.91	35.718	217.989	2.333	387.566	2.097
28b	280	84	9.5	12.5	12.5	6.25	45.62	35.81	366.46	5130.45	10.6	37.929	242.144	2.304	427.589	2.016
c	280	86	11.5	12.5	12.5	6.25	51.22	40.21	392.594	5496.32	10.35	40.301	267.602	2.286	426.597	1.951
a	320	88	8	14	14	7	48.7	38.22	474.879	7598.06	12.49	46.473	304.787	2.502	552.31	2.242
32b	320	90	10	14	14	7	55.1	43.25	509.012	8144.2	12.15	49.157	336.332	2.471	592.933	2.158
c	320	92	12	14	14	7	61.5	48.28	543.145	8690.33	11.88	52.642	347.175	2.467	643.299	2.092
a	360	96	9	16	16	8	60.89	47.8	659.7	11874.2	13.97	63.54	455	2.73	818.4	2.44
36b	360	98	11	16	16	8	68.09	53.45	702.9	12651.8	13.63	66.85	496.7	2.7	880.4	2.37
c	360	100	13	16	16	8	75.29	50.1	746.1	13429.4	13.36	70.02	536.4	2.67	947.9	2.34
a	400	100	10.5	18	18	9	75.05	58.91	878.9	17577.9	15.30	78.83	592	2.81	1067.7	2.49
40b	400	102	12.5	18	18	9	83.05	65.19	932.2	18644.5	14.98	82.52	640	2.78	1135.6	2.44
c	400	104	14.5	18	18	9	91.05	71.47	985.6	19711.2	14.71	86.19	687.8	2.75	1220.7	2.42

注：截面图和表中标注的圆弧半径 r、r_1 的数据用于孔型设计，不作为交货条件。

附录B　单位换算

1. 长度

1m(米)＝3.281ft(英尺)＝39.37in(英寸)

1cm(厘米)＝3.281×10^{-2}ft＝0.3937in

1ft＝30.48cm＝0.3048m

1in＝2.54cm＝0.0254m

2. 面积

$1m^2=10.76ft^2=1550in^2$

$1cm^2=1.076\times10^{-3}ft^2=0.1550in^2$

$1ft^2=9.290\times10^{-2}m^2=929.0cm^2$

$1in^2=6.452\times10^{-4}m^2=6.452cm^2$

3. 体积

$1m^3=35.31ft^3=6.102\times10^4in^3$

$1cm^3=3.531\times10^{-5}ft^3=6.102\times10^{-2}in^3$

$1ft^3=2.832\times10^{-2}m^3=2.832\times10^4cm^3$

$1in^3=1.639\times10^{-5}m^3=1.639cm^3$

4. 力

1kgf(公斤力)＝9.807N(牛顿)＝2.205lb(磅)

1lb＝4.448N＝0.4536kgf

1N＝0.2248lb＝0.1020kgf

5. 应力

$1kgf/cm^2$＝14.22psi(磅/英寸^2)＝$98070N/m^2$

　　　　＝$0.09807MN/m^2\approx0.1MN/m^2$

$1psi=0.07031kgf/cm^2=6.895\times10^{-3}MN/m^2$

$1MN/m^2=145psi=10.20kgf/cm^2$

6. 功及功率

1ft・1b＝0.1383kgf・m＝1.356・Nm

1kgf・m＝9.807N・m＝7.233ft・lb

1PS(公制马力)＝75kgf・m/s＝0.7355kW(千瓦)＝0.9863hp(英制马力)

附录C　中英文索引

E

二力杆　bar subjected two forces　§1.4.2

F

分力　component force　§1.1

G

杆件　bars　§5.5
刚度　stiffness　§5.1，§9.1.1
刚架　frame　§6.2.1
刚体　rigid body　§1.1
刚体静力学　rigid body statics　§4
各向同性材料　isotropic material　§5.2
构件　member　§5.1
惯性半径　radius of inertia　§7.2.2，§12.3.1
惯性积　product of inertia　§7.2.3
惯性矩　moment of inertia　§7.2.1
滚动摩擦　rolling resistance　§4.2.1

H

桁架内力　internal force of trusses　§4.1.2
合力　resultant force　§1.1
合力矩定理　theorem of moment of resultant force　§1.3.3
合力投影定理　theorem on projection of resultant force　§1.3.1
滑动摩擦　sliding friction　§4.2.1
汇交力系　concurrent force system　§2.1

J

基本假设　basic assumptions　§4.1.1
极惯性矩　polar moment of inertia　§7.2.3
几何法　geometrical method　§2.1.1
极限应力　critical stress　§8.3.1
挤压　bearing　§8.4.2
剪力　shearing forces　§6.1.1
剪力图　diagram of shearing forces　§6.1.2
剪切　shearing　§5.5
简支梁　simple supported beam　§5.5
交变应力　alternating stress　§14.1

N

挠度　deflection　§9.3.1
挠曲线微分方程　deflection curve differential equation　§9.3.2
内力　internal forces　§5.3.2
内力方程　equation of internal forces　§6.1.2
内力分量　components of the internal forces　§6.1.1
内力图　diagram of internal forces　§6.1.2
扭矩　twist moment　§6.1.1
扭矩图　diagram of torsion moment　§6.1.2
扭转　torsion　§5.5
扭转角　torsion angle　§9.2.1

O

欧拉公式　euler formula　§12.2.1

P

疲劳失效　fatigue failure　§14.1
偏心拉伸　eccentric tension　§11.3.2
偏心压缩　eccentric compression　§11.3.2
平衡　equilibrium　§1.1
平衡方程　equations of equilibrium　§3.1.1
平衡条件　condition of equilibrium　§3.1
疲劳强度　fatigue strength　§14.4
平面桁架　planar trusses　§4.1.1
平面假设　plane assumption　§8.1.1
平面力系　coplanar force system　§2
平行力系　parallel force system　§2.4
平行移轴公式　formula for translation of axis　§7.3
平均应力　average stress　§14.2.2

Q

强度　strength　§5.1
强度极限　strength limit　§8.2.1
强度理论　strength theory　§10.6
强度条件　strength condition　§8.3.2
强化　strengthening　§8.2.1
切应变　shearing strain　§5.4.2
切应力　shearing stress　§5.4.1

R

S

T

W

X

相当长度　equivalent length　§12. 2. 2
相当应力　equivalent stress　§10. 6
形心　centroid of area　§7. 1
许用应力　allowable stress　§8. 3. 1
许可荷载　allowable load　§8. 3. 2
悬臂梁　cantilever beam　§5. 5

Y

压缩试验　compression test　§8. 2. 2
应变　Strain　§5. 4. 2
应力　stresses　§5. 4. 1
应力集中　stress concentration　§8. 1. 3
应力集中因数　factor of stress concentration　§8. 1. 3
应力-应变曲线　stress-strain curve　§8. 2. 1
应力圆　stress circle　§10. 2. 2
应力状态　stress state　§10. 1. 1
应力幅值　stress amplitude　§14. 2. 2
约束　constraint　§1. 4. 1
约束反力　the forces of constraint　§1. 4. 1

Z

正应力　normal stress　§5. 4. 1
支承约束条件　supporting constraint condition　§9. 3. 3
中等柔度杆　intermediate column　§12. 3. 3
重心　center of gravity　§2. 4. 3
轴　shaft　§5. 5
轴力　normal force　§6. 1. 1
轴力图　diagram of normal forces　§6. 1. 2
主惯性轴　principal axis of inertia　§7. 4
主矩　principle moment　§2. 3. 2
主平面　principle plane　§10. 1. 3
主矢　principle vector　§2. 3. 2
主应力　principle stress　§10. 1. 3
转角　rotation angle　§9. 3. 1
转轴公式　formula for axis of rotation　§7. 4
自锁现象　self-lock phenomenon　§4. 2. 3
组合变形　combined deformation　§11. 1
最大静摩擦力　maximum static friction force　§4. 2. 2

附录D　部分习题参考答案

第1章　静力学基础

1-3　$\boldsymbol{F}=4(12\boldsymbol{i}-16\boldsymbol{j}+15\boldsymbol{k})$

1-4　$M_A(\boldsymbol{F})=Fl\sin\alpha$

1-5　$M_x(\boldsymbol{F})=-F(a+c)\cos\alpha$；$M_y(\boldsymbol{F})=-Fb\cos\alpha$；$M_z(\boldsymbol{F})=-F(a+c)\sin\alpha$

1-6　$M_A(\boldsymbol{P})=6\text{N}\cdot\text{m}$；当 $\varphi=36°$时，$M_A(\boldsymbol{P})=0$

1-7　$M_y(\boldsymbol{F})=-3030\text{N}\cdot\text{cm}$

1-8　$M_x=-(10\sqrt{2}+12)r$；　$M_y=\left(\frac{5}{2}\sqrt{2}-18\right)r$；　$M_z=\left(\frac{5}{2}\sqrt{2}+4\right)r$

1-9　$M_A(F)=F\sqrt{a^2+b^2}$

第2章　力系简化理论

2-1　合力偶，$M=18.2\text{N}\cdot\text{m}$

2-2　(1) $F'_{\text{R}}=0$，$M_o=3Fl$

(2) $F'_{\text{R}}=0$，$M_D=3Fl$

2-3　$F'_{\text{R}}=466.5\text{N}$，$M_o=21.44\text{N}\cdot\text{m}$，$d=45.96\text{mm}$

2-4　$F_{\text{R}}=81.21\text{N}$，$\theta=62.2°$，$d=0.53\text{cm}$

2-5　力偶，$\boldsymbol{M}=\boldsymbol{F}a\sqrt{19}$，$\cos(\boldsymbol{M},\boldsymbol{i})=\cos(\boldsymbol{M},\boldsymbol{k})=-\frac{3}{\sqrt{19}}$，$\cos(\boldsymbol{M},\boldsymbol{j})=-\frac{1}{\sqrt{19}}$

2-6　$F'_{\text{R}x}=-345.4\text{N}$，$F'_{\text{R}y}=249.6\text{N}$，$F'_{\text{R}z}=10.56\text{N}$，$M_x=-51.78\text{N}\cdot\text{m}$，$M_y=-36.65\text{N}\cdot\text{m}$；$M_z=103.6\text{N}\cdot\text{m}$

2-7　$F_{\text{R}}=20\text{N}$，沿 z 轴正向，作用线位置由 $x_c=60\text{mm}$，$y_c=32.5\text{mm}$ 确定

2-8　力螺旋，$F_{\text{R}}=200\text{N}$，平行于 z 轴向下，$M=200\text{N}\cdot\text{m}$

第3章　力系的平衡

3-1　$F_A=F_B=-26.39\text{kN}$(压)，$F_C=33.46\text{kN}$(拉)

3-2　$F=50\text{N}$，$\alpha=1438'$

3-3　$Q=360\text{N}$，$F_{Ax}=-69.3\text{N}$，$F_{Az}=160\text{N}$，$F_{Bx}=17.3\text{N}$，$F_{Bz}=230\text{N}$

3-4　$F_1=14.49\text{kN}$，$F_2=5.27\text{kN}$，$F_{Ax}=-2.35\text{N}$，$F_{Az}=4.424\text{N}$，$F_{Bx}=21.39\text{N}$，$F_{By}=1.65\text{N}$，$F_{Bz}=9.284\text{N}$

3-5　$F_1=F_3=Q/2$，$F_2=0$；添力 P 后，$F_1=F_3=Q/2+P$，$F_2=-P$

3-6　(a) $F_{\text{RA}}=3.75\text{kN}$，$F_{\text{NB}}=-0.25\text{kN}$

(b) $F_{Ax}=0$，$F_{Ay}=17\text{kN}$，$M_A=43\text{kN}\cdot\text{m}$

3-7　$Q=0.5P\sin\beta$，$F_{\text{NA}}=0.5P$，$F_{\text{NB}}=0.5P\cos\beta$

3-8 $M_1=3\text{N}\cdot\text{m}$，逆时针方向；$F_{AB}=5\text{N}$

3-9 $F_{Ax}=2.4\text{kN}$，$F_{Ay}=1.2\text{kN}$，$F_{BC}=848\text{N}$

3-10 $0<x<1.25, \dfrac{825}{x+1.5}\leqslant W\leqslant\dfrac{375}{x}$

3-11 $F_A=-48.33\text{kN}$，$F_B=100\text{kN}$，$F_D=8.333\text{kN}$

3-12 $F_A=-15\text{kN}$，$F_B=40\text{kN}$，$F_C=5\text{kN}$，$F_D=15\text{kN}$

3-13 $P:G=a:l$

3-14 $F_{Ax}=-P$，$F_{Ay}=-P$，$F_{Dx}=2P$，$F_{Dy}=P$，$F_{Bx}=-P$，$F_{By}=0$

3-15 $F_{Ax}=-1.75\text{kN}$，$F_{Ay}=0.5\text{kN}$，$F_{Bx}=1.75\text{kN}$，$F_{By}=0.5\text{kN}$

3-16 $F_{RD}=84\text{N}$

3-17 $F_{CG}=-5\text{kN}$，$F_{Dx}=4\text{kN}$，$F_{Dy}=-4.5\text{kN}$，$F_{HE}=1.5\text{kN}$，$F_{HK}=0$

3-18 $F_{Ax}=-60\text{kN}$，$F_{Ay}=30\text{kN}$，$F_{BD}=100\text{kN}$，$F_{BC}=-50\text{kN}$，$F_{Ex}=60\text{kN}$，$F_{Ey}=30\text{kN}$

第4章　刚体静力学专门问题

4-1 $F_1=F_4=F_7=F_{10}=F_{11}=F_{13}=0$

4-2 $F_1=0$，$F_2=F_3=-F$，$F_4=0$，$F_5=\sqrt{2}F$

4-3 $F_1=F_2=F_3=17.32\text{kN}$，$F_4=F_5=F_6=F_7=0$，$F_8=F_9=F_{10}=-20\text{kN}$

4-4 $F_1=F_7=-4.62\text{kN}$，$F_2=F_6=2.31\text{kN}$，$F_3=F_5=0$，$F_4=-2.31\text{kN}$

4-5 $F_1=800\text{N}$，$F_2=500\text{N}$，$F_3=-800\text{N}$

4-6 $F_1=\dfrac{F}{2}$，$F_2=\dfrac{\sqrt{2}}{2}F$

4-7 $F_1=70\sqrt{2}\text{kN}$，$F_2=-70\text{kN}$

4-8 $F_3=100\text{kN}$，$F_4=400\text{kN}$，$F_5=-300\sqrt{2}\text{kN}$，$F_6=-200\text{kN}$

4-9 静止，$F_s=98\text{N}$

4-10 $f_{sB}>0.64$

4-11 (1) $F_1=\dfrac{\sin\theta+f\cos\theta}{\cos\theta-f\sin\theta}Q$

(2) $F_2=\dfrac{\sin\theta-f\cos\theta}{\cos\theta+f\sin\theta}Q$；

4-12 $F\geqslant400\text{kN}$

4-13 $0.6\text{N}\leqslant F\leqslant2.94\text{N}$

4-14 $F=0$，$M_f=3\text{N}\cdot\text{cm}$

4-15 $\theta\left(\sin\theta-\dfrac{\delta}{R}\cos\theta\right)\leqslant W\leqslant Q(\sin\theta+\dfrac{\delta}{R}\cos\theta)$

第5章　材料力学基本概念

5-1 (a) $F_{N1}=\dfrac{\sqrt{3}}{2}F, F_{S1}=\dfrac{F}{2}, M_1=\dfrac{F}{2}x; F_{N2}=\dfrac{F}{2}, F_{S2}=\dfrac{\sqrt{3}}{2}F, M_2=\dfrac{F}{2}a-\dfrac{\sqrt{3}}{2}Fy$

(b) $F_{N1}=\frac{\sqrt{2}}{2}F$, $F_{S1}=\frac{\sqrt{2}}{2}F$, $M_1=\frac{\sqrt{2}}{2}Fa$；$F_{N2}=\frac{\sqrt{2}}{2}F$, $F_{S2}=\frac{\sqrt{2}}{2}F$, $M_2=0$

(c) $F_{N1}=2F$，$F_{S1}=F$，$M_1=\frac{1}{2}Fa$；$F_{N2}=2\sqrt{2}F$，$F_{S2}=0$，$M_2=0$

5-2 (a) $F_{N1}=0$，$F_{S1}=F$，$M_1=FR$；
$F_{N2}=F\sin\theta$，$F_{S2}=F\cos\theta$，$M_2=FR(1+\sin\theta)$；
$F_{N3}=0$，$F_{S3}=F$，$M_3=\frac{1}{2}FR$

(b) $F_{N1}=2F$，$F_{Sy1}=F$，$M_{x1}=Fz$；
$F_{Sy2}=F$，$F_{Sz2}=2F$，$M_{x2}=Fa$，$M_{y2}=2Fx$，$M_{z2}=Fx$；
$F_{N3}=F$，$F_{Sz3}=2F$，$M_{x3}=-Fa+2Fy$，$M_{y3}=2Fb$，$M_{z3}=Fb$

5-3 $F=\frac{\sqrt{3}}{4}a^2\sigma$；$\left(0,\ \frac{\sqrt{3}}{6}a\right)$

第6章 杆件的内力分析

6-1 (a) $F_{N1}=20\text{kN}$，$F_{N2}=-10\text{kN}$，$F_{N3}=40\text{kN}$
(b) $F_{N1}=5\text{kN}$，$F_{N2}=10\text{kN}$，$F_{N3}=-10\text{kN}$
(c) $F_{N1}=F$，$F_{N2}=-F$，$F_{N3}=F$

6-2 (a) $T_1=-10\text{kN}\cdot\text{m}$，$T_2=10\text{kN}\cdot\text{m}$，$T_3=40\text{kN}\cdot\text{m}$
(b) $T_1=-3m$，$T_2=m$，$T_3=-2m$

6-3 (1) $T_{max}=1.273\text{kN}\cdot\text{m}$
(2) $T'_{max}=0.955\text{kN}\cdot\text{m}$

6-4 (a) $F_{S1}=F$，$M_1=0$；　$F_{S2}=F$，$M_2=-Fa$；　$F_{S3}=-F$，$M_3=0$
(b) $F_{S1}=-75\text{kN}$，$M_1=-75\text{kN}\cdot\text{m}$；　$F_{S2}=-75\text{kN}$，$M_2=-200\text{kN}\cdot\text{m}$；
$F_{S3}=200\text{kN}$，$M_3=-200\text{kN}\cdot\text{m}$

(c) $F_{S1}=-\frac{4}{3}\text{kN}$，$M_1=\frac{4}{15}\text{kN}\cdot\text{m}$；　$F_{S2}=\frac{2}{3}\text{kN}$，$M_2=\frac{1}{3}\text{kN}\cdot\text{m}$

(d) $F_{S1}=-qa$，$M_1=-\frac{1}{2}qa^2$；　$F_{S2}=-\frac{3}{2}qa$，$M_2=-2qa^2$；　$F_{S3}=qa$，$M_3=-qa^2$

6-5 (a) $|F_S|_{max}=\frac{3}{4}qa$，$|M|_{max}=\frac{1}{4}qa^2$

(b) $|F_S|_{max}=qa$，$|M|_{max}=\frac{1}{2}qa^2$

(c) $|F_S|_{max}=\frac{3}{4}qa$，$|M|_{max}=qa^2$

(d) $F_{Smax}=\frac{3}{2}qa$，$M_{max}=\frac{9}{8}qa^2$

6-6 (a) $F_{Smax}=F$，$|M|_{max}=Fa$
(b) $F_{Smax}=qa$，$|M|_{max}=qa^2$
(c) $F_{Smax}=2qa$，$|M|_{max}=2qa^2$
(d) $F_{Smax}=qa$，$|M|_{max}=\frac{1}{2}qa^2$

(e) $F_{Smax}=\frac{1}{2}qa$，$|M|_{max}=\frac{1}{8}qa^2$

(f) $F_{Smax}=\frac{3}{4}qa$，$|M|_{max}=\frac{33}{32}qa^2$

(g) $F_{Smax}=\frac{3}{2}qa$，$|M|_{max}=qa^2$

(h) $F_{Smax}=\frac{3}{2}qa$，$|M|_{max}=qa^2$

(i) $|F_S|_{max}=\frac{20}{3}\text{kN}$，$M_{max}=\frac{64}{9}\text{kN}\cdot\text{m}$

(j) $F_{Smax}=2\text{kN}$，$|M|_{max}=2\text{kN}\cdot\text{m}$

(k) $F_{Smax}=qa$，$M_{max}=\frac{3}{4}qa^2$

(l) $|F_S|_{max}=8.8\text{kN}$，$M_{max}=14.4\text{kN}\cdot\text{m}$

6-7 (a) $|F_S|_{max}=qa$，$|M|_{max}=qa^2$

(b) $F_{Smax}=\frac{1}{2}qa$，$M_{max}=\frac{1}{2}qa^2$

6-8 (a) $|F_N|_{max}=F$，$|F_S|_{max}=F$，$M_{max}=Fa$

(b) $|F_N|_{max}=2qa$，$F_{Smax}=2qa$，$M_{max}=2qa^2$

6-9 (a) $|F_N|_{max}=F/2$，$F_{Smax}=F/2$，$M_{max}=\frac{1}{2}FR$

(b) $|F_N|_{max}=F$，$F_{Smax}=F$，$M_{max}=FR$

6-10 $x=a$，$|F_S|_{max}=F$，$M_{max}=Fa$

第7章 截面图形的几何性质

7-1 (a) $z_C=\frac{a^2+ab+b^2}{3(a+b)}$，$y_C=\frac{ah+2bh}{3(a+b)}$

(b) $z_C=0.56r$，$y_C=0.424r$

7-2 $y_C=25\text{mm}$，$S_z=60500\text{mm}^3$

7-3 形心位置为 $y_C=80\text{mm}$，$z_C=0$

7-4 $I_x=\frac{bh^3}{4}$

7-5 $I_x=188.9a^4$，$I_y=190.4a^4$

7-6 (a) $i_z=\frac{h}{12}$

(b) $i_z=\frac{d}{4}$

7-7 (a) $I_{z_C}=124\text{cm}^4$

(b) $I_{z_C}=65142\text{cm}^4$

7-8 $a=8.14\text{cm}$

7-9 $I_x=1.2\times10^9\text{mm}^4$

第8章 杆件的应力与强度计算

8-1 $\sigma_{1-1}=-100\text{MPa}$，$\sigma_{2-2}=-33.3\text{MPa}$，$\sigma_{3-3}=25\text{MPa}$

8-2 $\alpha=0^\circ$：$\sigma_\alpha=100\text{MPa}$，$\tau_\alpha=0$

$\alpha=30^\circ$：$\sigma_\alpha=75\text{MPa}$，$\tau_\alpha=43.3\text{MPa}$

$\alpha=45^\circ$：$\sigma_\alpha=50\text{MPa}$，$\tau_\alpha=50\text{MPa}$

$\alpha=60^\circ$：$\sigma_\alpha=25\text{MPa}$，$\tau_\alpha=43.3\text{MPa}$

$\alpha=90^\circ$：$\sigma_\alpha=0$，$\tau_\alpha=0$

8-3 $\sigma_{\max}=-66.7\text{MPa}$

8-4 螺栓内径：$d\geqslant 22.6\text{mm}$

8-5 $b=15\text{mm}$，$h=30\text{mm}$

8-6 $F=138.6\text{kN}$，$\theta=60^\circ$

8-7 许用荷载$[F]=38.5\text{kN}$

8-8 $d=21.8\text{mm}$，可取$d=22\text{mm}$

8-9 $\tau=70.7\text{MPa}>[\tau]$强度不够，应改用$d\geqslant 32.6\text{mm}$的销钉

8-10 $\tau=15.9\text{MPa}<[\tau]$，安全

8-11 $\tau=0.952\text{MPa}$，$\sigma_{bs}=7.4\text{MPa}$

8-12 $d=14\text{mm}$

8-13 $\tau=99.5\text{MPa}<[\tau]$，螺栓满足合强度条件

8-14 $\tau=105.7\text{MPa}<[\tau]$，$\sigma_{bs}=141.2\text{MPa}<[\sigma_{bs}]$，$\sigma_{\max}=28.9\text{MPa}<[\sigma]$，该铆接头安全

8-15 $\tau_a=\tau_c=102\text{MPa}$，$\tau_b=51\text{MPa}$

8-16 $\tau_{AB\max}=48.83\text{MPa}$，$\tau_{BC\max}=72\text{MPa}$

8-17 $\tau_{\max}=31.71\text{MPa}$

8-18 $D_2/D_1=1.192$

8-19 $\tau_{\max}=\tau_{\max}^{CD}=\dfrac{16m}{\pi d_2^3}=\dfrac{128m}{\pi d_1^3}$

8-20 $\sigma_A=-7.41\text{MPa}$，$\sigma_B=4.94\text{MPa}$，$\sigma_C=0$，$\sigma_D=7.41\text{MPa}$

8-21 $\dfrac{F_1}{F_2}=\dfrac{h}{b}$

8-22 $\sigma_K=-\dfrac{Fa}{bh^2}$，$\tau_K=-\dfrac{3F}{4bh}$

8-23 $\sigma_K=34.544\text{MPa}$，$\tau_K=8.39\text{MPa}$

8-24 $\sigma_{t\max}=28.8\text{MPa}<[\sigma_t]$，$\sigma_{c\max}=46.1\text{MPa}<[\sigma_c]$，安全

8-25 $q\leqslant 2.7\text{kN/m}$

8-26 (1) 圆形：$d\geqslant 78\text{mm}$；矩形：$b\geqslant 41\text{mm}$，$h\geqslant 82\text{mm}$

(2) 圆形：$\dfrac{W_z}{A}=\dfrac{d}{8}=9.75\text{mm}$；矩形：$\dfrac{W_z}{A}=\dfrac{b}{3}=13.67\text{mm}$；矩形截面较好

第9章 杆件的变形与刚度计算

9-1 $E=205\text{GPa}$，$\nu=0.32$

9-2 $\Delta l=-16.7\times10^{-6}\text{m}$

9-3 $\Delta l=\dfrac{Fl}{Et(b_2-b_1)}\ln\dfrac{b_2}{b_1}$

9-4 $\Delta l=\dfrac{4Fl}{E\pi d_1 d_2}$

9-5 $\sigma_{上}=108.33\text{MPa}$，$\sigma_{中}=8.33\text{MPa}$，$\sigma_{下}=-141.67\text{MPa}$

9-6 $\sigma_1=\sigma_2=\dfrac{4FE_1}{\pi[E_1(d_1^2-d_3^2)+E_3d_3^2]}$，$\sigma_3=\dfrac{4FE_3}{\pi[E_1(d_1^2-d_3^2)+E_3d_3^2]}$

9-7 $\sigma_{钢}=375\text{MPa}$，$\sigma_{铜}=225\text{MPa}$，$\Delta l_{钢}=3.75\times10^{-3}\text{m}$

9-8 $\varphi=\dfrac{8tl^2}{G\pi D^3}$

9-9 $\varphi=\dfrac{32Tl(d_1^2+d_1d_2+d_2^2)}{3G\pi d_1^3d_2^3}$

9-11 (a) $\theta_A=\dfrac{-ql^3}{24EI}$，$w_C=\dfrac{-5ql^4}{384EI}$

(b) $\theta_A=-\dfrac{FL^2}{12EI}$，$w_C=-\dfrac{FL^3}{8EI}$

(c) $\theta_A=-\dfrac{FL^2}{8EI}$，$w_C=-\dfrac{29FL^3}{48EI}$

(d) $\theta_A=-\dfrac{m_0l}{18EI}$，$w_C=\dfrac{2m_0l^2}{81EI}$

9-13 $w_C=-\dfrac{97ql^4}{768EI}$，$w_B=-\dfrac{2399ql^4}{6144EI}$

9-14 (a) $w=\dfrac{Fa}{48EI}(3l^2-16al-16a^2)$，$\theta=\dfrac{F}{48EI}(24a^2+16al-3l^2)$

(b) $w=\dfrac{qal^2}{24EI}(5l+6a)$，$\theta=-\dfrac{ql^2}{24EI}(5l+2a)$

(c) $w=\dfrac{5qa^4}{24EI}$，$\theta=-\dfrac{qa^3}{4EI}$

(d) $w=-\dfrac{qa}{24EI}(3a^3+4a^2l-l^3)$，$\theta=-\dfrac{q}{24EI}(4a^3+4a^2l-l^3)$

9-15 $w_B=\dfrac{3FL^3}{16EI}$

9-16 $w_B=8.21\text{mm}(\downarrow)$

9-17 在梁的自由端加集中力$F=6AEI(\uparrow)$和集中力偶矩$m=6AlEI(\text{N}\cdot\text{m})$

9-18 A点水平位移$x_A=\dfrac{5Fl^2}{27Ebh^2}(\rightarrow)$

9-19 $w=12.1\text{mm}<[w]$，安全

9-20 $w_C=29.4\text{mm}$

9-21 $w_{总}=2.25\times10^{-3}\text{mm}$

9-23 (a) $F_{Ay}=F_{By}=\dfrac{3}{8}ql$，$F_{Cy}=\dfrac{5}{4}ql$

(b) $F_{Ay}=F_{By}=\dfrac{F}{2}$，$M_A=M_B=\dfrac{Fl}{8}$

(c) $F_{Ax}=F$，$F_{Ay}=\frac{9Fb}{16a}$，$M_A=\frac{Fb}{8}$，$F_{By}=\frac{9Fb}{16a}$

(d) $F_{Ay}=6.5\text{kN}$，$M_A=2.8\text{kN}\cdot\text{m}$，$F_{By}=9.5\text{kN}$

9-24 (1) $\Delta d=0.815\text{mm}$

(2) $\Delta d'=0.0222\text{mm}$

(3) $\frac{\Delta d'}{\Delta d}=2.73\%$

第10章 应力状态与强度理论

10-3 (a) $\sigma_2=-3.8\text{MPa}$，$\sigma_3=-26.2\text{MPa}$，$\alpha_0=-31°43'$，$\tau_{max}=11.2\text{MPa}$

(b) $\sigma_1=120.7\text{MPa}$，$\sigma_3=-20.7\text{MPa}$，$\alpha_0=-22°30'$，$\tau_{max}=70.7\text{MPa}$

(c) $\sigma_1=30\text{MPa}$，$\sigma_3=-30\text{MPa}$，$\alpha_0=45°$，$\tau_{max}=30\text{MPa}$

(d) $\sigma_1=62.4\text{MPa}$，$\sigma_2=17.6\text{MPa}$，$\alpha_0=63°26'$，$\tau_{max}=22.4\text{MPa}$

10-4 (2) $\sigma_1=1.66\text{MPa}$，$\sigma_3=-21.66\text{MPa}$

10-5 (1) $\sigma_\alpha=2.13\text{MPa}$，$\tau_\alpha=24.3\text{MPa}$

(2) $\sigma_1=84.9\text{MPa}$，$\sigma_3=-5\text{MPa}$，$\alpha_0=13°16'$

10-6 $\sigma_1=80\text{MPa}$，$\sigma_2=40\text{MPa}$，$\sigma_3=0$

10-7 $\sigma_1=70\text{MPa}$，$\sigma_2=\sigma_3=0$ 或 $\sigma_1=\sigma_2=0$，$\sigma_3=-70\text{MPa}$；$\sigma_x=-44.8\text{MPa}$，$\sigma_y=-22.5\text{MPa}$，$\tau_{xy}=-33.6\text{MPa}$

10-8 $\sigma_1=70\text{MPa}$，$\sigma_2=10\text{MPa}$，$\alpha_0=23.5°$

10-9 $\tau_{xy}=-\tau_{yx}=60\text{MPa}$，$\sigma_y=-30\text{MPa}$；$\sigma_1=150\text{MPa}$，$\sigma_3=-50\text{MPa}$

10-10 (a) $\sigma_1=51\text{MPa}$，$\sigma_2=0$，$\sigma_3=-41\text{MPa}$，$\tau_{max}=46\text{MPa}$

(b) $\sigma_1=80\text{MPa}$，$\sigma_2=50\text{MPa}$，$\sigma_3=-50\text{MPa}$，$\tau_{max}=65\text{MPa}$

(c) $\sigma_1=57.7\text{MPa}$，$\sigma_2=50\text{MPa}$，$\sigma_3=-27.7\text{MPa}$，$\tau_{max}=42.7\text{MPa}$

(d) $\sigma_1=25\text{MPa}$，$\sigma_2=0$，$\sigma_3=-25\text{MPa}$，$\tau_{max}=25\text{MPa}$

10-11 $\sigma_1=\sigma_2=-30\text{MPa}$，$\sigma_3=-70\text{MPa}$

10-12 $\Delta l_{AC}=9.29\times10^{-3}\text{m}$

10-13 $m_0=125.7\text{N}\cdot\text{m}$

10-14 (a) $\theta=0.02\times10^{-3}$，$v_\varepsilon=13.84\times10^3\text{J/m}^2$，$v_d=13.81\times10^3\text{J/m}^3$

(b) $\theta=0.16\times10^{-3}$，$v_\varepsilon=32.25\times10^3\text{J/m}^2$，$v_d=30.12\times10^3\text{J/m}^3$

(c) $\theta=0.16\times10^{-3}$，$v_\varepsilon=16.64\times10^3\text{J/m}^2$，$v_d=8.5\times10^3\text{J/m}^3$

(d) $\theta=0$，$v_\varepsilon=4.06\times10^3\text{J/m}^2$，$v_d=4.06\times10^3\text{J/m}^3$

10-15 (a) $\sigma_{r3}=\sqrt{\sigma^2+4\tau^2}$，$\sigma_{r4}=\sqrt{\sigma^2+3\tau^2}$

(b) $\sigma_{r3}=\sigma+\tau$，$\sigma_{r4}=\sqrt{\sigma^2+3\tau^2}$

10-16 $\sigma_{r3}=43.3\text{MPa}$

第11章 组合变形

11-1 $\sigma_{(a)}=\frac{F}{a^2}$，$\sigma_{(b)}=\frac{8F}{a^2}$，增大了8倍

11－2　$\sigma_{t\max}=5.09\text{MPa}$，$\sigma_{c\max}=5.29\text{MPa}$

11－3　$\sigma_{y\max}=145\text{MPa}<[\sigma]$

11－4　$\sigma_{eq3}=55.5\text{MPa}<[\sigma]$

11－5　$\sigma_{eq4}=86.5\text{MPa}<[\sigma]$，所以此轴安全

11－6　$\sigma_{t\max}=\sigma_{c\max}=6.29\text{MPa}$，$h=37.2\text{mm}$，$\sigma_{c\max}=4.33\text{MPa}$

11－7　(1) $\sigma_{c\max}=0.72\text{MPa}$

(2) $D=4.16\text{m}$

11－8　$F=0.6184\text{kN}$

11－9　$t=2.65\text{mm}$

11－10　$\sigma_{\max}=79.1\text{MPa}$

第12章　压杆稳定

12－1　(a) $F_{cr}=2540\text{kN}$

(b) $F_{cr}=2645\text{kN}$

(c) $F_{cr}=3136\text{kN}$

12－2　(a) 圆形截面 $\lambda=88.8$

(b) 矩形截面 $\lambda=128$

(c) 正方形截面 $\lambda=86.6$

12－3　最大轴向压力 $F=232.4\text{kN}$

12－4　$n=3.58>[n]_{st}$，稳定

12－5　(1) $F_{cr}=269.4\text{kN}$

(2) $n=1.697<[n]_{st}$，托架不安全

12－6　$[F]=37\text{kN}$

12－7　$n=3.08$

12－8　$F_{cr}=355\text{kN}$

12－9　$[F]=20.64\text{kN}$

第13章　动荷载

13－1　65.3kN

13－2　钢索 $\sigma_d=117.5\text{MPa}$，工字钢 $\sigma_{d\max}=11.41\text{MPa}$

13－3　$[\nu]=100\text{m/s}$

13－4　$\Delta l=\dfrac{l^2\omega^2}{gEA}\left(P+\dfrac{P_1}{3}\right)$

13－5　$n=2600\text{rpm}$

13－6　$\sigma_{d\max}=86.24\text{MPa}<[\sigma]$，强度足够

13－7　$M_{\max}=\left(1+\dfrac{b\omega^2}{3g}\right)Pa$

13－8　动荷因数 $K_d^a>K_d^b$，动变形 $\delta_d^a<\delta_d^b$

13－9　166MPa

第14章 交变应力*

14-1 $\sigma_{max}=-\sigma_{min}=75.5MPa$，$r=-1$

14-2 $\sigma_m=549MPa$，$\sigma_a=12MPa$，$r=0.957$

14-3 $\sigma_m=274.5MPa$，$\sigma_a=117.5MPa$，$r=0.4$

14-4 $K_\sigma=1.55$，$K_\tau=1.26$，$\varepsilon_\sigma=0.77$，$\varepsilon_\tau=0.81$

14-5 Ⅰ—Ⅰ截面：$n_\sigma=1.62>n$(安全)；Ⅱ—Ⅱ截面：$n_\sigma=2.03>n$(安全)

14-6 (a) $\alpha=90°$

(b) $\alpha=63°26'$

(c) $\alpha=45°$

(d) $\alpha=33°41'$

14-8 按疲劳强度计算：$n_\tau=5.2>n=2$，安全；按屈服强度计算：$n_\tau=7.37>n_s=1.5$，安全

14-9 最大荷载 $F_{max}=89.6kN$

14-10 $n_\tau=1.15$

14-11 点1：$r=-1$，$n_\sigma=2.77$；点2：$r=0$，$n_\sigma=2.46$；点3：$r=0.87$，$n_\sigma=2.14$；点4：$r=0.5$，$n_\sigma=2.14$

14-12 (a) $[M]=409N\cdot m$

(b) $[M]=636N\cdot m$

14-13 $n_{\sigma\tau}=1.88$

14-14 $n_{\sigma\tau}=2.25>n$，安全

14-15 $n_\sigma=\dfrac{\sigma_b}{\dfrac{k_\sigma}{\varepsilon_\sigma\beta}\sigma_a\psi_\sigma+\sigma_m}$，式中 $\psi_\sigma=\dfrac{\sigma_a-\dfrac{\sigma_0}{2}}{\dfrac{\sigma_0}{2}}$

参考文献

[1] 刘鸿文. 材料力学 [M]. 4版. 北京：高等教育出版社，2004.
[2] 范钦珊，等. 工程力学 [M]. 北京：高等教育出版社，2002.
[3] 孙训方，方孝淑，关来泰. 材料力学(上册) [M]. 5版. 北京：高等教育出版社，2009.
[4] 单辉祖. 材料力学教程 [M]. 北京：高等教育出版社，2004.
[5] 金家桢. 材料力学 [M]. 北京：高等教育出版社，1987.
[6] 罗迎社. 材料力学 [M]. 武汉：武汉理工大学出版社，2001.
[7] 龚志钰，李章政. 材料力学 [M]. 北京：科学出版社，1999.
[8] 顾朴，等. 材料力学 [M]. 北京：高等教育出版社，1985.
[9] 霍焱. 材料力学 [M]. 北京：高等教育出版社，1994.
[10] 李学罡，蔡明兮. 材料力学 [M]. 长春：吉林科技出版社，2006.
[11] 王义质，李叔涵. 工程力学 [M]. 重庆：重庆大学出版社，1999.
[12] 朱熙然，王筱玲. 工程力学 [M]. 上海：上海交通大学出版社，2004.
[13] 刘红岩. 机械工程力学 [M]. 武汉：华中理工大学出版社，1996.
[14] 殷尔禧，等. 材料力学 [M]. 北京：科学技术文献出版社，1999.
[15] 马崇山. 材料力学教程 [M]. 太原：山西教育出版社，1999.
[16] 洪次坤，沈养中，徐文善. 材料力学 [M]. 北京：中国水利水电出版社，1995.
[17] 刘鸿文. 简明材料力学 [M]. 2版. 北京：高等教育出版社，2008.
[18] 彭祝. 理论力学 [M]. 长沙：中南工业大学出版社，1997.
[19] 哈尔滨工业大学理论力学教研室. 理论力学 [M]. 6版. 北京：高等教育出版社，2002.
[20] 贾启芬，刘习军，王春敏. 理论力学 [M]. 天津：天津大学出版社，2003.
[21] 刘又文，彭献. 理论力学 [M]. 长沙：湖南大学出版社，2002.
[22] 明哲，李春艳，高伟，等. 工程力学 [M]. 西安：西安交通大学出版社，2011.
[23] 西安交通大学应用力学与工程系. 工程力学教程 [M]. 北京：高等教育出版社，2004.

北京大学出版社土木建筑系列教材(已出版)

序号	书名	主编	定价	序号	书名	主编	定价
1	*房屋建筑学(第 3 版)	聂洪达	56.00	53	特殊土地基处理	刘起霞	50.00
2	房屋建筑学	宿晓萍　隋艳娥	43.00	54	地基处理	刘起霞	45.00
3	房屋建筑学(上：民用建筑)(第 2 版)	钱　坤	40.00	55	*工程地质(第 3 版)	倪宏革　周建波	40.00
4	房屋建筑学(下：工业建筑)(第 2 版)	钱　坤	36.00	56	工程地质(第 2 版)	何培玲　张　婷	26.00
5	土木工程制图(第 2 版)	张会平	45.00	57	土木工程地质	陈文昭	32.00
6	土木工程制图习题集(第 2 版)	张会平	28.00	58	*土力学(第 2 版)	高向阳	45.00
7	土建工程制图(第 2 版)	张黎骅	38.00	59	土力学(第 2 版)	肖仁成　俞　晓	25.00
8	土建工程制图习题集(第 2 版)	张黎骅	34.00	60	土力学	曹卫平	34.00
9	*建筑材料	胡新萍	49.00	61	土力学	杨雪强	40.00
10	土木工程材料	赵志曼	38.00	62	土力学教程(第 2 版)	孟祥波	34.00
11	土木工程材料(第 2 版)	王春阳	50.00	63	土力学	贾彩虹	38.00
12	土木工程材料(第 2 版)	柯国军	45.00	64	土力学(中英双语)	郎煜华	38.00
13	*建筑设备(第 3 版)	刘源全　张国军	52.00	65	土质学与土力学	刘红军	36.00
14	土木工程测量(第 2 版)	陈久强　刘文生	40.00	66	土力学试验	孟云梅	32.00
15	土木工程专业英语	霍俊芳　姜丽云	35.00	67	土工试验原理与操作	高向阳	25.00
16	土木工程专业英语	宿晓萍　赵庆明	40.00	68	砌体结构(第 2 版)	何培玲　尹维新	26.00
17	土木工程基础英语教程	陈　平　王凤池	32.00	69	混凝土结构设计原理(第 2 版)	邵永健	52.00
18	工程管理专业英语	王竹芳	24.00	70	混凝土结构设计原理习题集	邵永健	32.00
19	建筑工程管理专业英语	杨云会	36.00	71	结构抗震设计(第 2 版)	祝英杰	37.00
20	*建设工程监理概论(第 4 版)	巩天真　张泽平	48.00	72	建筑抗震与高层结构设计	周锡武　朴福顺	36.00
21	工程项目管理(第 2 版)	仲景冰　王红兵	45.00	73	荷载与结构设计方法(第 2 版)	许成祥　何培玲	30.00
22	工程项目管理	董良峰　张瑞敏	43.00	74	建筑结构优化及应用	朱杰江	30.00
23	工程项目管理	王　华	42.00	75	钢结构设计原理	胡习兵	30.00
24	工程项目管理	邓铁军　杨亚频	48.00	76	钢结构设计	胡习兵　张再华	42.00
25	土木工程项目管理	郑文新	41.00	77	特种结构	孙　克	30.00
26	工程项目投资控制	曲　娜　陈顺良	32.00	78	建筑结构	苏明会　赵　亮	50.00
27	建设项目评估	黄明知　尚华艳	38.00	79	*工程结构	金恩平	49.00
28	建设项目评估(第 2 版)	王　华	46.00	80	土木工程结构试验	叶成杰	39.00
29	工程经济学(第 2 版)	冯为民　付晓灵	42.00	81	土木工程试验	王吉民	34.00
30	工程经济学	都沁军	42.00	82	*土木工程系列实验综合教程	周瑞荣	56.00
31	工程经济与项目管理	都沁军	45.00	83	土木工程 CAD	王玉岚	42.00
32	工程合同管理	方　俊　胡向真	23.00	84	土木建筑 CAD 实用教程	王文达	30.00
33	建设工程合同管理	余群舟	36.00	85	建筑结构 CAD 教程	崔钦淑	36.00
34	*建设法规(第 3 版)	潘安平　肖　铭	40.00	86	工程设计软件应用	孙香红	39.00
35	建设法规	刘红霞　柳立生	36.00	87	土木工程计算机绘图	袁　果　张渝生	28.00
36	工程招标投标管理(第 2 版)	刘昌明	30.00	88	有限单元法(第 2 版)	丁　科　殷水平	30.00
37	建设工程招投标与合同管理实务(第 2 版)	崔东红	49.00	89	*BIM 应用：Revit 建筑案例教程	林标锋	58.00
38	工程招投标与合同管理(第 2 版)	吴　芳　冯　宁	43.00	90	*BIM 建模与应用教程	曾浩	39.00
39	土木工程施工	石海均　马　哲	40.00	91	工程事故分析与工程安全(第 2 版)	谢征勋　罗　章	38.00
40	土木工程施工	邓寿昌　李晓目	42.00	92	建设工程质量检验与评定	杨建明	40.00
41	土木工程施工	陈泽世　凌平平	58.00	93	建筑工程安全管理与技术	高向阳	40.00
42	建筑工程施工	叶　良	55.00	94	大跨桥梁	王解军　周先雁	30.00
43	*土木工程施工与管理	李华锋　徐　芸	65.00	95	桥梁工程(第 2 版)	周先雁　王解军	37.00
44	高层建筑施工	张厚先　陈德方	32.00	96	交通工程基础	王富	24.00
45	高层与大跨建筑结构施工	王绍君	45.00	97	道路勘测与设计	凌平平　余婵娟	42.00
46	地下工程施工	江学良　杨　慧	54.00	98	道路勘测设计	刘文生	43.00
47	建筑工程施工组织与管理(第 2 版)	余群舟　宋会莲	31.00	99	建筑节能概论	余晓平	34.00
48	工程施工组织	周国恩	28.00	100	建筑电气	李　云	45.00
49	高层建筑结构设计	张仲先　王海波	23.00	101	空调工程	战乃岩　王建辉	45.00
50	基础工程	王协群　章宝华	32.00	102	*建筑公共安全技术与设计	陈继斌	45.00
51	基础工程	曹　云	43.00	103	水分析化学	宋吉娜	42.00
52	土木工程概论	邓友生	34.00	104	水泵与水泵站	张　伟　周书葵	35.00

序号	书名	主编	定价	序号	书名	主编	定价
105	工程管理概论	郑文新　李献涛	26.00	130	*安装工程计量与计价	冯　钢	58.00
106	理论力学(第 2 版)	张俊彦　赵荣国	40.00	131	室内装饰工程预算	陈祖建	30.00
107	理论力学	欧阳辉	48.00	132	*工程造价控制与管理(第 2 版)	胡新萍　王　芳	42.00
108	材料力学	章宝华	36.00	133	建筑学导论	裘　鞠　常　悦	32.00
109	结构力学	何春保	45.00	134	建筑美学	邓友生	36.00
110	结构力学	边亚东	42.00	135	建筑美术教程	陈希平	45.00
111	结构力学实用教程	常伏德	47.00	136	色彩景观基础教程	阮正仪	42.00
112	工程力学(第 2 版)	罗迎社　喻小明	39.00	137	建筑表现技法	冯　柯	42.00
113	工程力学	杨云芳	42.00	138	建筑概论	钱　坤	28.00
114	工程力学	王明斌　庞永平	37.00	139	建筑构造	宿晓萍　隋艳娥	36.00
115	房地产开发	石海均　王　宏	34.00	140	建筑构造原理与设计(上册)	陈玲玲	34.00
116	房地产开发与管理	刘　薇	38.00	141	建筑构造原理与设计(下册)	梁晓慧　陈玲玲	38.00
117	房地产策划	王直民	42.00	142	城市与区域规划实用模型	郭志恭	45.00
118	房地产估价	沈良峰	45.00	143	城市详细规划原理与设计方法	姜　云	36.00
119	房地产法规	潘安平	36.00	144	中外城市规划与建设史	李合群	58.00
120	房地产测量	魏德宏	28.00	145	中外建筑史	吴　薇	36.00
121	工程财务管理	张学英	38.00	146	外国建筑简史	吴　薇	38.00
122	工程造价管理	周国恩	42.00	147	城市与区域认知实习教程	邹　君	30.00
123	建筑工程施工组织与概预算	钟吉湘	52.00	148	城市生态与城市环境保护	梁彦兰　阎　利	36.00
124	建筑工程造价	郑文新	39.00	149	幼儿园建筑设计	龚兆先	37.00
125	工程造价管理	车春鹂　杜春艳	24.00	150	园林与环境景观设计	董　智　曾　伟	46.00
126	土木工程计量与计价	王翠琴　李春燕	35.00	151	室内设计原理	冯　柯	28.00
127	建筑工程计量与计价	张叶田	50.00	152	景观设计	陈玲玲	49.00
128	市政工程计量与计价	赵志曼　张建平	38.00	153	中国传统建筑构造	李合群	35.00
129	园林工程计量与计价	温日琨　舒美英	45.00	154	中国文物建筑保护及修复工程学	郭志恭	45.00

标*号为高等院校土建类专业“互联网+”创新规划教材。

如您需要更多教学资源如电子课件、电子样章、习题答案等，请登录北京大学出版社第六事业部官网 www.pup6.cn 搜索下载。

如您需要浏览更多专业教材，请扫下面的二维码，关注北京大学出版社第六事业部官方微信（微信号：pup6book），随时查询专业教材、浏览教材目录、内容简介等信息，并可在线申请纸质样书用于教学。

感谢您使用我们的教材，欢迎您随时与我们联系，我们将及时做好全方位的服务。联系方式：010-62750667，donglu2004@163.com，pup_6@163.com，lihu80@163.com，欢迎来电来信。客户服务 QQ 号：1292552107，欢迎随时咨询。